现代工程技术与创新实践

主　编　陈建松　杨延清　骆　号
副主编　施吉祥　陈大林

东南大学出版社
SOUTHEAST UNIVERSITY PRESS
·南京·

内 容 简 介

本书根据 2014 年教育部高等学校工程训练教学指导委员会课程建设组制定的《高等学校工程训练类课程教学质量标准(整合版本 2.0)》,并结合东南大学近年来在实践教学改革中取得的成果,以加强学生现代工程素质、创新精神和实践能力为基本培养目标编写而成。有关计量单位、名词术语、工艺数据和材料编号均参照了最新颁布的国家标准。

全书分为 11 章,主要包括现代工程概述、工程材料、材料成型(铸造、压力加工、焊接、高分子材料的成型等)、切削加工基础知识、基础切削加工(车削、铣削、钳工等)、机械制造自动化(数控车床、加工中心等)、特种加工(电火花线切割、电火花成型、激光加工等)、快速成型技术、机器人技术、CAD/CAM 技术和综合实践项目等内容。

本书注重理论联系实际,增加了综合实践项目,以强化学生的工程训练效果,发挥学生的潜力,提高学生的综合实践能力。

本书可供各高等学校工科类专业使用,也可供机械类和近机械类专业师生在工程训练教学中参考,还可供高职、高专、成人高校有关学生和工程技术人员参考。

图书在版编目(CIP)数据

现代工程技术与创新实践 / 陈建松,杨延清,骆号
主编. —南京:东南大学出版社,2024.1
　　ISBN 978‐7‐5766‐1214‐1

　　Ⅰ. ①现… Ⅱ. ①陈… ②杨… ③骆… Ⅲ. ①工程技
术‐高等学校‐教材 Ⅳ. ①TB

中国国家版本馆 CIP 数据核字(2024)015138 号

责任编辑:姜晓乐　责任校对:韩小亮　封面设计:毕　真　责任印制:周荣虎

现代工程技术与创新实践
Xiandai Gongcheng Jishu Yu Chuangxin Shijian

主　　编	陈建松　杨延清　骆　号	
出版发行	东南大学出版社	
社　　址	南京市四牌楼 2 号　　邮编:210096	
网　　址	http://www.seupress.com	
出 版 人	白云飞	
经　　销	全国各地新华书店	
印　　刷	兴化印刷有限责任公司	
开　　本	787 mm×1092 mm　1/16	
印　　张	24.5	
字　　数	552 千字	
版　　次	2024 年 1 月第 1 版	
印　　次	2024 年 1 月第 1 次印刷	
书　　号	ISBN 978‐7‐5766‐1214‐1	
定　　价	78.00 元	

本社图书若有印装质量问题,请直接与营销部联系。电话(传真):025‐83791830

前　言

制造业科技水平是评价国家综合实力的重要指标,2020 年以来,我国已步入创新型国家行列,众多科技领域前沿需要科技人才具备更为扎实的基础工程能力作为支撑,因此,工程实践能力作为现代工程技术基础能力之一,在新型人才教育规划中受到了更多的关注。自国务院首次印发《中国制造 2025》提出制造业发展应以创新作为驱动力之后,"新工科"理念的提出再一次强调了创新能力在工程科技进步中的重要性。

在这样的社会背景下,我国高校和企业不断加大创新科研投入,各种创新型技术层出不穷,多学科交叉创新实现了对传统工艺方法的再定义,大数据、人工智能、互联网等技术正逐渐融入机械加工制造行业,在提高传统生产技术效率以及产品性能的同时,也为机械工程知识体系加入了新的篇章,机、电、网一体化逐渐成为机械行业前进的新方向。

工程实训作为高校人才创新实践能力培养的重要依托,教学目标中已引入了"培养学生创新能力和解决复杂工程问题的能力"这一新内涵。工程实践训练课程面临着新的发展变革,知识系统也亟需更新迭代。

基于以上背景,本书在工程训练中的基本知识和实操讲解(第 1～6 章)中,加入了新型加工技术(第 7、8 章)、机器人技术(第 9 章)、相关计算机辅助设计系统(第 10 章)等内容。第 1～6 章主要介绍了工程材料及处理方法、技术测量及常用测量工具、铸造、金属塑性成型技术、非金属成型技术、焊接、钳工、切削加工等工程加工基础知识;第 7、8 章分别介绍了特种加工和快速成型技术两种极具代表性的非传统加工技术;第 9 章介绍了机器人系统基础知识;第 10 章主要介绍了 CAD/CAM(计算机辅助设计与制造)技术。每个章节都从理论知识出发,结合详尽的操作规范指导,最后给出思考题启发读者拓展思维,以促进其对多学科融合的现代工程技术知识的理解,为后续工程实操提供参考依据。在本书的最后(第 11 章),精选了多个项目案例,每个项目都提供了较为详细的实践思路和流程,并按目标、任务、实施、设计等要素提供参考过程及项目完成时间,项目设置由易至难,读者可根据需求进行选择性学习。

本书力求选择当前最先进的技术知识,以通俗易懂的语言带领读者进入工程技术理论和实操的同步学习中。在当下信息庞杂、知识整合困难的大环境中,为培养新型工程技术人才的工程实践能力和创新能力提供一片沃土。

本书由东南大学机电综合工程训练中心陈建松、杨延清、骆号担任主编,施吉祥、陈大林担任副主编,邵浩然、李天慧等老师也参与了本书的编写工作。本书作者团队常年奋斗在工程实践教学一线,具有丰富的理论知识、学科素养和教学经验,这使本书的可读性和应用性得到了保证。

由于作者水平所限,书中若存在不妥和疏漏之处,恳请广大读者批评指正。

作　者
2023 年 3 月

目　录

第1章　现代工程概述

工程,对于我们来说并不陌生,比如我国的都江堰、万里长城、京杭大运河,埃及的金字塔,罗马的凯旋门等都是古人留下的伟大工程。我国的"两弹一星"工程、改革开放后建设的大亚湾核电工程、铁路5次大提速工程、青藏铁路建设工程、三峡工程等,创造了中国历史发展进程的神话。可以说工程活动塑造了现代文明,并深刻地影响着人类社会生活的各个方面。现代工程构成了现代社会存在和发展的基础,构成了现代社会实践活动的主要形式。

1.1　工程概述

1.1.1　工程的起源与内涵

中国古代传统工程的内容主要是土木构筑,如官室、庙宇、运河、城墙、桥梁、房屋的建造等,强调施工过程,后来也指建造结果。西方的工程(engineering)一词起源于军事活动,18世纪中叶,西方工程的研究对象逐渐拓展到道路、桥梁、江河渠道、码头、城市及城镇的排水系统等;随着科学技术的发展,几乎每次新科技出现都会产生一种相应的工程,而当前所提及的工程则往往包含了专业技术与科学理论的双重内涵。

工程是人类以利用和改造客观世界为目标的实践活动。它有两层基本含义:第一,它是将科学知识和技术成果转化为现实生产力的活动;第二,它是一种有计划、有组织的生产性活动,目的在于向社会提供有用的产品。工程是一种非常具有创造性和综合性的活动,担负着将科技成果转化为生产力,并为人类造福的重要使命。

关于工程的内涵,李伯聪教授提出的"科学-技术-工程三元论",已被越来越多的专家、学者所接受。李伯聪教授把工程定义为"人类改造物质自然界的完整的全部的实践活动和过程的总和";而《2020年中国科学和技术发展研究》给出的工程的定义则为"人类为满足自身需求有目的地改造、适应并顺应自然和环境的活动"。我们把工程定义为"有目的、有组织地改造世界的活动"。首先,这一定义中的限制词"有目的"把无意识的自发改变世界的活动排除在外。例如人们污染环境的行动虽然也改变世界,但不能被称为工程。其次,定义中的限制词"有组织"则把分散的个体活动排除在外。因此,原始人把野生稻改造为栽培稻不算工程,但"大禹治水"是有组织性并有很多人参与的,是一种早期的工程活动。朱京强调"工程的社会性",这一社会性与本定义中"有组织的活动"应当是同义词。到目前为止,工程都是按照被改造的对象命名的。

在这里,我们可以把握工程的这样几点内涵:首先,工程活动是从制定计划开始的,或者说计划是工程活动的起点。其次,实施(操作)是工程活动最核心的阶段。最后,工程的决策理论和方法在工程的成败和工程哲学中具有特殊的重要意义,它涉及工程的自然要素、科学技术要素、环境要素、社会人文要素和价值要素等一系列内容。

1.1.2 工程理念

工程是科学、技术、经济、管理、社会、文化、环境等众多要素的集成、选择和优化。工程活动的进行,要顺应自然、经济和社会规律,遵循社会道德伦理、公正公平准则,坚持以人为本、节约资源、环境友好、循环经济、绿色生产、促进人与自然和人与社会协调可持续发展的工程理念。工程理念深刻地渗透到工程策划、规划、设计、论证和决策等各环节中,不但直接影响到工程活动的近期结果与效应,而且深刻地影响到工程活动的长远效应与后果。许多工程在正确的工程理念指导下,不仅成功而且青史留名,但也有不少工程由于工程理念的落后甚至错误,酿成失误,甚至殃及后世。如公元前256年李冰主持修建的都江堰水利枢纽,科学分水灌溉,与生态环境友好协调,造就了"天府之国";而非洲的阿斯旺大坝,使富饶美丽的尼罗河下游变成了盐碱地,甚至荒漠化。造物就要造精品、造名牌、造福于人民。当代工程的规模越来越大,复杂程度越来越高,与社会、经济、产业、环境的相互关系也越来越紧密,这要求我们从"自然科学-技术-工程-产业-经济-社会"知识价值链的综合高度,来全面认识工程的本质并把握工程的定位,在工程的实施和运行全过程中处理好科技、效益、资源、环境等方面的关系,促进国民经济和社会生活的全面协调、持续发展。

进入21世纪以后,关于工程的理论、观点和看法,与19世纪、20世纪的工程观有显著的差别。工业化时代的工程观,已经不足以反映社会的发展对于工程的新需求。现代工程是人们运用现代科学知识和技术手段,在社会、经济和时间等因素的限制范围内,为满足社会某种需要而创造新的物质产品的过程。21世纪的工程是充分体现学科的综合、交叉的"大工程"系统,工程不再只具有狭窄的科学与技术含义,而是建立在科学与技术之上的包括社会、经济、文化、道德、环境等多因素的"大工程"。"大工程观"要求工程教育应为学生提供广阔的知识背景,相比于传统的工程教育,"大工程观"更加强调工程的实践性、创造性,也更加重视工程的系统性及实践特征。

大工程理念,是一种面向工程实际的理念。美国麻省理工学院工学院原院长乔尔·莫西斯认为,大工程理念是为工程实际服务的工程教育的一种回归。从哲学层面来讲,大工程理念是以责任意识为导向的操作综合、价值综合和审美综合的统一。从工程层面来讲,大工程理念是思维整体性与实践可行性的统一,是工程与科学、艺术、管理、经济、环境、文化的融会。教育部原副部长吴启迪认为"作为工程技术人员,不仅要学习工程,还要了解社会与人,把人文教育与工程教育结合起来十分必要"。从大工程理念来看,21世纪高素质的工程人才应具有以下9种能力:工程知识能力、工程设计与创新能力、工程实施能力、价值判断能力、团队协作能力、交流沟通能力、考虑环境影响的能力、社会协调能力和终身学习能力。

1.1.3 工程思维

人类有两种旨趣殊异的思维活动:一是认知,二是筹划。认知是为了弄清对象本身究竟是什么样子;筹划是为了弄清如何能利用各种条件做成某件事情。认知的最高成果是形成理论,即用抽象概念建构起来的具有普遍性的观念体系;筹划的典型表现就是工程,即用具体材料建构起来的、具有目的性和个别性的。从两种思维的表现形式看,认知型思维的高级形式是理论思维;筹划型思维的高级形式则为工程思维。

理论思维适合用来解决理论认知问题,工程思维则适合用来解决工程筹划问题。值得强调的是认知和筹划、理论和工程是分得很清楚的。例如,数学家在研究三角形时,知道自己是在研究一种理论,不会过多地考虑三角形在现实世界中会是什么样子;而工程师在建一个三角形的建筑时,则不仅要知道三角形的原理,还必须考虑三角形建筑的功能、材料、环境场地及外观与装饰等,而工程师也不会过多地考虑自己所建的是不是一个纯粹的三角形。在这里,数学家和工程师分得很清楚,他们各司其职。

此外,工程思维也有别于科学思维与艺术思维。人的实践活动方式与内容直接影响着思维活动的各个方面,从而使人出现了与不同实践活动相对应的思维方式。如科学实践、工程实践、艺术实践活动分别促使了科学思维、工程思维与艺术思维方式的产生。三者的异同点可见表 1-1。

表 1-1　科学活动、工程活动、艺术活动对比一览表

项目	任务	目的	本质	思维与现实关系的特征	思维特点
科学活动	研究和发现事物规律	发现、探索、追求真理	知识创新	反映性	抽象的普遍性思维
工程活动	人工造物	追求使用价值、创造价值	创造物质	创造性从无到有	具体的个别性思维
艺术活动	创造艺术作品	展现美感	创造美	想象性、虚构现实	设计个别

工程思维渗透于工程理念、工程分析、工程决策、工程设计、工程构建、工程运行以及工程评价等各个环节之中,在很大程度上决定着工程的成败和效率。

1.1.4　工程的社会性

工程的社会性首先表现为实施工程主体的社会性,实施工程的主体通常是一个有组织、有结构、分层次的群体,该群体需要有分工、协调和充分的内部交流。而在这样的群体内部,又有不同的社会角色——设计师、决策者、协调者以及各种层次的执行者,他们各施其能。在这里,有必要进一步明确工程内部的职能分工。

1) 工程决策者:确定工程的目标和约束条件,对工程的立项、方案做出决断,并把握工程起始、进展、结束或中止的时机。

2) 工程设计者:即通常意义上的(总)工程师,根据工程的目标和约束条件(如资源、性能、成本等),设计和制订具有可行性的计划和行动方案。

3) 工程管理者:负责对人员和物资流动进行调度、分配和管理,保障工程的有效实施。

4) 工程实现者:即通常意义上的工人和技术人员,负责工程项目的实际建造。

重视工程的社会性有助于更明晰、更准确地把握工程这个概念,特别是有利于更好地理解工程与技术之间的区别与联系。社会性并不是一般意义上的技术概念的内在属性,一些传统技术,像家庭纺织技术、饲养技术并不要求有组织、成规模地使用。而大多数现代技术,如能源技术、运载技术、通信技术等,其发明、改进、运用和推广确实是社会化的过程,这些技术对社会的影响以及社会对它们的控制也不容忽视;然而,这些技术活动往往是通过工程的方式实现的,对任何一个具有一定规模的工程项目而言,技术问题通常只是包括经济、制度、文化等在内的诸多要素中的一部分,在这个意义上,大多数的现代技术都可以视为工程技术。

既然社会性是工程的重要属性,那么在考察、反思工程问题的时候,就不应当只局限于纯技术的角度,而应当多视角、全方位地认识和理解工程。工程的社会性要求树立一种全面的工程观,不是将工程抽象地看作人与自然、社会之间简单的征服与被征服、攫取与供给的关系,而是将其看作人类以社会化的方式并以技术实现的手段与其所处的自然和社会环境之间所发生的相互作用与对话。在当代,全面协调的、可持续的发展观要求人们树立与之相适应的工程观,这是对新时期工程伦理研究提出的重大课题。

1.2　现代制造工程概述

制造业是以第一产业的产品、矿产品以及制造业本身生产的初级产品作为原材料,通过机器设备及工人的加工劳动,生产出更高价值的产品的一类行业。

制造工程是通过对新产品、新技术(方法、工具、机器和设备等)、新工艺进行研究和开发并通过有效的管理,用最少的费用生产出高质量的产品来满足社会需求的活动。

制造工程的门类很多,包括冶金工程、机械工程、电子工程、化学工程、光学工程、轻工工程等。下面对几个比较有代表性的行业工程进行简单介绍。

1.2.1　冶金工程

冶金工程是研究从矿石等资源中提取金属或金属化合物,并制成具有良好使用性能和经济价值的材料的工程技术。它为机械、能源、化工、交通、建筑、航空航天、国防军工等各行各业提供所需的材料产品。冶金工程包括钢铁冶金、有色金属冶金两大类。

冶金工程技术的发展趋势是不断汲取相关学科和工程技术的新成就,并对其进行充实、更新和深化,在冶金热力学、金属、熔锍、熔渣、熔盐结构及物性等方面进行更深入的研究,建立智能化热力学、动力学数据库,加强对冶金动力学和冶金反应工程学的研究,应用计算机逐步实现对冶金全流程进行系统最优设计和自动控制。冶金生产技术将实现生产柔性化、高速化和连续化,达到资源、能源的充分利用及对生态环境的最佳保护。随着冶金新技术、新设备、新工艺的出现,冶金产品将往超纯净和超高性能等方面发展。

1.2.2　机械工程

机械工程是以有关的科学技术为理论基础,结合生产实践中的技术经验,研究和解决在开发、设计、制造、安装、运用和修理各种机械过程中的全部理论和实际问题的应用学科。

机械工程的学科内容,按工作性质可分为以下几个方面:

(1)建立和发展可实际和直接应用于机械工程的工程理论基础,如工程力学、流体力学、工程材料学、材料力学、燃烧学、传热学、热力学、摩擦学、机构学、机械原理、金属工艺学和非金属工艺学等。

(2)研究、设计和发展新机械产品,改进现有机械产品和生产新一代机械产品,以适应当前和未来的需要。

(3)机械产品的生产,如生产设施的规划和实现、生产计划的制订和生产调度、编制和贯彻制造工艺、设计和制造工艺装备、确定劳动定额和材料定额以及加工、装配、包装和检验等。

(4)机械制造企业的经营和管理,如生产方式的确定、产品销售以及生产运行管理等。

(5)机械产品的应用,如选择、订购、验收、安装、调整、操作、维修和改造各产业所使用的机械产品和成套机械设备。

(6)研究机械产品在制造和使用过程中所产生的环境污染和自然资源过度耗费问题及处理措施。

1.2.3 微电子工程

电子工程是指微电子技术,现代微电子技术就是建立在以集成电路为核心的各种半导体器件基础上的高新电子技术。集成电路的生产始于1959年,其特点是体积小、质量轻、可靠性高、工作速度快。微电子技术的进步主要体现在三个方面:一是缩小芯片中器件结构的尺寸;二是增加芯片中所包含的元器件的数量,即扩大集成规模;三是开拓有针对性的设计应用。后来光学与电子学相结合所形成的新学科——光电子技术,被称为尖端中的尖端,该技术为微电子技术的进一步发展找到了新的出路。

1.2.4 化学工程

化学工程是研究化学工业和其他工业生产过程中所发生的化学过程和物理过程的共同规律的一门工程学科,该工程常常应用于生产过程和装置的开发、设计、操作,以达到优化和提高效率的目的。化学工程被应用于石油化工、冶金、建筑、食品、造纸等领域,从石油、煤、天然气、盐、石灰石、其他矿石和粮食、木材、水、空气等基本的原料出发,借助化学过程或物理过程,改变物质的组成、性质和状态,使这些原料成为多种价值较高的产品,如化肥、汽油、润滑油、合成纤维、合成橡胶、塑料、烧碱、纯碱、水泥、玻璃、钢铁、铝、纸浆等。

1.3 机械制造方法及机械制造技术发展趋势

从各工业生产部门的生产过程中可以看到,各行各业都广泛使用着机床、机器、仪器及工具等,这些工艺装备都是由机械制造业提供的。机械制造业不仅为传统产业的改造提供现代化的装备,同时也为新兴的产业提供前所未有的技术装备。机械制造业的发展水平标志着国家的综合生产实力及国家的强盛。

1.3.1 我国机械制造业的现状

我国的机械制造业起步较晚,但经过 40 多年的努力,我国的机械工业已有了长足的进步,主要表现在机械产品品种的增加、关键设备研制能力的提高、机械工业自身装备水平的上升、设计理论和方法的革新等方面。制造业的不断革新,使我国机械制造业迅速发展,我国的机械制造业水平在国际市场上逐渐占据有利地位。经济全球化发展迅速,世界各国之间相互协作有利于提升机械制造业的发展水平。当下,随着互联网技术在机械制造业中的应用越来越广泛,机械零件的精度、零件的质量、机械化发展水平受到互联网的控制,顺应信息时代的特点,机械制造技术推动制造业向着全新方向发展。

1. 机械制造智能化

计算机技术近年来发展迅猛,机械制造的智能化水平也在随之不断提高,利用智能化机械制造技术可以降低生产制造成本,提高制造精度,加强对设计、研发、生产等主要环节的把控程度,从而满足消费者对产品越来越高的个性化、质感、精度的要求。

2. 机械制造集成化

集成技术指的是现代加工制造技术、全新的网络信息技术、自动化加工生产技术等,在机械制造过程中集成化发展模式能够提升机械加工的效率,提升产品质量。

3. 机械制造微观化

前沿的机械制造工艺现在正逐渐向微观化发展。高精尖的制作工艺,可分为精密产品加工、超精密产品加工、微细产品加工以及纳米工艺,这些加工技术推动了精密制造行业快速发展,进而有效地提升了机械制造行业的加工水平和产品的精密度。

4. 机械制造多元化

机械制造产品需要根据市场变化和消费者的需求对自身进行创新和改变,这就要求将技术向多方面、多角度、多层次方面转化,增加产品的行业竞争力,从而在市场上占据有利地位。

5. 机械制造自主化

国内机械制造业自主化发展离不开专业的技术人才和自主研发能力,因此,国内高校要提高对人才培养的要求,加强理论知识培训。同时,国家也在努力将人才引到产品研发上,让机械制造行业向多元、创新、优质方面不断发展。

1.3.2 机械制造生产环节及机械制造系统

1. 机械制造生产环节

机械制造工艺与流程由以下环节组成。

(1)原材料和能源供应。机械工业所用的原材料主要包括以钢铁为主的金属结构材料(如棒、板、管、线材、型材等),金属原材料(如生铁、废钢、铝锭等),各种特种合金、金属粉末、工程塑料、复合材料等。机械工业能源来源主要有电力、焦炭、可燃气体、重油、蒸汽、压缩空气等。

（2）毛坯和零件成型。金属毛坯和零件的成型方法一般有铸造、压力加工、焊接等。其他材料（如粉末材料、工程塑料、复合材料、工程陶瓷等）另有各自的特种成型方法。随着复合工艺的出现，采用两种以上方法制造的毛坯的铸锻、铸焊、冲焊、铸锻焊结构零件也在不断出现。

（3）零件机械加工。零件机械加工是指采用切削、磨削、特种加工等加工方法，逐步改变毛坯的形态（形状、尺寸及表面质量），使其成为合格零件的过程。

（4）材料改性与处理。材料改性与处理通常指热处理以及电镀、转化膜工艺、涂装、热喷涂等表面保护工艺，用以改变零件的整体、局部或表面的金相组织及物理力学性能，使其具有复合要求的强韧性、耐磨性、耐腐蚀性及其他特种性能。根据需要可在机械加工的不同阶段进行材料改性与处理。

（5）装配与包装。装配与包装是将零件按一定的关系和要求连接或组合成部件和整台机械产品的工艺过程，包括零件的固定、连接、检验和试验等工作。

（6）搬运与储存。搬运与储存统称物流，是合理安排生产过程中各种物料（原材料、工件、成品、工具、辅助材料、废品废料等）的流动与中间储存的技术，贯穿于从原材料进厂到产品出厂的全过程。

（7）检测与质量监控。检测与质量监控是保证工艺过程的正确实施和产品质量所使用的一切质量保证控制措施，贯穿于整个机械制造工艺过程。

2. 机械制造系统

随着机械制造技术、计算机技术、信息科学的发展，为了能更有效地对机械制造过程进行控制，大幅度提高加工质量和加工效率，人们提出了机械制造系统的概念。

机械制造系统由各种机床、刀具、自动装夹搬运装置及制造的工艺方案等组成。系统的输入是一定的材料、毛坯及信息等，通过各种加工、检验、装配、储运等基本活动，输出则为加工后的零件、部件或机械产品，如图 1-1 所示。机械制造系统也可看成是由物料流和信息流两部分组成的系统，物料流是指原材料转变、储存、运输的过程；信息流是指围绕制造过程所用到的各种知识、信息和数据的处理、传递、转换和利用。从图 1-1 中可知，机械

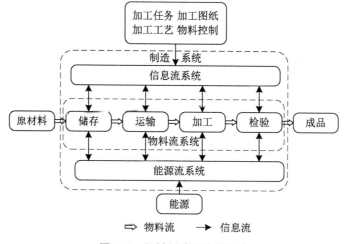

图 1-1 机械制造系统的组成

制造系统基本上包含了技术和生产管理两个方面。最初从产品图纸上获得的信息和数据是整个制造过程的依据,是制造活动的初始信息源。为了进行产品的制造,系统还必须通过工艺设计,确定用什么方法和手段对制造过程进行技术组织和管理,编制工艺规程,设计夹具、量具,确定工时和工序,并能给出机床的数控数据。与此同时,为了使制造过程有条不紊地进行,还必须建立生产计划与控制系统,根据下达的生产任务与系统资源的利用情况,对生产作业做出合理安排。

为了提高机械制造系统的自动化加工程度,采用计算机对加工过程进行控制,并配以质量监测等手段,对加工过程进行先进的、科学的管理。目前,常见的机械制造系统包括加工中心单级制造系统和多台机床组成的多级计算机集成制造系统。随着制造技术的进一步发展,机械制造系统的概念将扩展为更先进的无人车间或无人工厂。

1.3.3　机械制造工艺方法

机械制造工艺方法很多,可以按多种特征进行分类。根据我国现行的行业标准(JB/T 5992.1—1992～JB/T 5992.10—1992)可分为:铸造、压力加工、焊接、切削加工、特种加工、热处理、覆盖层、装配与包装、其他等类别。这些内容在本书后面的章节中均有详细的介绍,此处不加以赘述。

1.3.4　先进机械制造技术

1. 先进机械制造技术的特点

当今世界的竞争,主要是综合国力的竞争,制造技术是直接创造社会财富的基础,所以世界各国都非常重视制造技术的发展。同时,随着微电子、计算机、自动化技术、管理技术等各种高新技术的发展,这些技术与机械制造技术相结合,逐步形成了以机械制造为代表的先进机械制造技术,它是集机械、电子、光学、信息科学、材料科学、管理科学等许多领域最新技术为一体的新兴技术。先进机械制造技术具有以下特点。

(1) 制造工艺、装备与质量保证技术不断有新的突破,在制造业中应用计算机、微电子、自动化和通信技术所取得的成就尤为显著,CAD/CAM(计算机辅助设计与制造)被广泛采用。

(2) 制造已成为系统,传统制造技术与高新技术相结合,使生产制造不再被视为离散事件的组合,而是构成了一个产品开发与设计—制造—进入市场—产品开发与设计的大系统,这是一个重大的突破。目前制造系统正在向柔性化、集成化、智能化方向发展。

(3) 面向制造的设计(DFM)、并行工程(CE)和精益生产(LP)新技术,使设计与工艺成为一体,保证了设计的正确性和可行性。

(4) 重视用户、市场、生产、制造方面信息的采集、表达、建库、处理与应用。实践证明,信息、知识与控制已成为实施先进制造技术不可缺少的重要支撑。

(5) 重视人的因素和人的作用。

(6) 考虑生态平衡、环境保护、有限资源的有效利用。

2. 机械制造技术的进展

1）机械制造工艺不断优化

铸造、锻压、焊接、热处理、机械加工等传统的常规工艺至今仍是量大面广、经济适用的技术，因而常规工艺的不断改进和提高具有很大的技术经济意义。常规工艺优化的方向是实现高效化、精密化、强韧化、轻量化，以形成优质高效、低耗、少（无）污染的先进实用工艺为主要目标。常规工艺优化通常是保持原有工艺原理不变，通过改善工艺条件、优化工艺参数来实现的。同时，它以工艺方法为中心，实现工艺设备、辅助工艺、工艺材料、检测控制系统的成套工艺服务，使优化工艺易于为企业采用。

随着难加工材料使用的增多和数控机床数量的增加，被采用得越来越多的切削刀具包括：超硬材料刀具，如陶瓷刀具、人造金刚石刀具和立方氮化硼刀具；耐磨涂层刀具，如硬质合金涂层刀具、高速钢涂层刀具等；组合式切削装置，如为了适应数控机床的柔性化及自动化换刀等要求开发的数控车床模块化工具系统（BTS），它是将各种不同的刀具切削头用专门的连接件固定在统一的刀架上，只要变换刀头部分，便可广泛地进行车、钻及车螺纹等不同形式的加工。

2）新型加工方法不断出现和发展

（1）精密加工和超精密加工。精密加工和超精密加工达到的极限加工精度不断提高，出现了所谓的"纳米技术"和"超精密工程"。我国正从微米、亚微米级的微米工艺、亚微米工艺向纳米级的纳米工艺发展。

（2）微细加工。微细加工是一种特殊的精密加工，它不仅加工精度极高，而且加工尺寸十分微小，甚至包括对尺寸小于 $1\ \mu m$ 的零件的制造和加工。它的主要工艺方法有光刻、刻蚀、沉积、外延生长、扩散、离子输入及封装。微细加工的发展还导致一门崭新的学科——微机械的产生。

（3）特种加工。激光、电子束、离子束、分子束、等离子体、微波、超声波、电液、电磁、高压水射流等新能源或能源载体的引入，使多种崭新的特种加工及利用高密度能量进行切割、焊接、熔炼、锻压、热处理、表面保护等的加工工艺形成了。

（4）新型材料加工技术。超硬材料、超塑材料、高分子材料、复合材料、工程陶瓷、微晶材料、功能材料等新型材料的应用，扩展了加工对象，导致了某些崭新加工技术的产生，如加工超塑材料的超塑成型、等温锻造、扩散焊接等技术。

（5）表面功能性覆盖技术。表面功能性覆盖技术是在表面装饰防护技术基础上发展起来的。根据产品（材料）服役条件，在其表面制备各种特殊功能覆盖层，赋予其耐磨、耐热、耐腐蚀、耐辐射以及光、热、磁、电效应等特殊功能。

（6）复合加工。将两种以上的加工方法复合应用（工艺及设备复合）形成一些复合加工技术，如超声振动切削、液态模锻（铸造＋热挤压）、连续铸挤（连续铸造＋挤压）、超塑成型、扩散连接等加工方法。

3）自动化等高新技术与工艺紧密结合

微电子、计算机、自动化技术与工艺及设备相结合，使传统工艺面貌产生显著、本质的变化。主要表现在以下几个方面：

（1）应用集成电路（取代分立元件）、可编程序控制器（取代继电器）、微机等新型控制元件、装置实现工艺设备的单机、生产线和系统的自动化控制。

（2）应用新型传感器、无损检测、理化检验、微电子、计算机技术，实时测量并监控工艺过程中的温度、压力、形状、尺寸、位移、应变、应力、振动、声、像、电、磁及其他气体成分、组织结构等参数，实现在线检测，测量技术的电子化、数显化、计算机化及工艺参数的闭环控制，进而实现自适应控制。

（3）数控技术的发展使得数控机床的自动化程度和可靠性显著提高，可实现无人操作，满足中小批量生产的自动化要求；同时数控技术是实现柔性自动化的基础，其应用可大大提高制造工业的技术水平。

（4）计算机辅助工艺规程编制（CAPP）、数控加工、计算机辅助设计/辅助制造、机器人、自动化搬运及仓储技术越来越广泛地被应用于工艺设计、加工及物流过程。

（5）计算机集成制造系统（CIMS）和智能制造系统（IMS）等的发展，形成了面向 21 世纪的制造技术。

3. 机械制造科学技术前沿

当代科学技术的迅速发展不仅促进了经济的繁荣和社会的进步，而且丰富和发展了各门学科。一方面，不同科学技术之间的交叉融合使得科学技术聚集迅速产生；另一方面，经济的发展和社会的进步又对科学技术提出了新的期望。这种聚集和期望可称为学科前沿。学科前沿可以理解为已解决的和未解决的科学技术问题之间的界域。前沿科技的发展十分迅速，CAD、CAE、CAPP、CAM 几乎比比皆是。当下，机械制造科学的新领域几乎都属交叉学科，特别是计算机技术和信息技术的应用，使机械制造科学进入了全新的时代。

（1）计算机集成制造。自从制造活动出现专业分化和行业分工以来，计算机在制造系统中各部门、各环节的有效集成就一直是制造活动得以正常进行的基础。集成的实质在于各部门、各环节之间的信息交流。集成的目的在于制造企业组织结构和运行方式的合理化和最优化。所谓计算机集成制造（Computer Integrated Manufacturing，CIM），是在计算机支持的信息技术环境下的制造技术和制造系统，其宗旨是以计算机来支持制造系统的集成，以提高企业对于市场变化的动态响应速度，并追求最高的整体效益和长期效益。

（2）智能制造。智能制造（Intelligent Manufacturing，IM）是为适应现代制造系统中信息量大幅度增长的客观形势而发展起来的，其宗旨是提高制造信息的处理质量和效率。制造系统各组成单元的智能化是它们之间有效集成的基础，是集成化向高级阶段发展的必要环节。基于充分的信息交流与信息共享的智能集成是 21 世纪制造产业的主要特色。所谓智能制造系统（Intelligent Manufacturing System，IMS），是一种由智能机器和人类专家共同组成的人机一体化智能系统，它在制造过程中能进行诸如分析、推理、判断、构思和决策等智能活动。

（3）并行工程。并行工程（Concurrent Engineering，CE）是目前国际上机械工程领域中重要的研究方向。CE 是一种系统方法，它以集成的并行方式设计产品及其相关过程，包括对制造过程、支持过程的设计。这种方法的目的是使产品开发人员从一开始就考虑到从概念形成到产品投放市场的整个产品生命周期中质量、成本、开发时间和用户需求等所有因素。CE 的实现旨在从时间、质量、成本、服务方面提高企业在国际市场上的竞争力。

（4）精益生产。精益生产（Lean Production，LP）由美国麻省理工学院在总结日本丰田汽车公司生产方式的基础上提出，其基本思想可以用一句话来说明："减少一切不必要的活动，杜绝浪费。"准时生产（Just In Time，JIT）、全面质量管理（Total Quality Managemt，TQM）、并行工程（Concurrent Engineering，CE）、成组技术（Group Technology，GT）是 LP 的四大支持技术，GT 是 LP 的基础。因此从某种意义上讲，LP 是基于现代科学技术的一种企业管理模式，其操作思路是从生产操作、组织管理、经营方式等各个方面，找出一切不能为产品增值的活动或人员并加以革除，以降低产品的成本，缩短产品开发周期，提高产品的质量，增强企业的竞争力。

（5）快速原型制造。快速原型制造（Rapid Prototype Manufacturing，RPM）技术是 20 世纪 80 年代后期兴起的一项高新技术，是近 20 年来制造技术领域的一次重大突破。RPM 是机械工程、CAD、数控技术、激光技术以及材料科学的技术集成，它可以自动而迅速地将设计思想物化为具有一定结构和功能的原型或直接制造零件，从而可以对产品设计进行快速评价、修改，以响应市场需求，提高企业的竞争能力。

（6）超高速切削和磨削。超高速切削和磨削加工是近年发展起来的集高效、优质和低耗为一身的先进制造技术。

（7）智能机器人。智能机器人是具有部分智能与生命特征的特殊系统，强调代替人执行任务，实现一定的操作功能。

1.4 产品设计研发

产品设计研发是一个对各方面信息进行创新性综合处理的过程，在这个过程中，不仅要考虑产品视觉特征、使用需求、经济效益，更应当关注产品设计开发的过程和运用的方法。一个成功的产品的诞生，从产品的构思到切实可行的方案实施，再到最后的商品化运作，每一步都要经过缜密的设计管理，以确定整个设计开发的系统，从而满足多方面的需求。

1.4.1 产品的设计开发流程

一个产品的设计开发过程通常可分为产品规划、方案设计、深入设计、施工设计和产品制造设计审核与测试等阶段。

1. 产品规划（计划）阶段

产品规划阶段要进行需求分析、市场预测、可行性分析，确定关键性设计参数及制约条件，最后给出设计任务书（或要求表），作为设计、评价和决策的依据。设计任务书的内容十分庞杂，可以包括：开发的必要性，市场调查及预测情况，相关产品的国内外发展水平，发展趋势，技术上预期达到的水平，经济效益和社会效益的分析，设计、工艺等方面需要解决的关键问题，投资费用及时间进度，现有条件下开发的可能性及需要采取的措施等。

产品开发是从需求分析开始的。需求分析包括对生活的研究和对市场的分析，如时尚趋势、消费需求及消费者对产品功能和性能、质量的具体要求，竞争者的状况，现有类似产品的特点、主要原料、配件的供应状况及产品的变化趋势等。对产品开发中预期会出现的重大问题,还需要预先提出产品开发可行性报告。

对拟开发的产品,要通过调研分析,得到顾客对产品的需求优先级,进一步进行顾客的偏好分析,用质量机能展开(Quality Function Deployment,QFD)方法,对产品整个生命周期的各阶段进行质量设计,得到相应的质量特性需求,由此提出合理的设计要求,以用来指导设计的展开。合理的设计要在技术性能、质量指标、经济指标、整体造型、宜人性以及环境协调等方面进行统筹兼顾。因此,拟订设计要求是产品规划(计划)阶段的重要内容。主要的设计要求有:

(1) 功能要求:指对产品的实用功能、美学功能和象征功能的要求。

(2) 适应性要求:指对情况(工作状况、环境条件等)发生变化时,产品适应能力的要求。

(3) 性能要求:指对产品所具有的工作特性的要求。

(4) 人机关系要求:人机关系的协调是技术要求也是美学要求,包括方便而舒适,调节控制有效、可靠,符合人的习惯,造型和谐,操作宜人、高效等。

(5) 可靠性要求:指系统、产品、部件、零件在规定的使用条件下,在预期的使用寿命内正常工作的概率,是一项重要的质量指标。

(6) 使用寿命要求:这是一项重要的技术指标,又具有重要的经济意义。产品不同,对其使用寿命要求亦不同,有的产品为一次性产品,有的是半耐久性产品,有的是耐久性产品。设计中理想的情况是所有零部件为等寿命,但事实上这是不可能的,应对易损件寿命与部件或产品寿命的倍数关系加以研究和确定。

(7) 效率要求:指对系统的输入量和输出量的有效利用程度的要求。从节约能源、提高系统经济性角度考虑,希望系统有尽可能高的效率,但因为技术、成本等的制约,应提出适应于当前技术水平的、较为经济的、适度的效率指标。

(8) 使用经济性要求:指对产品在使用时支付的成本费用与获得价值的差值的要求。

(9) 成本要求:指对产品成本的要求。产品成本的70%~80%一般是在设计过程中决定的。成本是一项重要的经济指标,关系到产品的竞争力及利润水平。就设计而言,设计的简化、合理的精度和安全系数要求、零件结构和加工制造方法的优化等都可以降低成本。

(10) 安全防护要求:产品应有必要的安全防护功能,确保用户及产品本身的安全,如过载保护、触电保护、防止误操作装置等。

(11) 与环境适应的要求:任何系统均在一定的环境中工作,环境对系统有各种干扰,系统对环境也会产生各种物理的、视觉的作用,因此二者要达到一定的协调、适应水平。

(12) 储运包装的要求:产品要经过一系列环节才能到达用户手上,因此要考虑产品的储存码放,运输方法,产品总体尺寸、重量等因素,提出相应的要求。包装既有保护产品的作用,又具有宣传展示功能,同时包装材料也会在废弃时对环境造成影响,因此也需有相应要求。

产品规划(计划)阶段的最终目标是明确设计任务和要求,确定产品开发的具体方向,并以设计任务书(要求表)的方式加以归纳,因此应根据不同的产品自身特点确定其项目内容。

2. 方案设计阶段

原理方案的拟订从质的方面决定了设计水平,关系到产品性能、成本和竞争力。如何从自然科学原理及技术效应出发,找出最适宜于实现预定设计目标的原理方案,无疑是一件复杂而困难的事情。为此要运用创新思维方法或借鉴前人经验,采用一些普遍适用的原理方案及构思方法。通过功能分析,认清设计对象的实质和层次,在此基础上通过创新构思、搜索探求、优化筛选取得较理想的功能原理方案,即是该阶段的主要任务。

经过充分的前期准备,准确的设计定位后,设计工作进入构思阶段。在这个阶段,工业设计师自主发挥想象力和创新精神,运用各种方法(如头脑风暴法、类比法、形态分析法等)构思产品形象,以达到设计定位的要求。设计构思可以通过以下几种方式进行:

(1) 文字构思

通过抓取设计定位中的关键词汇或关键语句,对其进行拆分、类比、归纳,最终得到一些由各种词汇和语句组合起来的形象体,这个形象体就是后期进行草图设计的重要依据。针对设计的具体要求,可以继续往下发展,通过思考、类比、归纳,以现有的同类产品作为参考。

(2) 草图构思

用草图进行记录并分析和完善是帮助设计师思考的重要步骤。在草图构思的过程中,要手、心、脑并用,将模糊的形体明确化、具体化,形成初步的设计构思。可以使用视觉化成果作为沟通工具,设计师可以站在消费者或客户的角度,对产品的使用场景、环境状况、人机互动性进行可视化的想象,绘制脚本,画出分镜流程图以及各场景的情景画面,同时研讨情景中值得探讨的关键议题,从而发展出新的设计概念或评判设计想法是否符合新产品开发的要求(见图 1-2)。

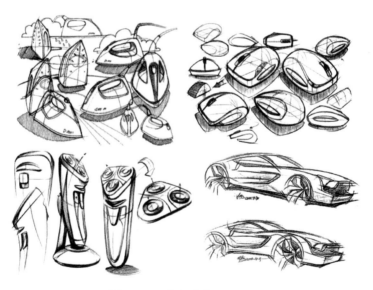

图 1-2　工业设计产品手绘图

(3) 草模构思

草模构思是运用二维或三维软件对设计方案进行效果图的绘制、渲染,通过软件将产品的立体形态表现出来。常用的二维设计表现软件有 Photoshop、Illustrator、CorelDraw 等,三维软件有 3DSMax、AutoCAD、SolidWorks、CATIA、Pro-Engineer、NX、Rhinoceros 等。草模构思可以更好地对设计方案进行评价和修改(见图 1-3)。

图 1-3　SolidWorks 机床模型建模

3. 深入设计阶段

该阶段是将功能原理方案具体化为零部件及产品合理结构的过程。相对于方案设计阶段的创新要求,本阶段要更多反映设计规律的合理化要求。有两个核心问题需要在这一阶段完成,其一是"定形",即确定各零件的形态、结构并使其符合加工工艺性要求;其二是"方案",即确定构成产品系统的元件的数目及相互配置关系。这两个问题紧密相关,在解决时也是交错进行的。将深入设计阶段进一步划分,大致包括四个方面:

(1) 总体设计:解决总体布置、运动配置、人机关系等,作出效果图。

(2) 结构设计:设计结构、选择材料、确定尺寸等。

(3) 商品化设计:从技术、经济、审美等各方面提升产品的市场竞争力。如用价值工程方法降低成本、提高性能;用造型设计方法对产品的形态、色彩、风格式样等加以研究,在保证功能、便于加工的前提下,充分创造美观、新颖、有亲和力的造型形象,提高产品的附加价值。

(4) 模型或样机试验:除外观模型外,有时还需制作功能模型或样机以供对产品有关技术性能进行测试分析,及时修正设计。

深入设计阶段也是对产品可行性进行研究、验证的过程。产品设计构思阶段结束后,设计师已基本确定产品的形态、功能、消费对象等,下面要做的就是对方案进行深化,对其可行性进行进一步论证。

方案经过初期的审查后,要对产品方案中的基本结构和技术参数进行检验确定,以备后期技术设计时参考。这一工作主要包括基本功能的设计、人机工程的研究、生产技术的可行性设计等,即对产品的功能、造型、色彩、结构、材质、加工工艺等方面进行可行性分析研究。

4. 施工设计阶段

该阶段要进行零件图、部件装配图设计,完成全部生产图纸并编制设计说明书、工艺文件、使用说明书等有关技术文件。

加工工艺是实现产品造型的关键,不同的产品造型要选择不同的加工工艺实现,通过加工使产品造型达到工艺美的效果。通常,不同的材料对应的加工工艺也不同。如对于金属材料,有铸造成型工艺、切削加工工艺、冲压加工工艺等;对于塑料材料,有吹塑成型工艺、挤压成型工艺、注塑成型工艺等。对于产品表面的处理,有金属拉丝工艺、喷砂工艺、电镀工艺、压纹、水转印等。

5. 产品制造设计阶段

根据前面所确定的设计造型,绘制产品的实际尺寸,完善设计细节,并运用三维辅助设计完成具体工作,设计师就可以进入产品制造设计阶段。随着数字化技术的发展,计算机辅助设计(CAD)和计算机辅助制造(CAM)技术不断升级和完善,样品的制作有了更多、更灵活的选择。如激光快速成型(Rapid Prototyping, RP)技术通过计算机软硬件设备控制堆积技术成型,能够比较快速地将设计想法转变为产品造型或零部件,同时保证比例精确;其缺点是会使产品表面较为粗糙,而且对产品壁厚也有一定的要求,不能太薄。

另一种常用的方式是利用数控机床(CNC)制作手板模型,CNC 模型是近代工业的产物,它综合了计算机辅助设计(CAD)、计算机辅助制造(CAM)、计算机数字控制(NC)等先进技术,把计算机上构成的二维数字模型由整块材料挖掘生成手板模型。CNC 加工样品的优点体现在它能非常精确地反映图纸所表达的信息,而且 CNC 表面质量高,表面可以作抛光、喷漆、丝印、电镀等处理。

6. 设计审核与测试

完成产品样品制作后,为了保证产品质量,有必要对产品进行审核。

审核的内容包括以下几方面:

(1) 产品功能是否符合客户需求。

(2) 产品开发过程是否合理有序。

(3) 产品图纸是否符合相应的技术标准。

(4) 产品开发过程的时间控制是否合理。

(5) 对产品制造方法、组装方法、表面处理工艺等问题进行审核。

(6) 产品开发成本是否控制在预算之内,有超出的话,原因何在。

(7) 产品的安全性、可靠性、外观质量等是否符合前期定位要求,审核产品是否有质量缺陷。

审核工作进行的同时,要对产品进行性能等方面的测试,保证高质量的产品投入市场。

1.4.2　产品研发过程中的关键技术

1. CAD 技术

自从计算机产生以来,人们就开始探讨并试图利用计算机来辅助工程设计。从 20 世纪 60 年代在计算机屏幕上首次实现二维绘图以来,时至今日,现在的 CAD 技术的应用已经从单一的几何建模和零件级应用向整机的虚拟装配、干涉检查、用户自定义特征、主模型技术和各种专业应用技术集成(如知识工程、工业设计、人机工程、网络化异地协同设计、数字样机的可视化浏览技术等)发展,以满足当今制造业对新产品快速开发、缩短开发周期,以及面对激烈市场竞争的要求;此外,当前的 CAD 应用系统十分重视对用户新产品开发流程的支持,在这一变化中,新产品设计知识的表达和应用已经成为 CAD 最核心的技术。

使用 CAD 技术进行产品研发时可以按照目标产品的设计规律,采用自顶向下的方法构造产品的装配模型,定义零部件之间的各种约束关系。随着产品设计的深入,上层的约束可以逐步传递下去,最终得到产品的配置模型,该配置模型能为实现产品数字化设计的过程管理提供支持,并支持产品协同设计的全过程集成。图 1-4 是为汽车车身设计的数字化主模型。

图 1-4 汽车车身数字化主模型图

2. 产品设计中的计算机辅助工程(CAE)技术

计算机辅助工程(Computer Aided Engineering,CAE)主要以有限元分析技术为基础,综合了计算力学、计算数学、工程管理学与现代计算技术等学科,其相关的软件称为 CAE 软件。CAE 软件能够对特定产品进行性能分析、预测和优化,也可以对通用产品进行物理、力学性能的分析、模拟、预测、评价和优化,以实现产品的技术创新。随着高性能计算机系统的发展,CAE 软件将成为产品设计开发团队实现其工程创新和产品创新的得力助手和有效工具。开发团队通过使用 CAE 软件,可以对其创新的设计方案快速实施性能与可靠性分析,并进行虚拟运行模拟,及早发现设计缺陷,在实现创新的同时,提高设计质量,降低研究开发成本,缩短研究开发周期。

图 1-5 是基于 CAE 技术的某型号小汽车后桥设计验证优化过程图解,CAE 技术的正确应用,可以有效地提高产品的质量和性能。

3. 产品设计中的数字化制造 CAM

在新产品的开发过程中,除了采用 CAE 技术可进行产品及零部件的性能仿真分析外,为了能准确地把握新产品未来的功能和性能,有时也需要制作实物样件或样机进行试验。为了加快新产品的开发速度,采用数字化制造手段来制作实物样机或样件,已成为国内外

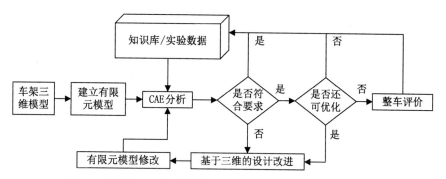

图 1-5 基于 CAE 技术的某型号小汽车后桥设计验证优化过程

制造业首选的先进手段。目前,在新产品开发中常用的数字化制造技术是 CAM 和 RP。

CAM(Computer Aided Manufacturing)即计算机辅助制造,是应用计算机来进行产品制造的统称,有广义和狭义之分。广义 CAM 是指利用计算机辅助完成从原材料到成品的全部制造过程,包括直接制造过程和间接制造过程。狭义 CAM 是指制造过程中某个环节应用计算机,在计算机辅助设计与制造(CAD/CAM)中,通常是指计算机辅助加工,更确切地说,是指数控加工。CAM 的输入信息是零件的几何信息和工艺信息(包括工艺路线和工序内容),输出信息是刀具加工时的运动轨迹和数控程序。数控编程的过程就是把 CAD/CAM 有机地结合起来的过程,数控程序的编制,包括刀具路径的规划、刀位文件的生成、刀具轨迹的仿真及 NC 代码生成。

 思考题

1. 什么是"工程"? 如何理解工程与技术、科学之间的关系?
2. 我国机械制造业的发展方向是什么?
3. 机械制造主要包括哪些生产环节? 何为"机械制造系统"?
4. 先进机械制造技术包含哪些内容? 发展趋势如何?
5. 产品设计研发的主要流程有哪些?

第 2 章　工　程　材　料

常用工程材料可分为金属材料和非金属材料两大类。

金属材料是最重要的工程材料,包括纯金属及其合金。工业上把金属材料分为两大部分:黑色金属——铁和以铁为基的合金(钢、铸铁和铁合金);有色金属——黑色金属以外的所有金属及其合金。应用最广的是黑色金属,它占整个结构材料和工具材料的90%以上。

非金属材料是一个泛称,它是指除金属材料之外的其他材料。它的种类繁多,占材料品种总数的98%以上。各种非金属材料具有不同的优异性能,往往为金属材料所难比拟,加之其原材料来源丰富、成型加工简便、成本相对低廉、应用十分广泛,已成为工程材料的重要组成部分。

材料的性能包括使用性能和工艺性能两方面。使用性能是材料在使用条件下表现出来的性能,如力学性能、物理性能和化学性能等;工艺性能则指材料在加工过程中反映出来的性能,如切削性能、铸造性能、压力加工性能、焊接性能、热处理性能等。工程上要求具有一定强度、韧性、塑性等力学性能的材料,主要用于制作工程结构和零件,称为结构材料。那些要求具有电、光、声、磁、热等功能和效应的材料为功能材料,一般不在工程材料中讨论。

2.1　材料的力学性能

材料的力学性能,指材料在受外力作用时所反映出来的性能。金属材料的力学性能有强度、硬度、塑性、韧性、刚度、疲劳强度等,下文简单介绍金属材料的强度、硬度和韧性。

1. 强度

在外力作用下,材料抵抗变形和断裂的能力称为强度。按外力作用方式不同,可分为抗拉、抗压、抗扭强度等,抗拉强度最常用。当承受拉力时,强度特性指标主要是屈服强度 R_e 和抗拉强度 R_s。屈服强度就是金属材料发生屈服现象时的屈服极限。抗拉强度就是金属材料在拉断前所能承受的最大应力。R_e 和 R_s 是机械零件设计时的重要依据,同时也是评定金属材料强度的重要指标。

2. 硬度

硬度是指金属表面抵抗其他硬物压入的能力,或者说是材料对局部塑性变形的抗力。工程上常用的有布氏硬度、洛氏硬度和维氏硬度。

1)布氏硬度

按《金属材料 布氏硬度试验 第 1 部分:试验方法》(GB/T 231.1—2018)规定,采用相应的试验力 F,将直径为 D(mm)的碳化钨合金球压入金属材料的表层,经过规定的保持时间后,卸除试验力,即得到一直径为 d(mm)的压痕。载荷除以压痕表面积所得之值即为布氏硬度,以 HBW 表示。

布氏硬度机的压头是碳化钨合金球,直径规格为 1 mm、2.5 mm、5.0 mm 和 10.0 mm 四种。载荷的大小可以在 9.807~29 420 N 范围内按等级选取,载荷保持时间一般为 10~15 s。

布氏硬度试验的优点是测定结果较准确,不足之处是压痕大,不适合用于成品检验。

2)洛氏硬度

洛氏硬度试验是以一特定的压头加上一定的压力压入被测材料,根据压痕的深度来衡量材料的软硬,压痕愈深,硬度愈低。被测材料的硬度可直接在硬度计刻度盘上读出。

洛氏硬度机所用的压头、载荷、应用范围、适用的材料如表 2-1 所示。洛氏硬度 HRC 可以用于检测硬度很高的材料,而且压痕很小,几乎不损伤工件表面,故在钢的热处理质量检查中应用最多。但洛氏硬度的压痕小,硬度值的代表性就差些,重复性也不好。

表 2-1　洛氏硬度试验相关参数

标度	压头	预载荷/N	总载荷/N	应用范围	适用的材料
HRA	120°金刚石圆锥	98.07	588.4	70~85HRA	硬质合金、表面淬火钢等
HRB	ϕ1.588 mm 淬火钢球	98.07	980.7	25~100HRB	软钢、退火钢、铜合金等
HRC	120°金刚石圆锥	98.07	1471.1	20~67HRC	淬火钢、调质钢等

3)维氏硬度

维氏硬度的试验原理基本上和布氏硬度试验相同,但所用的压头形状和材料不同。维氏硬度试验是用一个相对面夹角为 136°的金刚石正四棱锥体压头,在选定试验力作用下压入被测试金属的表面,保持一定时间后卸除试验力。然后再测量压痕的两对角线的平均长度 d,进而计算出压痕的表面积 S,最后求出压痕表面积上平均压力(F/S),以此作为被测试金属的硬度,用符号 HV 表示。

维氏硬度试验法的优点是试验时所加试验力小,压入深度浅,故适用于测试零件表面淬硬层及化学热处理的表面层(如渗碳层、渗氮层等)的硬度。

3. 韧性

韧性指标有冲击韧性和断裂韧性等。金属材料抵抗冲击载荷作用下断裂的能力叫作冲击韧性,常用 α_K 表示,单位为 J/m^2。断裂韧性就是用来反映材料抵抗裂纹失稳扩展能力的指标,常用 K_{IC} 表示。

非金属材料的力学性能表达有其特殊性,也可参考金属材料的相关指标。

2.2　常用的金属材料

2.2.1　常用钢材

1. 钢的分类

工业用钢按化学成分可分为碳素钢和合金钢两大类。碳素钢(碳钢)是碳的质量分数小于 2.11% 的铁碳合金,含有少量锰、硅、硫、磷等非特意加入的杂质元素。合金钢是为了改善碳钢的性能或使之获得某些特殊性能,在碳钢的基础上,特意加入某些合金元素而得到的多元的以铁为基础的铁碳合金。

由于硫、磷分别能在高温和低温下加大钢的脆性,故按质量等级来分类时规定了各等级钢中的硫、磷的含量。

钢的种类繁多,可按照化学成分、质量等级、冶炼方法、金相组织和用途等进行分类,如:碳素结构钢(普通碳素结构钢、优质碳素结构钢);碳素工具钢(优质碳素工具钢、高级优质碳素工具钢);合金结构钢[普通低合金结构钢、机械制造合金结构钢(渗碳钢、调质钢、弹簧钢)];合金工具钢(低合金工具钢、高合金工具钢);特殊性能钢(不锈钢、耐热钢、耐磨钢)。

2. 常用碳素钢的牌号、种类和用途

碳素钢容易冶炼,价格低廉,工艺性好,在机械制造业中得到了广泛的应用。表 2-2 列出了碳素钢的牌号、种类和用途。

表 2-2　碳素钢的牌号、种类和用途

名称	普通碳素结构钢	优质碳素结构钢	一般工程用铸造碳钢	碳素工具钢
常用种类	Q195,Q235,Q235A,Q255,Q235A.F	08F,15,20,35,45,60,45Mn,60Mn	ZG200-400,ZG270-500,ZG340-640	T7,T8,T10,T10A,T12,T13
牌号意义	字母"Q"表示屈服点的"屈","A"表示质量等级,分 A、B、C、D 4 级,"F"表示沸腾钢	两位数字表示钢中碳的平均质量分数为万分之几。"F"表示沸腾钢,锰的质量分数在 0.7%~1.2%时加"Mn"表示	"ZG"表示铸钢,前3位数字表示最小屈服强度值,后3位数字表示最小抗拉强度值。强度越高,碳的质量分数越高	"T"表示碳素工具钢,其后的数字表示碳的质量分数为千分之几,"A"表示高级优质
用途举例	建筑结构件、螺栓、小轴、销子、键、连杆、法兰盘、锻件坯料等	冲压件、焊接件、轴、齿轮、活塞销、套筒、蜗杆、弹簧等	机座、箱体、连杆、齿轮、棘轮等	冲头、錾子、钏、板牙、圆锯片、丝锥、钻头、镗刀、量规等

3. 合金钢的牌号、种类和用途

合金钢是在碳素钢的基础上加入一些合金元素而成的钢。常用的合金元素有锰、硅、铬、镍、钼、钨、钒、钛、硼等。合金钢的牌号、种类和用途见表 2-3。

表 2-3　合金钢的牌号、种类和用途

名称	合金结构钢	合金工具钢	特殊性能钢
常用种类	12Mn,18Cr2Ni4WA,20CrMnTi,38CrMoAlA	9SiCr,W18Cr4V,CrWMn,Cr12MoV	GCr15,1Cr18Ni9Ti,3Cr13,4Cr10Si2Mo
牌号意义	首两位数字表示碳的质量分数为万分之几,元素符号及其后数字表示该元素平均含量为百分之几,小于 1.5%时不标数字,为 1.5%~2.49%、2.5%~3.49%时,相应地标以 2、3…"A"表示高级优质	首位数字表示钢中碳的平均质量分数为千分之几,高于 1.0%时不标出。元素符号及其后数字表示方法与合金结构钢相同	专用钢牌号的表示方法与钢种相关,有特殊的命名方法。详见国家标准
用途举例	建筑结构件、桥梁构件、车辆、锅炉、高压容器、凸轮轴、连杆、齿轮、高强度螺栓等	丝锥、钻头、锯条、冷作模具、热作模具、各种量具、刀具等	轴承钢、不锈钢、耐热钢、无磁钢等

2.2.2　常用铸铁

铸铁是含碳量大于2.11%(通常为2.8%～3.5%)的铁碳合金,此外铸铁中还含有硅、锰、硫、磷等杂质元素。铸铁的抗拉强度低,塑性和韧性差,但铸铁具有优良的耐磨性、减振性、铸造性能和切削加工性,被大量用于制造机器设备,通常重量占设备总重量50%以上。

铸铁有许多种,根据化学成分、冶炼工艺和内部组织不同,可分为以下几种:

(1)白口铸铁。白口铸铁中碳极大部分以化合物(Fe_3C)形式存在,因断口呈银白色而得名。这种铸铁组织非常硬脆,难以加工,所以很少用它来制造机器零件。

(2)灰铸铁。灰铸铁中碳大部分以片状石墨形式存在,因断口呈灰色,故名灰铸铁,它是工业中应用最广的铸铁。

(3)可锻铸铁。可锻铸铁中碳大部分以团絮状石墨形式存在,由于团絮状石墨对组织的破坏作用小,其力学性能优于灰铸铁,即有较高强度和一定的塑性与韧性,但仍不能用来锻造。

(4)球墨铸铁。球墨铸铁中碳大部分以球状石墨形式存在。它是在熔炼过程中加入一定量的球化剂和孕育剂经浇注后获得的。由于球状石墨对组织的破坏作用更小,所以球墨铸铁的力学性能比灰铸铁和可锻铸铁都好。

其他还有石墨呈蠕虫状的蠕墨铸铁;含有一定数量硅、锰等合金元素,具有耐蚀、耐热、耐磨等性能的合金铸铁。

常用铸铁的牌号、种类及用途见表2-4。

表 2-4　常用铸铁的牌号、种类及用途

类别	名称				
	灰铸铁	球墨铸铁	可锻铸铁	蠕墨铸铁	合金铸铁
常用种类	HT150 HT200 HT350	QT400-18 QT600-3 QT900-2	KTH330-08 KTH370-12 KTZ650-02	RuT300 RuT340 RuT380	RTCr16 RTSi5
牌号意义	"HT"表示灰铸铁,数字表示最小抗拉强度值	"QT"表示球墨铸铁,前面数字表示最小抗拉强度值,后面数字表示最小伸长率	"KTH"表示黑心可锻铸铁,"KTZ"表示珠光体可锻铸铁,数字意义同球墨铸铁	"RuT"表示蠕墨铸铁,数字表示最小抗拉强度值	"RT"表示耐热铸铁,化学符号表示含金元素,数字表示合金元素质量分数为百分之几
用途举例	底座、床身、泵体、气缸体、阀门、凸轮等	扳手、犁刀、曲轴、连杆、机床主轴等	扳手、犁刀、船用电机壳、传动链条、阀门、管接头等	齿轮箱体、气缸盖、活塞环、排气管等	化工机械零件、炉底、坩埚、换热器等

2.3　钢的热处理

钢的热处理是将钢加热到一定的温度,经一定时间的保温,然后令其以某种速度冷却下来,通过这样的工艺过程使钢的组织和性能发生改变。钢经过正确的热处理,可提高使用性能,改善工艺性能,达到充分发挥金属材料性能潜力、提高产品质量、延长使用寿命、提高经济效益的目的。

钢的热处理基本工艺方法有退火、正火、淬火和回火等。

2.3.1 钢的退火和正火

1. 退火

退火是将钢加热到预定温度,保温一定时间后使其缓慢冷却(通常是随炉冷却),获得接近平衡组织的热处理工艺。

退火的目的:(1)降低硬度,改善切削加工性;(2)消除应力,稳定尺寸;(3)细化晶粒,调整组织,消除缺陷,为后续热处理作好组织准备。根据钢的成分和退火目的的不同,常用的退火方法可分为完全退火、球化退火和去应力退火。

(1)完全退火。完全退火又称重结晶退火,一般简称退火。完全退火是一种将钢加热到 Ac_3 以上 30~50 ℃,保温一定时间,令其缓慢冷却(随炉或埋入石灰和砂中冷却)至 500 ℃以下,然后在空气中冷却,以获得接近平衡状态组织的热处理工艺。

(2)球化退火。球化退火是使钢中碳化物球状化的热处理工艺。将钢加热到 Ac_1 以上 20~50 ℃,充分保温后使其随炉冷至 600 ℃以下出炉空冷。

(3)去应力退火。去应力退火又称低温退火,它主要用于消除铸件、锻件、焊接件、冷冲压件以及机加工件中的残余应力。去应力退火工艺是将工件随炉缓慢加热至 500~650 ℃保温一定时间后,令其随炉缓慢冷却至 200 ℃再出炉空冷。

2. 正火

正火是将钢件加热到 Ac_3 或 Ac_{cm} 以上 30~50 ℃,保温后从炉中取出在空气中冷却的热处理工艺。正火与退火的明显区别是其冷却速度要快一些,形成的组织要细一些,因而力学性能也有所提高。

对于普通结构钢来说,正火的主要目的是细化晶粒,提高钢的力学性能。对于低碳钢和低碳合金钢,正火可提高硬度(140~190 HBS),从而改善其切削加工性(切削加工的适宜硬度为 140~250 HBS)。对于网状渗碳体严重的高碳钢来说,可以消除二次渗碳体网,有利于球化退火的进行。

正火与退火相比,操作简便,生产周期短,能量消耗少,故在可能条件下,应优先采用正火处理。

2.3.2 钢的淬火

淬火是将钢加热到 Ac_3 或 Ac_1 以上,保温一定时间使其奥氏体化,再以大于临界冷却速度进行快速冷却,从而发生马氏体转变的热处理工艺。淬火的目的主要是获得马氏体,提高钢的强度、硬度和耐磨性。它是强化钢材的最重要的热处理工艺。

1. 淬火加热温度的选择

临界温度是指使钢在加热或冷却过程中发生组织转变的温度。对于含碳量小于 0.8%

的钢,淬火加热的临界温度为 Ac_3。若加热温度不足(低于 Ac_3),则淬火组织中出现硬度较低的组织而造成强度及硬度的降低。对于含碳量大于 0.8% 的钢,淬火加热的临界温度为 Ac_1,淬火后可得到细小的马氏体、粒状渗碳体等。粒状渗碳体的存在可提高钢的硬度和耐磨性。过高的加热温度(超过 Ac_{cm})不仅无助于强度、硬度的增加,反而会导致硬度和耐磨性的下降。

需要指出的是,在退火、正火及淬火时,均不能任意提高加热温度。温度过高晶粒容易长大,而且会增加氧化、脱碳和变形的倾向。常用钢的各种临界温度见表 2-5。

表 2-5 常用钢的临界温度

类别	钢号	临界温度/℃			
		Ac_1	Ac_3 或 Ac_{cm}	Ar_1	Ar_3
碳素结构钢	20	735	855	680	835
	30	732	813	677	835
	40	724	790	680	795
	45	724	780	682	760
	50	725	760	690	750
	60	727	766	695	721
碳素工具钢	T7	730	770	700	743
	T8	730	—	700	—
	T10	730	800	700	—
	T12	730	820	700	—
	T13	730	830	700	—

2. 加热时间的确定

加热时间包括升温和保温时间。加热时间受工件形状尺寸、装炉方式、装炉量、加热炉类型和加热介质等影响。加热时间通常根据经验公式估算或通过实验确定,生产中往往要通过实验确定合理的加热及保温时间,以保证工件质量。

3. 冷却速度

冷却时应使冷却速度大于临界冷却速度,以保证获得马氏体组织。在这个前提下又应尽量缓慢冷却,以减少内应力,防止工件的变形和开裂。淬火时除了要选用合适的淬火冷却介质外,还应改进淬火方法。对形状简单的工件,常采用简易的单液淬火法,一般用水或食盐水溶液作为碳钢的冷却介质,用油作为合金钢的冷却介质。

2.3.3 钢的回火

钢经淬火后得到的马氏体组织硬而脆,不稳定,并且工件内部存在很大的内应力,因此淬火钢必须进行回火处理。

回火处理的目的是消除和降低钢的内应力,防止开裂,调整硬度,提高韧性,稳定尺寸,

获得较好的综合力学性能。根据回火温度的不同,回火方式可分为以下 3 种:

(1) 低温回火,指淬火钢在 250 ℃以下回火。低温回火后的组织为回火马氏体(还有少量其他组织),其基本上保持了淬火后的高硬度(58～62 HRC)和耐磨性。低温回火主要目的是降低淬火钢件的内应力和脆性,提高韧性,这种钢件多用于制作各种工具、模具、滚动轴承和要求高耐磨性的钢件。

(2) 中温回火,指淬火钢在 350～500 ℃回火。中温回火后的组织为回火托氏体,由极细粒状渗碳体和针状铁素体组成。回火托氏体的硬度为 35～45 HRC,具有较高的弹性极限和屈服极限,并有一定的韧性,它主要用于制作各种弹簧。

(3) 高温回火,指淬火钢在 500～650 ℃回火。高温回火后的组织为回火索氏体,由细粒状渗碳体和多边形铁素体组成。回火索氏体的硬度为 25～35 HRC。这种组织的特点是综合力学性能好,在保持较高强度的同时,具有较好的塑性和韧性。这种淬火加高温回火的热处理工艺又称为调质,它主要用于制作各种重要结构零件,如各类轴、齿轮、连杆等。

回火保温时间与工件材料、尺寸及工艺条件等因素有关,一般为 0.5～2 h。

2.3.4 钢的表面热处理

1. 表面淬火

表面淬火是指仅对钢件表层进行淬火的工艺,是通过快速加热使钢表层奥氏体化,而不等热量传至中心,立即予以淬火冷却,其结果是表层获得硬面耐磨的马氏体组织,而芯部仍保持着原来的塑性,是韧性较好的退火、正火或调质状态的组织。一般包括感应加热表面淬火、火焰表面淬火等。

2. 化学热处理

化学热处理是将钢件置于一定温度的活性介质中保温,使一种或几种元素渗入它的表层,以改变其化学成分,从而改变组织和性能的热处理工艺。

化学热处理是由以下 3 个基本过程组成的:

(1) 分解由介质中分解出渗入元素的活性原子。

(2) 吸收工件表面的活性原子。吸收的方式有两种,一种是活性原子由钢的表面进入铁的晶格而形成固溶体,另一种是活性原子与钢中的某种元素形成化合物。

(3) 扩散已被工件表面吸收的原子,在一定温度下,原子由表往里迁移,形成一定厚度的渗层。加热温度越高,原子的扩散越快,渗层的厚度也越大,整个化学热处理过程就进行得越快。在温度确定后渗层厚度则主要由保温时间来控制。

化学热处理的目的是提高钢件的表面硬度、耐磨性和抗蚀性,而钢件的芯部仍保持原有性能。根据渗入元素的不同,化学热处理分为渗碳、渗氮、碳氮共渗、渗金属等,常用的是渗碳和渗氮。

2.4 非金属材料

非金属材料从广义上讲是除金属材料以外的其他一切材料,但在本节所要研究的主要是指有机合成高分子材料(工程塑料、合成橡胶等)、无机非金属材料(工业陶瓷)和复合材料等。非金属材料由于资源丰富、能耗低,且具有优良的电气、化学、力学等综合性能,在近几十年来得到迅速发展,它的应用遍及国民经济的各个领域。

2.4.1　高分子材料

高分子材料为有机合成材料,亦称聚合物。它成型和加工容易,价格低廉,具有许多金属不具有的特殊性能,如塑料密度小,比强度高,有良好的电绝缘性和热绝缘性,较强的耐腐蚀性能;橡胶具有高弹性等。这是高分子材料迅速发展的重要原因。但高分子材料也有许多缺点,如强度、硬度低,热性能差,工作温度低,容易老化等。有机高分子材料根据其性能及使用工况,通常可以分为塑料、橡胶、合成纤维、涂料及胶黏剂五类。此外在前三类的基础上加入其他金属或非金属材料,则可制成具有某种特殊性能的复合材料。在此就塑料和橡胶做简单介绍。

1. 塑料

塑料是应用较广的高分子材料,具有质地小、比强度高、耐腐蚀、消声、隔热性能,以及良好的减摩耐磨性和电性能。因此,塑料制品不仅在日常生活中屡见不鲜,而且由于工程塑料的发展,使其在工农业、交通运输业以及国防工业等各领域中也得到广泛的应用。

1) 塑料的组成

(1) 树脂

树脂是塑料的基本组成部分,它决定塑料的主要性能。因此,绝大多数塑料是以所用树脂的名称命名的。

(2) 添加剂

为了改善塑料的使用性能和工艺性能而加入的其他物质称为添加剂。

添加剂主要有以下几种:

① 填料。填料又称填充剂,它主要用以提高塑料强度,减少树脂用量,如木粉和石棉纤维等。有的填料还可增加某些新的性能。

② 固化剂。固化剂成型时使树脂分子链发生交联,由线型结构转变为体型结构而固化。如在环氧树脂中加入乙二胺。

③ 增塑剂。增塑剂是用以提高树脂的塑性和柔软性的物质,如环氧化物、磷酸酯等。

此外,根据塑料的不同要求还可加入稳定剂、润滑剂、着色剂、发泡剂、阻燃剂等。

2) 塑料的特性

(1) 密度小

塑料的密度约为钢的 1/6、铝的 1/2。这对于减轻车辆舰船、飞机和航天器等的自重具有重要意义。

(2) 良好的耐蚀性

大多数塑料化学稳定性好,对大气、水、油、酸、碱和盐等介质有良好的耐蚀性,被广泛用于制作腐蚀条件下工件的零件和化工设备。

(3) 良好的减摩性和耐磨性

大多数塑料的摩擦系数小,并具有自润滑能力,可在无润滑条件下工作。

（4）良好的电绝缘性

大多数塑料都具有良好的电绝缘性和较小的介电损耗,是理想的电绝缘材料。

（5）良好的消声减震性

用塑料制作的摩擦传动零件,可减小噪声,降低震动,提高运转速度。

（6）良好的成型性

绝大多数塑料可直接采用注射、挤塑或压塑成型加工而无须切削,故生产效率高,成本低。

塑料的不足之处是强度、刚度、硬度低,耐热性差,受热时易变形,易老化等。

3）塑料的分类和常用塑料

（1）塑料的分类

① 按应用范围,塑料分为通用塑料和工程塑料。通用塑料是指产量大、价格低、用途广的常用塑料,多用于制作生活日用品、包装材料或性能要求不高的工程制品;工程塑料是指具有较高的强度、刚度、韧性和耐热性的塑料,主要用于制作机械零件和工程构件。

② 按热行为,塑料分为热塑性塑料和热固性塑料。热塑性塑料属线型结构,可重复加热塑制成型,其制品的强度、刚度和耐热性较差,但韧性较高;热固性塑料属体型结构,不能重复成型,其制件强度、刚度和耐热性相对较高,但脆性较大。

（2）常用塑料

① 常用热塑性塑料。常用热塑性塑料的名称、特性和用途见表 2-6。

② 常用热固性塑料。常用热固性塑料的名称、特性和用途见表 2-7。

表 2-6　常用热塑性塑料

类别	名称	主要特性	主要用途
通用塑料	聚乙烯 (PE)	高压低密度聚乙烯:强度低($\sigma_b=7\sim15$ MPa),柔软,成型性好,耐热性差	薄膜、软管、塑料瓶等包装材料
		中低压高密度聚乙烯:强度较高($\sigma_b=21\sim37$ MPa),柔软性和成型性好,耐热性较好	低承载的结构件,如插座、高频绝缘件、化工耐蚀管道、阀件等
	聚苯乙烯 (PS)	电绝缘性、透明性好,强度高($\sigma_b=42\sim55$ MPa),质硬,但耐热性、耐磨性差,易裂	仪表外壳、灯罩、高频插座与其他绝缘件,以及玩具、日用器皿等
	聚氯乙烯 (PVC)	硬聚氯乙烯:强度高($\sigma_b=35\sim63$ MPa),耐蚀性、绝缘性好,耐热性差	化工用耐蚀构件,如管道、弯头、三通阀、泵件等
		软聚氯乙烯:强度低($\sigma_b=10$ MPa),柔软,具有高弹性,耐蚀性好,耐热性差	农业和工业包装用薄膜、人造革,电绝缘材料
	聚丙烯 (PP)	强度较高($\sigma_b=30\sim39$ MPa);耐热性好,是通用塑料中唯一能用至 $100\ ℃$ 的无毒塑料;具有优良的耐蚀性和绝缘性,但不耐磨,低温呈脆性	继电器小型骨架、插座、外罩、外壳、法兰盘、接头、化工管道、容器、药品和食品的包装薄膜
工程塑料	尼龙 (PA)	强度高($\sigma_b=56\sim83$ MPa),具有突出的耐磨性和自润滑性,耐热性不高,但芳香尼龙有高的耐热性	尼龙用于小型耐磨机件,如齿轮、凸轮、轴承、衬套等。铸造尼龙(MC)用于大型机件,芳香尼龙用于耐热机件和绝缘件

（续表）

类别	名称	主要特性	主要用途
工程塑料	聚甲醛（POM）	高强度（$\sigma_b=53\sim68$ MPa）、刚度、硬度和耐磨性，摩擦系数小，耐疲劳性好，但耐热性差，易老化	用于汽车、机床、化工、仪表等耐疲劳、耐磨机件和弹性零件，如齿轮、凸轮、轴承、叶轮等
	聚碳酸酯（PC）	强度高（$\sigma_b=66\sim70$ MPa），韧性和尺寸稳定性好，耐热性好，透明性好，但化学稳定性差，易裂	高精度构件及耐冲击构件，如齿轮蜗轮、防弹玻璃、飞机挡风罩、座舱盖，以及作为高绝缘材料
	ABS 塑料	兼有强度高、耐热性好、耐腐蚀的优点，还有可电镀性；改变组成比例可调节性能，适应范围广	广泛用于机械、电器、汽车、飞机、化工等行业，如齿轮、轴承、仪表盘、机壳机罩、机舱内装饰板和窗框等
	聚砜（PSU）	良好的综合力学性能，突出的耐热性和抗蠕变性，还有可电镀性，但耐有机溶剂性能差，易裂	用于较高温度的结构件，如齿轮、叶轮、仪表外壳，以及电子器件中的骨架管座、积分电路板等
	有机玻璃（PMMA）	透光性好，强度较高（$\sigma_b=60\sim70$ MPa），但不耐磨	用于透明和具有较高强度的零件、装饰件，如光学镜片、标牌、飞机与汽车的座窗等
	聚四氟乙烯（FTFE）	卓越的耐热、耐寒性；极强的耐蚀性，被称为"塑料王"。但强度低（$\sigma_b=15$ MPa），刚性差，成型性差	用于化工、电器、国防等方面，如超高频绝缘材料、液氢输送管道的垫圈、软管等

表 2-7 常用热固性塑料

名称	主要特性	主要用途
酚醛塑料（PF），又称电木	固化成型后硬而脆，刚度大，耐热性高，耐蚀性、绝缘性较高	广泛用于开关、插座、骨架、壳罩等电器零件
氨基塑料，又称电玉	力学性能、耐热性和绝缘性接近电木，色彩鲜艳	开关、插头、插座、旋钮等电器零件
环氧树脂塑料（EP）	高的强度和韧性，尺寸稳定，耐热、耐寒性好，易于成型，胶接力强，但价高，有一定毒性	用于浇铸模具、电缆头、电容器、高频设备等电器零件

2. 橡胶

橡胶是以某些线型非晶态高分子化合物（生胶）为基料，加入各种配合剂制成的在高弹态使用的高分子材料。

1）橡胶的组成与特性

生胶是橡胶的基本组成部分。生胶属塑性胶，其强度低而稳定性差，故常在其中加入硫化剂、填充剂、增塑剂和防老化剂等配合剂改善其性能。其中，硫化剂的作用是使生胶的线型分子链适度交联成网状结构，提高橡胶的强度、刚度和耐磨性，并使其性能在很宽的温度范围内具有较高的稳定性。

橡胶的主要特性是具有高弹性,即具有极小的弹性模量和极大的弹性变形量,卸载后能很快恢复原状,故橡胶具有优异的吸震和储能能力。此外,橡胶还具有较高的强度、耐磨性,较好的密封性和电绝缘性能,使之成为广泛应用的重要工业原料。

2) 橡胶的分类及常用橡胶

(1) 橡胶的分类

按生胶来源不同,橡胶分为天然橡胶与合成橡胶;按应用范围不同,橡胶分为通用橡胶和特种橡胶。通用橡胶产量大、用途广,主要用于制造汽车轮胎、胶带胶管和一般工程构件;特种橡胶则能在特殊条件(高温、低温、酸、碱、油、辐射等)下使用。

(2) 常用橡胶

常用橡胶的种类、性能和用途见表2-8。

表2-8 常用橡胶的种类、性能和用途

类别	种类	代号	拉伸强度/MPa	伸长率/%	使用温度/℃	耐磨性	耐有机酸能力	耐无机酸能力	耐碱性	耐油和汽油能力	使用性能特点	用途
通用橡胶	天然橡胶	NR	20~30	650~900	50~120	中	差	差	好	显著溶胀	高强度、绝缘、防震	通用制品、轮胎
	丁苯橡胶	SBR	15~20	500~800	73~120	好	差	差	好	显著溶胀	耐磨	通用制品、轮胎、胶板、胶布
	顺丁橡胶	BR	18~25	450~800		好	差	差	好	不适用	耐磨、耐寒	轮胎、耐寒运输带
	氯丁橡胶	CR	25~27	800~1 000	35~130	中	差~可	中	好	轻微~中等溶胀	耐酸、耐碱、耐汽油、耐燃	耐燃、耐汽油、耐化学腐蚀的管道、胶带、电线电缆的外皮、汽车门窗的嵌条
	丁腈橡胶	NBR	15~30	300~800	50~170	中	差~可	可	中	适用	耐油、耐汽油、耐水、气密	耐油密封垫圈、输油管、汽车配件及一般耐油制品
特种橡胶	聚氨酯橡胶	UR	20~35	300~800	30~80	好	差	差	差	适用	高强度、耐磨、耐油、耐汽油	实心轮胎、胶辊、耐磨件
	硅橡胶	SI	4~10	500	30~100	差	中	可	好	显著溶胀	耐热、耐寒、抗老化、无毒	耐高、低温的制品、绝缘件、印模材料和人造血管
	氟橡胶	FPM	20~22	100~500	50~300	中	差	好	中~好	适用	耐蚀、耐酸碱、耐热	化工衬里、高级密封件、高真空胶件

2.4.2 陶瓷材料

1. 陶瓷材料的性能

陶瓷材料的性能主要取决于以下两个因素：第一是物质结构，主要是化学键和晶体结构，它们决定了陶瓷材料本身的性能，如电性能、热性能、磁性能和耐腐蚀性能等；第二是组织结构，包括相分布、晶粒大小和形状、气孔大小和分布、杂质、缺陷等，它们对陶瓷材料的性能影响极大。

1）陶瓷材料的力学性能

陶瓷材料的弹性模量和硬度是各类材料中最高的，比金属高若干倍，比有机高聚物高2～4个数量级，这是由于陶瓷材料具有强大的化学键。陶瓷材料的塑性变形能力很低，在室温下几乎没有塑性，这是因为陶瓷晶体中的滑移系很少，共价键有明显的方向性和饱和性，离子键的同号离子接近时斥力很大，当产生滑移时，极易造成键的断裂，再加上有大量气孔的存在，所以陶瓷材料呈现出很明显的脆性特征，韧性极低。因为陶瓷内有气孔、杂质和各种缺陷的存在，所以陶瓷材料的抗拉强度和抗弯强度均很低，而抗压强度非常高，这是由于在受压时陶瓷的裂纹不易扩展。

2）陶瓷材料的物理性能

（1）陶瓷材料的热性能

陶瓷材料的熔点高，大多在 2 000 ℃以上，具有比金属材料高得多的抗氧化性和耐热性，并且高温强度好，抗蠕变能力强。此外，它的膨胀系数低，导热性差，是优良的高温绝热材料。但大多数陶瓷材料的热稳定性差，这是它的主要弱点之一。

（2）陶瓷材料的电性能

陶瓷材料的导电性变化范围很广。由于离子晶体无自由电子，因此大多数陶瓷都是良好的绝缘体。但不少陶瓷既是离子导体，又有一定的电子导电性，因而也是重要的半导体材料。此外，近年来出现的超导材料，大多数也是陶瓷材料。

（3）陶瓷材料的光学特性

陶瓷材料一般是不透明的，随着科技发展，目前已研制出了诸如固体激光器材料、光导纤维材料、光存储材料等透明陶瓷新品种。

3）陶瓷材料的化学性能

陶瓷的组织结构很稳定，这是由于陶瓷以强大的离子键和共价键结合，并且在离子晶体中金属原子被包围在非金属原子的间隙中，从而形成稳定的化学结构。因此陶瓷材料具有良好的抗氧化性和不可燃烧性，即使在 1 000 ℃的高温下也不会被氧化。此外，陶瓷对酸、碱、盐等介质均具有较强的耐蚀性，与许多金属熔体也不发生作用，因而是极好的耐蚀材料和坩埚材料。

2. 陶瓷的分类及其性能特点

陶瓷的种类繁多，大致可以分为传统陶瓷（也叫普通陶瓷）和特种陶瓷（也叫近代工业陶瓷）两大类。虽然它们都是经过高温烧结而合成的无机非金属材料，但它们所用粉体不同，且在成型方法和烧结制度及加工要求等方面有着很大的区别。两者的主要区别见表 2-9。

表 2-9　特种陶瓷与传统陶瓷的主要区别

区别	传统陶瓷	特种陶瓷
原料	天然矿物原料	人工精制合成原料（氧化物和非氧化物两大类）
成型	以注浆、可塑成型为主	以注浆、压制、热压注、注射、轧膜、流延、等静压成型为主
烧结	温度一般在 1 350 ℃以下，燃料以煤、油、气为主	结构陶瓷常需在 1 600 ℃左右高温下烧结，功能陶瓷需精确控制烧结温度，燃料以电、气、油为主
加工	一般不需加工	常需切割、打孔、研磨和抛光
性能	以外观效果为主	以内在质量为主，常呈现耐温、耐磨、耐腐蚀和各种敏感特性
用途	炊具、餐具、陈设品	主要用于宇航、能源、冶金、交通、电子、家电等行业

　　传统陶瓷是以黏土、长石和石英等天然原料，经粉碎、成型和烧结制成的，主要用作日用陶瓷、建筑陶瓷、卫生陶瓷，以及工业上应用的电绝缘陶瓷、过滤陶瓷、耐酸陶瓷等。特种陶瓷是以人工化合物为原料的陶瓷，如氧化物陶瓷、氮化物陶瓷、碳化物陶瓷、硅化物陶瓷、硼化物陶瓷，以及石英质、刚玉质、碳化硅质陶瓷等，主要用于化工、冶金、机械、电子、能源和某些高技术领域。

　　特种陶瓷是 20 世纪发展起来的，在现代化生产和科学技术的推动和培育下，它们发展得非常快，尤其在近 30 年，新品种层出不穷，令人眼花缭乱。

　　各种陶瓷的性能特点及应用见表 2-10。

表 2-10　各种陶瓷的性能特点及应用

陶瓷种类	陶瓷名称	性能特点	应用
普通陶瓷	—	质地坚硬，不氧化生锈，耐腐蚀，不导电，能耐一定高温，加工成型性好，成本低。但强度较低，耐高温性能不及特种陶瓷	日用陶瓷、电绝缘陶瓷、耐酸碱的化学瓷、输水管道、绝缘子、耐蚀容器等
特种陶瓷	氧化铝陶瓷	熔点高，硬度高，强度高，耐蚀性好。但脆性大，抗冲击性能和热稳定性差，不能承受环境温度的剧烈变化	制作耐磨、抗蚀、绝缘和耐高温材料
	氧化锆陶瓷	韧性较高，抗弯强度高，硬度高，耐磨、耐腐蚀，但在 1 000 ℃以上高温蠕变速率高，力学性能显著降低	陶瓷切削刀具、陶瓷磨料球、密封圈及高温低速耐腐蚀轴承等
	碳化硅陶瓷	高熔点，高硬度，抗氧化性强，耐蚀，热稳定性好，高温强度大，热膨胀系数小，热导率大	用作各类轴承、滚珠、喷嘴、密封件、切削工具、火箭燃烧室内衬等
	氧氮化硅铝陶瓷（赛伦）	耐高温，高强度，超硬度，耐磨损，耐腐蚀等	新型刀具材料，各种机械上的耐磨部件，可制作透明陶瓷，可用于人体硬组织的修复等

(续表)

陶瓷种类	陶瓷名称	性能特点	应用
特种陶瓷	氮化硅陶瓷	硬度很高,极耐高温,耐冷热急变的能力强,化学性能稳定,绝缘性高,耐磨性好,热膨胀系数小,具有自润滑性,抗震性好,抗高温蠕变性强,在1 200 ℃下工作强度仍不降低	用于耐磨、耐腐蚀、耐高温绝缘的零件,高温耐腐蚀轴承、高温坩埚、金属切削刀具等
	氮化硼陶瓷	分六方氮化硼和立方氮化硼两种:六方氮化硼具有良好的耐热性,导热系数与不锈钢相当,热稳定性好,在2 000 ℃时仍然是绝缘体,硬度低;有自润滑性的立方氮化硼的硬度仅次于金刚石,但其耐热性和化学稳定性均大大高于金刚石,能耐1 300～1 500 ℃的高温	六方氮化硼:高温耐腐蚀轴承、高温热电偶套管、半导体散热绝缘零件、玻璃制品成型模具。立方氮化硼:适用于制造精密磨轮和切削难度大的金属材料的刀具

2.4.3　复合材料

1. 复合材料的定义

复合材料大多由以连续相存在的基体材料与分散于其中的增强材料两部分组成。增强材料是指能提高基体材料力学性能的物质,有细颗粒、短纤维、连续纤维等形态。因为纤维的刚性和抗拉伸强度大,所以增强材料大多数为各类纤维。所用的纤维可以是玻璃纤维、碳或硼纤维、氧化铝或碳化硅纤维、金属纤维(钨、铂、钽和不锈钢等),也可以是复合纤维。纤维是复合材料的骨架,其作用是承受负荷、增加强度,它基本上决定了复合材料的强度和刚度。基体材料的主要作用是使增强材料黏合成型,其还对承受的外力起传导和分散作用。基体材料可以是高分子聚合物、金属材料、陶瓷材料等。

复合材料把基体材料和增强材料各自的优良特性加以组合,同时又弥补了它们各自的缺陷,因此,复合材料具有高强轻质、比强度高、刚度高、耐疲劳、抗断裂性能高、减震性能好、抗蠕变性能强等一系列优良性能。此外,复合材料还有抗震、耐腐蚀、稳定安全等特性,因而后来居上成为应用广泛的重要新材料。

2. 复合材料的分类

复合材料按基体材料的不同可分为聚合物基复合材料、金属基复合材料和陶瓷基复合材料。

1)聚合物基复合材料

聚合物基复合材料主要是指纤维增强聚合物材料,如将硅纤维包埋在环氧树脂中使复合材料强度增加,可用于制造网球拍、高尔夫球棍和滑雪橇等。玻璃纤维复合材料为玻璃纤维与聚酯的复合体,可用作结构材料,如汽车和飞机中的某些部件、桥体的结构材料和船体等,其强度可与钢材相比。增强的聚酰亚胺树脂可用于汽车的"塑料发动机",使发动机质量减轻,节约燃料。

玻璃钢是由玻璃纤维和聚酯类树脂复合而成的,是复合材料的杰出代表,具有优良的性能。它的强度高、质量轻、耐腐蚀、抗冲击、绝缘性好,已广泛应用于飞机、汽车、船舶、建筑甚至家具生产等领域。

2) 金属基复合材料

金属基复合材料是以金属为基体,以纤维、晶须、颗粒、薄片等为增强体的复合材料。基体金属多采用纯金属及合金,如铝、铜、银、铅、铝合金、铜合金、镁合金、钛合金、镍合金等。增强材料采用陶瓷颗粒、碳纤维、石墨纤维、硼纤维、陶瓷纤维、陶瓷晶须、金属纤维、金属晶须、金属薄片等。

铝基复合材料(如碳纤维增强铝基复合材料)是应用最多、最广的一种金属基复合材料。其不仅具有良好的塑性和韧性,还具有易加工性、良好的工程稳定性和可靠性及价格低廉等优点,受到人们的广泛青睐。

镍基复合材料的高温性能优良,常被用来制造高温下工作的零部件。镍基复合材料应用的一个重要目标,是希望用它来制造燃气轮机的叶片,从而进一步提高燃汽机的工作温度,预计工作温度可提高到 1 800 ℃以上。

钛基复合材料比其他结构材料具有更高的强度和刚度,有望满足更高速新型飞机对材料的要求。钛基复合材料的最大应用障碍是制备困难、成本高。

3) 陶瓷基复合材料

陶瓷本身具有耐高温、高强度、高硬度及耐腐蚀等优点,但其脆性大,若将增强纤维包埋在陶瓷中可以克服这一缺点。增强材料有碳纤维、碳化硅纤维和碳化硅晶须等。陶瓷基复合材料具有高强度、高韧性、优异的热稳定性和化学稳定性,是一类新型结构材料,已应用于或即将应用于刀具、滑动构件、航空航天构件、发动机、能源构件等的制作中。

2.5 先进材料及其应用

随着科学技术的进步,各种先进材料也获得了很大的发展。所谓先进材料,是指应用于高科技领域的材料,如它可应用于激光、生物、集成电路、液晶显示、光纤、航天飞机的热保护系统等方面。其中,智能材料和纳米材料的研究和应用开发得到了广泛重视。

智能材料(或称机敏材料)是不同于传统的结构材料和功能材料的全新材料概念,它模糊了两者的界限,能实现结构功能化、功能多样化。智能材料的构想源自仿生,目标是要获得具有类似生物材料及结构系统的功能的"活"材料系统。它具有能根据环境条件变化而调整或改变自身结构及功能的有自适应性的材料系统。具体表现在以下方面:

(1) 具有传感功能特性。可识别并探测出外界刺激的强度,如应力、应变、热、光、电、磁、化学辐射或核辐射等。

(2) 具有驱动特性及响应环境变化的功能。

(3) 以设定的优化方式选择或控制响应。

(4) 反应灵敏、适当。

(5) 外部刺激条件消除后,能迅速恢复到原始状态。

综上,智能材料应具备传感、驱动和控制三个基本要素,能通过自身的感知,作出判断,发出指令,并执行和完成动作,实现自检测、自诊断、自控、自校正、自修复及自适应等多种功能。因此,智能材料事实上是复杂体系材料的多功能复合及防水设计,而这正是材料科学发展的重要趋势。

纳米材料是指通过纳米技术获得的一类新型材料。纳米晶粒具有量子尺寸效应、比表面积大等特性,它对光、机械应力、电的反应完全不同于常规尺寸的晶粒,从而使纳米材料的理化性质发生根本变化,具有常规晶体材料所不具备的奇异或反常的物理、化学性质。纳米材料已被应用于化学反应催化、电池制造、印染、涂料、光学、微电子部件等领域。

 思考题

1. 布氏、洛氏、维氏等硬度机测量硬度时各有什么优缺点?
2. 碳钢和灰铸铁在成分和组织上有什么主要区别?
3. 含碳量对碳钢的性能有何影响?
4. 钢材退火、正火、淬火、回火的目的是什么? 各种热处理加热温度范围和冷却方法如何选择? 各应用在什么场合?
5. 对比金属材料、高分子材料、陶瓷材料、复合材料的性能特点。
6. 塑料的主要成分是什么? 各起什么作用?
7. 简述橡胶的分类、特点及应用。
8. 试述陶瓷的概念、性能及分类。
9. 何谓复合材料? 它有什么特点?

第3章 材料成型

任何材料,一般只有将其加工成一定形状和尺寸后,才具有特定的使用功能。顾名思义,材料成型即将原有材料加工成具有特定形状与尺寸的零件(或毛坯)的方法。

材料成型是机械制造业的重要组成部分,是汽车、电力、船舶、航天及机械等支柱产业的基础制造技术。材料成型技术在工业生产的各个行业都有广泛应用,尤其是对制造业来说更具有举足轻重的作用。作为制造业的一项基础和主要的生产技术,材料成型技术在国民经济中占有十分重要的地位,并且在一定程度上代表着一个国家的工业技术发展水平。

材料成型是研究材料成型的机理、成型工艺、成型设备及相关过程控制的一门综合性应用技术,它通过改变材料的微观结构、宏观性能和外部形状,满足各类产品的结构、性能、精度及特殊要求。按材料种类及形态不同,材料成型一般包括:金属材料的塑性成型、液态成型、连接成型、粉末成型、非金属材料成型等。

3.1 铸造

铸造是将液态金属或合金浇注到与零件的形状、尺寸相适应的铸型内,待其冷却凝固后,得到具有所要求的形状和性能的毛坯或零件的一种成型方法,是机械制造中生产零件或毛坯的主要方法之一。

铸造方法可以制成形状复杂,特别是具有复杂内腔的中空毛坯,如箱体、内燃机气缸体、气缸盖、机床床身等。铸件的轮廓尺寸可小至几毫米,大至十几米;质量可小至几克,大至数百吨。铸件的形状和尺寸与零件很接近,因而节省了金属材料加工的工时。精密铸件可直接用于装配,省去了切削加工。铸造生产的适应性广,各种金属合金都可以用铸造方法制成铸件,特别是对于有些塑性差的材料,只能用铸造方法制造毛坯,如铸铁等。铸造设备简单,所用的原材料来源广泛而且价格较低,因此铸件的成本低廉。

但铸造也有其不足的方面。由于工艺过程繁杂,铸件由熔融态冷凝而成,其过程难以精确控制,故铸件的化学成分和组织不十分均匀,晶粒较粗大,组织疏松,常有气孔、夹渣、砂眼等存在,所以其力学性能不如锻件高。

铸造生产方法常分为两类:

(1) 砂型铸造,用型砂紧实成型的铸造方法。这种造型材料来源广泛,价格低廉,而且铸造方法适应性强,砂型铸造是目前生产中应用最广泛的一种铸造方法。本节主要介绍砂型铸造。

(2) 特种铸造,与砂型铸造不同的其他铸造方法,如熔模铸造、金属型铸造等。

3.1.1　砂型铸造

　　将砂子、黏结剂等按一定比例混合均匀,使其具有一定的强度和可塑性的过程称为造砂,而配置的砂子称为型砂。以型砂为造型材料,借助模样及工艺装备来制造铸型的铸造方法称为砂型铸造,它包括造型(芯)、熔炼、浇注、落砂及清理等几个基本过程,如图 3-1 所示。砂型铸造是最传统的铸造方法,它适用于各种形状、大小及各种常用合金铸件的生产,在铸造生产中占主导地位。

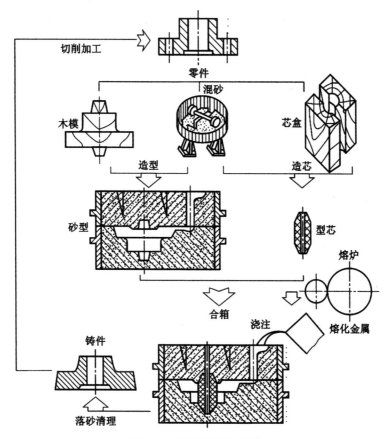

图 3-1　砂型铸造生产过程

　　铸型一般由上砂型、下砂型、型芯、型腔和浇注系统等几部分组成。上砂型和下砂型的接触面称为分型面。

1. 型(芯)砂

　　砂型是由型(芯)砂制成的,型(芯)砂质量不好会使铸件产生气孔、砂眼、黏砂和夹砂等缺陷。因此,对型(芯)砂应有一定的性能要求。

　　1) 对型(芯)砂的性能要求

　　(1) 强度。型(芯)砂在外力的作用下不变形、不破坏的能力,称为型(芯)砂的强度。足够的强度可以保证砂型在铸造过程以及搬运和承受液体金属的冲刷时不被破坏,以免造成塌箱、冲砂和砂眼等缺陷;若型(芯)砂强度太高,又会使铸型太硬而阻碍铸件的收缩,使铸件产生内应力,甚至开裂,还会使透气性、退让性变差。

(2) 透气性。型(芯)砂的透气性是指紧实砂样的孔隙度。当高温液体金属浇入铸型时,铸型内就会产生大量气体,如果砂型的透气性不好,部分气体就会留在液体金属内而不能排出,使铸件产生气孔等缺陷。用圆形、粒大且均匀的砂粒,制造的紧实适宜的砂型的透气性就较好。

(3) 耐火性。型(芯)砂抵抗高温液体金属热作用的能力,称为耐火性。型(芯)砂中含 SiO_2 越多,耐火性越好,不易烧结黏砂;型(芯)砂粒度大,耐火性也好。

(4) 可塑性。型(芯)砂便于塑成一定形状的能力,称为可塑性。可塑性好,有利于制造形状复杂的砂型和起模。

(5) 退让性。当铸件冷却收缩时,型砂和型芯的体积可以被压缩而不阻碍铸件收缩的能力,称为退让性。型(芯)砂的退让性不好,铸件易产生内应力、变形和裂纹等。

2) 型(芯)砂的组成

型(芯)砂主要由原砂、黏结剂、附加物和水等组成。原砂主要成分是 SiO_2,它是型(芯)砂的主体,其颗粒的形状、大小及其均匀度,SiO_2 含量的多少,对型(芯)砂的性能影响很大。砂与适量的黏结剂和水混合后形成均匀的黏土膜,黏土膜包敷在砂粒表面,使砂粒黏结起来并具有一定的湿态强度。砂粒之间的空隙起透气作用。煤粉是附加物质,可以使铸件表面光洁并避免黏砂缺陷。

2. 铸造工艺参数的确定

绘制铸造工艺图应考虑的主要工艺参数是收缩余量,加工余量,起模斜度,铸出孔、槽及型芯头,铸造圆角等。

(1) 收缩余量。因为液体金属冷凝后要收缩,因此模样的尺寸应比铸件尺寸大些。放大的尺寸称为收缩量。收缩量的大小与金属的线收缩率有关,灰口铸铁的线收缩率为 0.8%~1.2%,铸钢为 1.5%~2%。例如有一灰口铁铸件的长度为 100 mm,收缩率取 1%,则模样长度应为 101 mm。

(2) 加工余量。铸件的加工余量就是切削加工时要切去的金属层。因此,铸件上需要切削加工的表面,在制造模样时都要相应地留出加工余量。余量的大小主要取决于铸件的尺寸、形状和铸件材料。一般小型灰口铁铸件的加工余量为 2~4 mm。

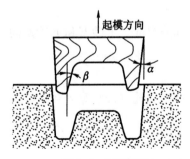

图 3-2　起模斜度

(3) 起模斜度。为了便于造型和造芯时的起模和取芯,在模样的起模方向上需留有一定的斜度,这个在铸造工艺设计时所规定的斜度称为起模斜度。

起模斜度的大小取决于立壁的高度、造型方法、模样材料等因素,通常为 $15'$~$3°$。立壁越高,斜度越小;机器造型应比手工造型斜度小,而木模应比金属模斜度大。为使型砂便于从模样内腔中脱出,以形成自带型芯,内壁的起模斜度应比外壁大,通常为 $3°$~$10°$。起模斜度如图 3-2 所示。

(4) 型芯头。型芯头位于型芯的端部,其作用是便于型芯定位、固定。型芯头按照其在铸型中的位置分为垂直型芯头和水平型芯头,如图 3-3 所示。型芯头的形状和尺寸对型芯装配的工艺性和稳定性有很大影响。垂直型芯一般都有上、下芯头,但短而粗的型芯也可省去上芯头。芯头必须留有一定的斜度 α。下芯头的斜度应小些($5°\sim10°$),上芯头的斜度为便于合箱应大些($6°\sim15°$)。水平芯头的长度取决于型芯头直径及型芯的长度。悬臂型芯头必须加长,以防合箱时型芯下垂或被金属液抬起。芯头与芯头座之间留有一定间隙 S($1\sim4$ mm),以便于铸型装配。

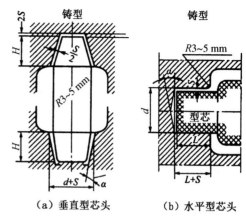

（a）垂直型芯头　　（b）水平型芯头

图 3-3　型芯头的构造

(5) 最小铸出孔及槽。零件上的孔、槽、台阶等,究竟是铸出来好还是靠机器加工好,应从质量及节约方面全面考虑。一般来说,较大的孔、槽等应铸出来,以节约金属和加工工时,同时还可避免铸件局部过厚所造成的热节,提高铸件质量。较小的孔、槽,或者铸件壁很厚时,则不宜铸孔,直接依靠加工反而方便。有些特殊要求的孔,如弯曲孔,无法实行机械加工,则一定要铸出。可用钻头加工的受制孔(有中心线位置精度要求)最好不铸,铸出后很难保证铸孔中心位置准确,再用钻头扩孔无法纠正中心位置。表 3-1 为最小铸出孔的数值。

表 3-1　铸件的最小铸出孔

生成批量	最小铸出孔直径/mm	
	灰铸铁件	铸钢件
大量生产	12~15	—
成批生产	15~30	30~50
单件、小批量生产	30~50	50

3. 造型和造型芯

1）造型方法

针对铸件的尺寸、形状,铸造合金的种类,产品的批量和生产条件的不同,生产中采用各种不同的造型方法,常用的有下述几种:

（1）整模造型

整模造型用的是一个整体的模样。模样只在一个砂箱内(下箱),分型面是平面。整模造型操作方便,铸件不会由于上下砂箱错位而产生错箱缺陷。整模造型用于制造形状比较简单的铸件。图 3-4 所示为整模造型的基本过程。

（2）分模造型

将模样沿最大截面分成两部分,并用销钉定位。将模样分开的平面称为分模面,其常常作为造型时的分型面。分模造型和整模造型的操作方法基本相同,所不同的是分模造型模样分别放置于上、下砂箱中。分模造型套管铸件的过程如图 3-5 所示。分模造型在生产中应用最广。

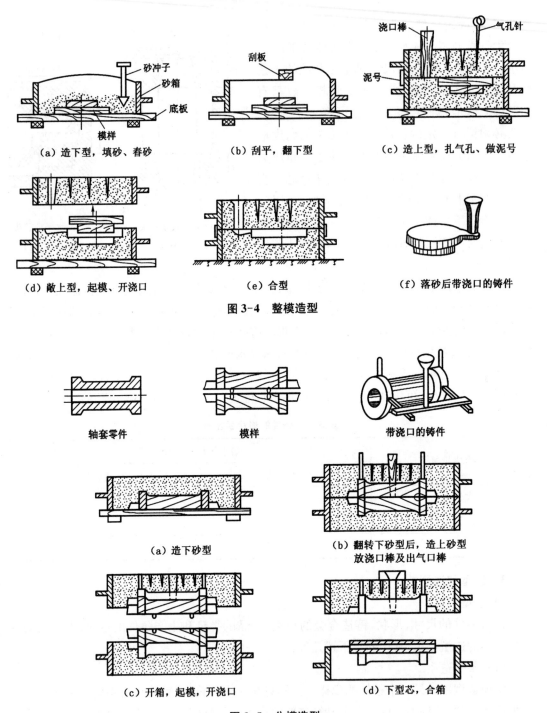

（a）造下型，填砂、舂砂　　（b）刮平，翻下型　　（c）造上型，扎气孔、做泥号

（d）敞上型，起模、开浇口　　（e）合型　　（f）落砂后带浇口的铸件

图 3-4　整模造型

轴套零件　　　　模样　　　　带浇口的铸件

（a）造下砂型　　　　（b）翻转下砂型后，造上砂型放浇口棒及出气口棒

（c）开箱，起模，开浇口　　　　（d）下型芯，合箱

图 3-5　分模造型

（3）活块造型

当模样上有凸台阻碍起模时，可将凸台做成活块。造型时，先取出主体模样，然后再从侧面取出活块，如图 3-6 所示。活块造型操作困难，对工人技术水平要求高，生产率低，活块易错位，会影响铸件尺寸精度，只适用于单件、小批量生产。

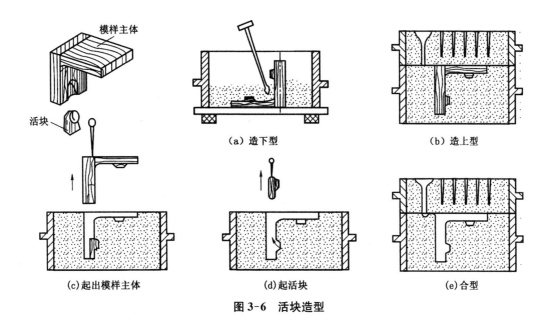

图 3-6　活块造型

（4）刮板造型

刮板造型是用与铸件截面形状相适应的刮板代替模样的造型方法。造型时,刮板绕轴旋转,刮出型腔,如图 3-7 所示。这种造型方法能节省制模材料和工时,但对造型工人的技术要求较高,造型花费工时多,生产率低,只适用于在单件、小批量生产中制造尺寸较大的旋转体铸件,如带轮、飞轮等。

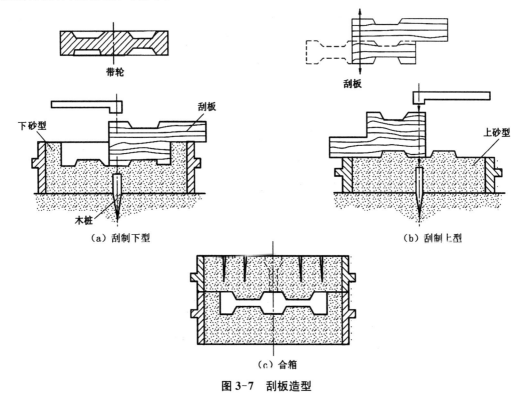

图 3-7　刮板造型

（5）机器造型

机器造型就是用金属模板在造型机上造型的方法，它是将紧砂和起模两个基本操作机械化。

振压式造型机的工作原理如图 3-8 所示。其振动、压实和起模动作都是由压缩空气驱动，模板是装有模样和浇口的底板，常用铝合金制成。机器造型的优点是提高了铸件质量和生产率，改善了劳动条件。因此，现代化的铸造车间都采用机器造型。

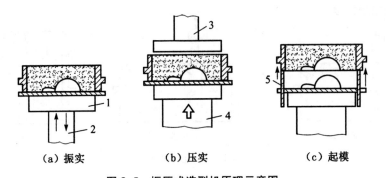

（a）振实   （b）压实   （c）起模

图 3-8　振压式造型机原理示意图

1—工作台；2—振实活塞；3—压板；4—压实活塞；5—顶杆

2）造型芯

型芯是用型芯盒制成的，型芯的作用是形成铸件的内腔，因此型芯的形状和铸件内腔相适应。造型芯的工艺过程和造型过程相似，为了增加型芯的强度，在型芯中应放置型芯骨，小型芯骨大多用铁丝或铁钉制成；为了提高型芯透气性，需在型芯内扎通气孔。型芯一般还要上涂料并烘干，以提高它的耐火性、强度和透气性。图 3-9 所示为利用芯盒造芯的示意图。

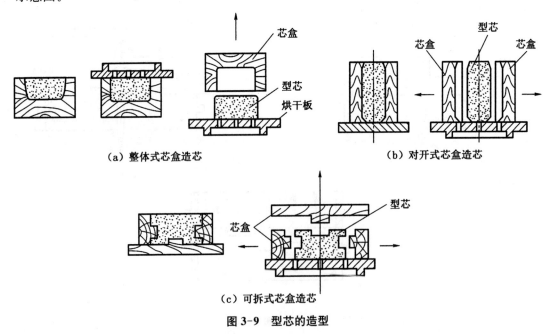

（a）整体式芯盒造芯   （b）对开式芯盒造芯

（c）可拆式芯盒造芯

图 3-9　型芯的造型

4. 浇注、落砂、清理和铸件缺陷分析

1）浇注

将液体金属浇入铸型的过程,称为浇注。

（1）浇注用包。浇包是用来盛装金属液进行浇注的工具。浇包容量大小不一,可自 15 kg 至数吨,常用的有手提浇包、抬包和吊包。

（2）浇注工艺。

① 浇注温度。浇注温度偏低,金属液流动性差,易产生浇不足、冷隔、气孔等缺陷。浇注温度过高,铸件收缩大,易产生缩孔、裂纹、晶粒粗大及黏砂等缺陷。合适的浇注温度应根据铸造合金种类、铸件的大小及形状等确定。铸铁件的浇注温度一般为 1 250～1 350 ℃,形状复杂的薄壁铸件的浇注温度为 1 400 ℃左右,铸钢件的浇注温度一般为 1 420～1 600 ℃,铸造铜合金的浇注温度一般为 1 000～1 200 ℃,铸造铝合金的浇注温度一般为 680～760 ℃。

② 浇注速度。浇注速度要适中,具体应根据铸件的形状及大小来确定。浇注速度太慢,会使金属液体降温过多,易产生浇不足、冷隔、夹渣等缺陷。浇注速度太快,金属液体对铸型的冲刷力大,易冲坏铸型、产生砂眼或使型腔中的气体来不及逸出,易产生气孔等缺陷。

（3）浇注系统的确定。

浇注系统是指液体金属流入铸型型腔的通道。

典型浇注系统一般包括浇口杯、直浇道、横浇道、内浇道等,如图 3-10 所示。

浇注系统应能平稳地将液体金属引入铸型,要有利于挡渣和排气,并能控制铸件的凝固顺序。

① 浇口杯:在直浇道顶部,用以承接并导入熔融金属,还可以起缓冲和挡渣的作用。

② 直浇道:连接外浇口与横浇道的垂直通道,利用其高度使金属液产生一定的静压力而迅速地充满型腔。

③ 横浇道:连接直浇道与内浇道,位于内浇道之上,起挡渣作用。

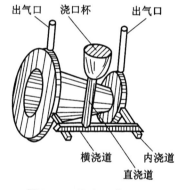

图 3-10　浇注系统示意图

④ 内浇道:直接和型腔相连的通道,可控制金属液流入型腔的位置、速度和方向。

有些铸件还设置冒口,以方便在铸件中液体金属凝固收缩时补充所需的金属液。冒口主要起补缩作用,同时还兼有排气、浮渣及观察金属液体的流动情况等作用。

2）落砂与清理

（1）铸件的落砂。从砂型中取出铸件的过程,称为落砂。铸件在砂型中应冷却到一定温度后才能落砂,落砂的方法有手工落砂和机械落砂两种,大批量生产中可采用各种落砂机来落砂。

（2）清理。清理是指清除铸件上的浇冒口、毛刺、型芯及表面黏砂等工作。

3）铸件缺陷分析

常见的铸件缺陷名称、特征、产生的原因及预防措施见表 3-2。

表 3-2　铸件的常见缺陷、特征、产生的主要原因及预防措施

类别	名称	图例及特征	产生的主要原因	预防的主要措施
形状类缺陷	错箱	铸件在分型面处有错移	1. 合箱时上、下砂箱未对准; 2. 上、下砂箱未夹紧; 3. 模样上、下半模有错移	1. 按定位标记、定位销合箱; 2. 合箱后应锁紧或加压铁; 3. 在搬运传送中不要碰撞上、下砂箱; 4. 分开模样用定位销定位; 5. 可能时采用模两箱造型
	浇不足	液态金属未充满铸型,铸件形状不完整	1. 铸件壁太薄,铸型散热太快; 2. 合金流动性不好或浇注温度太低; 3. 浇口太小,排气不畅; 4. 浇注速度太慢; 5. 浇包内液态金属不够	1. 合理设计铸件,最小壁厚应限制; 2. 复杂件选用流动性好的合金; 3. 适当提高浇注温度和浇注速度; 4. 烘干、预热铸型; 5. 合理设计浇注系统,改善排气
孔洞类缺陷	缩孔	铸件较厚处大部分有不规则的较粗糙的孔形	1. 铸件结构设计不合理,壁厚不均匀,局部过厚; 2. 浇、冒口位置不对,冒口尺寸太小; 3. 浇注温度太高	1. 合理设计铸件,避免铸壁过厚,可采用 T 形、工字形等截面; 2. 合理放置浇注系统,实现顺序凝固,加冒口补缩; 3. 根据合金种类等不同,设置一定数量和相应尺寸的冒口; 4. 选择合适的浇注温度和速度
	气孔	析出气孔多而分散,尺寸较小,位于铸件各断面上;侵入气孔数量较少,尺寸较大,存在于铸件局部地方	1. 熔炼工艺不合理、金属液吸收了较多的气体; 2. 铸型中的气体侵入金属液; 3. 起模时刷水过多,型芯未干; 4. 铸型透气性差; 5. 浇注温度偏低; 6. 浇包工具未烘干	1. 遵守合理的熔炼工艺,加熔剂保护、进行脱气处理等; 2. 铸型、型芯烘干,避免吸潮; 3. 湿型起模时,刷水不要过多,减少铸型发气量; 4. 改善铸型透气性; 5. 适当提高浇注温度; 6. 浇包、工具要烘干; 7. 对金属液进行镇静处理
夹杂类缺陷	砂眼	铸件表面或内部有型砂充填入小凹坑	1. 型砂、芯砂强度不够,合箱时松散或被液态金属冲垮; 2. 型腔或浇口内散砂未吹净; 3. 铸件结构不合理,无圆角或圆角太小	1. 合理设计铸件圆角; 2. 提高砂型强度; 3. 合理设置浇口,减小液态金属对型腔的冲刷; 4. 控制砂型的烘干温度; 5. 合箱前应吹净型腔内散砂,合箱动作要轻,合箱后应及时浇注
	夹杂物	铸件表面有不规则并含有熔渣的孔眼	1. 浇注时挡渣不良; 2. 浇注温度太低,熔渣不易上浮; 3. 浇注时断流或未充满浇口,渣和液态金属一起流入型腔	1. 从熔炉、浇包到浇注系统加强挡渣; 2. 掌握合适的浇注温度; 3. 合理设计浇、冒口浮渣,浇注时一次充满铸型

（续表）

类别	名称	图例及特征	产生的主要原因	预防的主要措施
裂纹冷隔类缺陷	冷隔	铸件表面似乎已熔合，实际并未熔透，有浇坑或接缝	1. 铸件设计不合适，铸壁较薄； 2. 合金流动性差； 3. 浇注温度太低，浇注速度太慢； 4. 浇口太小或布置不当，浇注曾有中断	1. 根据合金种类等限制铸件最小壁厚； 2. 可能时选用流动性较好的合金浇注复杂薄壁铸件； 3. 适当提高浇注温度和浇注速度，以提高充型能力； 4. 增大浇口横截面积和多开内浇口
	裂纹	在夹角处或厚薄交接处的表面或内层产生裂纹	1. 铸件厚薄不均，冷缩不一； 2. 浇注温度太高； 3. 型砂、芯砂退让性差； 4. 合金内硫、磷含量较高	1. 合理设计铸件结构，使壁厚均匀； 2. 合理设置浇注系统，实现同时凝固； 3. 改善型砂、芯砂的退让性； 4. 严格控制合金的硫、磷含量； 5. 使高温铸件随炉冷却
表面缺陷	黏砂	铸件表面黏砂	1. 浇注温度太高； 2. 型砂选用不当，耐火度差； 3. 未刷涂料或涂料太薄	1. 根据不同的合金种类及浇注条件，确定合适的浇注温度； 2. 选用耐火度较好的型砂； 3. 按要求刷涂料

3.1.2　特种铸造

砂型铸造应用虽很普遍，但存在一些缺点，如一个砂型只能浇注一次，生产率低，铸件的精度低，表面粗糙度大，加工余量大，废品率高等。在大量生产中，这些缺点显得更为严重。为了满足生产发展需要，先后出现了许多区别于普通砂型铸造的铸造方法，统称为特种铸造。常用的特种铸造方法有金属型铸造、熔模铸造、压力铸造和离心铸造等。

1. 金属型铸造

金属型铸造是将液体金属在重力作用下浇入金属铸型，以获得铸件的一种铸造方法。由于铸型用金属材料制成，可反复使用几百次以至数千次，所以又称为永久型。

金属型的结构按铸件形状、尺寸不同，可分为整体式、垂直分型式、水平分型式和复合分型式。图 3-11 所示为垂直分型面的结构。

由于金属型的导热性高，熔融金属在型内冷却速度较快，使铸件的内部组织致密，晶粒细小，力学性能较高，尺寸也较精确，铸件公差等级为 IT14～IT12 级，表面粗糙度 Ra 可达 $12.5～6.3\ \mu m$，减少了加工余量，可节约金属材料和切削加工工时。

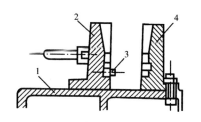

图 3-11　垂直分型面的金属型

1—底座；2—活动半型；
3—定位销；4—固定半型

金属型导热性好，铸件冷却快，因此也存在着不少问题。一是如果冷却速度控制不当,铸件易出现白口组织,导致切削加工困难;二是液态合金的充型能力下降,易产生浇不足等缺陷,所以不适合铸造薄壁铸件。另外,铸件冷却速度快也会使铸型内应力增加。为此,应在浇注前将金属型预热到合适的温度。

2. 熔模铸造

熔模铸造是指用易熔材料制造模样,在模样外表面包覆若干层耐火涂料,制成型壳,熔出模样后经高温焙烧即可浇注的铸造方法。熔模铸造又称失蜡铸造,它是一种精密的铸造方法。

熔模铸造的主要工艺过程如图 3-12 所示。

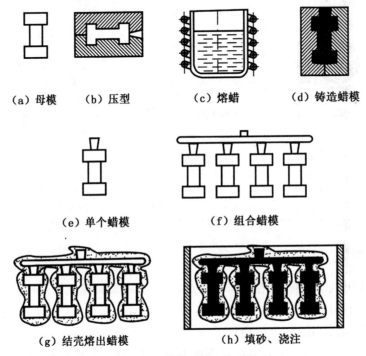

（a）母模　　（b）压型　　（c）熔蜡　　（d）铸造蜡模

（e）单个蜡模　　　　（f）组合蜡模

（g）结壳熔出蜡模　　　　（h）填砂、浇注

图 3-12　熔模铸造工艺过程

根据零件考虑蜡模和铸件的双重收缩,先制作压型,用压型将易熔材料石蜡和硬脂酸做成与铸件形状相同的蜡模及相应的浇注系统;修边后把几个蜡模焊在浇注系统上组成蜡模组;把蜡模组浸入用水玻璃和石英粉配制成的涂料中,取出后撒上一层石英粉砂,再浸入氯化铵溶液中使其硬化,如此重复数次,在蜡模表面形成厚度为 $5 \sim 10 \ \mathrm{mm}$ 的硬壳;然后将包着的蜡模熔化排出,即能获得所需的型腔;最后烘干并焙烧,以提高其强度,在壳型四周填砂,即可浇注。

熔模铸造采用了无分型面的整体薄壳铸型,同时,型腔壳壁用细颗粒石英粉涂覆,因此铸件的精度很高,可实现少切削或无切削加工,表面粗糙度 Ra 可达 $12.5 \sim 1.6 \ \mu\mathrm{m}$。因为铸型经焙烧后尚未冷却就进行浇注,壳型温度较高,液体金属能很好充满复杂的薄壁型腔。但熔模铸造工艺过程复杂,生产周期长,成本高,蜡模太大容易变形,且铸型也只能用一次,因此只适用于铸造高熔点及机械加工性能不好的合金和形状复杂的小型零件。

3. 压力铸造

压力铸造是指熔融金属在高压下高速充型,并在压力下凝固形成的铸造方法,简称压铸。压铸可以铸造形状复杂、壁薄的铸件,可直接铸出齿形、小孔及螺纹,铸件组织致密,尺寸精度高,铸件公差等级为 IT13~IT11 级,表面粗糙度 Ra 可达 $3.2~0.8~\mu m$,一般不再切削加工,还适用于压制镶嵌件。

压铸中,铸型结构复杂,尺寸精度和表面粗糙度要求高,生产周期长,费用高,设备投资大,不适宜单件小批量生产。主要用于有色金属铸件的成批大量生产,如低熔点的铝合金、钛合金等。

压力铸造在压铸机上进行,工作过程如图 3-13 所示。用定量勺将液体金属浇注入压室,上活塞下降,下活塞被压向下移动,液体金属从浇口压入铸型中。铸件凝固后上活塞退回,下活塞顶起将余料沿浇口剪断顶出,同时铸型分开,铸件即可取出。

4. 离心铸造

离心铸造是指将熔融金属浇入绕水平、倾斜或立轴旋转的铸型,在离心力作用下凝固成型的铸造方法。

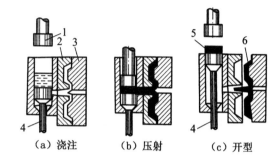

（a）浇注　　（b）压射　　（c）开型

图 3-13　压力铸造

1—压铸活塞;2,3—压型;4—下活塞;5—余料;6—铸件

离心铸造是在离心机上进行的。铸型常采用金属型,但也可用砂型。卧式离心铸造机的铸型在离心机上绕水平轴旋转,如图 3-14 所示。

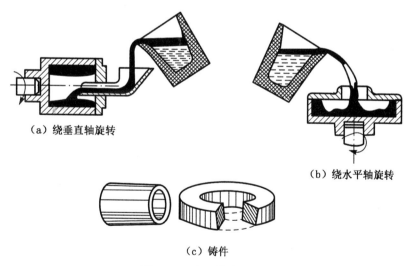

（a）绕垂直轴旋转

（b）绕水平轴旋转

（c）铸件

图 3-14　离心铸造示意图

离心铸造时,铸造的转速是最基本的工艺参数。转速过小时,垂直离心铸造时铸体内表面呈抛物线形状的情况严重,而卧式离心铸造铸件则会出现内孔偏心现象,使壁厚不均匀;但转速也不能过高,否则铸件易产生裂纹。垂直离心铸造适用于浇注环类及高度不大

的空心铸件;卧式离心铸造常用于铸造长度大于直径的套类铸件和管件。

离心铸造的铸件是在离心力的作用下使结晶凝固,所以组织致密,无缩孔、气孔、渣眼等缺陷,因此力学性能较好;铸造空心旋转体铸件不需要型芯和浇注系统;铸件不需冒口补缩。但铸件内孔尺寸精度不高,表面质量比较差,增加了内孔的切削加工余量。

3.1.3 铸造新技术及发展

1. 造型技术

新的造型方法的出现,促进了造型技术的改进和发展。例如,气体冲压造型是近年来广为发展的一种低噪声的造型方法;静压造型可消除振压造型的缺陷;真空密封造型(也称V法造型)的工艺过程是在特制的砂箱内填入无水、无黏结剂的干砂,用塑料薄膜将砂箱密封后抽成真空,借助铸型内外的压力差,使型砂紧实成型。

2. 金属凝固理论

随着金属凝固理论的不断发展和深入,在生产实践中逐渐总结出凝固过程和铸件质量的密切关系,目前采用差压铸造、定向凝固及单晶精铸、快速凝固技术等均可获得优质铸件。差压铸造又称"反压铸造",其实质是使液体金属在压差的作用下,充填到预先有一定压力的型腔内,进行结晶、凝固而获得铸件,它是将压铸和压力下结晶两种先进的工艺方法结合起来,从而使浇注、充型条件和凝固条件相配合的一种新的铸造工艺。定向凝固是结晶后的工件内部的结构全部是纵向粒状晶,晶界与主应力方向平行,故各项性能指标较高,目前定向凝固工艺为生产高温合金涡轮叶片的主要手段之一,已发展到很高水平。快速凝固要求金属与合金凝固时具有极大的过冷度,可通过极快速度冷却或液体金属的高度净化来实现。快速凝固可以显著细化晶粒,提高固溶度,因此具有显著的强化效果。

在凝固理论指导下还出现了悬浮铸造、旋转振荡结晶法和扩散凝固铸造等新的工艺。

3. 金属基复合材料

用铸造法制造金属基复合材料的工艺过程就是把颗粒、晶须或短纤维等不连续增强物直接加入液体金属中去,并采用预制件浸渗法、搅拌法、半固态复合铸造法、喷射法及中间合金法等工艺措施,使其在浇注凝固中不偏析、不黏结,在混合和均匀分散后铸造成型。

4. 铸件的轻量化与组合铸件

近年来,轻合金铸件在铸件中所占比重不断增加,如铝合金、镁合金、钛合金及泡沫金属等轻合金铸件的应用范围不断扩大。在改善合金性能的基础上,采用更合理的铸件结构,从而减轻其单位重量,是铸造发展的一种趋势。目前,部分发达国家的铸件壁厚将减薄1/4~1/3,从而使轻合金大型铸件的一般壁厚达到1.5~2.5 mm。

5. 计算机在铸造中的应用

计算机首先被应用于铸造生产中的管理、工艺、熔化和热处理等方面,其次被应用于铸造检测、造型数据处理自动化等方面。

计算机应用范围极广,使铸造生产提高到了新的水平。仅就铸造工艺设计而言,铸造凝固过程的模拟项目可进行缩孔、液体金属流动性、金属型系数值计算以及浇冒口系统、加工余量、冷铁、分型面、型芯等形状和尺寸的确定。

3.2　压力加工

压力加工是指对坯料施加外力，使其产生塑性变形，改变形状、尺寸和改善性能，以制造机械零件、工件或毛坯的成型加工方法。其中锻造和冲压是机械制造中常用的方法，总称锻压。

经锻造后的金属材料，其内部缺陷(疏松、裂纹、气孔等)被压合，组织致密，晶粒细小，力学性能显著提高，因此，凡是受重载荷的机器零件，尤其是一些质量要求高的重要零件，必须采用锻件做毛坯。如汽轮发电机组的转子、主轴、大型水压机的立柱、高压缸、高压(超高压)容器的封头、大型船用曲轴、机床主轴、齿轮、炮筒、枪管等，都是用锻件制成的。冲压生产效率高，冲压件具有结构轻、刚性好、精度高等特点，被广泛用于汽车制造、航空、电器、仪表零件及日用品工业等方面。

锻压生产在工业生产中占有举足轻重的地位。飞机上采用的锻压加工的零件占85%，汽车上占60%~70%，农机、拖拉机上占70%，电器、仪表上达90%。

锻压生产过去主要是提供毛坯。近年来，锻压生产已向着部分或全部取代切削加工，直接大量生产机械零件的方向发展。随着锻压技术的发展，产生了许多锻压新工艺、新技术，如精密模锻、超塑性加工、零件的轧制、零件的挤压等。锻压技术已成为机械零件加工极为重要而又很有前途的加工方法之一。

但锻压加工与铸造、焊接等方法比较，也有不足之处，例如不能获得形状较为复杂的零件。

3.2.1　压力加工主要方法简介

在工业生产当中所应用的大多数金属材料都具有塑性，因此它们均可在热态或冷态下进行压力加工。

根据施力设备和材料受力性质的不同，压力加工的主要方法有以下几种，如图3-15所示。

(1) 轧制：将金属坯料通过一对回转轧辊之间的空隙而受到压延的加工方法。轧制生产所用的坯料主要是钢坯。在轧制过程中，金属坯料截面减小，长度增加，从而获得各种形状的原材料，如钢板、无缝钢管及各种型钢等。随着生产技术发展，近年来，在机械制造工业中，利用轧制的方法还可生产各种零件，通常在热态下进行。零件轧制方法甚多，如利用辊锻轧制可生产扳手、叶片、连杆等；利用辗环轧制可生产火车轮毂、齿轮、法兰、轴承座圈等；利用螺旋斜轧可直接热轧出带螺旋线的高速滚刀体、自行车后壳及冷轧丝杠等。

(2) 拉拔：将金属坯料拉过拉拔模的模孔而变形的加工方法。拉拔主要用于生产各种线材、螺丝、薄壁异型管材和各种特殊形状的型材。拉拔适用于有色金属及其合金以及塑性好的钢材。通常加工是在冷态下进行。

(3) 挤压：将金属坯料放在挤压模具内，用强大的压力使其从一端的模孔中挤出而变形的加工方法。按照外力施加方向与金属移动方向的关系，挤压可分为正挤压(金属流动方

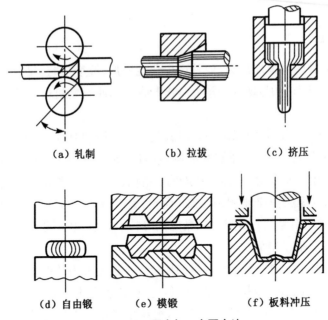

| （a）轧制 | （b）拉拔 | （c）挤压 |

| （d）自由锻 | （e）模锻 | （f）板料冲压 |

图 3-15　压力加工主要方法

向与施力方向相同）、反向挤压（金属流动方向与施力方向相反）、径向挤压（金属流动方向与施力方向成90°角）及复合挤压（金属流动方向一部分与施力方向相同，另一部分则与施力方向相反）。挤压既可在钢铁或冶金工业中用于生产各种异形截面的型材，又可在机器制造工业中用于生产机器零件。挤压多用于塑性好、强度低的有色金属及其合金。

（4）自由锻：将金属坯料放在上下锤砧之间使其受冲击力或压力而变形的加工方法。自由锻主要用于机器制造厂中生产机器零件或毛坯。

（5）模锻：将金属坯料放在具有一定形状的锻模模膛内，使其受冲击力或压力变形的加工方法。模锻主要用于机器制造厂中生产机器零件或毛坯。

（6）板料冲压：将金属板料放在冲压模具之间，使其受压产生分离或变形的加工方法。板料冲压主要用于机器制造厂冲制薄板的零件或毛坯。

金属压力加工之所以获得广泛应用，是由于通过压力加工后，可使毛坯具有细晶粒组织，同时还能压合铸造组织内部的缺陷（如微裂纹、气孔等），因而提高了金属的机械性能。金属压力加工可减小零件截面尺寸、减轻产品重量、节约金属材料。

3.2.2　常用锻造设备及使用

锻造是在加压设备及工（模）具的作用下，使坯料产生局部或全部的塑性变形，以获得一定几何尺寸、形状和质量的锻件的加工方法。

按照成型方式的不同，锻造可分为自由锻和模锻两类。用简单的通用性工具，或在锻造设备的上、下砧间直接使坯料变形而获得所需的几何形状及内部质量的锻件的方法称自由锻。自由锻按其设备和操作方式可分为手工自由锻和机器自由锻。利用模具使毛坯变形而获得锻件的锻造方法称模锻。中小型锻件常以圆钢、方钢为原料，锻造前要把原材料用剪切或锯切等方法切成所需的长度。对大型锻件则常使用钢锭为原料。

1. 锻造加工设备

常用的锻造设备种类很多,按工艺可分为两类:自由锻设备及模锻设备。在此仅简单介绍自由锻设备。

机器自由锻是目前工厂普遍采用的锻造方法。

机器自由锻的设备有空气锤、蒸汽-空气锤及水压机等。空气锤是生产小型锻件的通用设备,其外形及工作原理如图 3-16 所示。

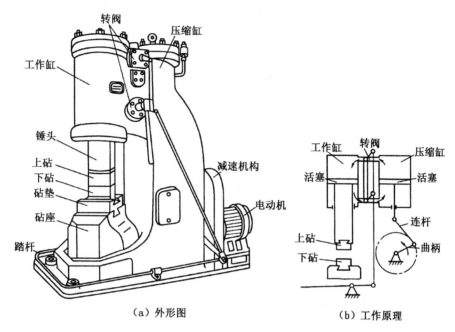

（a）外形图　　　　　（b）工作原理

图 3-16　空气锤

电动机通过减速器带动曲柄转动,再通过连杆带动活塞在压缩缸内做上下往复运动。在压缩缸和工作缸之间有两个气阀(转阀),当压缩缸内活塞做上、下运动时,压缩空气经过气阀(转阀)交替地进入工作缸的上部或下部空间,使工作缸内的活塞连同锤杆和上砧铁一起做上、下运动,对金属进行连续打击。气阀(转阀)可使锤头实现空转、上悬或下压、连续打击及单次打击等动作。空气锤的吨位是按落下部分(工作缸内的活塞、锤杆、上砧铁等)的重量来确定的。例如:65 kg 空气锤,就是指锤的落下部分重量为 65 kg。一般空气锤吨位有 50~1 000 kg。

2. 常用手工自由锻工具

手工锻造工具按其用途可分为支持工具(如铁砧)、锻打工具(大锤、手锤)、成型工具(如冲子、平锤、摔锤等)、夹持工具(手钳)及切割工具(錾子、切刀等)等,如图 3-17 所示。

常用的几种工具如下:

（1）铁砧:由铸钢或铸铁制成,其形式有羊角砧、双角砧、球面砧和花砧等。

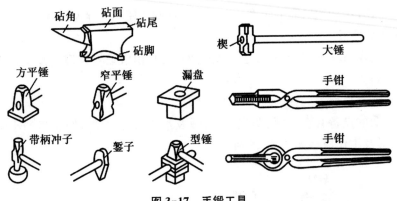

图 3-17　手锻工具

（2）大锤：分直头、横头和平头 3 种。

（3）手锤：有圆头、直头和横头 3 种，其中圆头用得最多。在手工锻操作时掌钳工左手握钳用以夹持、移动和翻转工件；右手握手锤，用以指挥打锤工的锻打——落点和轻重程度，以及作变形量很小的锻打。

（4）平锤：主要用于修整锻件的平面。按锤面形状可分为方平锤、窄平锤和小平锤 3 种。

（5）摔锤：用于摔圆和修光锻件的外圆面。摔锤分上、下两个部分，上摔锤装有木柄，供握持用；下摔锤带有方形尾部，用以插入砧面上的方孔内固定之。

3. 加热设备

锻造加热炉按热源的不同，分为火焰加热炉和电加热炉两大类。

1）反射炉

反射炉是以煤为燃料的火焰加热炉，结构如图 3-18 所示。空气由鼓风机供给，经过换热器预热后送入燃烧室，燃烧室中燃料经燃烧产生高温炉气越过火墙进入加热室对金属坯料加热，废气经孔进入烟室换热并由烟道排出，坯料从炉门装入和取出。这种炉的炉膛面积大，炉膛温度均匀一致，加热质量好，生产率高，适合中小批量生产。点火时，以木柴引火，小开风门，燃旺后加入煤焦，煤焦燃透后再加入新煤，加大风门，使煤点燃。坯料装炉时要依次排列，按先后次序取出进行锻造；装取坯料时要穿戴防护用具，以免炉膛高温辐射和热气烤伤眼、面和身体暴露部分；先关风门，再开炉门，以免炉内风压过大，炉口冒烟火，污染环境和妨碍操作；炉口周围不得有积水和杂物，以免与高温坯料接触引起爆溅或着火；炉内氧化皮应经常清理，以免腐蚀炉衬；应及时加煤和清渣，以保持炉火旺盛。

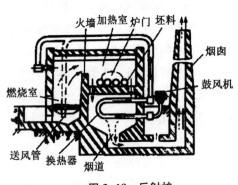

图 3-18　反射炉

2）电加热炉

电加热炉的加热方式通常分为电阻加热、接触加热和感应电加热等方式，如图 3-19 所示。

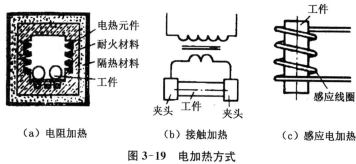

（a）电阻加热　　　（b）接触加热　　　（c）感应电加热

图 3-19　电加热方式

电阻加热是利用电阻通电时所产生的热量来加热坯料。其操作简便,温度控制准确,可通入保护性气体控制炉内气氛,以防止坯料加热时的氧化和脱碳。电阻加热主要用于精密锻造、高合金钢及有色金属的加热。

接触加热是利用变压器产生大电流,通过金属坯料,以坯料自身的电阻产生热量而加热,主要用于棒料或局部加热。

感应电加热是利用交流电产生的交变磁场,使得坯料内部感应产生涡流,在坯料的内阻作用下产生热量而加热坯料。感应电加热的设备较复杂,但加热速度快,自动化程度高,用于现代化生产。

3.2.3　锻造工艺

根据设备和工具不同,锻造工艺可分为自由锻、胎模锻和模锻,而自由锻又分为手工自由锻和机器自由锻。

1. 锻件的加热

通常锻造是在一定的温度下进行的。加热的目的是提高金属的塑性和降低变形抗力,以便锻造时既省力又能使金属产生大的变形而不断裂。

加热是锻造工艺过程中的一个重要环节,它直接影响锻件的质量。加热温度如果过高,会使锻件产生加热缺陷,甚至造成废品。为了保证金属材料在变形时具有良好的塑性,又不致产生加热缺陷,锻造必须在合理的温度范围内进行。在锻造时各种材料所允许的最高加热温度称为始锻温度;允许锻造的最低温度称为终锻温度;从始锻温度到终锻温度之间的温度区间称为锻造温度范围。常用材料的锻造温度范围如表 3-3 所示。

表 3-3　常用材料锻造温度范围

材料种类	始锻温度/℃	终锻温度/℃	材料种类	始锻温度/℃	终锻温度/℃
低碳钢	1 200~1 250	800	低合金工具钢	1 100~1 150	850
中碳钢	1 150~1 200	800	铝合金	450~500	350~380
合金结构钢	1 100~1 180	850	铜合金	800~900	650~700

2. 锻件的加热缺陷

如加热不当,碳钢在加热时可能出现多种缺陷,为了在实习操作过程中正确选择工艺,并保证锻件质量,下面就常见的加热缺陷及其产生原因、防止办法进行介绍。

(1)脱碳。高温下钢料中碳与炉气中的 H_2O 和 CO_2 等进行化学反应,造成钢料表面层含碳量降低。脱碳缺陷会降低锻件表面硬度,使锻件变脆,严重时会使锻件边角产生裂纹。

产生原因:加热温度高,加热时间长,炉气成分和钢的成分都与脱碳有关。

防止办法:快速加热及操作;炉中采用保护气体,如用 CO 气体使钢增碳;将加热毛坯埋入碳粉或铁屑中。

(2)过烧。组织晶粒粗大、晶界烧损,力学性能显著下降,在锻造时会产生开裂。过烧不能用热处理消除。

产生原因:金属加热到接近熔点时,晶间低熔点物质开始熔化,炉气中的氧化性气体进入晶界,使晶界氧化,破坏了晶间联系,从而大大降低了金属的塑性。

防止办法:尽量快速加热,严格控制炉温,不超过许可加热温度;控制炉气成分;应避免火焰对金属件的直接喷射,电加热时需距离电阻丝 100 mm 以上。

(3)过热。碳素结构钢的过热往往以晶粒粗大为主要特征。轻度过热可通过正火或退火消除。

产生原因:钢料高温下长期保温,使晶粒过分长大,以至降低了金属塑性。

防止办法:不超过许可加热温度;尽量快速加热;高温下毛坯在炉中停留时间尽量短。

(4)裂纹。对大型锻件或导热性能较差的金属材料进行加热时,若加热速度过快,坯料内外温差较大,会产生很大的效应力,严重时会使坯料内部产生裂纹。裂纹也是无法挽救的缺陷。为防止裂纹产生,对于大型锻件或导热性能较差的金属材料,要防止坯料入炉温度过高和加热速度过快,一般应采取预热措施。

3. 自由锻基本工序及操作

手工自由锻造基本工序有镦粗、拔长、冲孔、弯曲、扭转、错移、切割等。其中前 3 种工序应用最多。

1)镦粗

镦粗是使坯料高度减小、截面积增大的锻造工序。根据坯料的镦粗范围和所在部位的不同,镦粗可分为完全镦粗和局部镦粗两种形式,方法如图 3-20 所示。

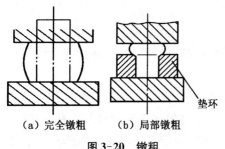

(a)完全镦粗　　(b)局部镦粗

图 3-20　镦粗

2)拔长

拔长是指使毛坯横断面积减小、长度增加的锻造工序,如图 3-21 所示。拔长常用于锻造长度较长且截面较小的杆、轴类零件的毛坯。

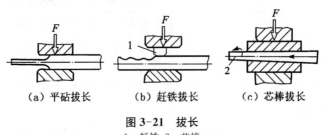

(a)平砧拔长　　(b)赶铁拔长　　(c)芯棒拔长

图 3-21　拔长
1—赶铁;2—芯棒

3）冲孔

冲孔是在坯料上锻出通孔或不通孔的操作,用于制造齿轮、圆环、套筒、空心轴等锻件。冲孔的步骤如图 3-22 所示。

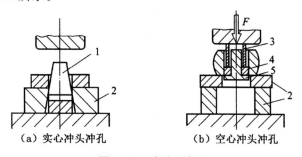

（a）实心冲头冲孔　　　　（b）空心冲头冲孔

图 3-22　冲孔示意图

1—冲头;2—漏盘;3—上垫;4—空心冲头;5—芯棒

4）弯曲

使坯料弯成一定角度或形状的锻造工序称为弯曲。弯曲用于锻造吊钩、链环、弯板等锻件。弯曲时锻件的加热部分最好只限于被弯曲的一段,加热必须均匀。在空气锤上进行弯曲时,将坯料夹在上下砧铁间,使欲弯曲的部分露出,用手锤或大锤将坯料打弯,如图 3-23(a)所示,或借助于成型垫铁、成型压铁等辅助工具使其产生成型弯曲,如图 3-23(b)所示。

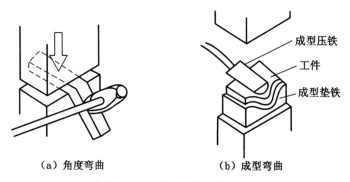

（a）角度弯曲　　　　　　（b）成型弯曲

图 3-23　手工锻造弯曲方法

5）扭转

扭转是将坯料的一部分相对于另一部分绕轴线旋转一定角度的锻造工序,如图 3-24 所示。采用扭转的方法,可使由几部分不同平面内组成的锻件,如曲轴等,先在一个平面内锻造成型,然后再分别扭转到所要求的位置,从而简化锻造工序。

6）错移

错移是将坯料的一部分相对于另一部分错开的锻造工序,如图 3-25 所示。先在错移部位压肩,然后将坯料支撑,锻打错开,最后修整。

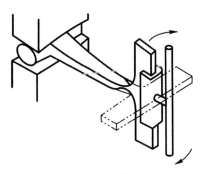

图 3-24　扭转

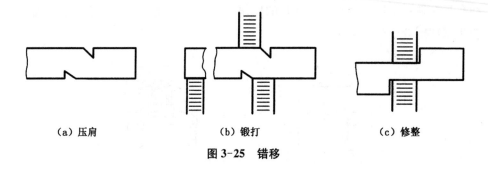

（a）压肩　　　　　　（b）锻打　　　　　　（c）修整

图 3-25　错移

7）切割

切割又称剁料,是把坯料的一部分切开或切断的锻造工序。方料的切割是先将剁刀垂直切入锻件,至快断开时,将工件翻转 180°,再用剁刀或克棍把工件截断,如图 3-26（a）所示。切割圆料锻件时,要将锻件放在带有圆凹槽的剁垫上,边切边旋转锻件,如图 3-26（b）所示。

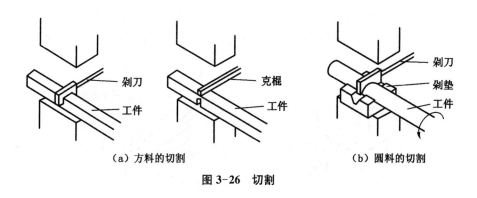

（a）方料的切割　　　　　　　　　　（b）圆料的切割

图 3-26　切割

4. 胎模锻

胎模锻是将自由锻和模锻相结合的一种加工方法,通常是先用自由锻制坯,然后在胎模中锻造成型,整个锻造过程在自由锻设备上进行。胎模的构造如图 3-27 所示,它由上、下模组成。下模有两个导销,上模有两个导销孔,借以套在导销上,以保证上下模对准。工作时,下模放在锻锤的下砧铁上,把经过自由锻初步成型的锻件坯料置于模腔中,然后合上上模进行锻压,使坯料在模腔内变形。

胎模有扣模和套模之分。图 3-28（a）所示为由上扣和下扣组成的扣模,主要用于锻造非回转体类零件。图 3-28（b）所示为只有下扣的扣模,其上扣由上砧代替。使用扣模锻造,锻件不翻转,锻件成型后转 90°,用上砧平整锻件侧面。因此,扣模常用于锻造侧面平直的锻件。

套模一般由套筒及上、下模垫组成。图 3-29（a）所示套模主要用于锻造端面有凸台或凹坑的回转体锻件。图 3-29（b）所示套模无上模垫,由上砧代替上模垫。锻造成型后,锻件上端面为平面,并且形成横向小毛边。

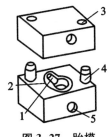

图 3-27　胎模

1—模腔；2—飞边槽；3—导销孔；4—导销；5—小孔

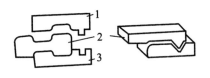

（a）扣模　　（b）无上扣扣模

图 3-28　扣模

1—上扣；2—锻件；3—下扣

5. 模锻

模锻是利用模具使坯料变形，获得锻件的锻造方法。

模锻的实质是金属在锻模模腔内受到压力产生塑性变形，由于模腔对金属坯料流动的限制而在锻造终了时获得与模腔形状相符的模锻件。

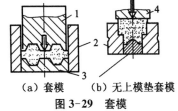

（a）套模　　（b）无上模垫套模

图 3-29　套模

1—上模垫；2—套筒；
3—下模垫；4—上砧

1）模锻的特点、应用与分类

（1）模锻特点

模锻与自由锻比较有如下特点：

优点：生产率较高；表面粗糙度小，精度高；锻造流线分布符合外形结构，力学性能高；模锻件尺寸精确，加工余量小，成本低；可以锻造形状比较复杂的锻件；操作简单。

缺点：受模锻设备吨位的限制，模锻不能生产大型锻件；模锻的设备投资大，锻模成本高，生产周期长。

（2）模锻应用

模锻适用于大批量生产形状复杂、精度要求较高的中小型锻件（一般低于 150 kg），不适于单件小批量和大型锻件的生产。

（3）模锻分类

模锻按其锻造设备的不同，又分为锤上模锻、压力机模锻和平锻机模锻等。

2）锻模机构与模腔

锻模一般由上模和下模两部分组成，它们上下合拢形成内部模腔。锻件从坯料需要经过几次变形才能得到最终形状，锻模就有几个模腔。模腔按其功用不同分为制坯模腔、预锻模腔和终锻模腔三类。图 3-30 为连杆弯形的模锻过程与锻模。

3.2.4　板料冲压

板料冲压是利用冲模使板料产生分离或变形的压力加工方法。由于板料冲压通常是在常温下进行，所以又称为冷冲压。只有当板料厚度超过 8 mm 时，才采用热冲压。板料冲压使用的原材料主要是金属板料、条料和带料，也可以是塑料、硬纸板、皮革等非金属材料。

板料冲压具有以下主要特点：

（1）可冲制形状复杂的零件，尺寸精度高，零件强度高、刚性好、重量轻。

（2）操作方便，生产率高，易于实现机械化和自动化。

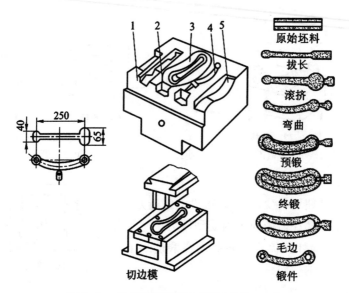

图 3-30 连杆弯形模锻与锻模(单位:mm)

1—拔长模膛;2—滚挤模膛;3—终锻模膛;4—预锻模膛;5—弯形模膛

(3) 属于无切削加工,节约材料和能源。

(4) 模具加工精度要求较高,结构较复杂,制造成本较高,适用于大批量生产。

目前板料冲压已广泛应用于汽车、拖拉机、航空、电器、仪表以及国防等制造业中,特别是在大批量生产中占有极其重要的地位。

1. 冲压设备

冲压生产中的主要设备是剪床和冲床。

1) 剪床

用剪切方法把板料剪成(分离)一定宽度的条料,以供下一步的冲压工艺之用,或把大板料剪成一定尺寸的小板料供焊接或其他用。

剪床的传动机构如图 3-31 所示。电动机带动皮带轮、齿轮转动。脚踩下踏板可使离合器闭合,带动曲轴旋转并通过连杆带动装有上刀刃的滑块沿导轨上、下运动,从而实现对

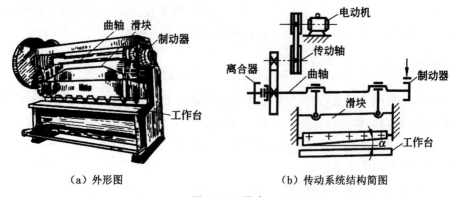

(a) 外形图　　　　　　　　　(b) 传动系统结构简图

图 3-31 剪床

板料的剪切。为了减少剪切力,对于宽而薄的板料一般将刀片制成斜度为2°～8°的斜刃,对于窄而厚的板料则用平刃剪切。剪床的关键技术参数是可剪板料厚度,目前先进剪床可剪切厚度达42 mm以上。

2) 冲床

冲床是进行冲压加工的基本设备,除剪切外,板料冲压的基本工序都是在冲床上进行的。冲床按其结构可分为单柱式和双柱式两种,其传动原理是通过曲柄、连杆和滑块等工作机构实现上、下运动从而完成冲压工序。图3-32所示为常用的开式双柱冲床的结构和工作原理示意图。

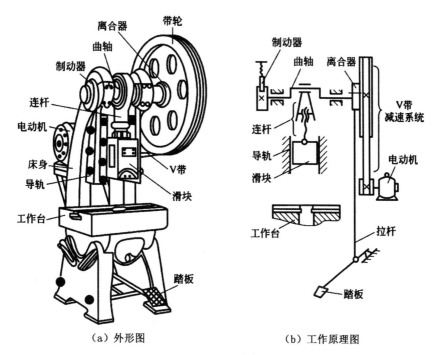

图3-32 冲床

电动机通过三角胶带(V带)带动带轮转动。踩下脚踏板时,离合器闭合,使带轮带动曲轴转动,并通过连杆使滑块沿导轨做上、下往复运动。踏板抬起后,滑块便在制动器的作用下自动停止在最高位置。

2. 冲压基本工序

冲压的工序主要有:落料、冲孔、弯曲和拉深等。

1) 落料和冲孔

落料(如图3-33)和冲孔(如图3-34)是使板料分离的工序。落料和冲孔的过程完全一样,只是用途不同。落料时,被分离的部分是成品,四周是废料;冲孔则是为了获得孔,被分离的部分是废料。落料和冲孔统称冲裁,所用冲模称为冲裁模。冲裁模的凸模与凹模刃口必须锋利,凸模与凹模之间要有合适的间隙,单边间隙为材料厚度的5%～10%。如果间隙不合适,则孔的边缘或落料件的边缘会带有毛刺,且冲裁断面质量会出现下降。

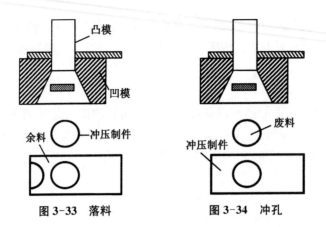

图 3-33　落料　　　　　　　　图 3-34　冲孔

2）弯曲和拉深

弯曲用以获得各种不同形状的弯角,如图 3-35 所示。弯曲模的凸模工作部分应做成一定的圆角,以防止工件外表面拉裂。

拉深是将板料加工成空心筒状或盒状零件的工序,如图 3-36 所示。拉深所用的板料通常用落料获得。

拉深模的凸模和凹模边缘必须是圆角。凸模与凹模之间应有比板料厚度略大的间隙。为了防止起皱,常用压边圈压住板料的边缘后,再进行拉深。

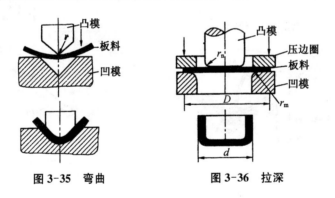

图 3-35　弯曲　　　　　　　　图 3-36　拉深

3. 冲压模具

冲模分为简单冲模、连续冲模和复合冲模。

上述基本工序的冲模在冲床的一次冲程中只完成一个冲压工序,称为简单冲模。

连续冲模是指在冲床的一次冲程中,在模具的不同部位同时完成两道以上冲压工序的模具。这种模具的生产效率高,易于实现自动化生产。但连续冲模定位精度要求高,造模难度较大,成本较高,适用于一般精度工件的大批量生产。

复合冲模是指在冲床的一次行程中,在模具的同一位置上同时完成两道以上冲压工序的模具。这种模具能够保证零件有较高的精度和平整性,生产效率高,但制造复杂,成本高,适用于较高精度工件的大量生产。

3.2.5　先进压力加工工艺

为满足高速发展的工业对锻压件生产的要求,出现了许多先进压力加工的工艺方法,并得到了较快的发展和应用。先进工艺方法总的发展趋势是向精密化、高速化、以轧代锻及超塑性成型等方向发展。例如:精密模锻;高速自动镦锻;零件的辊锻、横轧、斜轧、楔横轧;板料超塑性拉深等。

这些先进工艺的共同特点是:

（1）锻压件的形状、尺寸几乎与零件一致,实现了少或无切削,既节省原材料和机加工工作量,又能获得合理的纤维组织,提高零件的力学性能。

（2）在大批量生产条件下,能以高速、高效率的方法代替传统的锻压方式。

（3）广泛采用电加热和少氧化、无氧化加热,提高锻件表面质量,改善劳动条件。

1. 精密模锻

精密模锻是在模锻设备上直接锻造出形状复杂、高精度零件(锥齿轮、发动机叶片、离合器等)的模锻工艺。

一般精密模锻的工艺过程是:先将原始坯料用普通模锻工艺制成中间坯料,接着对中间坯料进行严格清理,除去氧化皮和缺陷,最后在无氧化或少氧化气氛中加热,再进行精锻,如图 3-37 所示。

（a）下料　　　　（b）普通模锻　　　　（c）精密模锻

图 3-37　精密模锻的工艺过程

精密模锻锻造时需有相应的工艺措施保证,如:准确下料;采用无氧化的加热;严格控制模具温度、锻造温度及冷却条件;采用刚度大、精度高的模锻设备和精密制造的锻模等。

2. 粉末锻造

粉末锻造是将粉末冶金和精密模锻相结合的新技术,是将加热后的粉末烧结的预成型坯,在闭式锻模中锻造成零件的工艺方法。常用的粉末锻造方法有粉末冷锻、锻造烧结、烧结锻造和粉末锻造,基本工艺过程如图 3-38 所示。

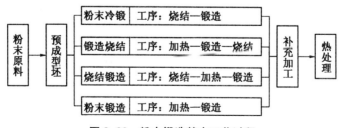

图 3-38　粉末锻造基本工艺过程

粉末锻造制品具有尺寸精度高、组织结构均匀、无成分偏析等特点,可以锻造难变形的高温铸造合金,在许多领域中得到应用,尤其是汽车制造工业。例如汽车发动机中的齿轮和连杆动平衡性能要求高,材质要求均布,最适宜采用粉末锻造生产。

3. 超塑性成型

超塑性成型是利用材料在特定的组织、温度和变形速度等条件下所表现的超塑性特点所进行的成型加工方法。超塑性成型扩大了适合锻压金属材料的范围,可锻出精度高,少或无切削锻件。目前常用的超塑性成型材料有铁合金、锌铝合金、铝基合金和铜合金等。

目前超塑性成型方法主要有超塑性板料拉深、超塑性板料气压成型和超塑性模锻、超塑性挤压等。

4. 旋压成型

旋压成型是利用坯料随芯模旋转(或旋压工具绕坯料与芯模旋转)和旋压工具与芯模间相对进给,使坯料受压产生连续逐点变形而获得冲压件的加工方法。旋压加工是在专用旋压机上进行的,具有变形力小,模具费用低的特点,可用于批量生产筒形、卷边等旋转体工件或高强度难变形材料的冲压件(如薄壁食品罐等),广泛应用于日用品、航空航天及兵器工业产品制造。

5. 高能率成型

高能率成型是利用炸药或电装置在极短时间内释放出来的高能量而使金属变形的成型方法。高能率成型包括爆炸成型、电液成型和电磁成型等。

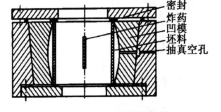

图 3-39　爆炸成型

爆炸成型是利用炸药爆炸时产生的高能冲击波,通过不同介质(空气或水)的作用,使金属毛坯贴合模具而成型,如图 3-39 所示。爆炸成型无须使用冲压设备,模具和工装制造简单,生产周期短,成本低,适于大型零件成型。

6. 变压边力技术

在板料成型过程中,板材变薄甚至破裂在很多时候是因为法兰区域压边力过大,使变薄处或破裂处的材料在成型时得不到补偿所致。因此,有必要控制压边圈不同区域压边力的大小,图 3-40 所示为一种多点压边系统。此系统具有多个液压缸,每个液压缸的油压都可以单独控制。每个液压缸又独立驱动一个顶杆,当顶杆作用在压边圈上的压力不同时,在压边圈相应区域上的压边力也是不同的,这样就达到了不同区域有不同压边力的目的。板材成型中采用此系统可以更好地控制板材的流动,提高冲压件成型质量。

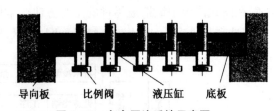

图 3-40　多点压边系统示意图

此外,摆动碾压成型、液态模锻、板料液压成型、聚氨酯成型等先进锻压工艺也得到了快速发展和应用。

在设备方面,冲压设备向大型、精密、机械化、自动化方向发展,如高速压力机,精密冲裁压力机等。在通用设备方面,传统的锻锤正逐步被各类压力机所代替。

在技术方面,模具 CAD/CAM 技术及新材料不断发展。中央计算机管理的,由一组自动化设备和工艺装备组成的制造系统,与物料自动储运和信息控制等系统结合的锻压柔性制造系统也在逐步扩大应用范围。

3.3 焊接

焊接是指通过加热或同时加压的方法,使焊件金属间达到原子结合的一种加工方法。它是现代工业生产中用来制造各种金属结构和机械零件的主要工艺方法之一。

焊接是一种不可拆的连接,与铆接相比,焊接结构省工节料,接头的致密性好。焊接过程便于实现机械化和自动化。通过焊接还可以将型材、铸件和锻件拼焊成组合结构,用于制造大型零件的毛还。

焊接方法的种类很多,按照焊接过程的物理特点,可以归纳为三大类:熔焊、压焊和针焊。熔焊的方法有焊条电弧焊、气焊、埋弧自动焊、气体保护焊、电渣焊、等离子弧焊等,其中焊条电弧焊和气焊在实际生产中应用较普遍。

原则上各种金属都能进行焊接,但因其焊接性能差异很大,需要选用相应的焊接方法和工艺措施。低碳钢材料的塑性好,焊接过程中不易开裂,焊件变形也不难矫正,并且可以采用各种焊接方法进行焊接。因此,各种低碳钢都具有良好的焊接性,被广泛地应用于各类焊接工件的生产中。

3.3.1 焊条电弧焊

焊条电弧焊是利用电弧放电所产生的热量,将焊条和工件局部加热熔化,待冷凝后完成焊接。

焊条电弧焊的过程如图 3-41 所示。将工件和焊钳分别接到电焊机的两个电极上,并用焊钳夹持焊条。焊接时,先将焊条与工件瞬时接触,随即再把它提起,在焊条和工件之间便产生了电弧。电弧热将工件接头处和焊条熔化,形成一个熔池。焊条沿焊缝的方向向前移动,新的熔池不断形成,先熔化了的金属迅速冷却、凝固,形成一条牢固的焊缝,就使两块分离的金属连成一个整体。电弧中心处的最高温度可达 6 000 ℃。

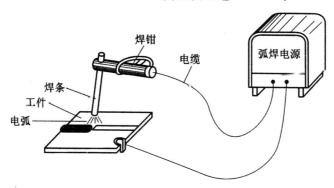

图 3-41　焊条电弧焊

1. 电焊机和焊钳

焊条电弧焊用的电焊机有交流弧焊机和直流弧焊机两种。

1）交流弧焊机

交流弧焊机实际上是一种满足焊接要求的特殊降压变压器。焊接时,焊接电弧的电压基本不随焊接电流变化。这种弧焊机结构简单,制造方便,使用可靠,成本较低,工作时噪声较小,维护、保养容易,是常用的手工电弧焊设备。但它的电弧稳定性较直流弧焊机差。

2）直流弧焊机

直流弧焊机供给焊接电弧的电流是直流电。直流弧焊机分为两种,一种为焊接发电机,即由交流电动机带动直流发电机;另一种为焊接整流器,其特点是能够得到稳定的直流电,因此电弧快烧稳定,焊接质量较好。与交流弧焊机相比,直流弧焊机构造复杂、维修困难、噪声较大、成本高,适用于焊接较重要的焊件。

3）焊钳和面罩

焊钳的作用是夹持焊条和传递电流。面罩的作用是保护眼睛和面部免被弧光灼伤。

2. 电焊条

焊条由金属焊条芯和药皮所组成。焊条芯既是焊接时的电极,又是填充焊缝的金属。药皮由矿石粉、铁合金粉和水玻璃等配制而成,粘涂在焊条芯的外面,其作用是使电弧容易引燃并稳定燃烧,保护熔池内金属不被氧化,以及补充被烧损的合金元素,提高焊缝的力学性能。

按用途的不同,电焊条可分为低碳钢焊条、合金钢焊条、不锈钢焊条、铸铁焊条、铜及铜合金焊条、铝及铝合金焊条等。

焊条直径以焊条芯直径表示。常用的焊条芯的直径为 3.2～6 mm,长度为 300～450 mm 。

3. 焊接接头、坡口和焊缝位置

在焊条电弧焊中,由于产品结构形状、材料厚度和焊件质量要求的不同,需要采用不同形式的接头和坡口进行焊接。

焊接接头形式有对接、搭接、T形接和角接等,如图 3-42 所示。

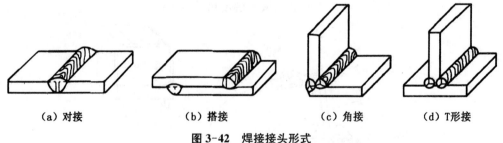

（a）对接　　　　（b）搭接　　　　（c）角接　　　　（d）T形接

图 3-42　焊接接头形式

对接接头是最常用的接头形式。当工件较薄时,可不开坡口,仅需在工件接头之间留出间隙;厚度小于 3 mm 时可一面施焊,厚度为 4～6 mm 时,需要两面施焊。工件厚度大于 6 mm

时,为了保证能焊透,需要开出各种形式的坡口,如图 3-43 所示。V 形坡口加工方便;X 形坡口对应的焊缝两面对称,焊接应力和变形小;当工件厚度相同时,X 形较 V 形坡口节省焊条。在焊接锅炉、高压容器等重要厚壁构件时,还可采用 U 形坡口,这种坡口容易焊透,工件变形小;但加工 X 形和 U 形坡口都比较费时。

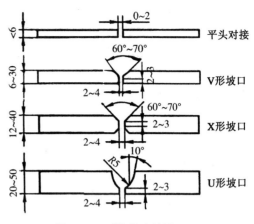

图 3-43 对接接头的坡口

T 形接头也较常用,较厚的工件也可开各种形式的坡口。搭接和角接由于接头强度低,故采用的比较少。

按照焊缝在空间的位置不同,焊接方法可分为平焊、横焊、立焊和仰焊四种,如图 3-44 所示。

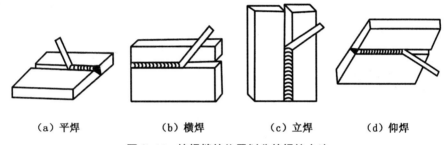

(a) 平焊   (b) 横焊   (c) 立焊   (d) 仰焊

图 3-44 按焊缝的位置划分的焊接方法

平焊操作容易,劳动强度小,焊缝质量高。立焊、横焊和仰焊由于熔池中液体金属有滴落的趋势,操作困难,质量不易保证,所以应尽可能采用平焊。

4. 焊条直径和焊接电流的选择

焊条直径和焊接电流的大小是影响焊接质量和生产率的重要因素。焊条直径 d 取决于工件厚度、接头形式和焊缝在空间的位置,通常按工件厚度选取,如平焊低碳钢时,焊条直径可按表 3-4 选取。

表 3-4 焊条直径的选择   单位: mm

工件厚度	2	3	4~5	6~12	>12
焊条直径	2.0	3.2	3.2~4.0	4.0~5.0	4.0~6.0

焊接电流是影响焊接接头质量和生产率的主要因素。电流过大,金属熔化快、熔深大、金属飞溅大,同时易产生烧穿、咬边等缺陷;电流过小,易产生未焊透、夹渣等缺陷,而且生产率低。确定焊接电流时,应考虑到焊条直径、焊件厚度、接头形式、焊接位置等因素,其中最主要的因素是焊条直径。一般,细焊条选小电流,粗焊条选大电流。焊接低碳钢时,焊接电流和焊条直径的关系可由下列经验公式确定:

$$I = (30 \sim 55)d$$

式中，I 为焊接电流，单位为 A；d 为焊条直径，单位为 mm。

焊接速度是指焊条沿焊缝长度方向移动的速度，它对焊接质量影响很大。焊速过快，易产生焊缝的熔深浅、熔宽小及未焊透等缺陷；焊速过慢，焊缝熔深深、熔宽增加，特别是薄件易烧穿。确定焊接电流和焊接速度的一般原则是：在保证焊接质量的前提下，尽量采用较大的焊接电流值，在保证焊透且焊缝成型良好的前提下尽可能快速施焊，以提高生产率。

3.3.2　气焊与气割

1. 气焊

1）气焊过程及特点

气焊是利用可燃气体燃烧的高温火焰来熔化母材和填充金属的一种焊接方法，如图 3-45 所示。

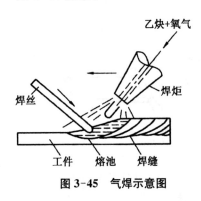

图 3-45　气焊示意图

气焊通常使用的气体是乙炔和氧气，前者用作可燃气体，后者用作助燃气体，并使用不带涂料的焊丝作为填充金属。气体在焊炬中混合均匀后，从焊嘴中喷出燃烧，将工件和焊丝熔化形成熔池，冷却后形成焊缝，与此同时，燃烧产生的大量 CO 和 CO_2 气体包围熔池使其不易被氧化。

气焊火焰的温度较电弧焊低，最高温度为 3 150 ℃左右，热量比较分散，因而适于焊接厚度在 3 mm 以下的低碳钢薄板、高碳钢、铸铁以及铜、铝等有色金属及其合金。气焊的生产率也比电弧焊低，应用不如电弧焊广。但气焊不需要电源，所以可以在没有电源的地点应用。

2）气焊气体和火焰

气焊气体由可燃气体和助燃气体组成。

（1）可燃气体。可燃气体包括乙炔、煤气、石油气、氢气等，由于乙炔燃烧温度最高，适合做焊接热源，所以应用最广。

（2）助燃气体。氧气是气焊中的助燃气体，乙炔用纯氧助燃时，比在空气中燃烧更能大大提高火焰的温度。在氧气和乙炔不同的混合体积比例下，有 3 种不同性质的气焊火焰，如表 3-5 所示。

表 3-5　3 种不同火焰的特性与应用

火焰	O_2/C_2H_2	特点	应用	简图
中性焰	1.0~1.2	气体燃烧充分，故被广泛应用	低、中碳钢，合金钢，铜和铝等合金	焰心 内焰 外焰
碳化焰	<1	乙炔燃烧不完全，对焊件有增碳作用	高碳钢、铸铁、硬质合金	
氧化焰	>1.2	火焰燃烧时有多余氧，对熔池有氧化作用	黄铜	

虽然气焊气体长期以来应用的是氧气和乙炔,但乙炔易燃易爆,属于危险品,而且存在资源浪费和环保问题,所以,目前市场上大量采用以 C_3 成分为主的液化石油气来取代乙炔,液化石油气使用安全,没有污染。

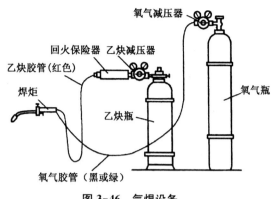

图 3-46 气焊设备

3) 气焊设备

气焊所用的设备及管路系统连接如图 3-46 所示。

(1) 氧气瓶。氧气瓶是运输和贮存高压氧气的钢瓶,外表漆成天蓝色。容积一般为 40 L,贮氧最大压力为 14.7 MPa。

(2) 乙炔瓶。乙炔瓶是内充溶剂(丙酮或二甲基酰胺)和多孔材料的贮存乙炔的容器。国内最常用的乙炔瓶公称容积 40 L,在肩部装有易熔合金保险栓,一旦乙炔瓶受热温度超过 105 ℃±5 ℃,合金熔化,乙炔缓慢逸出,以避免爆炸。乙炔瓶在搬运、装卸、使用时,都应竖立放稳,严禁在地面上卧放并直接使用。一旦要使用已卧放的乙炔瓶,必须先直立,静置 20 min 再连接乙炔减压器后方可使用。

(3) 减压器。减压器是将高压气体降为低压气体,并保持焊接过程中压力基本稳定的装置。

(4) 回火保险器。回火保险器是装在燃烧气体系统上的防止火焰向燃气管路或气源回烧的保险装置。

(5) 焊炬。焊炬是使乙炔和氧气按一定比例混合并获得适合的气焊火焰的工具。各种型号的焊炬,一般备有 3～5 个大小不同的焊嘴,以便焊接不同厚度的焊件。

4) 焊丝与焊剂

(1) 焊丝。气焊的焊丝在焊接时作为填充金属与熔化的母材一起形成焊缝,因此,焊丝质量对焊缝性能有很大影响。焊接时,常根据焊件材料选择相应的焊丝。如焊接低碳钢时,常用的焊丝为 H08 和 H08A;焊有色金属时,一般选用与被焊金属成分相同的焊丝;焊铸铁时,采用含硅量较高的铸铁棒。焊丝直径一般和工件厚度相适应。

(2) 焊剂。焊剂的作用是保护熔池金属,去除焊接过程中形成的熔渣,增加液态金属的流动性。焊接低碳钢时,由于中性焰本身具有相当的保护作用,可不用焊剂。我国气焊焊剂的牌号有 CJ101(焊接不锈钢、耐热钢)、CJ201(焊接铸铁)、CJ301(焊接铜合金)、CJ401(焊接铝合金)等。焊剂的主要成分有硼酸、硼砂、碳酸钠等。

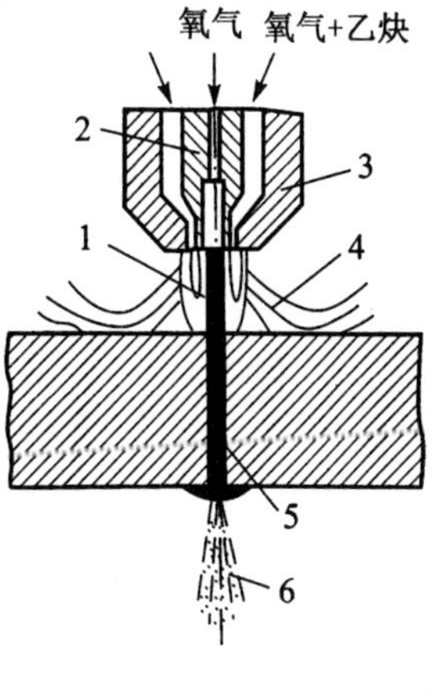

2. 气割

气割是利用某些金属在纯氧中燃烧的原理来实现金属切割的方法,其与气焊有着本质的不同,如图 3-47 所示。

图 3-47 气割

1—切割氧;2—切割嘴;3—预热嘴;4—预热焰;5—切口;6—氧化渣

气割开始时，先用气体火焰将待切割处附近的金属预热到燃点，然后打开切割氧阀门，纯氧射流使高温金属燃烧，金属燃烧所生成的氧化物熔渣被高压氧吹走，形成切口。金属燃烧放出大量的热，又预热待切割的金属，所以气割过程是预热—燃烧吹渣—形成切口不断重复进行的过程。

气割时所需的设备中，除用割炬代替焊炬外，其他设备与气焊时相同。各种型号的割炬，配有几个大小不同的割嘴，用于切割不同厚度的工件。

对金属材料进行切割时，被割材料需满足下列条件：

（1）金属的燃点应低于熔点，否则，切割时金属先熔化，变为熔割过程，不能形成整齐的切口。

（2）燃烧生成的金属氧化物的熔点应低于金属本身的熔点，且流动性要好，便于使燃烧生成的氧化物能及时被熔化吹走。

（3）金属燃烧时应能产生大量的热，而且金属本身的导热性要低，这样才能保证气割处的金属有足够的预热温度，使切割过程能连续进行。

满足上述条件的金属材料有低、中碳钢和低合金钢，而对于高碳钢、铸铁、高合金钢以及铜、铝等有色金属及其合金，均难以进行氧气切割。

与其他切割方法相比，气割设备简单，操作灵活方便，适应性强；可在任意位置和任意方向，切割任意形状和厚度的工件；生产率高，切口质量也相当好。气割被广泛用于型钢下料和铸钢件浇冒口的切除中，有时可以代替刨削加工，如厚钢板开坡口等。

对于气割不易切割的材料，如铜、铝、不锈钢等，现在一般采用等离子弧切割。

3.3.3 其他焊接方法简介

随着生产技术的发展，对焊接加工的质量和生产率的要求也越来越高，于是，除手弧焊外，出现了许多其他的焊接方法。

1. 气体保护焊

焊条电弧焊是以熔渣保护焊接区域的，由于熔渣中含有氧化物，因此用焊条电弧焊焊接容易氧化的金属如铝及其合金、高合金钢等材料时，不易得到优质接头。

近年来，利用气体作为保护介质的电弧焊得到了广泛的应用。

气体保护焊是利用氢、氩、二氧化碳等气体，把焊区与周围空气分隔开，以避免空气对焊缝金属的侵蚀。工业上常用的气体保护焊有氩弧焊和二氧化碳气体保护焊。

1）氩弧焊

它是以氩气作为保护气体的电弧焊方法。按照电极结构的不同，分为熔化极氩弧焊和非熔化极氩弧焊两种，如图3-48所示。熔化极氩弧焊采用焊丝作为电极，焊接过程可用手工操作，也可以实现半自动化或自动化操作；非熔化极氩弧焊一般用高熔点的钍钨棒或铈钨棒做电极，故又称钨极氩弧焊，根据需要须另加填充焊丝。

（1）非熔化极氩弧焊。手工钨极氩弧焊是各种氩弧焊方法中应用最多的一种，焊接时，钨极不熔化，仅起引弧和维持电弧的作用，填充金属从一侧送入，在电弧高温作用下，填充金属与焊件熔融在一起形成焊接接头。从喷嘴流出的氩气在电弧和熔池周围形成连续封闭的气流,在整个焊接过程中起保护作用。

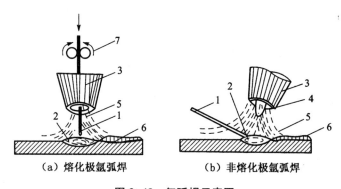

图3-48 氩弧焊示意图

1—焊丝;2—熔池;3—喷嘴;4—钨极;5—气流;6—焊缝;7—送丝辊轮

非熔化极氩弧焊多采用直流正接,以减少钨极的烧损,通常适于焊接厚度在4 mm以下的薄板。

(2) 熔化极氩弧焊。熔化极氩弧焊利用金属丝作电极并兼作填充金属。焊接时,焊丝和焊件间在氩气保护下产生电弧,焊丝连续送进,金属熔滴呈很细颗粒喷射过渡进入熔池。

熔化极氩弧焊为了使电弧稳定,通常采用直流反接,适于焊接较厚(25 mm以下)的工件。

氩弧焊用氩气保护效果很好,电弧稳定,电弧的热量集中,热影响区较小,焊后工件变形小,表面无熔渣,因此,可获得高质量的焊接接头。不仅如此,氩弧焊操作灵活,适于各种位置的焊接,便于实现机械化和自动化。但是,由于氩气价格较贵,焊接设备比较复杂,焊接成本较高。目前氩弧焊主要用于焊接易氧化的有色金属(如铝、镁、钛及其合金)、高强度合金钢以及一些有特殊性能的合金钢(如不锈钢、耐热钢)等。

2) 二氧化碳气体保护焊

二氧化碳气体保护焊是以CO_2作为保护气体的方法,其焊接装置如图3-49所示。目

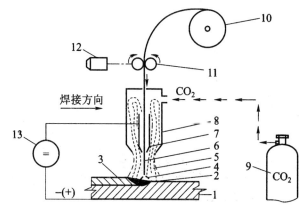

图3-49 二氧化碳气体保护焊示意图

1—焊件;2—熔池;3—焊缝;4—电弧;5—CO_2保护区;6—焊丝;7—导丝嘴;8—喷嘴;9—CO_2气瓶;
10—焊丝盘;11—送丝辊轮;12—送丝电机;13—直流焊接电源

前应用最多的是半自动 CO_2 气体保护焊。CO_2 气体保护焊的优点为：CO_2 气体来源充足，成本低；焊接电流密度大，焊接速度快，生产率高；工件变形小；操作灵活，适用于各种位置的焊接，便于实现机械化和自动化。其缺点是焊缝成型不太光滑，焊接时飞溅大。

由于 CO_2 是一种氧化性气体，因此，CO_2 气体保护焊不适于焊接有色金属和高合金钢，主要用于焊接低碳钢和某些低合金结构钢。除了应用于焊接结构生产外，它还用于耐磨零件堆焊、铸钢件的焊补。

2. 埋弧自动焊

埋弧自动焊是电弧在焊剂层下燃烧，利用机械自动控制焊丝送进和电弧移动的一种电弧焊方法。埋弧焊过程如图 3-50 所示，焊接电源的两极分别接至导电嘴和焊件。焊接时，颗粒状焊剂由焊剂漏斗经软管均匀地堆敷到焊件的持焊处，焊丝出焊丝盘经送丝辊轮和导电嘴送入焊接区，电弧在焊剂下面的焊丝与母材之间燃烧。

焊缝形成过程如图 3-51 所示。开始焊接时，把焊剂堆积在焊道上，焊丝插入焊剂内引弧，电弧热使焊丝、接头及焊剂熔化形成熔池，金属和焊剂蒸发气体形成一个包围熔池的封闭气团，隔绝了空气，起保护熔池的作用，所以获得了更高的焊缝质量。整个焊接过程均由焊接小车自动完成。

埋弧焊具有生产效率高，焊缝质量好及劳动条件好等优点，常用于中厚板（6～60 mm）结构的长直焊缝与较大直径（一般不小于 250 mm）的环缝平焊，可焊接的钢种有碳素结构钢、低合金结构钢、不锈钢、耐热钢及复合钢材等。但是，埋弧焊对焊件坡口加工和装配要求高，焊接工艺参数控制较严。

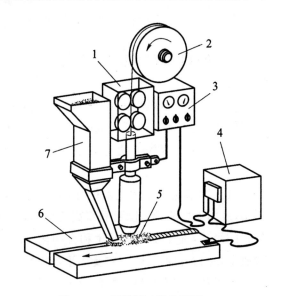

图 3-50　埋弧焊过程示意图

1—送丝辊轮；2—焊丝盘；3—操作面板；
4—控制箱；5—焊剂；6—工件；7—焊剂盒

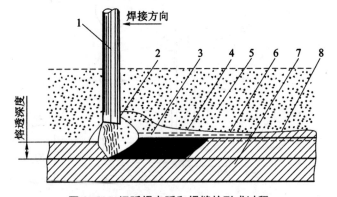

图 3-51　埋弧焊电弧和焊缝的形成过程

1—焊丝；2—电弧；3—熔池；4—熔渣；5—焊剂；6—焊缝；7—焊件；8—渣壳

3. 电阻焊

电阻焊是利用电流通过焊件接头的接触面及邻近区域产生的电阻热,把焊件加热到塑性状态或局部熔化状态,再在压力作用下形成牢固接头的一种压焊方法。

电阻焊的基本形式有点焊、缝焊、对焊 3 种,如图 3-52 所示。

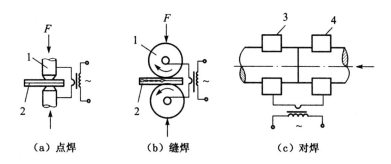

（a）点焊　　　（b）缝焊　　　（c）对焊

图 3-52　电阻焊的基本形式
1—电极;2—焊件;3—固定电极;4—移动电极

1）点焊

点焊时将焊件搭接并压紧在两个柱状电极之间,然后接通电流,焊件间接触面的电阻热使该点熔化形成熔核,同时熔核周围的金属也被加热产生塑性变形,形成一个塑性环,以防止周围气体对熔核的侵入和熔化金属的流失。断电后,熔核在压力下凝固结晶,形成一个组织致密的焊点,由于焊接时会有分流现象,两个焊点之间应有一定的距离。点焊接头采用搭接形式。

点焊主要适用于焊接厚度 4 mm 以下的薄板结构和钢筋构件,目前广泛应用于汽车、飞机等制造业。

2）缝焊

缝焊过程与点焊相似,只是用盘状滚动电极代替了柱状电极。焊接时,转动的盘状电极压紧并带动焊件向前移动,配合断续通电,形成连续重叠的焊点,所以,其焊缝具有良好的密封性。缝焊的分流现象比点焊严重,在焊接同样厚度的焊件时,焊接电流为点焊的1.5~2 倍。

缝焊主要适用于焊接厚度 3 mm 以下、要求具有密封性的容器和管道等。

3）对焊

对焊就是用电阻热将两个对接焊件连接起来。按焊接工艺不同,可分为电阻对焊和闪光对焊两种。

（1）电阻对焊。其焊接过程:预压→通电→顶锻、断电→去压。它只适于焊接截面形状简单、直径小于 20 mm 和强度要求不高的焊件。

（2）闪光对焊。其焊接过程:通电→闪光加热→顶锻、断电→去压。它的焊接质量较高,常用于焊接重要零件;可进行同种和异种金属焊接;可焊接直径大或小的焊件。

对焊广泛用于焊接杆状和管状零件。

电阻焊的生产率高,不需填充金属,焊接变形小;操作简单,易于实现机械化和自动化。

但是,由于焊接时电流很大(几千安至几万安),故要求电源功率大,设备也较复杂,投资大,通常只用于大批量生产。

4. 钎焊

钎焊是采用比母材熔点低的金属材料作钎料,将焊件接头和钎料同时加热到钎料熔化而焊件不熔化,使液态钎料渗入接头间隙并向接头表面扩散,形成钎焊接头的方法。按钎料熔点的不同,钎焊分为硬钎焊和软钎焊两种。

1) 硬钎焊

硬钎焊的钎料熔点在 450 ℃ 以上,常用的是铜基钎料和银基钎料。硬钎焊接头强度较高(大于 200 MPa),主要用于接头受力较大、工作温度较高的焊件,如各种零件的连接、刀具的焊接等。

2) 软钎焊

软钎焊的钎料熔点在 450 ℃ 以下,常用的是锡基钎料。软钎焊接头强度较低(小于 70 MPa),主要用于接头受力不大、工作强度较低的焊件,如电子元件和线路的连接等。

钎焊时,一般要用钎剂,钎剂就是钎焊时使用的熔剂。其作用是清除钎料和母材表面的氧化物,并保护焊件和液态钎料在钎焊过程中免于氧化,改善液态钎料对焊件的润湿性。硬钎焊时,常用钎剂有硼砂、硼酸、氯化物等;软钎焊时,常用钎剂有松香、氯化锌溶液等。

按钎焊过程中加热方式的不同,钎焊又可分为烙铁钎焊、火焰钎焊、电阻钎焊、感应钎焊和炉中钎焊等。

钎焊和熔焊相比,加热温度低,接头的金属组织和性能变化小,焊接变形也小,焊件尺寸容易保证;生产率高,易于实现机械化和自动化;可以焊接异种金属,甚至可以连接金属与非金属;还可以焊接某些形状复杂的接头。但是,钎焊耐热能力较差,焊前准备工作要求较高。目前,钎焊主要用于焊接电子元件、精密仪表机械等。

5. 等离子弧焊

等离子弧焊是借助水冷喷嘴对电弧的拘束作用,获得较高能量密度的等离子弧进行焊接的方法。当电弧经过水冷喷嘴孔道时,受到三种压缩:喷嘴细小孔道的机械压缩;弧柱周围的高速冷却气流使电弧产生热收缩;弧柱的带电粒子流在自身磁场作用下产生相互吸引力,使电弧产生磁收缩。被高度压缩的电弧成为弧柱直径很小、气体密度很高、能量非常密集的电弧,称为等离子弧,如图 3-53 所示。

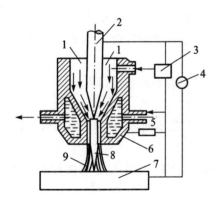

图 3-53 等离子弧发生装置示意图
1—气流;2—钨极;3—振荡器;
4—直流电源;5—电阻;6—喷嘴;
7—焊件;8—等离子弧;9—保护气体

等离子弧焊的特点:等离子弧能量密度大,弧柱温度高,穿透能力强,易于控制,焊缝质量高,焊缝深宽比大,厚度小于 12 mm 的工件可不开坡口,不留间隙,无须填充金属,能一次焊透双面成型;生产率高,热影响区小;但其焊炬结构复杂,对控制系统要求较高,焊接区可见度不好,焊接最大厚度受到限制。

用等离子弧可以焊接绝大部分金属,但由于焊接成本较高,故主要用在国防和尖端技术中,常用于焊接某些焊接性差的金属材料和精细工件等,如不锈钢、耐热钢、高强度钢及难熔金属材料的焊接。

3.3.4 新技术发展

随着科学的发展,焊接技术也在不断地向高质量、高生产率、低能耗的方向发展。目前,出现了许多新技术、新工艺,它们拓宽了焊接技术的应用范围。

1)真空电弧焊接技术

它是可以对不锈钢、铁合金和高温合金等金属进行熔化焊及对小试件进行快速高效的局部加热焊的最新技术。该技术由白俄罗斯发明,并迅速被应用在航空发动机的焊接中。使用真空电弧焊进行涡轮叶片的修复、钛合金气瓶的焊接,可以有效地解决材料氧化、软化、热裂、抗氧化性能降低等问题。

2)窄间隙熔化极气体保护电弧焊技术

它具有比其他窄间隙焊接工艺更多的优势,在任意位置都能得到高质量的焊缝,且具有节能、焊接成本低、生产效率高、适用范围广等特点。利用表面张力过渡技术,将进一步促进熔化极气体保护电弧焊在窄间隙焊接中的应用。

3)强迫成型自动立焊技术

它是近几年发展起来的一种新的高效焊接技术。它是在焊接中采用随动的水冷装置,强迫冷却熔池形成焊缝。由于采用了水冷装置,熔池金属冷却速度快,同时受到冷却装置的机械控制,对熔池及焊缝的形状进行控制,克服了自由成型中熔池金属容易下坠溢流的技术难点,焊接熔池体积可以适当扩大,因此,可以选用较大的焊接电压和电流,提高焊接生产效率。目前该种焊接方法在中厚度板及大厚度板的自动立焊中具有广阔的应用前景。

4)激光填料焊接

它是指在焊缝中预先填入特定焊接材料后用激光照射熔化或在激光照射的同时填入焊接材料以形成焊接接头的方法。广义的激光填料焊接包括两类:激光对焊接与激光熔覆。其中,激光熔覆是利用激光在工件表面熔覆一层金属、陶瓷或其他材料,以改善材料表面性能的一种工艺。激光填料焊接技术主要应用于异种材料焊接、有色及特种材料焊接和大型结构钢件焊接等激光直接对焊不能胜任的领域。

3.4 高分子材料的成型

金属材料以外的其他所有固体材料都称为非金属材料。因其具有许多独特的优点,正越来越多地应用于工业、国防和科技领域,机械工业中常用的非金属材料主要有高分子材料、陶瓷材料和复合材料。

3.4.1 塑料的成型及二次加工

用于成型塑料制件的原料,一般是用合成树脂和添加剂按比例配制而成的粉料和粒料。

塑料的成型是指将塑料的原料加热至黏流态,在模具型腔内经流动或压制并冷却固化而制成塑料制件的过程。

1. 塑料的成型方法

1) 注射成型

注射成型是将原料从注射机的料斗送入料筒,将其加热至熔融态后由柱塞推动,将熔融原料从料筒端部的喷嘴注入闭合塑模中,冷却固化后脱模取出塑件,如图 3-54 所示。注射成型主要用于热塑性塑料的成型,也用于某些热固性塑料的成型。注射成型常用于成型质量为数克至数千克的形状复杂、尺寸精度高或带有各种嵌件的塑料制件。

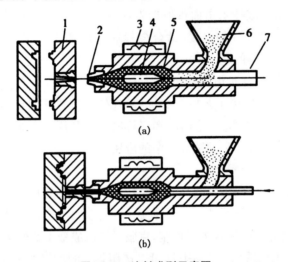

图 3-54 注射成型示意图

1—模具;2—喷嘴;3—加热器;4—分流梭;5—料筒;6—料斗;7—注射柱塞

2) 挤出成型

挤出成型是将原料从料斗送入挤压机料筒后,由旋转的螺杆将其推至加热区加热为熔融状态,并通过挤压机机头的模孔挤出得到所需的型材或制品,如图 3-55 所示。

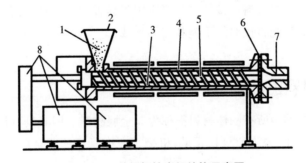

图 3-55 单螺杆挤出机结构示意图

1—原料;2—料斗;3—螺杆;4—加热器;5—料筒;6—过滤板;7—机头;8—动力系统

挤出成型主要适用于热塑性塑料的成型,常用于生产棒(管)材、板材、线材、薄膜等连续的塑料型材。

3）吹塑成型

吹塑成型是将加热至高塑性状态的塑料管坯放入打开的模具中,合模封闭管的一端,另一端通入压缩空气将坯料吹胀并紧贴模壁,冷却后开模取出制品,如图3-56所示。吹塑成型仅适用于热塑性塑料的成型,主要用于制作瓶、罐等中空薄壁小口径塑料制品。

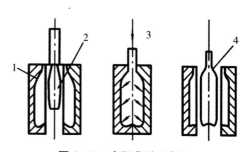

图3-56 吹塑成型示意图
1—模具；2—管坯；3—压缩空气；4—制品

4）压制成型

压制成型是将原料放入经预热的模腔中,闭合模具后在加热、加压条件下塑料呈熔融状态而充满模腔,并使线型高分子结构变为体型高分子结构而固化成型,如图3-57所示。

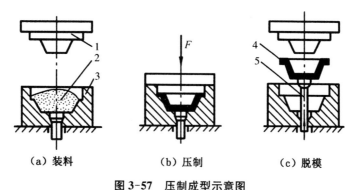

（a）装料   （b）压制   （c）脱模

图3-57 压制成型示意图
1—压头；2—原料；3—凹模；4—制品；5—顶杆

压制成型主要用于热固性塑料的成型。其特点是:设备和模具结构简单,生产率低,且不适合成型形状复杂和精度要求高的塑件。

5）浇铸成型

浇铸成型是将未聚合的单体原料（一般呈液状或糊状）与固化剂、填料等按比例混合后,浇入模具型腔中使其完成聚合反应并固化为塑料制件。

浇铸成型主要适用于尼龙、环氧树脂、有机玻璃等塑料的大型制品,以及需经机械加工的单件塑料制品。

2. 塑料的成型工艺性

成型时塑料对成型工艺性的适应能力和获得优质制件的能力,称为塑料的成型工艺性。塑料的成型工艺性好,则成型容易,制件质量优良;反之,则成型困难,制件质量差。塑料的成型工艺性常用流动性、收缩性和吸湿性衡量。

1）流动性

塑料的成型往往是通过熔体的流动来实现的。因此,熔体的流动性或黏度是塑料成型工艺性的最重要指标。

熔体流动性的影响因素主要有以下3方面：

（1）聚合物分子量。聚合物分子量越大，熔体黏度越大，其流动性越差；反之，熔体的流动性越好。不同的成型方法对熔体流动性的要求不同，故对聚合物分子量的要求也不同。例如，注射成型要求塑料的分子量较低，挤出成型要求塑料的分子量较高，吹塑成型所要求的分子量介于二者之间。在分子量大的聚合物中添加一些低分子物质（如增塑剂等），可以减小塑料的分子量，使其流动性改善。

（2）温度。成型时升高温度可使塑料分子的热运动和分子间的距离增大，从而提高熔体的流动性；反之，熔体的流动性会降低。但是，过高的成型温度会使聚合物分解，导致塑件性能恶化。

（3）压力。一般而言，成型时增大压力可增加熔体的流动性。但是，过高的压力会使聚合物分子间距缩小，分子间作用力增大，从而引起熔体黏度增大，导致流动性下降。

2）收缩性

塑件冷却时尺寸缩小的特性称为收缩性（常用收缩率表示）。塑料的收缩率越小，成型后塑件的尺寸精度越高；反之，成型后塑件的尺寸精度越低，甚至会成为废品。

塑料的收缩包括凝固收缩、固态冷却收缩及弹性恢复收缩。弹性恢复收缩是指脱模时成型压力降低，使塑件产生一定量的弹性恢复而引起的收缩。塑件收缩率的影响因素很多，如塑料的组成、成型方法、工艺条件、制件的形状和尺寸、模具结构等。因此，塑件的收缩率并不是一个固定值，而是一个变化范围。

3）吸湿性

热塑性塑料对水分亲疏程度的特性，称为吸湿性。吸湿性大的塑料如聚氯乙烯、有机玻璃、ABS、尼龙、聚碳酸酯、聚砜等，在成型过程中因产生水汽使熔体流动性降低而成型困难，且因塑件中产生气泡而使其强度降低。因此，对于这类塑料，成型前必须进行干燥处理。

3. 塑件的结构工艺性

塑件的结构设计不仅应满足使用要求，而且应满足成型工艺的要求，即应考虑塑件的结构工艺性。塑件结构工艺性的原则是使塑件成型容易，使模具结构简单。在此，主要介绍应用最多的注射成型件的结构工艺性。

1）结构形状应便于脱模

塑件内外表面的结构形状应使其便于脱模。图 3-58（a）所示塑件的内表面有凸台，成型后难于脱模，将其改为图 3-58（b）所示的结构后，则脱模方便。

2）壁厚应均匀

由于不同壁厚处冷速不同会引起收缩不均匀，使塑件产生翘曲、变形等缺陷，故塑件壁厚应均匀。

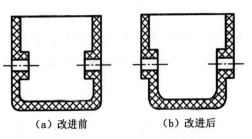

（a）改进前　　　（b）改进后

图 3-58　改进结构使脱模方便

3) 应有脱模斜度

沿脱模方向的塑件外表面应有一定的脱模斜度,以便将塑件从型腔中顺利取出。脱模斜度一般为 1°～1.5°,对形状复杂和不易脱模的塑件,其脱模斜度可增大至 4°～5°。

4) 设置加强筋

为了不使塑件壁厚过大,又确保其强度和刚度,以防止变形,可以在塑件的适当部位设置加强筋。例如,图 3-59(a)所示结构的壁厚过大易产生缩孔,将其改为图 3-59(b)所示的带加强筋的结构,既避免了上述缺点,又保证了足够的强度和刚度。

5) 应有过渡圆角

在塑件内外表面的转角处,应采用过渡圆角,以避免塑件的应力集中和防止转角处破裂。内外表面过渡圆角的半径一般分别为壁厚的 50% 和 1.5 倍,以保证转角处壁厚与塑件壁厚一致,如图 3-60 所示。

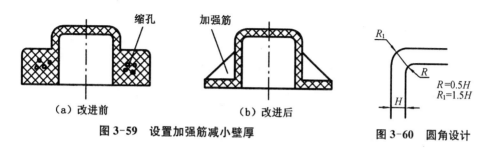

（a）改进前　　　　　　　（b）改进后　　　　　　　$R=0.5H$
　　　　　　　　　　　　　　　　　　　　　　　　　　$R_1=1.5H$

图 3-59　设置加强筋减小壁厚　　　　　图 3-60　圆角设计

6) 应注意孔的位置

在设计塑件孔的位置时,应注意不削弱塑件的强度,并尽量不增加模具制造的难度。为了保证塑件的强度,孔与边壁之间、孔与孔之间应留有足够的距离,孔距、孔边距的最小值见表 3-6。

表 3-6　孔距、孔边距的最小值

孔径 d/mm	孔距与孔边距的最小距离/mm	孔径 d/mm	孔距与孔边距的最小距离/mm
2	1.6	5.6	3.2
3.2	2.4	12.7	4.8

4. 塑件的二次加工

成型后塑件的再加工称为二次加工。

1) 切削加工

由于塑料的强度、硬度较低,易于进行切削加工,所以可用普通的钳工工具、金属切削机床及刀具对其进行切削加工,有的塑料还可用木工工具加工。但与金属切削加工相比,塑料的切削加工有如下特点:

(1) 加工精度差。因塑料的刚度小(为金属的 1/16～1/10),切削加工时塑件的弹性变形大,使塑件的加工精度差,加工表面粗糙度大。

（2）表面性能易恶化。由于塑料热导性差（为金属的 $1/600\sim1/500$），切削加工时塑料表面温度升高，易软化、发黏、脆化或焦化，使塑件表面性能恶化。

（3）不宜用水或油作冷却液。由于某些塑料的吸水性较强，对油的抵抗能力也较弱，故不宜用水或油作切削加工的冷却液，而宜采用风冷。

综上所述，塑料切削加工时，宜选用较低的切削速度和较小的进刀量，且宜采用风冷。此外，切削加工时，刀具的刃口应锋利，对塑件夹紧力不宜过大；钻孔攻丝时，钻头和丝锥的尺寸应略大于加工金属时所用的尺寸；车削时，加工一般非增强型塑料时宜用高速钢刀具，加工玻璃纤维增强塑料时宜用硬质合金刀具和金刚石刀具。

2）冲裁

冲裁塑料片材时，应注意防止出现脆性断裂，必要时在冲裁前可将其预热至一定温度。

3）焊接

塑料的焊接是指将两个热塑性塑件表面加热至黏稠状态，将它们熔接为一体的工艺方法。可以在塑件之间直接进行焊接，也可以用塑料焊条进行焊接。按加热方式的不同，塑料焊接分为热风焊接、感应焊接、超声波焊接等，其中以热风焊接应用最多。

热风焊接是指利用塑料焊枪喷出的热气流将塑料焊条熔化在待焊塑件的接口处，冷却后使塑件接合的焊接方法。它主要用于聚乙烯、聚丙烯、聚氯乙烯、聚甲醛等热塑性塑件的焊接。

热风焊接所用的塑料焊条，其化学成分应与被焊塑料相同或与其主要成分相同。被焊塑料的种类不同，热风焊所需的热气流温度也不同。

4）热处理

将塑件加热至一定温度（高于玻璃化温度、低于黏流化温度）并保持一定时间，然后冷却至室温的过程，称为热处理。在塑件的热处理加热过程中，塑料的分子结构松弛，分子形态和排列发生某种程度的变化。因此，热处理具有如下作用：

（1）消除或减小塑件在成型中产生的残余内应力，以防止塑件的变形开裂和稳定塑件的尺寸。

（2）对于结晶型热塑性塑件，热处理可以提高其结晶度，从而提高其强度。

（3）对于热固性塑件，热处理可提高分子的交联密度，使其固化更趋完全，从而提高塑件的耐热性、强度和刚度。

5）塑料的金属镀饰

在塑料表面覆盖金属的方法，称为塑料的金属镀饰或塑料的表面金属化。塑料的金属镀饰不仅可以提高其表面装饰效果，还可以提高其表面电导性、表面硬度和耐磨性，以及消除表面静电效应。塑料金属镀饰的方法主要有电镀法和真空镀膜法两种。

（1）塑料是电绝缘体而难以对其进行直接电镀，为此必须先经过一系列镀前处理，并用化学沉积法在其表面形成铜或镍的导电膜，然后才能进行电镀。金属镀层厚度一般为 $30\sim100~\mu m$。塑料电镀已在 ABS 塑料、聚丙烯、聚砜、聚碳酸酯、尼龙等塑料制件中得到广泛应用。

（2）在高真空条件下，使金属加热蒸发为金属气体，并使其附着在塑料表面上而形成金属膜的方法,称为真空镀膜。与电镀法相比,真空镀膜法具有污染小,劳动强度低,生产率高,以及生产成本低等优点,但是其镀层较薄,一般为 $0.01\sim0.1~\mu m$。真空镀膜法常用于塑料薄膜、塑料镜、玩具、日用装饰品、项链、家用电器零件等。此外,还可将涂料涂覆在塑件表面上,以改善表面性能或进行美化。

3.4.2 橡胶的成型及加工工艺

1. 橡胶的成型性能

橡胶的成型性能主要包括流动性、流变性、硫化性能和热物理性能。

1) 流动性

与塑料的流动性相似,橡胶的流动性是指在一定的温度与压力下橡胶充满整个模腔的能力。橡胶的流动性对橡胶成型过程有着重要的影响,有时直接决定成型的成败。橡胶成型时的压力、温度,模具和浇注系统的尺寸、参数等都与橡胶的流动性有关。影响橡胶流动性的主要因素有聚合物分子量和结构、剪切速率及剪切应力、配合剂等。橡胶的流动性一般用黏度和可塑性表示。

2) 流变性

胶料的黏度随剪切速率升高而降低的特性称为流变性。流变性对橡胶的加工过程有重要的意义,当流动性差甚至流动停止时,胶料的黏度变得很大,使半成品具有良好的挺直性而不易变形。在压出、注射成型时由于剪切速率很高,则胶料的黏度低、流动性好。流变性与橡胶分子量的即时压力、温度、成型速率等加工条件有关。

3) 硫化性能

硫化是为了改善橡胶的性能而必须进行的工艺过程。在硫化过程中,橡胶的各种性能都随着时间的增加而发生变化,胶料硫化性能的优劣主要体现在硫化速度的快慢、交联率的高低、焦烧安全性和存放稳定性的好坏等方面。

4) 热物理性能

热物理性能的优劣直接影响橡胶制品的性质。热物理性能的影响因素是热导率、热扩散率和体积热容。

2. 橡胶的加工工艺

无论是天然橡胶还是合成橡胶,它们都只是生胶,大多数生胶还需要经塑炼后加入各种配合剂混炼,才能加工成型,再经硫化处理制成各种橡胶制品。因此,橡胶制品的生产主要包括生胶的塑炼、胶料的混炼、橡胶成型和制品的硫化等过程,如图 3-61 所示。

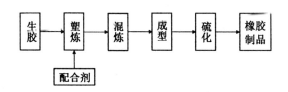

图 3-61　橡胶制品的加工过程

1）生胶的塑炼

塑炼是增加橡胶可塑性的工艺过程,在加热情况下利用机械挤压、辊轧或化学方法,使生胶分子链断链,使其由强韧的弹性状态转变为柔软、具有可塑性的状态,以利于成型加工。

塑炼通常分为低温塑炼和高温塑炼。低温塑炼以机械降解作用为主,氧起到稳定分子链断裂后产生的游离基的作用;高温塑炼以自动氧降解为主,机械作用可强化橡胶与氧的接触。生胶的塑炼通常在开放式或密闭式炼胶机上进行。

2）胶料的混炼

为了提高橡胶制品的使用性能,改进橡胶的工艺性能和降低成本,必须在生胶中加入各种配合剂。混炼就是将各种配合剂混入塑炼胶中,用机械方法使之完全混合,制成质量均匀的混炼胶的工艺过程。

混炼是橡胶加工过程中的重要工序之一,混炼胶料的质量对进一步加工和成品的质量有着决定性的影响。混炼也是在开放式或密闭式炼胶机上进行的。

3）橡胶成型

橡胶成型是将混炼胶制成所需形状、尺寸和性能的橡胶制品的过程。常用的橡胶成型方法有压延成型、模压成型、挤出成型和注射成型等,这些方法将在橡胶的成型工艺中详细介绍。

4）制品的硫化

硫化是指塑性橡胶在硫黄、促进剂和活性剂的作用下发生化学反应,使橡胶分子链之间形成交联,橡胶的链状结构变成网状结构,随着交联度的增加,橡胶变硬变韧的过程。因为交联键主要由硫形成,所以这个过程称为硫化。橡胶硫化的目的在于使橡胶具有足够的强度、耐久性以及抗剪切和其他变形能力,减少橡胶的可塑性。

硫化是橡胶制品生产工艺中最重要的工序之一,各种橡胶制品都必须通过硫化来获得满意的性能。工业生产中,很多橡胶制品的硫化和成型是同时进行的。

硫化是在硫化机上进行的,硫化过程的主要参数,如硫化温度、压力和时间等都必须严格控制。

（1）硫化温度。硫化温度直接影响硫化速度和产品质量。硫化温度越高,硫化速度越快,生产效率就越高。但是硫化温度过高会使橡胶高分子链裂解,从而使橡胶的强度、韧度下降。橡胶的硫化温度主要取决于橡胶的热稳定性,橡胶的热稳定性愈高,则允许的硫化温度也愈高。

（2）硫化压力。为使胶料能够流动以充满型腔,并使胶料中的气体排出,应有足够的硫化压力。通常在 $100\sim140\ ℃$ 温度范围压模时,必须施用 $20\sim50\ MPa$ 的压力,才能保证获得清晰而复杂的轮廓。增加压力能提高橡胶的力学性能,并延长制品的使用寿命。试验表明,用 $50\ MPa$ 压力硫化的轮胎的耐磨性能,较压力在 $2\ MPa$ 硫化的轮胎的耐磨性能高出 $10\%\sim20\%$。但是,过高的压力会加速分子的降解作用,反而会使橡胶的性能降低。

通常,对硫化压力的大小应根据胶料的配方、可塑性、产品的结构等因素决定。在工艺上应遵循的原则为:制品塑性大,压力小;制品厚、层数多、结构复杂,压力大;薄制品,压力小。生产中采用的硫化压力多在 3.5~14.7 MPa 之间,模压一般天然橡胶制品常用的压力在 4.9~7.84 MPa 之间。

(3) 硫化时间。硫化时间和硫化温度是密切相关的,在硫化过程中,硫化胶的各项物理、力学性能达到或接近最佳点时的硫化程度称为正硫化或最宜硫化。在一定温度下达到正硫化所需的硫化时间称为正硫化时间,一定的硫化温度对应一定的正硫化时间。当胶料配方和硫化温度一定时,硫化时间决定硫化程度,对于不同大小和壁厚的橡胶制品,可通过控制硫化时间来控制硫化程度,通常制品的尺寸越大或越厚,所需硫化的时间就越长。

3. 橡胶的成型工艺

橡胶的成型工艺在橡胶制品的生产过程中占有举足轻重的地位。其成型方法与塑料成型方法相似,主要有压延成型、模压成型、挤出成型和注射成型等工艺。

1) 橡胶的压延成型

压延是橡胶加工中重要的基本过程之一,是利用压延机辊筒之间的挤压力作用,使物料发生塑性流动变形,最终制成具有一定断面尺寸规格和几何形状的片状聚合物;或者将聚合物材料覆盖并附着于纺织物和纸张等基材的表面,制成具有一定断面厚度和一定断面几何形状的复合材料。压延成型是一个连续的生产过程,具有生产效率高,制品厚度尺寸精确、表面光滑、内部紧实等特点。通过压延可制造胶片,如胶料的压片、压形和胶片的贴合;对于胶布的压延,有纺织物的贴胶、擦胶和压力贴胶等。

(1) 胶片压延。胶片的压延是利用压延机将胶料制成具有规定断面厚度和宽度的表面光滑的胶片,如胶管、胶带的内外层胶和中间层胶片、轮胎的缓冲层胶片等。当压延胶片的断面较大,一次压延难以保证品质时,可以分别压延制成两层以上的较薄的胶片,然后再用压延机将它们贴合在一起,制成规定厚度的胶片;或者将两种不同配方胶料的胶片贴合在一起,制成符合要求的胶片;还可将胶料制成一定断面尺寸规格、表面带有一定花纹的胶片。因此,胶片的压延包括压片、贴合和压形。

① 压片。压片方法根据设备的不同分为三辊压延和四辊压延两种压延方法。图 3-62 所示为胶片压延工艺过程。

② 贴合。胶片贴合是利用压延机将两层以上的同种胶片或异种胶片贴在一起,结合成厚度较大的一个整体胶片的压延过程。贴合适用于胶片厚度较大、品质要求较高的胶片压延,配方含胶率高、除气困难的胶片压延,两种以上不同配方胶片之间的复合胶片的压延,夹胶布制造以及对气密性要求严格的中空橡胶制品制造等。

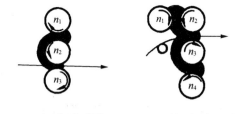

(a) 三辊压延机贴胶　(b) 四辊压延机贴胶

图 3-62　压延工艺过程

③ 压形。压形过程可以采用两辊压延机、三辊压延机和四辊压延机压形。不论采用哪种压延机,都必须有一个带花纹的辊筒,且花纹辊可以随时更换,以变更胶片的品种和规格。

(2) 纺织物挂胶。纺织物挂胶是利用压延机将胶料覆盖于纺织物表面,并使其渗透入织物缝隙的内部,使胶料和纺织物紧密结合在一起成为胶布的过程,故又称为胶布压延过程。

纺织物挂胶的压延方法主要有三种:一般贴胶压延、压力贴胶压延和擦胶压延。

2) 橡胶的模压成型

橡胶的模压成型是橡胶制品生产中应用最早、最多的生产方法,是将预先压延好的橡胶坯料按一定规格和形状下料后,加入压制模中,合模后在液压机上按规定的工艺条件进行压制,使胶料在受热受压状态下以塑性流动充满型腔,经过一定时间完成硫化,再进行脱模并清理毛边,最后检验得到所需制品的方法。橡胶模压成型的工艺流程如图 3-63 所示。

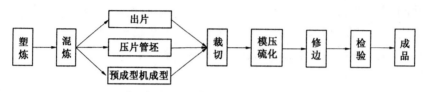

图 3-63 橡胶模压成型的工艺流程

橡胶压制模结构与一般塑料压塑模相同,只是在设计时应注意如下问题:

(1) 应设置测温孔。为保证橡胶制品的质量,硫化温度的误差应控制在 ±2 ℃ 范围内,因此,在压制模型腔附近必须设置测温孔,利用水银温度计通过测温孔控制温度。测温孔应设置在型腔附近 5~10 mm 处。

(2) 应设置流胶槽。由于在加料时一般有 5%~10% 的余量,为保证制品精度,在型腔周围设置流胶槽,流胶槽多为 $R=1.5~2$ mm 的半圆形,在流胶槽与型腔之间开设一些小沟,使多余的胶料排出。

3) 橡胶的挤出成型

挤出成型是使高弹性的橡胶在挤出机机筒及螺杆的相互作用下,受到剪切、混合和挤压,在此过程中,物料在外加热及内摩擦剪切作用下熔融成为黏流态,并在一定的压力和温度下连续均匀地通过机头口模成型出各类断面形状和一定尺寸的制品。

橡胶的挤出成型操作简便,生产率高,工艺适应性强,设备结构简单;但制品断面形状较简单且精度较低。橡胶的挤出成型常用于成型轮胎外胎胎面、内胎胎筒和胶管等,也可用于生胶的塑炼和造粒。

橡胶挤出成型的主要设备是橡胶挤出机,其基本结构与塑料挤出机相同。图 3-64 所示为胶料在挤出机机筒内的运动情况。胶料自加料口进入机筒后,在机筒和旋转的螺杆间受到推挤、剪切和搅动等作用,逐渐升温塑化和熔融成为连续的黏流体,并被推挤至机头口模处挤出成型。

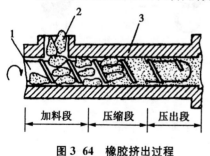

图 3 64 橡胶挤出过程

1—螺杆;2—胶料;3—机筒

4) 橡胶的注射成型

橡胶制品的注射成型是将胶料在注射机中加热使其塑化成熔融态,施以高压将其注射进封闭的金属模具中,在模具中热压硫化,然后从模具中取出成型好的制品。用注射法生产橡胶制品,一般要经过预热、塑化、注射、保压、硫化、脱模和修边等工序。注射成型的橡胶制品具有质量较好、精度较高、生产效率较高的工艺特点。

注射成型技术条件比较复杂，受很多因素的影响，而有些因素是互相制约的。影响注射成型的技术因素主要有料筒温度、注射温度（胶料通过喷嘴后的温度）、注射压力、模具温度和成型时间等。因此，必须依据这些因素的影响作用来确定注射技术条件。

（1）料筒温度。胶料在料筒中加热塑化，在一定温度范围内，提高料筒温度可以使胶料的黏度下降，流动性增加，有利于胶料的成型。一般柱塞式注射机料筒温度控制在 70～80 ℃；螺杆式注射机因胶温较均匀，料筒温度控制在 80～100 ℃，有的可达 115 ℃。

（2）注射温度。注射成型时，必须严格控制机筒、喷嘴和模具的温度，一般在一定范围内提高机筒温度，可以提高注射温度、缩短注射时间和硫化时间，一般应将温度控制在不产生焦烧的温度下，尽可能接近模具温度。

（3）注射压力。注射压力是注射时螺杆或柱塞施于胶料单位面积上的力，注射压力大，有利于胶料充模，还使胶料通过喷嘴时的速度提高，剪切摩擦产生的热量增大，这对充模和加快硫化有利。采用螺杆式注射机时，注射压力一般为 80～110 MPa。

（4）模具温度。在注射成型时，由于胶料在充型前已经具有较高的温度，充型之后能迅速硫化，表层与内部的温差小，因此模具温度较压制成型的高，一般可高出 30～50 ℃。注射天然橡胶时，模具温度为 170～190 ℃。

（5）成型时间。成型时间是指完成一次成型过程所需的时间，它是动作时间与硫化时间之和，由于硫化时间所占比例最大，因此缩短硫化时间是提高注射成型效率的重要环节。

3.5 工业陶瓷及复合材料的成型

3.5.1 工业陶瓷及其成型

陶瓷是各种无机非金属材料的通称，它同金属材料、高分子材料一起被称为三大固体材料。陶瓷在传统上是指陶器与瓷器，但也包括玻璃、搪瓷、耐火材料、砖瓦、水泥、石灰、石膏等无机非金属材料。由于这些材料都是用天然的硅酸盐矿物（即含二氧化硅的化合物，如黏土、石灰石、长石、石英、砂子等原料）生产的，因此陶瓷材料也是硅酸盐材料。

近 20 多年来，陶瓷材料有巨大的发展，许多新型陶瓷材料的成分远远超出了硅酸盐的范围，陶瓷的性能也面临重大的突破，陶瓷的应用已渗透到各类工业、各种工程和各个技术领域，陶瓷已成为现代工程材料的主要支柱。

工业陶瓷的品种繁多，生产工艺也各不相同，但一般都要经历以下几个步骤：坯料制备、成型、坯体干燥、烧结以及后续加工，如图 3-65 所示。

1）坯料制备

（1）配料

制作陶瓷制品，首先要按瓷料的组成，将所需各种原料进行称量配料，这是陶瓷工艺中最基本的一环。称料务必精确，因为配料中某些组分加入量的微小误差也会影响到陶瓷材

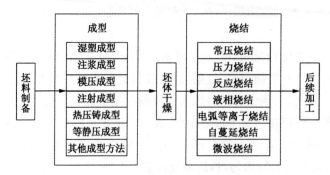

图 3-65 陶瓷的生产工艺过程

料的结构和性能。

（2）混合制备坯料

配料后应根据不同的成型方法，混合制备成不同形式的坯料，如用于注浆成型的水悬浮液，用于热压铸成型的热塑性料浆，用于挤压、注射、轧膜和流延成型的含有机塑化剂的塑性料，用于干压或等静压成型的造粒粉料等。坯料混合一般采用球磨或搅拌等机械混合法。

2）成型

成型是指将坯料制成具有一定形状和规格的坯体。成型技术与方法对陶瓷制品的性能具有重要意义，由于陶瓷制品品种繁多，性能要求、形状规格、大小厚薄不同，产量不同，所用坯料性能也不同，因此可以采用多种不同的成型方法。陶瓷的成型方法大致分为湿塑成型、注浆成型、模压成型、注射成型、热压铸成型、等静压成型、塑性成型、带式成型等。

（1）湿塑成型

湿塑成型是在外力作用下，使可塑坯料发生塑性变形而制成坯体的方法，包括刀压、滚压、挤压和手捏等。这是最传统的陶瓷成型工艺，在日用瓷和工艺瓷中应用最多。

（2）注浆成型

注浆成型是指将陶瓷悬浮料浆注入石膏模或多孔质模型内，借助模型的吸水能力将料浆中的水吸出，从而在模型内形成坯体。该方法适用于形状复杂、大型薄壁、精度要求不高的日用陶瓷、建筑陶瓷和美术陶瓷制品，电子陶瓷行业由于禁用黏土，因而很少使用该方法成型。

注浆成型工艺简单，但劳动强度大，不易实现自动化，且坯体烧结后的密度较小，强度较差，收缩、变形较大，所得制品的外观尺寸精度较低，因此性能要求较高的陶瓷一般不采用此法生产。但随着分散剂的发展，均匀性好的高浓度低黏度浆料的获得，强力注浆的发展，注浆成型制品的性能与质量在不断提高。

（3）模压成型

模压成型也叫干压成型，其过程是：将造粒工序制备的团粒（水的质量分数小于6%）松散装入模具内，在压机柱塞施加的外压力作用下，团粒产生移动、变形、粉碎而逐渐靠拢，所含气体同时被挤压排出，形成较致密的具有一定形状、尺寸的压坯，然后卸模脱出坯体。

模压成型的特点是操作方便,生产周期短,效率高,易于实现自动化生产,适宜大批量生产形状简单(圆截面形、薄片状等)、尺寸较小(高度为 0.3～60 mm、直径为 5～50 mm)的制品。由于坯体含水或其他有机物较少,因此坯体致密度较高,尺寸较精确,烧结收缩小,瓷件力学强度高。但模压成型坯体具有明显的各向异性,也不适于尺寸大、形状复杂制品的生产,并且所需的设备、模具费用较高。

(4)注射成型

注射成型是指将陶瓷粉和有机黏结剂混合后,加热混炼并制成粒状粉料,经注射成型机,在 130～300 ℃温度下注到金属模腔内,冷却后黏结剂固化成型,脱模取出坯体。

注射成型适于形状复杂、壁薄(0.6 mm)、带侧孔制品(如汽轮机陶瓷叶片等)的大批量生产,坯体密度均匀,烧结体精度高,且工艺简单、成本低;但注射成型生产周期长,金属模具设计困难,费用较高。

(5)热压铸成型

热压铸成型是利用蜡类材料热熔冷固的特点,将配料混合后的陶瓷细粉与熔化的蜡料黏结剂加热搅拌成具有流动性与热塑性的蜡浆,在热压注机中用压缩空气将热熔蜡浆注满金属模空腔,蜡浆在模腔内冷凝形成坯体,再进行脱模取件。

热压铸成型用于批量生产外形复杂、表面质量好、尺寸精度高的中小型制品,且所用设备较简单,操作方便,模具磨损小,生产效率高;但坯体密度较低,烧结收缩较大,易变形,不宜制造壁薄、大而长的制品,且工序较繁,耗能大,生产周期长。

(6)等静压成型

等静压成型是利用液体或气体介质均匀传递压力的性能,把陶瓷粒状粉料置于有弹性的软模中,使其受到液体或气体介质传递的均衡压力而被压实成型的一种新型压制成型方法。

等静压成型的特点是坯体密度高且均匀,烧结收缩小,不易变形,制品强度高、质量好,适于形状复杂、较大且细长制品的制造;但等静压成型设备成本高。等静压成型可分为湿式等静压成型与干式等静压成型两种。

① 湿式等静压成型

如图 3-66(a)所示,将配好的粒状粉料装入塑料或橡胶做成的弹性模具内,密封后置于高压容器内,注入液体压力传递介质(压力通常在 100 MPa 以上),此时模具与高压液体直接接触,压力传递至弹性模具对坯料加压成型,然后释放压力取出模具,并从模具中取出成型好的坯体。湿式等静压容器内可同时放入几个模具,压制不同形状的坯体,该法生产效率不高,主要适用于成型多品种、形状较复杂、产量小制品和大型制品。

② 干式等静压成型

如图 3-66(b)所示,在高压容器内封紧一个加压橡皮袋,将加料后的模具送入橡皮袋中加压,压成后又从橡皮袋中退出脱模;也可将模具直接固定在容器橡皮袋中。此法的坯料添加和坯件取出都在干态下进行,模具也不与高压液体直接接触。而且干式等静压成型模具的两头(垂直方向)并不加压,适于压制长型、薄壁、管状制品。

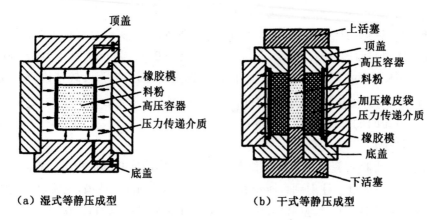

（a）湿式等静压成型　　　　　　　　（b）干式等静压成型

图 3-66　等静压成型示意图

（7）其他成型方法

① 塑性成型

塑性成型包括挤制成型与轧膜成型。这类成型方法的共同特点是要求泥料必须具有充分的可塑性,故泥料中所含有机黏结剂和水分应比干压成型时多。

挤制成型是指将炼好并通过真空除气的泥料置于挤制筒内,在压力的作用下,通过挤嘴挤出各种形状的坯体,如棒状、管状坯体等。

轧膜成型是一种非常成熟的薄片瓷坯成型工艺,该工艺被大量地用于厚度在 1 mm 以下的薄片状制品的轧制中,如瓷片电容、厚膜电路基片等瓷坯。轧膜成型的过程是将预烧过的陶瓷粉料与一定量的有机黏结剂和溶剂拌和,置于两辊轴之间进行混炼,使这些成分充分混合均匀,伴随着吹风,使溶剂逐渐挥发,形成一层厚膜,然后,逐步调近轧辊间距,多次折叠,90°反向,反复轧炼,以达到必需的均匀度、致密度、光洁度和厚度为止。

② 带式成型

对于厚度在 0.08 mm 以下的坯体,如独石电容片等,用轧膜法难以成型,带式成型法就应运而生。此类成型方法包括刮刀工艺、纸带浇注工艺和滚筒工艺。其中,以刮刀法(流延法)应用最为广泛,用于制造 50 μm 以下的膜材,见图 3-67。

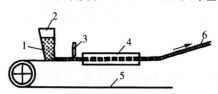

图 3-67　流延成型

1—浆料;2—料斗;3—刮刀;
4—干燥炉;5—基带;6—成品

3）坯体干燥

成型后的各种坯体一般含有水分,为提高成型后的坯体强度和致密度,需要对其进行干燥,以除去部分水分,同时坯体也失去可塑性。干燥的目的在于提高生坯的强度,便于检查、修复、搬运、施釉和烧制。

生坯内的水分有三种:一是化学结合水,是坯料组分物质结构的一部分;二是吸附水,是坯料颗粒所构成的毛细管中吸附的水分,吸附水膜厚度相当于几个到十几个水分子,并受坯料组成和环境的影响;三是游离水,处于坯料颗粒之间,基本符合水的一般物理性质。

生坯干燥时,游离水很容易排出。随着周围环境湿度与温度的变化,吸附水也有部分在干燥过程中被排出,但排出吸附水没有什么实际意义,因为生坯很快又从空气中吸收水分达到平衡。结合水要在更高温度下才能排出,它在干燥过程中是不能被排除的。

生坯的干燥形式有外部供热式和内热式。在坯体外部加热干燥时,往往外层的温度比内层高,这不利于水分由坯内向表面扩散。若对坯体施以电流或电磁波,使坯体内部温度升高,内扩散速度增大,就会大大提高坯体的干燥速度。

4)烧结

烧结是对成型坯体进行低于熔点的高温加热,使其内的粉体间产生颗粒黏结,经过物质迁移导致致密化和高强度的过程。只有经过烧结,成型坯体才能成为坚硬的具有某种显微结构的陶瓷制品(多晶烧结体),烧结对陶瓷制品的显微组织结构及性能有着直接的影响。

烧结的方法很多,如常压烧结法、压力烧结法(热压烧结法、热等静压烧结法)、反应烧结法、液相烧结法、电弧等离子烧结法、自蔓延烧结法和微波烧结法等,以下对部分方法进行简要介绍。

(1)常压烧结法

普通烧结有时也称常压烧结,指在通常的大气压下进行烧结的方法。传统陶瓷大多是在隧道窑中进行烧结的,而特种陶瓷大都在电窑中烧成。普通烧结因无须加压,故成本较低。

(2)压力烧结法

压力烧结法可以分为普通热压烧结法、热等静压烧结法和超高压烧结法。

① 热压烧结法

热压烧结是将干燥粉料充填入石墨或氧化铝模型内,再从单轴方向边加压边加热,使成型与烧结同时完成。由于加热加压同时进行,陶瓷粉料处于热塑性状态,有利于粉末颗粒的接触、流动等过程的进行,因而可减小成型压力,降低烧结温度,缩短烧结时间,容易得到晶粒细小、致密度高、性能良好的制品。不过用此烧结法不易生产形状复杂的制品,烧结生产规模较小,成本高。

② 热等静压烧结法

热等静压(HIP)烧结方法是借助于气体压力而施加等静压的方法。除 SiC、Si_3N_4 的烧结使用该法外,Al_2O_3、超硬合金等的烧结也使用该法,热等静压烧结法是很有希望的新烧结技术之一。热等静压烧结法可克服普通热压烧结的缺点,适合形状复杂制品的生产。目前一些高科技制品,如陶瓷轴承、反射镜及军工需用的核燃料、枪管等,也可采用此种烧结工艺。

③ 超高压烧结法

超高压烧结法与合成金刚石的方法相同,在烧结金刚石和立方氮化硼时常采用这种方法,在其他难烧结物质的研究中也可采用此法。

(3)反应烧结法

反应烧结法是通过气相或液相与基体材料的相互反应而对材料进行烧结的方法。最典型的代表性产品是反应烧结碳化硅和反应烧结氮化硅制品。此种烧结方法的优点是工艺简单,制品可稍微加工或不加工,也可用来制备形状复杂制品;缺点是制品中最终有残余未反应产物,结构不易控制,太厚制品不易完全反应烧结。

（4）液相烧结法

许多氧化物陶瓷采用低熔点助剂促进材料烧结。助剂的加入一般不会影响材料的性能或反而会对某种功能产生良好的影响。作为高温结构使用的添加剂,要注意晶界玻璃是造成高温力学性能下降的主要因素。通过选择使液相有很高的熔点或黏度,或者选择合适的液相组成,然后作高温热处理,使某些晶相在晶界上析出,以提高材料的抗蠕变能力。

（5）电弧等离子烧结法

电弧等离子烧结加热方法与热压不同,它在施加应力的同时,还在制品上施加一个脉冲电源,材料被韧化的同时也致密化。实验已证明,此种方法烧结快速,能使材料形成细晶高致密结构,预计用于纳米级材料烧结更为适合。但迄今为止该方法仍处于研究开发阶段,许多问题仍需深入探讨。

随着科技的进步,新的烧结方法不断出现。目前,具有一定实用价值和应用前景的方法,如爆炸成型、气相沉积烧结法、熔融颗粒沉积高温自蔓延烧结法等,正广泛投入使用中。社会需求与高科技发展是陶瓷烧结水平不断提高与优化的原动力,陶瓷烧结技术将不断取得新的进步。

5）后续加工

陶瓷经成型、烧结后,其表面状态、尺寸偏差、使用要求等不同,需要进行一系列的后续加工处理。常见的处理方法主要有表面施釉、加工、表面金属化与封接等。

（1）表面施釉

陶瓷的施釉是指通过高温方法在瓷件表面烧附一层玻璃状物质,使其表面具有光亮、美观、致密、绝缘、不吸水、不透水及化学稳定性好等优良性能的一种工艺方法。除了一些直观效果外,釉还可以提高瓷件的机械强度与耐热冲击性能,防止工件表面的低压放电,提高瓷件的防潮功能。另外,色釉料还可以改善陶瓷基体的热辐射特性。

（2）加工

烧结后的陶瓷制品,在形状、尺寸、表面状态等方面一般难以满足使用要求,需要进行后续精密加工,使之符合表面粗糙度、形状、尺寸等精度要求,如磨削加工、研磨与抛光、超声波加工、激光加工甚至切削加工等。切削加工是采用金刚石刀具在超高精度机床上进行的,适用该方法会导致制造成本高,目前在陶瓷加工中仅有少量应用。

（3）表面金属化与封接

为了满足电性能的需要或实现陶瓷与金属的封接,需要在陶瓷表面牢固地涂敷一层金属薄膜,该过程称为陶瓷表面的金属化。

在很多场合,陶瓷需要与其他材料封接使用。常用的封接技术有玻璃釉封接、金属化焊料封接、激光焊接、烧结金属粉末封接等。该技术最早被用于电子管中,目前使用范围日益扩大,除用于电子管、晶体管、集成电路、电容器、电阻器等元件外,该技术还被用于微波设备、电光学装置及高功率大型电子装置中。

3.5.2 复合材料及其成型

高分子材料、陶瓷材料和金属材料是当今三大材料,它们各有特点,如高分子材料易老化、不耐高温,陶瓷材料缺韧性、易碎裂。人们设想将这三大类不同的材料,通过复合组成新的材料,使它既能保持原材料的长处,又能弥补其自身短处,做到优势互补,以提高材料的性能,扩大应用范围。因此,复合材料应运而生。复合材料就是将两种或两种以上不同性质的材料组合在一起,构成的性能比其组成材料优异的一类新型材料。

复合材料成型的工艺方法取决于基体和增强材料的类型。以颗粒、晶须或短纤维为增强材料的复合材料,一般都可以用基体材料的成型工艺方法进行成型加工;以连续纤维为增强材料的复合材料的成型方法则不相同。

复合材料成型工艺和其他材料的成型工艺相比,有一个突出的特点,即材料的成型与制品的成型是同时完成的,因此,复合材料的成型工艺水平直接影响材料或制品的性能。

一种复合材料制品可能有多种成型方法,在选择成型方法时,除了考虑基体和增强材料的类型外,还应根据制品的结构形状、尺寸、用途、产量、成本及生产条件等因素综合考虑。

1) 聚合物基复合材料的成型工艺

随着聚合物基复合材料工业的迅速发展和日渐完善,新的高效生产方法不断出现。目前,成型方法已有 20 多种,并已被成功地用于工业生产。在生产中常用的成型方法有手糊成型法、缠绕成型法、模压成型法、喷射成型法、树脂传递模塑成型法等。

(1) 手糊成型法——湿法层铺成型

手糊成型法是指以手工作业为主,把玻璃纤维织物和树脂交替地层铺在模具上,然后将它们固化成型为玻璃钢制品的工艺。具体做法是:先在涂有脱模剂的模具上均匀涂上一层树脂混合液,再将裁剪成一定形状和尺寸的纤维增强织物,按制品要求铺设到模具上,用刮刀、毛刷或压棍使其平整并均匀浸透树脂、排除气泡。多次重复以上步骤,层层铺贴,直至所需层数,然后固化成型,脱模修整获得坯件或制品。其工艺流程如图 3-68 所示。

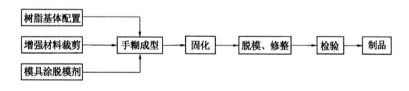

图 3-68　手糊成型工艺流程示意图

手糊成型法操作简单,适于多品种、小批量生产,不受制品尺寸和形状的限制,可根据设计要求手糊成型不同厚度、不同形状的制品。但这种成型方法生产效率低,劳动条件差且劳动强度大;制品的质量、尺寸精度不易控制,性能稳定性差,强度较其他成型方法低。

手糊成型可用于制造船体、储罐、储槽、大口径管道、风机叶片、汽车壳体、飞机蒙皮、机翼、火箭外壳等大中型制件。

(2) 缠绕成型法

缠绕成型法是采用预浸纱带、预浸布带等预浸料,或将连续纤维、布带浸渍树脂后,在适当的缠绕张力下按一定规律缠绕到一定形状的芯模上至一定厚度,经固化脱模获得制品的一种方法。与其他成型方法相比,缠绕法成型可以保证按照承载力要求确定纤维排布的方向、层次,充分发挥纤维的承载能力,体现了复合材料强度的可设计性及各向异性,因而制品结构合理、比强度高;纤维按规定方向排列整齐,制品精度高、质量好;易实现自动化生产,生产效率高;但缠绕法成型需缠绕机、高质量的芯模和专用的固化加热炉等,投资较大。

缠绕成型法可大批量生产需承受一定内压的中空容器,如固体火箭发动机壳体、压力容器、管道、火箭尾喷管、导弹防热壳体及各类天然气气瓶、大型储罐、复合材料管道等。

制品外形除圆柱形、球形外,也可成型矩形、鼓形及其他不规则形状的外凸型及某些复杂形状的回转型。

2) 金属基复合材料的成型工艺

金属基复合材料的成型工艺根据复合时金属基体的物态不同可分为固相法和液相法。由于金属基复合材料的加工温度高,工艺复杂,界面反应控制困难,成本较高,因此应用的成熟程度远不如树脂基复合材料,应用范围较小。目前,金属基复合材料主要应用于航空、航天领域。

(1) 颗粒增强金属基复合材料成型

对于以各种颗粒、晶须及短纤维增强的金属基复合材料,其成型通常采用以下方法:

① 粉末冶金法

粉末冶金法是一种成熟的工艺方法。用这种方法可以直接制造出金属基复合材料零件,它主要用于颗粒、晶须增强材料。其工艺与金属材料的粉末冶金工艺基本相同,首先将金属粉末和增强体混合均匀,制得复合坯料,再压制烧结成锭,然后可通过挤压、轧制和锻造等二次加工制成型材或零件。

采用粉末冶金法制造的复合材料具有很高的比强度、比模量和耐磨性,该方法已用于汽车、飞机和航天器等的零件、管、板和型材成型中。

② 铸造法

铸造法的具体做法是一边搅拌金属或合金熔融体,一边向熔融体逐步投入增强体,使其分散混合,形成均匀的液态金属基复合材料,然后采用压力铸造、离心铸造和熔模精密铸造等方法形成金属基复合材料。

③ 加压浸渍法

加压浸渍法是将颗粒、短纤维或晶须增强体制成含一定体积分数的多孔预成型坯体,将预成型坯体置于金属型腔的适当位置,浇注熔融金属并加压,使熔融金属在压力下浸透预成型坯体(充满预成型坯体内的微细间隙),冷却凝固形成金属基复合材料制品。采用此法已成功制造了陶瓷晶须局部增强铝活塞。

④ 挤压或压延法

挤压或压延法是将短纤维或晶须增强体与金属粉末混合后进行热挤或热轧,获得制品。

(2) 纤维增强金属基复合材料成型

对于以长纤维增强的金属基复合材料,其成型方法主要有以下几种:

① 扩散结合法

扩散结合法是连续长纤维增强金属基复合材料最具代表性的复合工艺。按照制件形状及增强方向的要求,将基体金属箔或薄片以及增强纤维裁剪后交替铺叠,然后在低于基体金属熔点的温度下加热、加压并保持一定时间,基体金属产生蠕变和扩散,使纤维与基体间形成良好的界面结合,获得制件。

采用扩散结合法便于精确控制,制件质量好,但由于加压的单向性,使该方法限于制作较为简单的板材、某些型材及叶片等制件。

② 熔融金属渗透法

熔融金属渗透法是指在真空或惰性气体介质中,使排列整齐的纤维束之间浸透熔融金属。该方法常用于连续制取圆棒、管子和其他截面形状的型材,而且加工成本低。

③ 等离子喷涂法

在惰性气体保护下,等离子弧向排列整齐的纤维喷射熔融金属微粒子。该方法的特点是熔融金属粒子与纤维结合紧密,纤维与基体材料的界面接触较好;而且微粒在离开喷嘴后是急速冷却的,因此几乎不与纤维发生化学反应,又不损伤纤维。此外,使用该方法还可以在等离子喷涂的同时,将喷涂后的纤维随即缠绕在芯模上成型。喷涂后的纤维经过集束层叠,再用热压法压制成制品。

3) 陶瓷基复合材料的成型工艺

陶瓷基复合材料的成型方法分为两类:一类针对陶瓷短纤维、晶须、颗粒等增强体,复合材料的成型工艺与陶瓷基本相同,如料浆浇铸法、热压烧结法等;另一类针对碳、石墨、陶瓷连续纤维增强体,复合材料的成型工艺常采用料浆浸渗法、料浆浸渍热压烧结法和化学气相渗透法。

(1) 料浆浸渗法

料浆浸渗法是将纤维增强体编织成所需形状,用陶瓷浆料浸渗,干燥后进行烧结。该法的优点是不损伤增强体,工艺较简单,无须模具;缺点是增强体在陶瓷基体中的分布不太均匀。

(2) 料浆浸渍热压烧结法

料浆浸渍热压烧结法是将纤维或织物增强体置于制备好的陶瓷粉体浆料里浸渍,然后将含有浆料的纤维或织物增强体制成一定结构的坯体,干燥后在高温、高压下热压烧结为制品。与料浆浸渗法相比,该方法所获制品的密度与力学性能均有所提高。

(3) 化学气相渗透法

化学气相渗透法是将增强纤维编织成所需形状的预成型体,并置于一定温度的反应室内,然后通入某种气源,在预成型体孔穴的纤维表面上产生热分解或化学反应,沉积出所需陶瓷基质,直至预成型体中各孔穴被完全填满,即可获得高致密度、高强度、高韧度的制件。

 思考题

1. 型砂和芯砂应具备哪些性能?

2. 型芯的作用是什么?为什么对芯砂的要求比对型砂的要高?

3. 简述浇注系统的作用。它包括哪几部分？各自的作用是什么？

4. 简述砂型铸造的生产过程。

5. 常用的特种铸造有哪几种？简述其特点及应用场合。

6. 什么是锻造？锻造有哪些方法？锻件与铸件相比有哪些特点？

7. 什么是自由锻？自由锻的工序有哪些？

8. 冲压是什么？冲压有哪几类工序？

9. 什么是金属的焊接？电弧焊的概念是什么？

10. 电焊条由哪几部分组成？各起什么作用？

11. 在进行手工电弧焊时,如何确定焊接电流？

12. 简述几种常见焊接方法的特点和应用。

13. 塑料的成型方法有哪些？

14. 橡胶的成型工艺有哪些？

15. 简述陶瓷的生产过程。

16. 复合材料成型工艺有哪些？

第4章　切削加工基础知识

机械产品都是由零件组成的,在机械制造中,原材料经过一系列的加工过程被制作成符合设计要求的零件。零件形状的成型方式有去除成型、添加成型、受迫成型和生长成型等,其中去除成型是目前零件最主要的成型方式,金属切削加工是非常典型的去除成型加工方法。

金属切削加工是通过刀具与工件的相对运动,从毛坯(或型材)上切去一部分多余的材料,将毛坯加工成尺寸、几何精度和表面质量符合图样要求的零件的加工过程。

金属切削加工分为钳工和机械加工(简称机工)两大类。

钳工一般是通过工人手持工具对工件进行切削加工。钳工的加工方式多种多样,包括划线、锯割、锉削、刮研、钻孔、攻丝和套扣等,其使用的工具简单、方便、灵活。钳工是装配和修理工作中不可缺少的加工方法。

机械加工主要是通过各种技术切削机床对工件进行切削加工,其主要的加工方式有车、铣、钻、刨、磨等。通常说的金属切削加工就是指机械加工。

本章着重介绍与金属切削加工有关的基础知识。

4.1　零件加工精度和表面粗糙度

在金属切削加工中,零件加工质量主要是通过零件加工精度和表面粗糙度进行评定的。

4.1.1　加工精度

经机械加工后,零件的尺寸、形状、位置等参数的实际数值与设计理想值的符合程度称为机械加工精度,简称加工精度。实际值与理想值相符合的程度越高,即偏差(加工误差)越小,加工精度越高。加工精度包括尺寸精度和几何精度。零件图上,对被加工件的加工精度要求常用尺寸公差、形状公差、方向公差、位置公差和跳动公差等来表示。

1. 尺寸精度

尺寸精度是指加工后零件的实际尺寸与零件理想尺寸相符合的程度。一般用标准公差等级来控制,在公称尺寸 500 mm 内规定了 IT01,IT0,IT1,IT2,…,IT18 共 20 个等级,在 500～3 150 mm 内规定了 IT1～IT18 共 18 个标准公差等级,精度依次降低。IT(ISO Tolerance)表示国际公差,数字表示公差等级代号。同一公差等级对所有公称尺寸的一组公差也被认为具有同等精确程度。常见加工方法能达到的尺寸公差等级如表 4-1 所示。

表 4-1　常见加工方法相应的尺寸公差等级

加工方法	公差等级																		
	01	0	1	2	3	4	5	6	7	8	9	10	11	12	13	14	15	16	17	18
研磨	━	━	━	━	━	━	━												
珩磨						━	━	━	━										
圆磨							━	━	━	━									
平磨							━	━	━	━									
金刚石车							━	━	━										
金刚石镗							━	━	━										
拉削							━	━	━	━									
铰孔								━	━	━	━								
精车精镗									━	━	━								
粗车												━	━	━					
粗镗												━	━	━					
铣										━	━	━	━						
刨、插												━	━	━					
钻削												━	━	━					
冲压												━	━	━	━	━			
滚压、挤压												━	━						
锻造																	━	━	
砂型铸造																━	━		
金属型铸造																━	━		
气割																━	━	━	━	━

2. 几何精度

几何精度包括形状精度、方向精度、位置精度和跳动精度等。

形状精度是指零件上的被测要素(线、面)和理想形状相接近的程度。形状精度用形状公差来控制。常用的形状公差有直线度、平面度、圆柱度、圆度等。

方向精度是指零件上的被测要素(线、面)相对于基准之间的方向上的准确度。方向精度用方向公差来控制。常用的方向公差有平行度、垂直度和倾斜度等。

位置精度是指零件上的被测要素(线、面)相对于基准之间的位置准确度。位置精度用位置公差来控制。常用的位置公差有同轴度、对称度、位置度、同心度等。

跳动精度是指零件上的被测要素(线、面)相对于基准之间的跳动准确度。跳动精度用跳动公差来控制。常用的跳动公差有圆跳动、全跳动等。

国家标准将几何公差共分为 19 个项目,如表 4-2 所示,其中形状公差为 6 个项目,方向公差为 5 个项目,位置公差为 6 个项目,跳动公差为 2 个项目。几何公差的每一项目都规定了专门的符号。

表 4-2　几何公差的分类、项目及符号

公差类型	几何特征	符号	有无基准	公差类型	几何特征	符号	有无基准
形状公差	直线度	—	无	位置公差	位置度	⊕	有或无
	平面度	▱	无		同心度 (用于中心点)	◎	有
	圆度	○	无				
	圆柱度	⌀	无		同轴度 (用于轴线)	◎	有
	线轮廓度	⌒	无				
	面轮廓度	⌓	无		对称度	⩵	有
方向公差	平行度	//	有		线轮廓度	⌒	有
	垂直度	⊥	有		面轮廓度	⌓	有
	倾斜度	∠	有	跳动公差	圆跳动	↗	有
	线轮廓度	⌒	有		全跳动	⌰	有
	面轮廓度	⌓	有				

4.1.2　零件表面质量

衡量零件表面质量的指标有表面粗糙度、浓度、表层残余应力的大小、表层加工硬化度、表层微观裂纹等。其中实际生产中最常用的指标是表面粗糙度。

在机械加工中,切削刀具切削遗留的刀痕、切削过程中切屑分离时的塑性变形及机床振动,会使加工零件表面存在一定的微观几何形状误差。其中,造成零件表面凹凸不平,形成微观几何形状误差的较小间距(通常波距小于 1 mm)的峰谷,称为表面粗糙度(见图 4-1)。

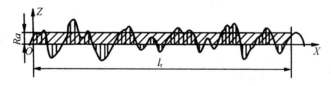

图 4-1　轮廓算术平均值 Ra 测定示意图

表面粗糙度是评定零件表面质量的一项重要指标,它对零件的配合、耐磨性、抗腐蚀性、密封性和外观均有影响。国家标准规定了表面粗糙度的多种评定参数,生产中最常用的是轮廓算术平均偏差 Ra,即在取样长度内,轮廓上各点至中线距离绝对值的算术平均值,单位为 μm。

一般来说,随着加工精度等级的提高和表面粗糙度数值的降低,零件所需的加工成本会变高。所以应在满足零件使用要求的前提下,根据经济、可行的原则来选择零件的加工精度和表面粗糙度数值。

4.2 切削运动和切削用量

4.2.1 切削运动

组成机械产品的零件虽然形状多种多样,但是分析起来,无外乎都是由内、外圆柱面、内、外圆锥面,平面和成型面等组成的,只要能够加工出这些表面,就能够加工出任何形状的零件。

切削加工是靠切削运动实现的。所谓的切削运动,是指刀具和工具之间的相对运动。根据其作用,切削运动可以分为主运动和进给运动。

1. 主运动

主运动是切下切屑所需的最基本运动。它的特点是运动速度最高、消耗的功率最大。在切削加工中,主运动可能是旋转运动也可能是往复直线运动,但主运动只能有一个。例如,车削时工件的旋转、铣削时铣刀的旋转、牛头刨床刨削时刨刀的直线运动等,都是主运动。

2. 进给运动

进给运动是指切削过程中不断地把切削层投入切削,以逐渐切出整个工件表面的运动。进给运动的特点是速度较低,所消耗的功率较小。进给运动可以有一个或多个。通常进给运动在主运动为旋转运动时是连续的;在主运动为直线运动时是间歇的。例如车削和磨削的主运动是旋转运动,其进给运动是连续的;刨削主运动是直线运动,其进给运动是间歇的(图 4-2 中Ⅰ代表主运动,Ⅱ代表进给运动)。

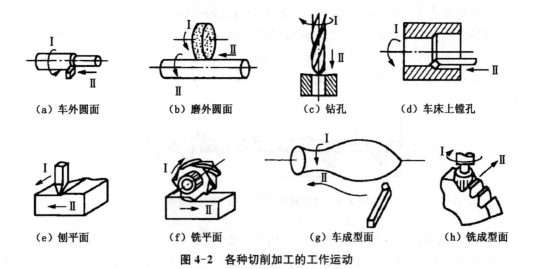

（a）车外圆面　　　　（b）磨外圆面　　　　（c）钻孔　　　　（d）车床上镗孔

（e）刨平面　　　　（f）铣平面　　　　（g）车成型面　　　　（h）铣成型面

图 4-2　各种切削加工的工作运动

4.2.2 切削用量

1. 工件表面

在切削运动的作用下,工件上有三个不断变化的表面,如图 4-3 所示,分别是:

（1）待加工表面——工件上将被切除切削层的表面。

（2）已加工表面——工件上切除切屑后留下的表面。

（3）过渡表面（加工表面）——工件上正被切削刃切削的表面，它处于待加工与已加工表面之间。

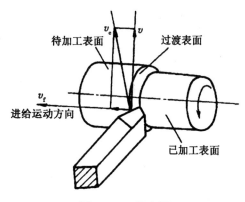

待加工表面　过渡表面

进给运动方向

已加工表面

图 4-3　工件表面

2. 切削用量三要素

任何切削加工都必须根据不同的工件材料、加工性质和刀具材料来选择合适的主运动速度 v、进给量 f 及背吃刀量 a_p，它们合称切削三要素。它们是调整机床、制定工艺路线及计算切削力、切削功率和工时定额的重要参数。

1）切削速度

切削速度是指切削刃选定点相对工件主运动的瞬时线速度，单位为 m/s 或 m/min。

（1）主运动为回转运动

$$v_c = \frac{\pi d n}{1\,000 \times 60}(\text{m/s})$$

$$v_c = \frac{\pi d n}{1\,000}(\text{m/min})$$

式中：d ——切削刃选定点处工件或刀具直径，mm。

n ——工件或刀具的转速，r/min。

（2）主运动为往复运动

$$v_c = \frac{2 L n_r}{1\,000 \times 60}(\text{m/s})$$

$$v_c = \frac{2 L n_r}{1\,000}(\text{m/min})$$

式中：L ——行程长度，mm。

n_r ——往复次数，str/min。

2）进给量

在单位时间内，刀具在进给方向上相对工件的位移量，称为进给速度，用来表示进给速度的大小，用 v_f 表示，单位为 mm/s 或 mm/min。在实际生产中，常用每转进给量来表示，即工件或刀具每转一周，刀具在进给方向上相对工件的位移量，简称进给量，也叫走刀量，用 f 来表示，单位为 mm/r。

以车削为例，当主运动为旋转运动时，进给量 f 与进给速度 v_f 之间的关系为

$$v_f = f \cdot n$$

式中：n ——主运动转速，r/s 或 r/min。

3）背吃刀量

工件上待加工表面与已加工表面之间的垂直距离，也就是刀刃切入工件的深度，也叫吃刀深度，单位为 mm。

车削外圆时，切削深度（背吃刀量）的计算公式为

$$a_p = \frac{D-d}{2}$$

式中：D ——工件待加工表面直径，mm；

d ——工件已加工表面直径，mm。

切削用量三要素是影响加工质量、刀具磨损、生产效率、生产成本的重要参数。由实验可知，三要素中切削速度对刀具的耐用度影响最大，背吃刀量影响最小。粗加工时，一般以提高生产效率为主，兼顾加工成本，可以选择用较大的背吃刀量和进给量，但切削速度不宜过高。半精加工和精加工时，在保证加工质量的前提下，考虑经济性，可选较小的背吃刀量和进给量，一般情况下应选较高的切削速度。这是切削用量选择的基本原则。

4.3 切削刀具

4.3.1 刀具切削部分的组成

切削刀具一般是由切削部分和夹持部分组成的。夹持部分用来将刀具夹持在机床刀座或者刀柄夹头上，切削部分是刀具直接参与切削的部分。切削刀具结构多种多样，但它

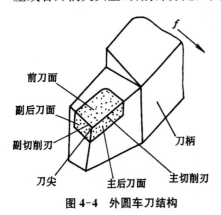

图 4-4 外圆车刀结构

们切削部分的结构要素和几何形状又具有很多共同的特质。切削刀具的种类有很多，车刀是最典型的单刃刀具，图 4-4 所示为最常用的外圆车刀，它由夹持部分（刀柄）和切削部分（刀头）两大部分组成。夹持部分一般为矩形截面，切削部分的结构要素包括三个切削面、两条切削刃和一个刀尖。

前刀面——刀具上切屑流过的表面，也是车刀的上刀面。

主后刀面——刀具上与工件上加工表面相对且相互作用的表面。

副后刀面——刀具上与工件上已加工表面相对并且相互作用的表面。

主切削刃——前刀面与主后刀面的交线，承担着主要的切削任务。

副切削刃——前刀面与副后刀面的交线，仅在靠刀尖处担负少量的切削任务，并起一定的修光作用。

刀尖——主切削刃与副切削刃的交点。为增加刀尖强度，多将刀尖制成曲线或直线形状，称修圆刀尖和倒角刀尖。

前刀面、主后刀面和副后刀面的倾斜程度将直接影响刀尖的锋利程度和切削刃口的强度。

4.3.2 刀具主要几何角度

1. 刀具角度的参考系

刀具的几何形状、切削刃及前后的空间都是由刀具的几何角度决定的,角度的变化会影响切削加工质量和刀具的寿命,要确定车刀的角度,需建立一个参考系。该参考系由基面、切削平面和正交平面三个相互垂直的平面组成,如图 4-5(a)所示。

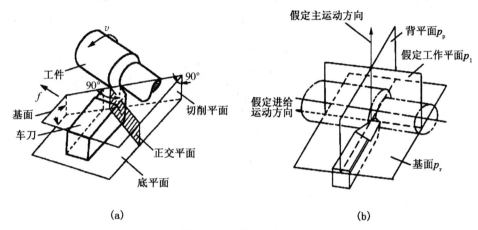

(a)   (b)

图 4-5　刀具角度参考系

基面是通过主切削刃上某一选定点并平行于刀杆底面的平面。切削平面是通过主切削刃某一选定点与切削刃相切,并垂直于基面的平面。正交平面是通过主切削刃某一选定点并垂直于切削平面和基面的平面。除此之外,常用的标注刀具角度的参考系还有假定工作平面和背平面参考系,如图 4-5(b)所示。

2. 刀具切削部分的主要角度

车刀的主要角度如图 4-6 所示。

(1)前角 γ_0。前角 γ_0 是在正交平面内测量的前刀面与基面间的夹角。前角的正负方向按图示规定表示,即刀具前刀面在基面之下时为正前角,刀具前刀面在基面之上时为负前角。前角一般在 $-5°\sim25°$ 之间选取。

(2)后角 α_0。后角 α_0 是在正交平面内测量的主后刀面与切削平面之间的夹角。后角不能为零或负值,一般在 $6°\sim12°$ 之间选取。

(3)主偏角 κ_r。主偏角 κ_r 是在基面内测量的主切削刃在基面上的投影与进给运动方向的夹角。主偏角一般在 $30°\sim90°$ 之间选取。

(4)副偏角 κ_r'。副偏角 κ_r' 是在基面内测量的副切削刃在基面上的投影与进给运动反方向的夹

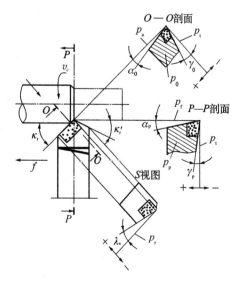

图 4-6　外圆尖头刀的标注角度

角。副偏角一般为正值。

（5）刃倾角 λ_s。刃倾角 λ_s 是在切削平面内测量的主切削刃与基面间的夹角。当主切削刃呈水平时，$\lambda_s = 0°$；刀尖为主切削刃上的最高点时，$\lambda_s > 0°$；刀尖为主切削刃上的最低点时，$\lambda_s < 0°$（如图 4-7）。刃倾角一般在 $-10° \sim 5°$ 之间选取。

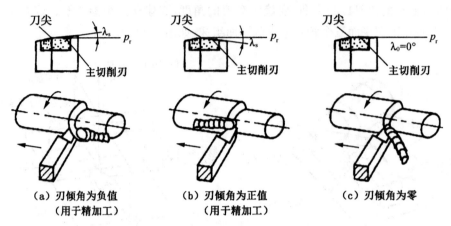

（a）刃倾角为负值　　　（b）刃倾角为正值　　　（c）刃倾角为零
（用于精加工）　　　　（用于精加工）

图 4-7　刃倾角对切屑流向的影响

4.3.3　常用刀具材料

刀具材料是指刀具切削部分的材料。刀具材料的性能对切削加工过程、加工精度、表面质量及生产效率有着直接的影响。

在切削过程中，刀具要承受很大的切削抗力，同时，切削时产生的金属塑性变形和刀具、切屑、工件间产生的强烈摩擦，使刀具切屑区产生很高的温度，刀具受到很大的应力。当切削余量不均的工件或者进行断续切削时，刀具还会受到强烈的冲击和振动。因此，刀具材料必须具备高硬度、高耐磨性、足够的强度和韧性、高耐热性以及良好的工艺性和经济性。

常见刀具材料有：碳素工具钢、合金工具钢、高速钢、硬质合金、陶瓷、立方氮化硼、人造金刚石等。常用刀具材料的主要性能和应用范围如表 4-3 所示。

表 4-3　常用刀具材料的主要性能和应用

种类	常用牌号	硬度	抗弯强度/ GPa	热硬性/℃	工艺性能	用途
优质碳素 工具钢	T8A - T13A	81～83 HRA	2.45～2.75	200～250	可冷热加工成型， 刃磨性好	用于手动工具， 如锉刀、锯条
合金 工具钢	9SiCr， CrWMn	81～83.5 HRA	2.45～2.75	250～300	可冷加工成型， 刃磨性好， 热处理变形小	用于低速成型刀具， 如丝锥、铰刀
高速钢	W18CrV， W6Mo5Cr4V2	82～87 HRA	1.96～4.41	550～600	可冷加工成型， 刃磨性好， 热处理变形小	用于中速及形状 复杂刀具，如钻头

(续表)

种类	常用牌号	硬度	抗弯强度/GPa	热硬性/℃	工艺性能	用途
硬质合金	YG8，YG3，YT5，YT30	89～93 HRA	1.08～2.16	800～1 000	粉末冶金成型，多镶片使用，较脆	用于高速切削刀具，如车刀、铣刀
陶瓷	SG4，AT6	(93～94 HRA) 1 500～2 100 HV	0.4～1.115	1 200	压制烧结成型，只能磨削加工，不需热处理，脆性略大于硬质合金	多用于车刀，适宜精加工连续切削
立方氮化硼 (CBN)	FD，LBN-Y	7 300～7 400 HV	0.57～0.81	1 200～1 500	高温高压烧结成型，硬度高于陶瓷，极脆，可用金刚石砂轮磨削，不需热处理	用于加工高硬度、高强度材料（特别是铁族材料）
人造金刚石 (PCD)		10 000 HV	0.42～1.0	700～800	硬度高于CBN，极脆	用于有色金属的高精度、低粗糙度切削，也用于非金属精密加工，不切削铁族金属

4.4 常用量具

对所加工零件的表面粗糙度、尺寸精度、几何精度进行测量所使用的工具称为量具。由于零件有不同形状，精度要求也不一样，因此我们要用不同的量具进行测量。精度不高或未加工表面尺寸常用钢皮尺、内外卡钳等测量。精度较高的已加工表面尺寸应用游标卡尺、外径千分尺、百分表等测量。本节仅介绍几种最常用的量具。

4.4.1 游标卡尺

游标卡尺是一种结构简单、测量精度较高的常用量具，可以直接测量零件的外径、内径、长度、宽度、厚度、深度和孔距等。

如图 4-8 所示，游标卡尺由主尺和副尺（游标）组成。主尺和固定卡脚制成一体，副尺和活动卡脚制成一体，并可在主尺上滑动。游标卡尺有多种规格，测量精度有 0.1 mm、0.05 mm 和 0.02 mm 三种。

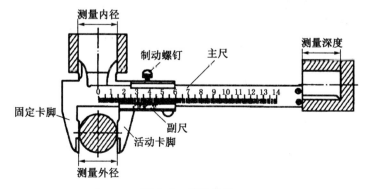

图 4-8 游标卡尺

现以精度为 0.02 mm 的游标卡尺为例,说明其刻线原理、读数方法。

刻线原理如图 4-9(a)所示,当主尺和游标的卡脚贴合时,主尺和游标上的零线对齐。主尺上的刻线间距为 1 mm,取主尺 49 mm 长度,在游标与之对应的长度上等分为 50 格,即游标每格长度＝49/50＝0.98(mm),则尺身与游标每格之差为(1－0.98) mm＝0.02 mm。

游标卡尺的读数方法如图 4-9(b)所示,可分为三步:

(1) 根据游标零线以左的尺身上的最近刻度读出整数,为 64 mm。

(2) 根据游标零线以右与尺身某一刻线对准的刻线格数乘 0.02 mm 读出小数,为 10×0.02 mm＝0.2 mm。

(3) 将上面的整数和小数部分尺寸相加,就是所测量的尺寸。如图 4-9(b)所示的读数为 64 mm＋0.2 mm＝64.2 mm。

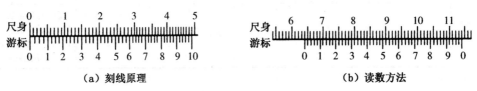

(a) 刻线原理　　　　　　　　　　　(b) 读数方法

图 4-9　0.02 mm 游标卡尺的刻线原理和读数方法

游标卡尺的使用方法如图 4-10 所示。

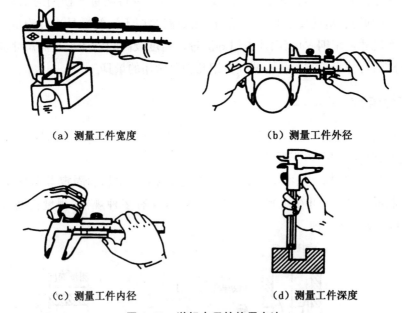

(a) 测量工件宽度　　　　　　　　　(b) 测量工件外径

(c) 测量工件内径　　　　　　　　　(d) 测量工件深度

图 4-10　游标卡尺的使用方法

用游标卡尺测量工件时应注意以下几点:

(1) 测量前,应先擦干净两个卡脚,并把两个卡脚紧密贴合,检查主尺和游标的零位刻线是否对齐。若未对齐,应根据原始误差对测量数据进行修正。

(2) 测量时,卡脚测量面应与工件表面平行或垂直,不得歪斜。贴紧时应避免用力过大,以免卡脚变形或磨损影响测量精度。

(3) 读数时,视线应垂直于尺面,否则测量值会不准确。

(4) 使用完毕后,应将游标卡尺擦拭干净,平放入盒内,以防生锈或弯曲。

游标卡尺的种类有很多,除了上述普通游标卡尺外,还有专门用于测量零件的深度和高度的深度游标卡尺和高度游标卡尺,如图 4-11 所示。高度游标卡尺还可用于钳工精密划线。

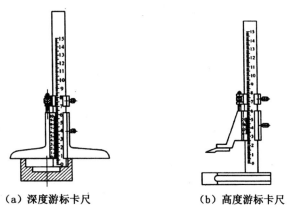

(a) 深度游标卡尺　　　　　　　　(b) 高度游标卡尺

图 4-11　深度游标卡尺和高度游标卡尺

随着科技的进步,近些年来在实际使用中有更为方便的带表卡尺和电子数显卡尺可代替游标卡尺,如图 4-12 所示。

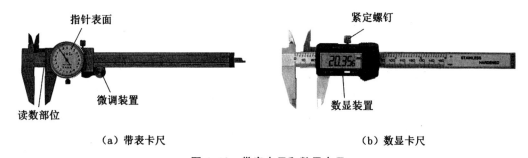

(a) 带表卡尺　　　　　　　　　　(b) 数显卡尺

图 4-12　带表卡尺和数显卡尺

4.4.2　千分尺

千分尺又称螺旋测微器、分厘卡尺,是一种利用螺杆螺旋并直线移动的原理进行测量的精密量具,其测量精度高于游标卡尺,分度值分为 0.01 mm、0.001 mm、0.002 mm、0.005 mm 等几种。实际生产中以分度值为 0.01 mm 的千分尺较为常用,千分尺也有外径、内径和深度千分尺三种类型,如图 4-13 所示。

千分尺测量范围有 0~25 mm、25~50 mm、50~75 mm 等多种规格。不同千分尺的测量对象不同,但测量的基本原理相同。下面以测量范围为 0~25 mm 的外径千分尺为例进行说明。

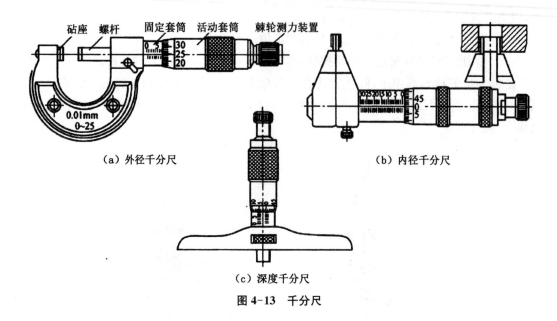

（a）外径千分尺　　　　　　　　　　（b）内径千分尺

（c）深度千分尺

图 4-13　千分尺

如图 4-13(a)所示,弓架左端装有砧座,右端的固定套筒沿轴线刻有间距为 0.5 mm 的刻线,即主尺。活动套筒圆周上刻有 50 个等分线,即副尺。当活动套筒转动一周,螺杆和活动套筒沿轴向移动 0.5 mm。因此,活动套筒每转过 1 格,螺杆沿轴向移动距离 0.01 mm。

测量尺寸=副尺所指的主尺上的整数(应为 0.5 mm 的整数倍)+主尺基线所指副尺的格数×0.01。

图 4-14 为千分尺的几种读数,图 4-15 为外径千分尺的使用方法。

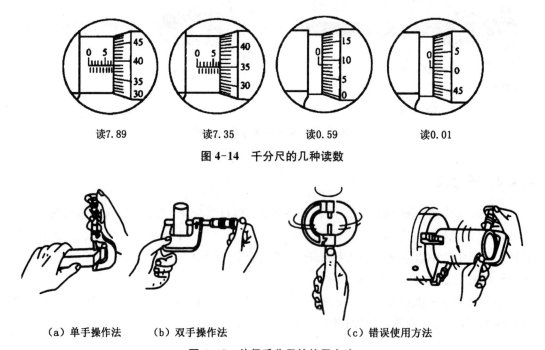

读7.89　　　　读7.35　　　　读0.59　　　　读0.01

图 4-14　千分尺的几种读数

（a）单手操作法　　（b）双手操作法　　　　（c）错误使用方法

图 4-15　外径千分尺的使用方法

使用千分尺测量工件时应注意以下几点：

（1）使用前，应先校对零点，若零点未对齐，测量时应根据原始误差修正读数。

（2）测微螺杆接近零件时，须拧转端部棘轮进行测量，当发生打滑发出"嘎嘎"响声时，即应停止拧动，严禁拧动微分筒。

（3）保持千分尺的清洁。测量时，外径千分尺的测量面须干净。

4.4.3　百分表

百分表是一种常用的精度较高的比较测量工具，如图 4-16 所示。它的分度值为 0.01 mm。百分表只能读出相对的数值，不能读出绝对数值。它常用于检验工件的径向和端面跳动、同轴度和平面度等，也可用于工件装夹时的精度找正。百分表使用时必须把表固定在专用百分表架上。

百分表主要是通过测量杆上的齿条和几个齿轮的传动，将测量杆的直线运动转变为指针的角位移。百分表的应用如图 4-17 所示。

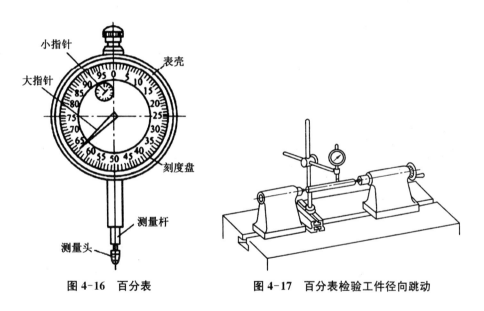

图 4-16　百分表　　　　　　图 4-17　百分表检验工件径向跳动

4.4.4　量规

在成批生产中，为了提高检验效率及减少精密量具的损耗，常采用量规进行检验。

用于验孔的量规称为塞规，验轴的量规称为卡规，如图 4-18 所示。量规有两个测量面，根据零件的最大极限尺寸和最小极限尺寸，两个测量面的尺寸分别称为过端和不过端。检验时，工件的实际尺寸只要过端能通过，不过端通不过就为合格，否则就为不合格。

需要指出的是，量规检验工件时，只能检验工件是否合格，不能测出工件的具体尺寸。但量规在使用时省去了读数的麻烦，操作极为方便。

4.4.5　游标万能角度尺

游标万能角度尺是用来测量精密零件内外角度或进行角度划线的角度量具。它的结

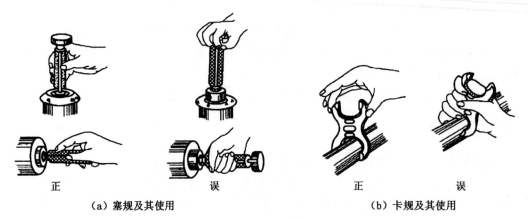

（a）塞规及其使用　　　　　　　（b）卡规及其使用

图 4-18　量规及其使用

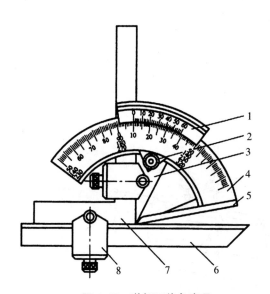

图 4-19　游标万能角度尺

1—游标；2—制动器；3—扇形板；4—主尺；
5—基尺；6—直尺；7—角尺；8—卡块

构如图 4-19 所示。

游标万能角度尺的读数机构是根据游标卡尺的原理制成的。主尺刻线每格为 1°。游标的刻线是取主尺 29° 等分为 30 格。因此，游标刻线每格为 29°/30，即主尺 1 格与游标 1 格的差值为 $1°-29°/30=1°/30=2'$，即游标万能角度尺的精度为 $2'$。

游标万能角度尺的读数方法和游标卡尺相同。先读出游标零线前的角度是几度，再从游标上读出角度"分"的数值，两者相加就是被测零件的角度数值。

测量时应先校对零位，游标万能角度尺的零位的校对为：将角尺与直尺均装上，使角尺的底边及基尺均与直尺无间隙接触，此时主尺与游标的"0"线对准。调整好零位后，通过改变基尺、角尺、直尺的相互位置便可测量 0°～320° 范围内的任意角度。游标万能角度尺应用如图 4-20 所示。

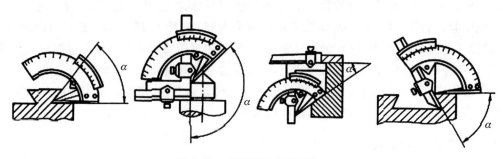

图 4-20　游标万能角度尺应用

4.4.6　量具的保养

量具保养的效果,会直接影响到它的使用寿命和测量精度,因此量具的保养很重要。量具的维护保养,应该注意以下几点:

(1) 量具用完后要松开紧固装置,擦拭干净后,放入特定的工具盒内妥善保管。

(2) 不能用精密量具去测量毛坯和运动着的工件。

(3) 测量时不能用力过大,也不能测量温度过高的工件。

 思考题

1. 几何公差包括哪些项目? 各用什么符号表示?

2. 表面粗糙度的含义是什么? 用什么参数来评定?

3. 何谓主运动和进给运动? 试以车、铣、刨、磨、钻为例说明之。

4. 何谓切削用量三要素? 选择切削用量三要素的原则是什么?

5. 刀具切削部分结构要素包括什么? 切削部分的角度有哪些?

6. 常用量具有哪些? 如何正确选择和使用量具?

7. 游标卡尺和千分尺的测量精度如何? 能否用游标卡尺和千分尺测量铸件的尺寸?

8. 量规并不能测出工件的具体尺寸,人们是根据什么原理用它来测量工件的?

第 5 章　基础切削加工

5.1　车削加工

车削加工是指车床上工件旋转作主运动,车刀移动作进给运动的切削加工方法。车削是机械加工中的主要方法之一,使用范围很广。在金属切削机床中,各类车床约占机床总数的一半;无论是成批量生产,还是单件小批生产或机械维修,车削都占有重要的地位。

5.1.1　基础知识

1. 车削特点

车削加工的加工范围广,适应性强;能够对不同材料、不同精度要求的工件进行加工;生产效率较高,工艺性强,危险系数高。车削加工过程连续平稳,车削加工的尺寸公差等级可以达到 IT9～IT7 级,表面粗糙度 Ra 值可以达到 6.3～1.6 μm。

2. 工艺范围

车削加工的基本内容有车外圆、车端面、切槽和切断、钻中心孔、镗孔、钻孔、铰孔、攻螺纹、车锥面、车成形面、滚花和车螺纹等,如图 5-1 所示。

3. 切削运动和切削用量

车外圆时的主运动为工件的转动,进给运动是车刀的移动,如图 5-2 所示。

切削速度、进给量和背吃刀量三者称为切削用量,它们是影响工件加工质量和生产率的重要因素。现以车外圆为例,分别介绍切削速度 v_c、进给量 f 和背吃刀量 a_p。

主运动的线速度称为切削速度 v_c,单位是 m/s,计算公式为

$$v_c = \frac{\pi D n}{1\,000 \times 60} \tag{5-1}$$

式中:D ——工件待加工面的直径,mm;

　　n ——工件转速,r/min。

工件每转一转,车刀沿进给运动方向移动的距离称为进给量 f,单位是 mm/r。

车刀每次切入工件的深度称为背吃刀量 a_p,单位是 mm,计算公式为

$$a_p = \frac{D-d}{2} \tag{5-2}$$

式中:D、d ——工件待加工面和已加工面的直径,mm。

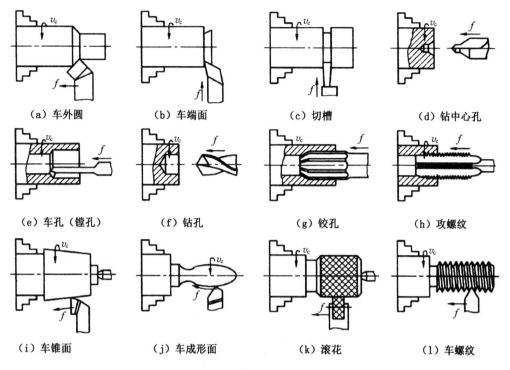

（a）车外圆　　　（b）车端面　　　（c）切槽　　　（d）钻中心孔

（e）车孔（镗孔）　　（f）钻孔　　　（g）铰孔　　　（h）攻螺纹

（i）车锥面　　　（j）车成形面　　　（k）滚花　　　（l）车螺纹

图 5-1　车削加工范围

4. 车削安全技术规程

（1）学生进入车间必须穿好工作服，并扎紧袖口；女生必须戴好安全帽，辫子应放入帽内，不得穿裙子、拖鞋。加工硬脆工件或高速切削时，须戴眼镜。

（2）实习学生必须熟悉车床性能，掌握操作手柄的功用，否则不得动用车床。

（3）开车前检查机床各手柄是否处于正常位置；传动带、齿轮安全罩是否装好；手动操作各移动部件有无碰撞或不正常现象，润滑部位要进行加油润滑。

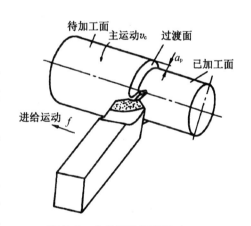

图 5-2　车外圆的切削运动

（4）安装工件：工件要夹正、夹牢；工件安装、拆卸完毕随手取下卡盘扳手；装夹偏心物时，要加平衡块，并且每班应检查螺帽的紧固程度。装卸卡盘或装夹重工件，要有人协助，床面上必须垫木板。

（5）安装刀具：刀具要垫好、放正、夹牢；装卸刀具和切削加工时，切记先锁紧走刀架；装好工件和刀具后，进行极限位置检查。

（6）开车后：不能改变主轴转速，不能度量工件尺寸，不能用手触摸旋转着的工件，不能用手触摸切屑，不准用棉纱擦拭工件，不得用手强行刹车；切削时要戴好防护眼镜，要集中精力,不许离开机床;加工过程中,使用尾架钻孔、铰孔时,不能挂在拖板上起刀;使用纵横走刀时,小刀架上盖至少要与小刀架下座平齐,中途停车必须先停走刀后才能停车;加工铸铁件时,不要在机床导轨面上直接加油。

(7)实训结束时:把工、夹、量具及附件放到工具箱,将走刀箱移至机床尾座一侧;擦净机床、清理场地、关闭电源;工件摆放整齐,工作场地保持清洁。擦拭机床时要防止刀尖、切屑等物划伤手,并防止溜板箱、刀架、卡盘、尾架等相互碰撞。

(8)机器由指导教师负责,如需使用必须经指导教师同意,并在指导教师指导下使用,不得擅自使用。车床运转不正常、有异声或异常现象,轴承温度过高时,要立即停车,报告指导教师。

5.1.2 普通车床

车床的种类很多,有卧式车床(或普通车床)、立式车床、转塔车床、数控车床等。其中卧式车床应用广泛,图 5-3 所示为 CA6140 型卧式车床外形图。

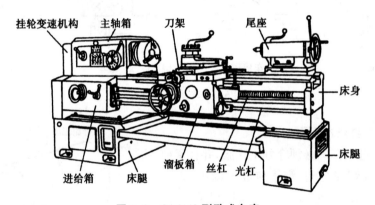

图 5-3　CA6140 型卧式车床

1. 普通车床的编号

机床编号的目的是能用几个简单的符号和数字,表示出它所代表的机床系列、主要规格、性能和特征,便于组织生产和供使用者选用及管理。根据 2008 年 8 月发布的《金属切削机床 型号编制方法》(GB/T 15375—2008),采用汉语拼音字母与阿拉伯数字组成机床的型号,它们分别代表机床的类、组、型及基本参数。

现以 CA6140 型普通车床为例,型号中的代号及数字含义如下:

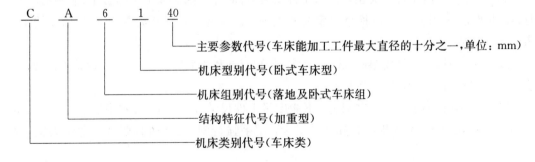

CA6140 表示最大加工工件直径为 400 mm,中心高为 205 mm 的卧式车床,有的型号后面还有 A、B 等字母,表示第 1、2 次重大改进。

2. 普通车床的组成及功用

普通车床的外形如图 5-3 所示,它由下列几个部分组成:

(1) 床身。床身用于安装车床各个部件,结构坚固,刚性好。床身上有四条平行导轨,外面两条供刀架溜板作纵向移动用,中间两条供安置尾座用。床身紧固在床腿上。

(2) 主轴箱(床头箱)。主轴箱固定在床身的左上部,箱内装有齿轮、主轴等,组成变速传动机构。该变速传动机构将电动机的旋转运动传递至主轴,通过改变箱外手柄位置,可使主轴实现多种转速的正、反旋转运动。

(3) 挂轮箱。用来搭配不同齿数的齿轮,以获得不同的进给量,主要用于车削不同类型的螺纹。

(4) 进给箱(走刀箱)。进给箱固定在床身的左前下侧,是进给传动系统的变速机构。它通过挂轮把主轴的旋转运动传递给丝杠或光杠,可分别实现车削各种螺纹的运动及机动进给运动。

(5) 溜板箱。它固定在刀架的下部,把丝杠和光杠的回转运动变为刀架的直线进给运动。

(6) 刀架。刀架的结构如图 5-4 所示,它用于夹持车刀,并使之作纵向、横向或斜向进给运动。刀架是多层结构,由下列部分组成:

① 纵溜板。它与溜板箱相连,可沿床身导轨作纵向直线运动。

② 横溜板。它安装在纵溜板顶面的横向导轨上,可作横向直线运动。

③ 转盘。它固定在横溜板上。松开紧固螺母,转盘可在水平面内扳转任意角度,以加工圆锥面等。

④ 小溜板。它装在转盘上面的燕尾槽内,可作短距离的进给移动。

⑤ 方刀架。它固定在小溜板上,可同时装夹四把车刀。松开锁紧手柄,即可转动方刀架,把所需要的车刀更换到工作位置。

(7) 尾座。尾座用于安装后顶尖以支持工件,或安装钻头、铰刀等刀具进行孔加工。

尾座结构如图 5-5 所示。它由套筒、尾座体、底座等几部分组成。转动手轮,套筒可前后伸缩。当套筒退到底时,便可顶出顶尖或钻头等工具。

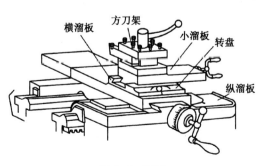
图 5-4　刀架

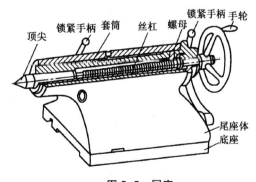
图 5-5　尾座

（8）光杠。光杠将进给箱的运动传递给溜板箱，使纵溜板、横溜板作纵向、横向自动进给。

（9）丝杠。丝杠用于车削螺纹，它能使纵溜板和车刀按要求的速比作很准确的直线移动。

（10）操纵杆。操纵杆是车床控制机构的主要零件之一。在操纵杆的左端和溜板箱的右侧各装有一个操纵手柄，操作者可方便地操纵手柄以控制车床主轴的正转、反转或车床停车。

（11）冷却装置。冷却装置主要通过冷却泵将箱中的切削液加压后喷射到切削区域，降低切削温度，冲走切屑，润滑加工表面，以提高刀具的使用寿命和工件表面的加工质量。

3. 普通车床的传动

CA6140 型卧式车床的传动如图 5-6 所示。主运动和进给运动的传动分述如下：

（1）主运动传动。车床的主运动传动链的两末端是电动机和主轴。传动过程为：电动机→带传动→主轴变速箱→主轴→卡盘→工件旋转。

电动机将运动经过 V 带传动至 I 轴。I 轴上装有双向多片式摩擦离合器 M_1。离合器左半部接合时，主轴正转，右半部接合时，主轴反转；左右都不接合时，主轴停止转动。I 轴的运动经过 M_1 通过相应的齿轮传动，将运动传至 II 轴和 III 轴。当主轴（VI 轴）上的滑移齿轮 50 向左移动时，齿轮式离合器 M_2 断开，运动从 III 轴经过齿轮副 63/50 传动至主轴；当滑移齿轮右移时，齿轮式离合器 M_2 接合，运动从 III 轴通过相应齿轮经 IV 轴和 V 轴，传动至主轴。由此，主轴可获得 24 种正转转速和 12 种反转转速。

加工螺纹时，主轴的运动经过齿轮副 58/58 传至 IX 轴，再经过 33/33 或（33/25）×（25/33）变向机构（用于车削左、右螺纹）传至 X 轴及挂轮，并通过断开或接合相应的离合器 M_3、M_4、M_5，实现米制螺纹、英制螺纹、模数制螺纹和径节制螺纹的加工。

（2）进给运动传动。车床的进给运动传动链的两末端是电动机和车刀。传动过程为：电动机→带传动→主轴变速箱→主轴变换齿轮箱→走刀箱→丝杠或光杠→溜板箱→床鞍→滑板→刀架→车刀运动。

刀架纵向和横向机动进给传动链，由主轴（VI 轴）至进给箱 XVIII 轴的传动路线与加工螺纹时相同。其后，运动由 XVIII 轴经齿轮副 28/56 传至光杠（XX 轴），再由光杠经溜板箱中的传动机构，分别传至齿轮齿条机构和横向进给丝杠（XIX 轴），使刀架作纵向或横向机动进给运动。

4. 车床附件和工件装夹

车床上常备有三爪卡盘、四爪卡盘、顶尖、中心架、跟刀架、花盘和心轴等附件，以适应不同形状和尺寸的工件的装夹。

（1）三爪卡盘。三爪卡盘是车床上最常用的附件，其结构如图 5-7 所示。当转动三个小锥齿轮中的任何一个时，都会使大锥齿轮旋转。大锥齿轮背面有平面螺纹，它与三个卡爪背面的平面螺纹（一段）相配合。于是大锥齿轮转动时，三个卡爪在卡盘体的径向槽内同时作向心或离心移动，以夹紧或松开工件。

三爪卡盘能自动定心，装夹工件方便，但定心精度不是很高，传递的扭矩也不大，适用

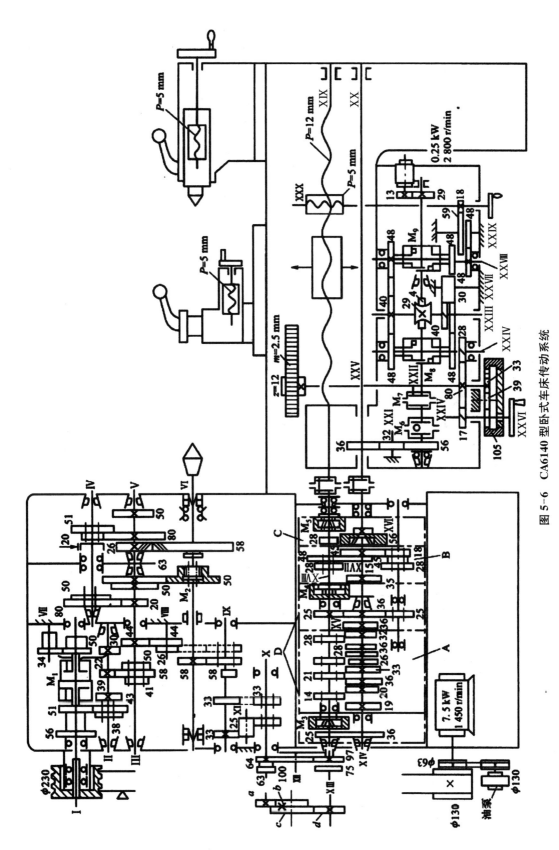

图 5-6　CA6140 型卧式车床传动系统

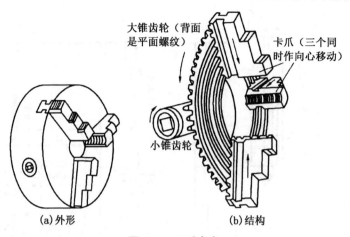

(a)外形   (b)结构

图 5-7　三爪卡盘

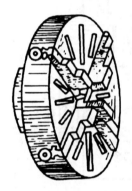

图 5-8　四爪卡盘

于夹持表面光滑的圆柱形、六角形等工件。

（2）四爪卡盘。四爪卡盘的结构如图 5-8 所示。四个卡爪分别安装在卡盘体的四条槽内,卡爪背面有螺纹,与四个螺杆相配合。分别转动这些螺杆,就能逐个调整卡爪的位置。

四爪卡盘夹紧力大,适宜于装夹毛坯、方形、椭圆形以及一些不规则的工件。装夹时,应预先在工件上划出加工线,而后仔细找正位置,如图 5-9 所示。

（3）顶尖和拨盘。较长的轴类工件常用两顶尖安装,如图 5-10 所示。工件支承在前、后两顶尖之间,工件的一端用鸡心夹头夹紧,由拨盘带动旋转。

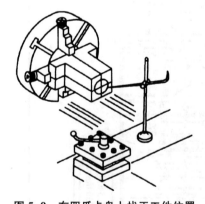

图 5-9　在四爪卡盘上找正工件位置

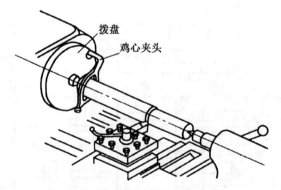

图 5-10　在两顶尖间装夹工件

顶尖的形状如图 5-11(a)所示。60°的锥形部分用以支承工件。顶尖尾部则安装在车床主轴孔或尾座套筒孔中。顶尖尺寸较小时,可通过顶尖套安装。顶尖套的形状如图 5-11(b)所示。

用顶尖安装工件时,应先车平工件端面,并用中心钻打出中心孔。中心钻及中心孔的

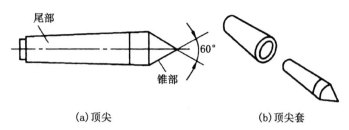

(a)顶尖　　　　　　　　　　(b)顶尖套

图 5-11　顶尖及顶尖套

形状如图 5-12 所示。中心孔的圆锥部分与
顶尖配合,应平整光洁。中心孔的圆柱部分
用于容纳润滑油和避免顶尖尖端触及工件。

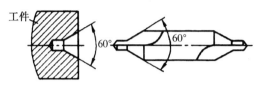

图 5-12　中心钻及中心孔

（4）中心架和跟刀架。当加工细长轴
时,除了用顶尖装夹工件以外,还需要采用中
心架或跟刀架支承,以减少因工件刚性差而引起的加工误差。

中心架的结构如图 5-13 所示,由压板螺钉将其紧固在车床导轨上,调节三个支承爪使
其与工件接触,以增加工件刚性。中心架用于夹持一般长轴、阶梯轴以及端面和孔都需要
加工的长轴类工件。

跟刀架的结构如图 5-14 所示。它被紧固在刀架溜板箱上,并随刀架一起移动。跟
刀架只有两个支撑爪,它只适用于夹持精车或半精车细长光轴类的工件,如丝杠或者光
杠等。

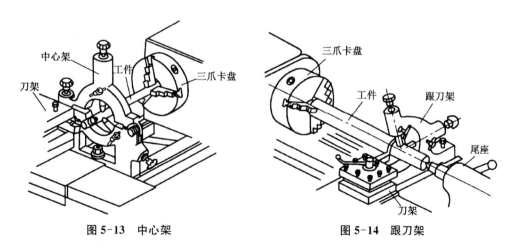

图 5-13　中心架　　　　　　　　　图 5-14　跟刀架

（5）花盘。形状不规则而无法用三爪或四爪卡盘装夹的工件,可以用花盘装夹。用花
盘装夹工件的情况如图 5-15 所示。用花盘装夹工件时,重心往往偏向一边,为了防止转动
时产生振动,在花盘的另一边需加平衡块。工件在花盘上的位置需要仔细找正。

用花盘安装工件有两种形式:若工件被加工表面的回转轴线与定位基准面平行,应利
用花盘上的角铁,先将工件装夹在花盘的角铁上,再将它们一同安装在花盘上,如图 5-15
(a)所示;若工件被加工表面的回转轴线与定位基准面垂直,可直接将工件安装在花盘上,

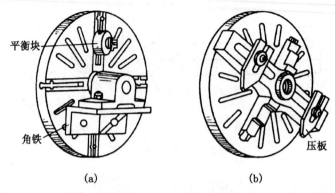

图 5-15　用花盘装夹工件

如图 5-15(b)所示。

(6) 心轴。在普通车床上加工对内、外圆的同轴度及端面和孔的垂直度要求较高的盘、套类工件时,可用心轴安装。如图 5-16 所示,使用心轴装夹工件时,应将工件全部粗车完后,再将内孔精车好(IT7～IT9),然后以内孔为定位基准将工件安装在心轴上,再把心轴安装在前后顶尖之间来加工工件外圆或端面。

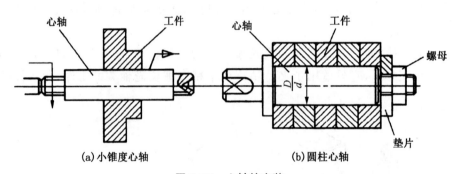

图 5-16　心轴的安装

5.1.3　车刀

根据不同的车削内容,需要使用不同种类的车刀。常用车刀有外圆车刀(偏刀、弯头车刀、直头车刀等)、切断刀、成形车刀、宽刃槽车刀、螺纹车刀、端面车刀、切槽刀、通孔车刀、盲孔车刀等。常用车刀及应用情况如图 5-17 所示。

车刀在切削过程中将承受很大的切削力和强烈的摩擦,工作温度很高,因此车刀切削部分的材料必须具备硬度高、耐磨、耐高温、韧性好、导热性好和红硬性高等性能。

常用的车刀材料有下述三类:

(1) 高速工具钢类。高速工具钢是含有较多钨、铬、钒等合金元素的合金工具钢。高速钢车刀制造简单,容易磨利,并能承受较大的冲击。

(2) 硬质合金类。硬质合金是由碳化钨、碳化钛的粉末,加钴作为黏结剂,在高温高压下烧结而成。它硬度高,能耐高温,但性脆,不能承受冲击,故一般只制成刀片装在碳钢刀头上使用。

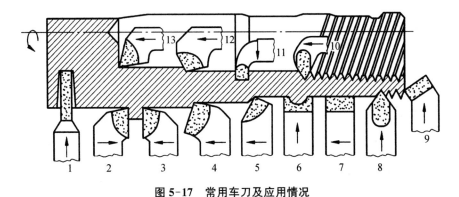

图 5-17 常用车刀及应用情况

1—切断刀；2—90°左偏刀；3—90°右偏刀；4—弯头车刀；5—直头车刀；6—成形车刀；7—宽刃槽车刀；
8—外螺纹车刀；9—端面车刀；10—内螺纹车刀；11—内切槽车刀；12—通孔车刀；13—盲孔车刀

（3）超硬刀具材料。超硬刀具材料主要包括陶瓷刀具材料、人造金刚石和立方氮化硼。

陶瓷刀具材料的性能特点是：硬度很高，耐磨性高，有很好的高温性能，与金属亲和力小，在高速精车或精铣时，可使工件获得镜面一样的加工表面；缺点是脆性大。其主要用于铸铁、钢材、高硬度材料（如淬火钢等）连续切削的半精加工或精加工。

人造金刚石的性能特点是：硬度极高、耐磨性特高。由于它与铁的亲和力大，故不宜加工钢铁材料，主要用于高速条件下精细加工有色金属或非金属材料。

立方氮化硼的性能特点是：硬度高，耐磨性好，能在较高切削速度下保持加工精度。其主要用于加工高温合金、淬硬钢、冷硬铸铁等材料。

5.1.4 车削基本工艺

车削基本工艺有车外圆、车端面和台阶面、车内孔、切槽和切断、车圆锥面、车成形面、车螺纹等。

1. 车外圆

1）选择和安装车刀

车外圆可用图 5-18 所示的各种车刀。直头车刀的形状简单，制造方便。弯头车刀不仅可以车外圆，还可以车端面。加工台阶轴和细长轴则常用偏刀。

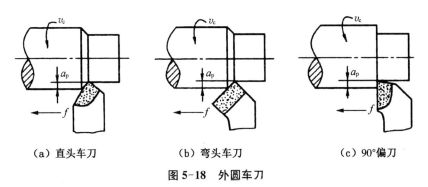

（a）直头车刀　　　　　（b）弯头车刀　　　　　（c）90°偏刀

图 5-18 外圆车刀

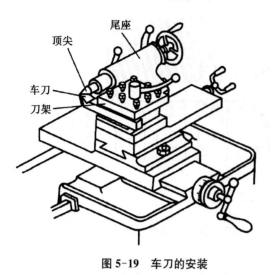

尾座

顶尖

车刀

刀架

图 5-19　车刀的安装

车刀必须正确牢固地安装在刀架上,如图 5-19 所示。

安装车刀应注意下列几点:

(1) 刀头不宜伸出太长,否则切削时容易产生振动,影响工件加工精度和表面粗糙度。一般刀头伸出长度不超过刀杆厚度的两倍。

(2) 刀尖应与车床主轴中心线等高。车刀装得太高,后面与工件的摩擦会加剧;装得太低,切削时工件会被抬起。刀尖的高低可根据尾座顶尖的高低来调整。

(3) 车刀底面的垫片要平整,并尽可能用厚垫片,以减少垫片数量。调整好刀尖高低后,至少要用两个螺钉将车刀紧固。

2) 装夹工件

工件的装夹方法应根据工件的尺寸、形状和加工要求选择。装夹时,必须准确、牢固可靠。例如用三爪卡盘装夹时,应用扳手依次将三个卡爪拧紧,使卡爪受力均匀。夹紧后,及时取下扳手,以免开车时扳手飞出伤人或砸坏设备。

3) 调整车床

车床的调整包括选择主轴转速和车刀的进给量。

主轴的转速是根据切削速度进行计算、选取的,若车床上没有计算值对应的转速,则应选取车床上近似计算值而偏小的一挡,再对照车床上主轴转数铭牌,扳动手柄调整即可。

例如用硬质合金车刀加工直径 $D=200$ mm 的铸铁带轮,选取的切削速度 $v_c=1$ m/s,计算主轴的转速为

$$n=\frac{1\,000\times60\times v_c}{\pi D}=\frac{1\,000\times60\times1}{3.14\times200}=96(\text{r/min}) \tag{5-3}$$

从主轴转速铭牌中选取偏小一挡的近似值为 94 r/min 即可。

进给量是根据工件加工要求确定的。粗车时,一般取 0.2~0.3 mm/r;精车时,随所需要的表面粗糙度而定。例如表面粗糙度为 $Ra6.4\,\mu\text{m}$ 时,选用 0.1~0.2 mm/r;表面粗糙度为 $Ra1.6\,\mu\text{m}$ 时,选用 0.08~0.12 mm/r 等。可对照车床进给量表扳动手柄位置调整进给量,具体方法与调整主轴转速相似。

4) 车削

车外圆一般分为粗车和精车两个步骤。

粗车的目的是尽快地切去多余的金属层,使工件接近于最后的形状和尺寸。粗车后应留下 0.5~1 mm 的加工余量。

精车是切去剩余加工余量的金属层以使零件达到较高的精度和较低的表面粗糙度,因此背吃刀量较小,约 0.1~0.2 mm,切削速度则较高。为了降低工件表面粗糙度,用于精车车刀的前、后面应采用油石加机油磨光,有时将刀尖磨成小圈弧。

为了保证加工的尺寸精度,应采用试切法车削。试切法的步骤如图 5-20 所示。

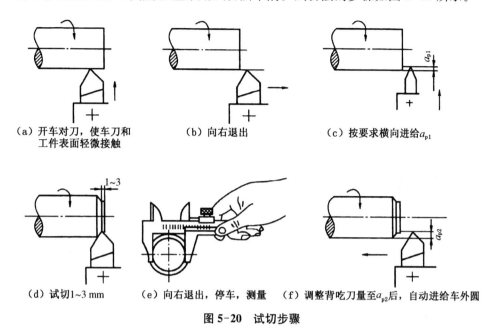

（a）开车对刀,使车刀和　　（b）向右退出　　　　　（c）按要求横向进给a_{p1}
　　工件表面轻微接触

（d）试切1~3 mm　　（e）向右退出,停车,测量　（f）调整背吃刀量至a_{p2}后,自动进给车外圆

图 5-20　试切步骤

调整背吃刀量时,应注意正确使用横溜板丝杠上的刻度盘。CA6140 型车床横向丝杠的螺距为 4 mm,刻度盘共分 200 格,每格刻度值为 0.02 mm,根据背吃刀量就能计算出所需要转过的格数。

例如,当背吃刀量 a_p = 0.4 mm 时,刻度盘应转过的格数为 0.4/0.02 = 20 格。

由于丝杠和螺母之间有间隙,若手柄转过了头或试切后发现尺寸偏小,应按图 5-21 所示方法退回。

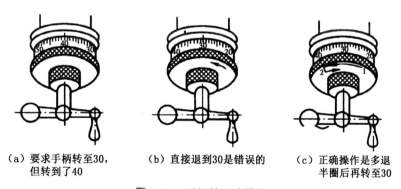

（a）要求手柄转至30,　　（b）直接退到30是错误的　　（c）正确操作是多退
　　但转到了40　　　　　　　　　　　　　　　　　　　　　半圈后再转到30

图 5-21　手柄的正确操作

5）检验

车削完毕应采用合适的量具检验。切削外圆主要检验外圆直径是否在公差范围之内。测量时需要多测几个部位,注意是否有椭圆和锥形误差。

2. 车端面和台阶面

车端面常用弯头车刀或偏刀。安装车刀应注意将刀尖对准工件中心,以免车出的端面中心留有凸台。

车端面方法如图 5-22 所示。工件伸出卡盘不能太长;车削时车刀可由外向里进给;若表面粗糙度要求低时,最后一刀可由里向外进给。

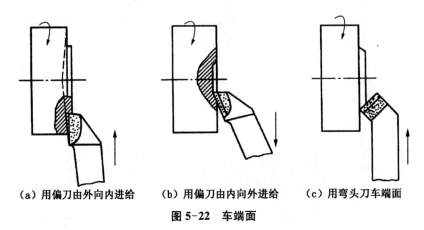

（a）用偏刀由外向内进给　　（b）用偏刀由内向外进给　　（c）用弯头刀车端面

图 5-22　车端面

当用右偏刀由外向中心走刀车端面时,是由副刀刃进行切削的,如果背吃刀量较大,向里的切削力会使车刀扎入工件,形成凹面,如图 5-22(a)所示。而由中心向外走刀车端面时,是由主切削刃进行切削,则不会产生凹面,如图 5-22(b)所示。

精车端面时,由于背吃刀量较小,常采用右偏刀,由外向中心走刀,此时切屑是流向待加工表面的,故加工出来的表面较光滑。

工件上的台阶面可用偏刀在车外圆的同时车出,车刀主刀刃应垂直于工件轴线,如图 5-23(a)所示。台阶面较高时,应分层切削;最后一刀则横向退出,以修光台阶面,如图 5-23(b)所示。

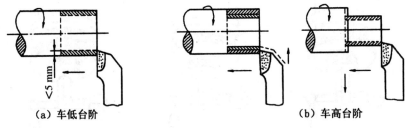

（a）车低台阶　　　　　　　　　　　（b）车高台阶

图 5-23　车台阶面

3. 钻孔和镗孔

1）钻孔

在车床上钻孔是利用钻头在工件的实体部分加工出孔,如图 5-24 所示。

工件装夹在卡盘上,钻头安装在尾座套筒锥孔内。钻孔前先车平端面并车出中心凹坑。钻孔时,摇动尾座手轮使钻头缓慢进给,注意经常退出钻头排屑。钻孔进给不能过猛,以免折断钻头。钻钢料时应加切削液。

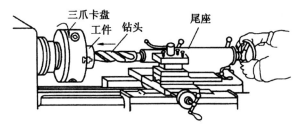

图 5-24　在车床上钻孔

在车床上钻孔的特点：

（1）钻孔的精度低，表面质量差，易产生"引偏"现象。

（2）钻孔生产率低，钻头易磨损。

（3）钻孔的适应性差，常用于加工孔径不大的通孔或不通孔。

2）镗孔

车床镗孔是利用弯头车刀对已有孔进行加工，如图 5-25 所示。镗孔比车外圆困难些，故切削用量要比车外圆选取得小些。应尽可能选刀杆粗的镗刀，以提高刚性。装刀时，刀杆伸出长度只要略大于孔的深度即可。镗孔操作也应采用试切法调整背吃刀量，注意手柄转动方向应与车外圆调整时相反。

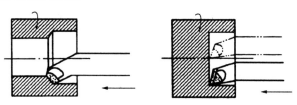

图 5-25　镗孔

在车床上镗孔的特点：

（1）镗孔的适应性强，一把弯头车刀可以加工孔径和长度在一定范围内的孔。

（2）镗孔能通过多次走刀来校正原孔的轴线偏斜。

（3）刀具是单刃，制造和刃磨简单，成本低。

（4）镗孔生产率低。

（5）对于直径较大的孔（直径一般大于 80 mm），镗孔是唯一合适的加工方法。

4. 切槽和切断

切槽采用的是切槽刀，其形状如图 5-26 所示。切槽刀刀头较窄，两侧还磨出副偏角和副后角，因而刀头很薄弱，容易折断。装刀时，应保证刀头两边对称。

（1）切槽方法如图 5-27 所示。宽度不大的沟槽，可以用刀头宽度等于槽宽的车刀一次横向进给车出。较宽的槽，可分几次车出，最后一刀精车槽的两个侧面和底面。

切槽时，刀具移动应缓慢、均匀连续。刀头伸出的长度应尽可能短些，避免引起振动。

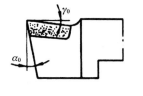

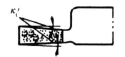

图 5-26　切槽刀

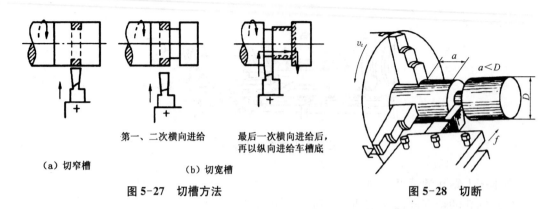

第一、二次横向进给	最后一次横向进给后， 再以纵向进给车槽底
（a）切窄槽	**（b）切宽槽**

图 5-27　切槽方法
图 5-28　切断

（2）切断方法如图 5-28 所示。

切断刀与切槽刀相似，只是刀头更窄而长。切断时，刀头切入工件较深，切削条件较差，加工困难，切削用量应选取得更加合适。工件上的切断位置应尽可能靠近卡盘。切断刀必须安装正确，刀尖应通过工件中心，否则工件端面将留有凸台，又容易折断刀具。切断钢料时应加切削液。

5. 车圆锥面

在卧式车床上车锥面的方法有转动小刀架法、尾座偏移法、靠模法和宽刀法等。

转动小刀架法是最常用的方法，如图 5-29（a）所示。将小溜板扳转一个角度，其值等于工件的半锥角。开动机床后，摇转小溜板丝杠的手柄，使车刀沿着锥面母线移动，从而加工出所需要的圆锥面。转动小刀架法的特点是调整方便，操作简单，可以加工任意锥角的内外圆锥面，应用比较普遍。但是，加工圆锥面的长度受到小溜板行程的限制，不能太长，而且只能手动进给。

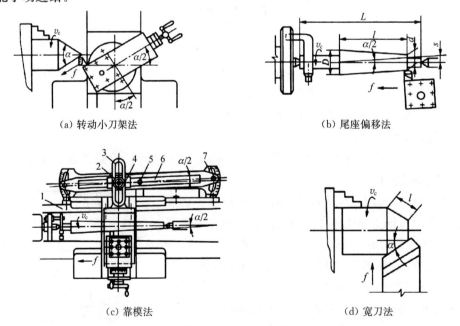

（a）转动小刀架法
（b）尾座偏移法

（c）靠模法
（d）宽刀法

图 5-29　车削锥面的方法

1—床身；2—螺母；3—连接板；4—滑块；5—中心轴；6—靠模板；7—底座

尾座偏移法是将尾座顶尖横向偏移一段距离 s,使安装于两顶尖之间的工件回转中心线与车床主轴轴线成半锥角 α。车刀纵向进给的方向即圆锥母线方向,如图 5-29(b)所示。这种方法可加工较长的小锥度的外圆锥面。

靠模法是使用专用的靠模装置进行锥面加工,如图 5-29(c)所示。加工时,大滑板作纵向移动,滑块 4 就沿靠模板斜面滑动。又因为滑块 4 与中滑板丝杆连接,中滑板就沿着靠模板斜度作横向进给,车刀就合成斜走刀运动。

宽刀法采用与工件形状相适应的刀具横向进给车削锥面,如图 5-29(d)所示。平直的刀刃与主轴的夹角等于工件圆锥斜角 α。该法要求车床必须具有很好的刚性。

6. 车成形面

零件的表面不是直线,而是带有曲线或折线的表面,叫成形面。手柄、圆球及手轮等零件上的曲线回转表面都是成形面。可根据精度要求及生产批量的不同情况对这类零件进行加工,可分别采用双向车削、样板刀、靠模等方法车削成形面。成形车刀制作较复杂,随着数控车床的发展和大量使用,现多用数控车来加工成形面。

7. 车螺纹

在车床上能加工各种不同类型的螺纹。现以车削公制三角形螺纹为例,说明如下。

1)螺纹车刀及安装

图 5-30 所示为螺纹车刀。为了使车出的螺纹形状正确,必须使刀尖的形状与螺纹截面形状相吻合。安装时,应使螺纹车刀前面与工件轴线等高,并且刀尖的平分线与工件轴线垂直,可采用样板对刀,如图 5-31 所示。

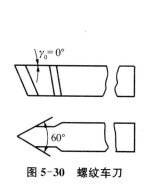

图 5-30 螺纹车刀

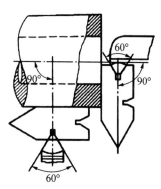

图 5-31 用样板对刀

2)车床的调整

车螺纹时,主轴转速应取较低的数值,进给运动由丝杠传动。为了加工出不同螺距的螺纹,可改变进给箱上手柄位置和更换配换齿轮。

3)加工步骤

车螺纹步骤如图 5-32 所示。为了保证螺纹形状和螺距准确,车螺纹过程中刀具和工件均不得有微小的松动,装夹都必须牢固。

螺纹将要车尖时,应停车,锉去毛刺,用螺纹环规或标准螺母检验。

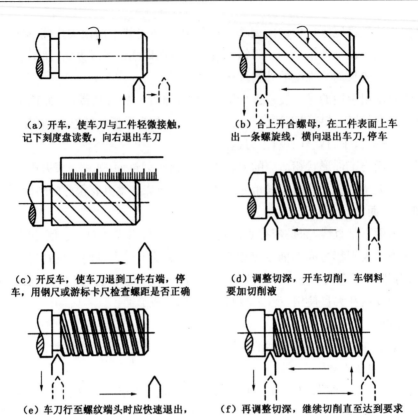

（a）开车，使车刀与工件轻微接触，　　　　（b）合上开合螺母，在工件表面上车
　　记下刻度盘读数，向右退出车刀　　　　　　出一条螺旋线，横向退出车刀，停车

（c）开反车，使车刀退到工件右端，停　　　　（d）调整切深，开车切削，车钢料
　　车，用钢尺或游标卡尺检查螺距是否正确　　　要加切削液

（e）车刀行至螺纹端头时应快速退出，　　　　（f）再调整切深，继续切削直至达到要求
　　然后停车，开反车向右退回刀架

图 5-32　螺纹车削步骤

5.1.5　典型零件的车削工艺

根据技术要求的高低和结构的复杂程度,零件一般要经过一个或几个工种的多个工序才能加工完成。回转体零件的加工常需经过车、铣、钳、热处理和磨等工种,其中车削是必需的先行工序。以下重点介绍轴类零件和盘套类零件的车削工艺。

1. 制定零件加工工艺的内容、步骤和原则

认真分析零件图的技术要求制定合理的加工工艺,是保证零件加工质量,提高生产率,降低成本,以及保证加工过程安全、可靠等的主要依据。

1）制定零件加工工艺的内容和步骤

（1）确定毛坯的种类。

（2）确定零件的加工顺序。零件加工顺序应根据其精度、粗糙度和热处理等技术要求以及毛坯的种类、结构、尺寸来确定。

（3）确定每一工序所用的机床、工件装夹方法、加工方法、度量方法以及加工尺寸(包括为下一工序所留的加工余量)。

单件小批生产时,中小型零件的加工余量,可参考选用以下数值。所列数值,对于内外圆柱面和平面来说均指单边余量。毛坯尺寸大的,取大值;反之,取小值。

总余量:手工造型铸件为 3～6 mm;自由锻件为 3.5～7 mm;圆钢料为 1.5～2.5 mm。

工序余量:半精车为 0.8～1.5 mm;高速精车为 0.4～0.5 mm;低速精车为 0.1～0.3 mm;磨削为 0.15～0.25 mm。

(4)确定所用切削用量和工时定额。单件小批生产的切削用量一般由生产工人自行选定,工时定额按经验估计确定。

(5)填写工艺卡片。采用简要说明及工艺简图表明上述内容。

2)制定零件加工工艺的基本原则

(1)精基面先行原则。零件加工必须选择合适的表面作为在机床或夹具上的定位基准。第一道工序定位基面的毛坯面,称为粗基面。经过加工的表面作为定位基面,称为精基面。主要的精基面一般要先行加工。例如,轴类零件的车削和磨削,均以中心孔的 60°锥面为定位精基面,因此,加工时应先车端面、钻中心孔。

(2)粗精加工分开原则。对于精度较高的表面,一般应在工件全部粗加工之后再进行精加工。这样,可以消除工件在粗加工时因夹紧力、切削热和内部应力所引起的变形,也有利于热处理的安排。在大批量生产中,粗精加工往往不在同一机床进行,这有利于高精度机床的合理使用。

(3)"一刀活"原则。在单件小批生产中,有位置精度要求的相关表面,应尽可能在一次装夹中进行精加工(俗称"一刀活")。如轴类零件采用中心孔定位,在多次装夹或调头加工其表面时,其旋转中心线始终是两中心孔的连线,因此,这种定位方法能保证有关表面之间的位置精度。

2. 轴类零件的加工工艺

轴类零件主要由外圆、螺纹和台阶组成。除表面粗糙度和尺寸精度外,某些外圆和螺纹相对两支承轴径的公共轴线有径向圆跳动或同轴度公差,某些台阶面相对公共轴线有端面圆跳动公差。轴类零件上有位置精度要求的,其表面粗糙度 $Ra \leqslant 1.6\ \mu m$ 的外圆和台阶面,一般在半精车后进行磨削,这一点与后面的盘套类零件加工是不同的。

轴类零件的车削和磨削均在顶尖上进行。轴加工时应体现精基面先行原则和粗精加工分开原则。如传动轴的加工工艺见表 5-1。

表 5-1　传动轴加工工艺

工序	工种	设备	装夹方法	加工简图	加工说明
1	下料	锯床			下料 $\phi 55 \times 245$
2	车	车床	三爪卡盘		夹持 $\phi 55$ 圆钢外圆;车端面,钻 $\phi 2.5$ 中心孔调头;车端面,保总长 240,钻 $\phi 2.5$ 中心孔
3	车	车床	双顶尖		用卡箍卡 A 端:粗车外圆 $\phi 52 \times 202$,粗车 $\phi 45$、$\phi 40$、$\phi 30$ 外圆,直径余量 2 mm,长度余量 1 mm

(续表)

工序	工种	设备	装夹方法	加工简图	加工说明
4	车	车床	双顶尖		用卡箍卡 B 端：粗车 φ35 外圆，直径余量 2 mm，长度余量 1 mm
					粗车 φ50 外圆至尺寸，半精车 φ35 外圆至 φ35.5，切槽，保证长度 40，倒角
5	车	车床	双顶尖		用卡箍卡 A 端：半精车 φ45 外圆至 φ45.5，精车 M40 大径至 φ40；半精车 φ30 外圆至 φ30.5，切槽 3 个，分别保证长度 190、80 和 40；倒角 3 个，车螺纹 M40×1.5
6	磨	外圆磨床	双顶尖		用卡箍卡 A 端：磨 φ30±0.006 5 至尺寸，磨 φ45±0.008 至尺寸，靠磨 φ50 台阶面
					调头（垫铜皮）：磨 φ35±0.008 至尺寸
7	检				检验

3. 盘套类零件的加工工艺

盘套类零件主要由外圆、孔和端面组成，除表面粗糙度和尺寸精度外，外圆一般相对孔的轴线有径向圆跳动（或同轴度）公差，端面相对孔的轴线有端面圆跳动公差。盘套类零件有关表面的粗糙度 Ra 值应不小于 3～1.6 μm，尺寸公差等级不高于 IT7，一般均用车削完成，其中保证径向圆跳动和端面圆跳动则是车削的关键。

因此，单件小批生产的盘套类零件加工工艺必须体现粗精加工分开原则和"一刀活"原则。如果在一次装夹中不能全部完成有位置精度要求的表面加工，一般是先精加工孔，以孔定位装上心轴，再精车外圆或端面。有时也可在平面磨床上以一个端面定位，磨削另一个端面。

各种盘套类零件的加工工艺均有共同规律，以齿轮坯的车削工艺为例，见表 5-2。

表 5-2 齿轮坯加工工艺

工序	工种	设备	装夹方法	加工简图	加工说明
1	下料	锯床			下料 φ110×36
2	车	车床	三爪卡盘		夹持 φ110 圆钢外圆，长 20，车小端面见平；粗车 φ60 外圆至 φ62；粗车大台阶面，保长度 12

(续表)

工序	工种	设备	装夹方法	加工简图	加工说明
3	车	车床	三爪卡盘		夹持 φ62×12 外圆;粗车外圆至 φ107;钻孔 φ36,粗、精镗孔 φ40 至尺寸;精车外圆 φ105 至尺寸;车端面,保厚度 21;内外倒角
4	车	车床	三爪卡盘		夹持 φ105 外圆,垫铜皮,端面找正;精车小外圆至 φ60;精车大台阶面,保厚度 20;精车小端面,保长度 12.3,内外倒角
5	磨	平面磨床	电磁吸盘		以大端面定位,用电磁吸盘安装,磨小端面,保证总长度 32
6	检				检验

4. 实测题及评分

图 5-33 所示为轴类零件,材料为 45 钢,坯料直径为 φ30,长度为 145 mm 的棒料。试编制加工工艺过程,确定加工步骤、所用刀具、检验方法与所用量具。

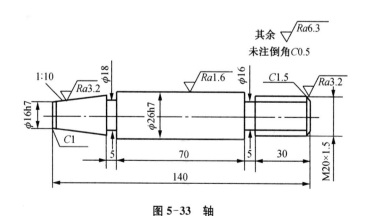

图 5-33 轴

表 5-3 为车削的评分参考标准。

125

表 5-3　车削的评分标准

项目	项目内容	分值		说明
基本要求	机床调整操作 工件、刀具装夹 加工方法、顺序 工具、量具的选用	10 10 15 5	40	按操作使用的正确、熟练程度评分,每次扣分值不超过该项得分值(下同)
尺寸精度	$\phi 26h7$ 项 $\phi 16h7$ $1:10$ 项 $M20\times1.5$ 项	13 6 6 10	35	按项数均分分值,以项计(扣)分,每超差1个单位扣1分
表面粗糙度	粗糙度 $1.6~\mu m$ 粗糙度 $3.2~\mu m$ 粗糙度 $6.3~\mu m$	8 5 2	15	按项数均分分值,以项计(扣)分,不符合要求不得分
安全、文明生产	安全 图纸、工量具摆放 机床和场地清理	5 3 2	10	飞工件、严重撞刀,该项得0分;按要求摆放位置考核;按操作后清理、整理质量考核

5.2　铣削加工

铣削加工是以铣刀旋转作主运动,工件或铣刀作进给运动,在铣床上对各种表面进行加工的方法。铣削加工在机械零件切削和工具生产中占相当大的比重,铣床约占机床总数的 25%,铣削加工仅次于车削加工。

5.2.1　基础知识

1. 铣削特点

由于铣刀为多刃刀具,故铣削加工生产效率高;每个刀齿一圈中只切削一次,刀齿散热较好;铣削中每个铣刀刀齿逐渐切入切出,形成断续切削,加工中会因此而产生冲击和振动,冲击、振动、热效应均会对刀具耐用度及工件表面质量产生影响。铣削加工可达到的精度一般为 IT9～IT7 级,表面粗糙度 Ra 值可以达到 $6.3\sim1.6~\mu m$。

2. 工艺范围

铣削加工的适应范围很广,它可以加工平面(或斜面、台阶面)、沟槽(T 型槽、燕尾槽、键槽)、成形面(圆弧面、齿形面、螺旋槽)等,还可切断,铣削常见加工范围如图 5-34 所示。

3. 铣削运动

在铣床上铣平面如图 5-35 所示。铣削时,主运动是铣刀的转动,进给运动是工件缓慢的直线移动。铣刀最大直径处的线速度为切削速度 v_c,单位为 m/s;工作台每分钟移动的距离为进给量 f,单位为 mm/min;每次切去金属层的厚度为背吃刀量 a_p(或称铣削深度),单位为 mm;每次切去金属层的宽度为侧吃刀量 a_e,单位为 mm。

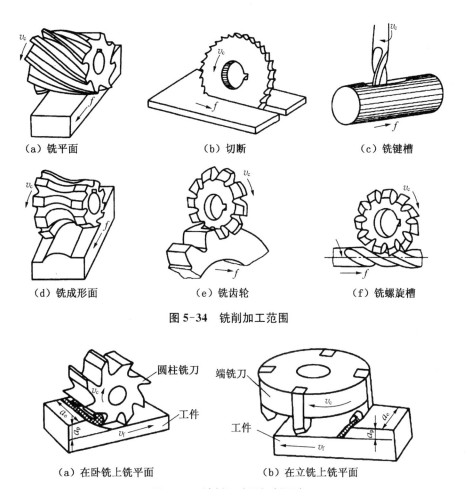

（a）铣平面　　　　　　　（b）切断　　　　　　　（c）铣键槽

（d）铣成形面　　　　　　（e）铣齿轮　　　　　　（f）铣螺旋槽

图 5-34　铣削加工范围

（a）在卧铣上铣平面　　　　　　　（b）在立铣上铣平面

图 5-35　铣削运动及切削要素

4. 铣削安全技术规程

（1）启动机床前检查各手柄的位置是否正常并注油润滑,检查工件、刀具是否夹牢。

（2）检查主轴和进给系统由低速到高速运动时工作及润滑是否正常。

（3）着装紧束,长发挽入工作帽内;不准戴手套操作机床、测量工件、更换刀具。

（4）装卸工件、刀具,变换转速和进给量必须在停车时进行。

（5）操作时严禁离开工作岗位,不准做与操作内容无关的其他事情。

（6）走刀过程中不准测量工件,不准用手抚摸加工表面,不准两个方向同时开动自动进给。

（7）毛坯件、手锤、扳手等不准直接放在工作台面和导轨面上。

（8）高速切削或磨削刀具时应戴防护眼镜。

（9）出现异常现象应及时停车检查,出现事故应立即切断电源,报告实习教师。

（10）多人共用一台机床时,只能一人操作,并应注意他人安全。

5.2.2　普通铣床

铣床的种类很多,主要有升降台铣床、工作台不升降铣床、龙门铣床和工具铣床等。此外还有仿形铣床、仪表铣床和各种专用铣床。其中比较常见的是卧式铣床和立式升降台铣床。

1. 卧式铣床

卧式铣床是铣床中应用最多的一种,其主要特点是主轴轴线与工作台面平行。因其主轴处于横卧状态,所以称为卧式铣床。铣削时,铣刀安装在主轴上或与主轴连接的刀轴上,随主轴作旋转运动;工件装夹在夹具或工作台面上,随工作台作纵向、横向或垂直直线运动。

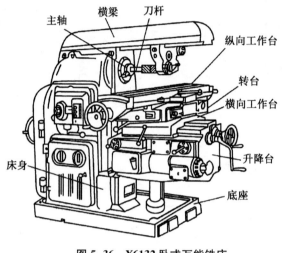

图 5-36 X6132 卧式万能铣床

卧式万能铣床(简称万能铣床)与卧式铣床的主要区别是其在纵向工作台与横向工作台之间有转台,能让纵向工作台在水平面内转±45°。这样,在工作台面上安装分度头后,通过配换齿轮将其与纵向丝杠连接,能铣削螺旋线。因此,其应用范围比卧式铣床更广泛。X6132卧式万能铣床的外形如图5-36所示,在型号中,X为机床类别代号,表示铣床,读作“铣”;6为机床组别代号,表示卧式升降台铣床;1为机床系别代号,表示万能升降台铣床;32为主参数工作台面宽度的1/10,即工作台面宽度为320 mm。

卧式万能铣床主要由下列几个部分组成:

(1)床身。床身用于支承和固定铣床各部件。床身顶面有供横梁移动的水平导轨;前立面有燕尾形的垂直导轨,供升降台上下移动。床身内装有主轴、主轴变速箱、电器设备和润滑油泵等部件。

(2)横梁。横梁上装有吊架,用以支承刀杆的一端。横梁在床身上的位置可根据刀杆的长度调整。

(3)主轴。主轴用以安装刀杆并使之旋转。主轴前端的锥孔与刀杆的锥柄相配合。主轴的转动是由电动机经主轴变速箱传动,改变手柄位置,可使主轴获得各种不同的转速。

(4)升降台。它用以带动工作台、转台、横溜板沿床身垂直导轨作上下移动,以调整工作台面与铣刀的相对位置。升降台内部装置着供进给运动用的电动机及变速机构。

(5)工作台。用于装夹夹具和工件。工作台由丝杠带动作纵向进给运动。工作台的下面有转盘,可以偏转一定角度,以便作斜向运动。工作台还可在升降台上作横向移动。

(6)底座。底座用于承受铣床的全部重量及盛放切削液。

2. 立式铣床

立式铣床如图5-37所示。它与卧式铣床的主要区别是主轴与工作台面相垂直。有时根据加工的需要,可以将立铣的主轴偏转一定的角度。在编号X5032中,X表示铣床类;5为机床组别代号,表示立式铣床;0为机床系别代号,表示立式升降台铣床;32为主参数工作台面宽度的1/10,即工作台面宽度为320 mm。

X5032 立式升降台铣床的主要组成部分与 X6132 卧式万能铣床基本相同,除主轴所处位置不同外,它没有横梁、吊架和转台。有时根据加工的需要,可以将主轴(立铣头)左右倾斜一定的角度。铣削时铣刀安装在主轴上,由主轴带动作旋转运动,工作台带动零件作纵向、横向、垂直方向移动。

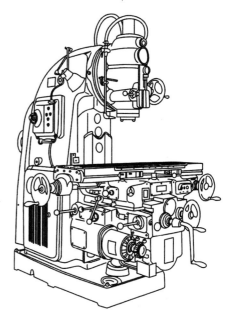

图 5-37　X5032 立式铣床

5.2.3　铣刀种类及其安装方法

1. 铣刀的种类

铣刀实质上是一种由几把单刃刀具组成的多刃刀具,它的刀齿分布在圆柱铣刀的外回转表面或端铣刀的端面上。常用的铣刀刀齿材料有高速钢和硬质合金两种。

铣刀的分类方法很多,根据安装方法的不同可分为带孔铣刀和带柄铣刀两大类。

1) 带孔铣刀

带孔铣刀如图 5-38 所示,用于卧式铣床加工,能加工各种表面,应用范围广。

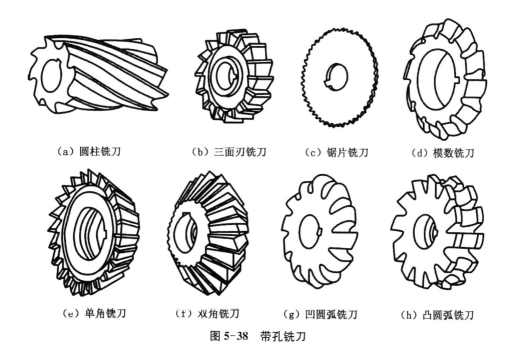

（a）圆柱铣刀　　（b）三面刃铣刀　　（c）锯片铣刀　　（d）模数铣刀

（e）单角铣刀　　（f）双角铣刀　　（g）凹圆弧铣刀　　（h）凸圆弧铣刀

图 5-38　带孔铣刀

(1) 圆柱铣刀仅在圆柱表面上有切削刃,故常用于卧式升降台铣床上加工平面。

(2) 三面刃铣刀一般用于卧式升降台铣床上加工直角槽,也可以加工台阶面和较窄的侧面等。

(3) 锯片铣刀主要用于切断工件或铣削窄槽。

（4）模数铣刀用于加工齿轮等。

（5）角度铣刀用于加工各种角度槽和斜面。

（6）成形铣刀将刃铣削成凸圆弧、凹圆弧等形状，主要用于加工和切削与刃形状相对应的成形面。

2）带柄铣刀

带柄铣刀有直柄和锥柄之分。一般将直径小于 20 mm 的较小铣刀做成直柄，将直径较大的铣刀做成锥柄。带柄铣刀多用于立铣加工，如图 5-39 所示。

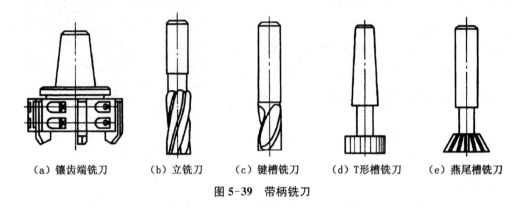

（a）镶齿端铣刀　　（b）立铣刀　　（c）键槽铣刀　　（d）T形槽铣刀　　（e）燕尾槽铣刀

图 5-39　带柄铣刀

（1）镶齿端铣刀：一般在钢制刀盘上镶有多片硬质合金刀齿，用于铣削较大的平面。

（2）立铣刀：端部有三个以上的切削刃，适用于铣削端面、斜面、沟槽和台阶面等。

（3）键槽铣刀和 T 形槽铣刀：它们是专门用于加工键槽和 T 形槽的。

（4）燕尾槽铣刀：专门用于铣削燕尾槽。

2. 铣刀的安装

1）带孔铣刀的安装

带孔铣刀安装在刀杆上，刀杆用拉杆螺钉与主轴相连，如图 5-40 所示。安装时，铣刀应尽可能地靠近主轴或吊架，以保证其有足够的刚性。套筒的端面与铣刀的端面必须擦拭干净，以减小铣刀的端面圆跳动。拧紧刀杆的压紧螺母时，必须先装上吊架，以防刀杆受力变弯。拉杆的作用是拉紧刀轴，使之与主轴锥孔紧密配合。带孔铣刀的安装步骤如图 5-41 所示。

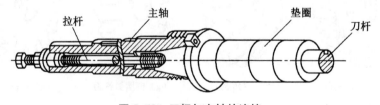

图 5-40　刀杆与主轴的连接

2）带柄铣刀的安装

（1）锥柄立铣刀的安装：如果锥柄立铣刀的锥柄尺寸与主轴孔内锥尺寸相同，则可直接将其装入铣床主轴中并用拉杆将铣刀拉紧。如果尺寸不同，则根据铣刀锥柄的大小，选择合适的变锥套，先将配合表面擦净，然后用拉杆将铣刀及变锥套一起拉紧在主轴上，如

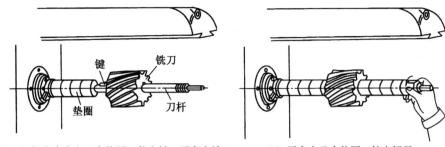

（a）刀杆上先套上几个垫圈，装上键，再套上铣刀　　　（b）再套上几个垫圈，拧上螺母

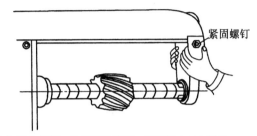

（c）装上吊架，拧紧紧固螺钉，轴承孔内加润滑油

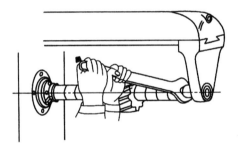

（d）初步拧紧螺母，开车观察铣刀是否装正，装正后用力拧紧螺母

图 5-41　带孔铣刀安装步骤

图 5-42（a）所示。

　　（2）直柄立铣刀的安装：这类铣刀多为小直径铣刀，直径一般不超过 20 mm，多用弹簧夹头进行安装，如图 5-42（b）所示。铣刀的柱柄插入弹簧套的孔中，用螺母压弹簧套的端面，使弹簧套的外锥面受压而孔径缩小，将铣刀抱紧。弹簧套上有三个开口，故受力时能收缩。弹簧套有多种孔径以适应各种尺寸的铣刀。

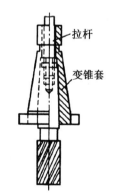
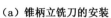
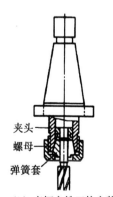

（a）锥柄立铣刀的安装　　（b）直柄立铣刀的安装

图 5-42　带柄铣刀的安装

5.2.4　铣床附件及工件安装

　　铣床的主要附件有机床用万能铣头、平口钳、回转工作台和分度头等。其中万能铣头用于安装刀具，后三种附件用于安装零件。

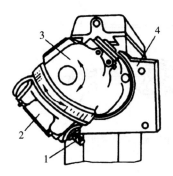

图 5-43　万能铣头

1—铣刀；2—铣头主轴壳体；
3—壳体；4—底座

1. 铣床附件

1）万能铣头

图 5-43 所示为万能铣头，在卧式铣床上安装万能铣头，不仅能完成各种立铣的工作，而且还可根据铣削的需要，把铣头主轴扳转成任意角度。其底座用 4 个螺栓固定在铣床的垂直导轨上。铣床主轴的运动通过铣头内的两对齿数相同的锥齿轮传动到铣头主轴上。因此，铣头主轴的转数级数与铣床的转数级数相同。

壳体可绕铣床主轴轴线偏转任意角度，还能相对铣头主轴壳体偏转任意角度。因此，铣头主轴就能带动铣刀在空间偏转成所需的任意角度，从而扩大了卧式铣床的加工范围。

2）平口钳

铣床所用的平口钳的钳口精度及其相对于底座底面的位置精度均较高。底座下面还有两个定位键，以便安装时以工作台上的 T 形槽定位。平口钳适宜安装支架、盘套、板类、轴类零件，结构如图 5-44 所示。

3）回转工作台

回转工作台又称为转盘、平分盘、圆形工作台等，其外形如图 5-45 所示。

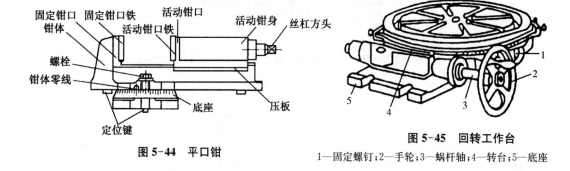

图 5-44　平口钳

图 5-45　回转工作台

1—固定螺钉；2—手轮；3—蜗杆轴；4—转台；5—底座

它的内部有一套蜗杆。摇动手轮，通过蜗杆轴，就能直接带动与转台相连接的蜗杆转动。转台周围有刻度，可以用来观察和确定转台的位置。拧紧固定螺钉，转台就固定不动。转台中央有一孔，利用它可以方便地确定工件的回转中心。

当底座上的槽和铣床工作台上的 T 形槽对齐后，即可用螺栓把回转工作台固定在铣床工作台上。

在回转工作台上铣圆弧槽时，工件用平口虎钳或三爪自定心卡盘装夹在回转工作台上。装夹工件时首先应找正零件圆弧中心，使其与转台的中心相重合。铣削时，铣刀旋转，用手均匀缓慢地转动手轮，即可铣出圆弧槽。

4）分度头

在铣削加工中，常会遇到铣削正六边形、齿轮、花键和刻线等工作。这时，工件每铣过

一面或一个槽之后,需要转过一个角度,再铣削
第二个面、第二个槽等,这种加工方法叫作分度。
分度头就是根据加工需要,对工件在水平、垂直
和倾斜位置进行分度的机构。最为常见的分度
头是万能分度头,如图 5-46 所示。

（1）万能分度头的结构

如图 5-46 所示,万能分度头的基座上装有回
转体,分度头主轴可随回转体在垂直平面内转动
−6°～90°,以满足将工件倾斜一定角度并进行分
度的需要（见图 5-47）。主轴前端锥孔用于装顶
尖,外部定位锥体用于装三爪自定心卡盘。分度
时可转动分度手柄,通过蜗杆和涡轮带动分度头
主轴旋转进行分度,图 5-48 为其传动示意图。

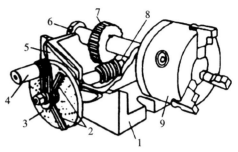

图 5-46　万能分度头的外形

1—基座;2—扇形叉;3—刻度盘;4—分度手柄;
5—回转体;6—分度头主轴;7—涡轮;8—蜗杆;
9—三爪自定心卡盘

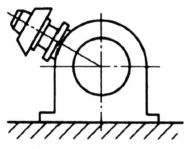

图 5-47　铣削锥齿轮时工件的装夹

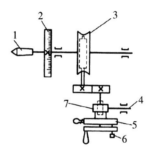

图 5-48　分度头的传动

1—主轴;2—刻度环;3—蜗杆;4—交换齿轮;
5—分度盘;6—定位销;7—旋转齿轮

根据图 5-48 所示的分度头传动图可知,传动路线为:手柄→齿轮副（传动比为 1∶1）→
蜗杆（传动比为 1∶40）→主轴。可算得手柄与主轴的传动比是 1∶1/40。即手柄转动一圈,
主轴则转过 1/40 圈。

如要使工件按 z 等分度,每次工件（主轴）要转过 $1/z$ 转,则分度头手柄所转圈数为 n
转,它们应满足如下比例关系:

$$1 : \frac{1}{40} = n : \frac{1}{z} \tag{5-4}$$

式中:n——分度手柄转数;

40——分度头定数;

z——零件等分数。

即简单分度公式为

$$n = \frac{40}{z} \tag{5-5}$$

（2）分度方法

分度头分度的方法有直接分度法、简单分度法、角度分度法和差动分度法等。这里仅介绍最常用的简单分度法。

例 铣削正六边形工件，每铣完一面，分度手柄应转过的圈数为多少？

解：根据

$$n = \frac{40}{z}$$

则有

$$n = \frac{40}{6} = 6\frac{2}{3}r$$

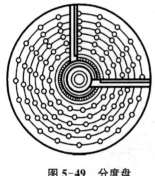

图 5-49 分度盘

分度时，分度手柄应准确转过 $6\frac{2}{3}r$，手柄的非整数转数 $\left(\frac{2}{3}r\right)$ 须借助于分度盘来确定。分度头一般备有两块分度盘。分度盘的两面各钻有许多圈孔，各圈的孔数均不相同，然而同一圈上各孔的孔距是相等的，其中一块分度盘的一面如图 5-49 所示。其孔圈数如下：

第一块正面：24、25、28、30、34、37。

反面：38、39、41、42、43。

第二块正面：46、47、49、51、53、54。

反面：57、58、59、62、66。

上述例题中手柄转数 $6\frac{2}{3}r$，可换为 $6\frac{44}{66}$、$6\frac{20}{30}$、$6\frac{26}{39}$、$6\frac{28}{42}$、$6\frac{36}{54}$（分母为 3 的倍数的孔圈），从中任选一个，如选分母为 30。则将手柄的定位销拔出，使手柄转过 6 整圈之后，再沿孔圈数为 30 的孔圈转过 20 个孔距。这样主轴就转过了 $6\frac{2}{3}$ 转，达到了分度的目的。

为了避免每次分度时重复数孔之烦并确保手柄转过孔距准确，在分度盘上附设了一对分度叉（见图 5-49），其功用是界定沿分度孔圈需转过的孔数，防止分度时出错并方便分度，其界定的孔数应等于孔间距数加 1，如 20 个孔距时，两分度叉内应界定 21 个孔。

运用分度盘的整圈孔距与应转过孔距之比，来处理分度手柄要转过的一个分数形式的非整数圈的转动问题属于简单分度法。生产上还可采用角度分度法、直接分度法和差动分度法等方法。

2. 工件的安装

铣床常用的工件装夹有平口虎钳装夹、回转工作台装夹、分度头装夹等。当零件较大或形状特殊时，可以用压板、螺栓、垫铁和挡铁把零件直接固定在工作台上进行铣削。当生产批量较大时，可采用专用夹具或组合夹具装夹零件，这样既能提高生产效率，又能保证零件的加工质量。

（1）机床用平口虎钳装夹。机床用平口虎钳是一种通用夹具,也是铣床常用的附件之一,它装夹使用方便,应用广泛,可用于装夹尺寸较小和形状简单的支架、盘套和轴类零件。它有固定钳口和活动钳口,可通过丝杠、螺母传动调整钳口间距离,以装夹不同宽度的零件。铣削时,将平口虎钳固定在工作台上,再把零件装夹在平口虎钳上,应使铣削力方向趋向固定钳口方向,如图 5-50 所示。

（2）回转工作台装夹。当铣削一些有弧形表面的工件时,可通过圆形转台装夹,如图 5-51 所示。

（3）压板螺栓装夹工件。对于尺寸较大或形状特殊的零件,可视其具体情况采用不同的装夹工具将其固定在工作台上,装夹时应先进行零件找正,如图 5-52 所示。

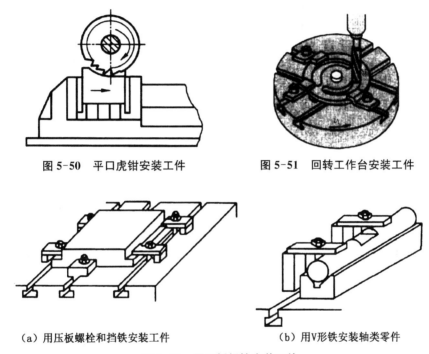

图 5-50　平口虎钳安装工件　　　　图 5-51　回转工作台安装工件

（a）用压板螺栓和挡铁安装工件　　　　（b）用V形铁安装轴类零件

图 5-52　用压板螺栓安装工件

用压板螺栓在工作台装夹零件时应注意以下几点,如图 5-53 所示。

① 装夹时,应使零件的底面与工作台面贴实,以免压伤工作台面。如果零件底面是毛坯面,应使用铜皮、铁皮等将零件的底面与工作台面贴实。夹紧已加工表面时应在压板和零件表面间垫铜皮,以免压伤零件的已加工表面。各压紧螺母应分多次交错拧紧。

② 零件的夹紧位置和夹紧力要适当。压板不应歪斜或悬伸太长,必须压在垫铁处,压点要靠近切削面,压力大小要适当。

③ 在零件夹紧前后要检查零件的装夹位置是否正确以及夹紧力是否得当,以免产生变形或位置移动。

④ 装夹空心薄壁零件时,应在其空心处用活动支撑件支撑以增加零件的刚性,防止零件振动或变形。

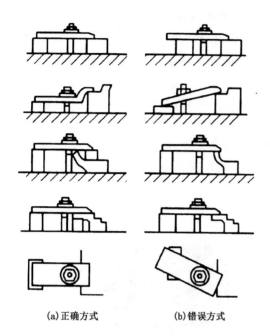

(a)正确方式 　　　　(b)错误方式

图 5-53　压板螺栓安装工件注意事项

5.2.5　铣削基本工艺

在铣床上利用各种附件和使用不同的铣刀,可以铣削平面、沟槽、成形面、螺旋槽,还可钻孔和镗孔等。

铣刀的旋转方向与进给方向相同时的铣削叫顺铣;铣刀的旋转方向与进给方向相反时的铣削叫逆铣。顺铣时工作台丝杠和螺母间的传动间隙,会使工作台窜动,容易啃伤工件,损坏刀具。因此,除丝杠和螺母有间隙补偿机构的铣床在精加工时可以采用顺铣,一般情况下都采用逆铣。

1. 铣平面、垂直面和台阶面

在铣床上用圆柱铣刀、立铣刀和端铣刀都可进行水平面加工,用端铣刀和立铣刀可进行垂直平面的加工,如图 5-54 所示。

用圆柱铣刀铣平面如图 5-54(a)所示,圆柱铣刀在卧式铣床上使用方便,单件、小批量的小平面加工仍广泛使用圆柱铣刀。用端铣刀铣平面是平面加工的最主要方法,如图 5-54(b)所示。端铣刀刀杆刚性好,同时参加切削的刀齿较多,切削较平稳,切削效率高,刀具较耐用。端铣刀刀齿副切削刃有修光作用,所以被铣削的平面表面粗糙度值较小。三面刃铣刀的直径和刀齿尺寸都比较大,容屑槽大,所以刀齿强度和排屑、冷却性能均较好,生产效率高。在卧式铣床上采用三面刃铣刀铣削台阶面如图 5-54(c)所示。用立铣刀铣削台阶面如图 5-54(d)所示,此方法主要用于深度较大的台阶,尤其适合于铣削内台阶。

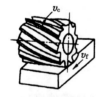 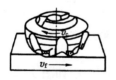  

(a)圆柱铣刀铣平面　　(b)端铣刀铣平面　　(c)三面刃铣刀铣台阶面　　(d)立铣刀铣台阶面

图 5-54　铣平面、垂直面和台阶面

铣削平面的步骤如下:

(1) 打开机床使铣刀旋转,升高工作台,使零件和铣刀稍微接触,记下刻度盘读数,如图 5-55(a)所示。

(2) 纵向退出零件,停止运行,如图 5-55(b)所示。

(3) 利用刻度盘调整背吃刀量(垂直于铣刀轴线方向测量的切削层尺寸),使工作台升高到规定的位置,如图 5-55(c)所示。

（4）运行，先手动进给，当零件被稍微切入后，可改为自动进给，如图 5-55(d) 所示。

（5）铣完一刀后停止运行，如图 5-55(e) 所示。

（6）退回工作台，测量零件尺寸，并观察表面粗糙度，重复铣削到规定要求，如图 5-55(f) 所示。

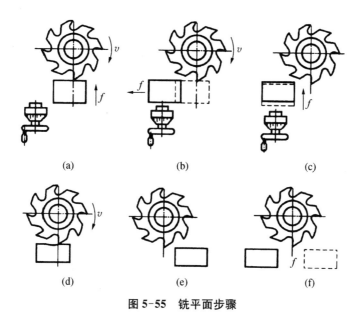

图 5-55　铣平面步骤

2. 铣斜面

铣斜面可用以下几种方法进行加工。

1）把工件倾斜到所需角度

此法是装夹工件时，将斜面转到水平位置，然后按铣水平面的方法来加工此斜面。如图 5-56 所示，图(a)所示方法适用于单件小批生产的场合，图(b)、(c)所示方法适用于批量生产。

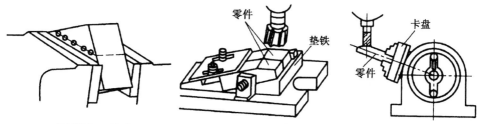

（a）按划线加工斜面　　（b）用倾斜垫铁装夹工件铣斜面　　（c）用万能分度头装夹工件铣斜面

图 5-56　用倾斜工件法铣斜面

2）把铣刀倾斜到所需角度

在立铣头可偏转的立式铣床或装有万能立铣头的卧式铣床上可采用该方法。加工时使用端铣刀或立铣刀，将刀轴转过相应的角度，工作台须带动工件作横向进给，如图 5-57 所示。

3）用角度铣刀铣斜面

可在卧式铣床上用与工件角度相符的角度铣刀直接铣斜面,如图5-58所示。

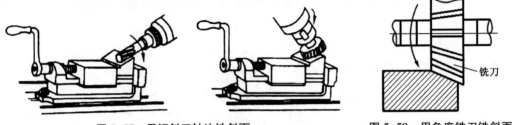

图 5-57　用倾斜刀轴法铣斜面　　　　　图 5-58　用角度铣刀铣斜面

3. 铣沟槽

1）铣键槽

键槽有敞开式键槽、封闭式键槽和花键三种。敞开式键槽一般用三面刃铣刀在卧式铣床上加工,封闭式键槽一般在立式铣床上用键槽铣刀或立铣刀加工,批量生产时用键槽铣床加工。用立铣刀加工键槽时,由于立铣刀端部中心部位无切削刃,不能向下进刀,因此必须预先在键槽的一端钻一个落刀孔,才能用立铣刀铣键槽。

2）铣 T 形槽和燕尾槽

铣 T 形槽应分三步进行,先用立铣刀或三面刃铣刀铣出直槽,然后在立式铣床上用 T 形槽铣刀铣出下部宽槽,最后用角度铣刀铣出上部倒角。用 T 形槽铣刀铣削宽槽时,排屑困难,切削热传导不畅,铣刀容易磨损,而且铣刀颈部较细,容易折断,所以应选择较小的切削用量。铣燕尾槽的步骤如图5-59所示。

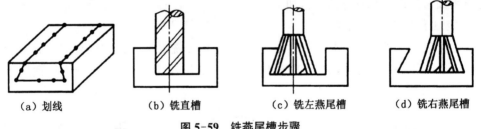

（a）划线　　　　（b）铣直槽　　　　（c）铣左燕尾槽　　　　（d）铣右燕尾槽

图 5-59　铣燕尾槽步骤

3）铣螺旋槽

铣削加工中常会遇到铣斜齿轮、麻花钻、螺旋铣刀的螺旋槽等工作,这些统称铣螺旋槽。铣削时,刀具作旋转运动。零件一方面随工作台作匀速直线移动,同时又被分度头带动作匀速旋转运动（见图5-60）。根据螺旋线的形成原理,要铣削出具有一定导程的螺旋槽,必须保证当零件随工作台纵向进给一个导程时,零件刚好转过一圈。这可通过工作台丝杠和分度头之间的交换齿轮来实现,即通过在纵向丝杠的末端与分度头交换齿轮轴之间加交换齿轮 Z_1、Z_2、Z_3、Z_4 来实现。

从图5-60(a)所示的传动系统来看,若纵向工作台丝杠螺距为 P,当它带动纵向工作台移动导程 P_h 的距离,丝杠应旋转 P_h/P 转,再经过交换齿轮 Z_1、Z_2、Z_3、Z_4 与分度头内部两对齿轮（速比均为1:1）和蜗杆（速比1:40）传动,应恰好使分度头主轴转1转。根据这一

关系可得

$$\frac{P_\mathrm{h}}{P}\times\frac{z_1}{z_2}\times\frac{z_3}{z_4}\times1\times1\times\frac{1}{40}=1 \tag{5-6}$$

整理上式后可得铣削螺旋槽时计算交换齿轮齿数的基本公式为

$$\frac{z_1}{z_2}\times\frac{z_3}{z_4}=\frac{40P}{P_\mathrm{h}} \tag{5-7}$$

式中：z_1、z_3——主动交换齿轮的齿数；

　　　z_2、z_4——从动交换齿轮的齿数；

　　　P——丝杠螺距（X6132 铣床螺距为 6 mm）；

　　　P_h——工件导程，mm，$P_\mathrm{h}=\pi D\cot\beta$，其中 β 为螺旋槽的螺旋角；

　　　D——工件直径。

　　为了获得规定的螺旋槽截面形状，还必须使铣床纵向工作台在水平面内转过一个角度，使螺旋槽的槽向与铣刀旋转平面相一致。纵向工作台转过的角度应等于螺旋角度，这项调整可通过在卧式万能铣床工作台上扳动转台来实现，转台的转向视螺旋槽的方向来确定。铣右螺旋槽时，将工作台逆时针扳转一个螺旋角 β，如图 5-60（b）所示。铣左螺旋槽时，则将工作台顺时针扳转一个螺旋角 β。

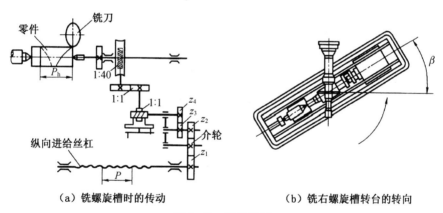

（a）铣螺旋槽时的传动　　　　　　（b）铣右螺旋槽转台的转向

图 5-60　铣螺旋槽

　　例　在 X6132 卧式万能升降台铣床上铣削右螺旋铣刀的螺旋槽，其螺旋角 β 为 $32°$，工件外径 D 为 75 mm，试选择交换齿轮。

　　解：（1）求螺旋导程 P_h

$$P_\mathrm{h}=\pi D\cot\beta=3.141\,6\times75\times1.6=377(\mathrm{mm})$$

（2）计算交换齿轮比

$$\frac{z_1}{z_2}\times\frac{z_3}{z_4}=\frac{40P}{P_\mathrm{h}}=\frac{40\times6}{377}=0.636\,6\approx\frac{7}{11}=\frac{7\times1}{5.5\times2}=\frac{70\times30}{55\times60}$$

故选择交换齿轮为 $z_1=70$，$z_2=55$，$z_3=30$，$z_4=60$。

　　在相关的铣工书籍中，还特意将小数化成分数以及由分数决定交换齿轮，并设计好了专用的表格，使用时很方便。

5.2.6 铣削加工示例

V 形铁的尺寸如图 5-61 所示,其加工表面有 6 个平面和 1 个 V 形槽,可在铣床上完成加工。毛坯选用 105 mm×75 mm×55 mm 的长方形铸件。加工步骤见表 5-4。

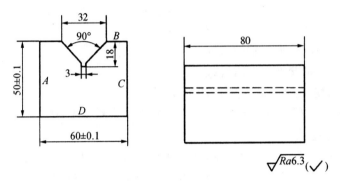

图 5-61 V 形铁

表 5-4 V 形铁的铣削步骤

序号	加工内容	加工简图	装夹方法
1	以面 A 为基准,铣平面 B 至尺寸 52 mm		机用虎钳
2	以面 B 为基准,紧贴固定钳口,铣平面 C 至尺寸 62 mm		机用虎钳
3	以面 B 为基准,铣平面 A 至尺寸 60 mm		机用虎钳

序号	加工内容	加工简图	装夹方法
4	将面 B 放在平行的垫铁上,将工件夹紧在两钳口间,铣平面 D 至尺寸 50 mm		机用虎钳
5	铣直槽,槽宽 3 mm,深为 18 mm		机用虎钳
6	铣 V 形槽至尺寸要求		机用虎钳
7	将机用虎钳转 90°用角尺校垂直,铣两端面,保证长度 80 mm		机用虎钳

5.3　钳工

5.3.1　钳工概述

1. 钳工应用范围

钳工是采用手持工具按照技术要求对工件进行切削加工的方法。加工时,工件一般被装夹于钳工工作台的台虎钳上。

钳工的基本操作包括:划线、錾削、锯削、锉削、钻孔、扩孔、铰孔、攻螺纹、套螺纹、刮削和研磨等。除基本操作外,它的工作还包括机器的装配、调试、修理和机具的改进等。

钳工的应用范围如下:

(1) 机械加工前的准备工作,如清理毛坯、在工件上划线等。

(2) 在单件、小批量生产中,制造一般的零件。

(3) 加工精密零件,如样板、模具的精加工,刮削或研磨机器和量具的配合表面等。

(4) 装配、调整和修理机器等。

钳工工具简单,操作灵活方便,可以完成机械加工所不能完成的某些工作,因此尽管钳工工作劳动强度较大,生产率低,但在机械制造和修配中仍占有重要地位,是切削加工不可缺少的组成部分。钳工工具和操作方法也在不断改进和发展。

2. 钳工的常用设备

1) 钳工台

钳工工作台(简称钳台)用于安装台虎钳,以便于进行钳工操作。钳台一般由硬质木材或钢材制成,要求坚实、平稳,台面高度为 800~900 mm(以操作者的手肘与台虎钳钳口处于同一水平面为宜),台上装有防护网,如图 5-62 所示。

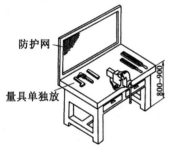

图 5-62 钳工台

2) 台虎钳

台虎钳是用于夹持工件的主要夹具,安装于钳工台上。回转式台虎钳主要由固定钳口、活动钳口、丝杠、螺母、底座和夹紧盘等组成,如图 5-63 所示。台虎钳规格以钳口宽度表示,常用的规格为 100~150。使用台虎钳时应注意:当转动手柄夹紧工件时,手柄上不准套上增力套管或用锤子敲击,以免损坏台虎钳丝杠或螺母上的螺纹。夹持工件的光洁表面时,应垫铜皮或铝皮加以保护。工件应夹在台虎钳钳口中部,使钳口受力均匀。

3) 砂轮机

砂轮机主要用来磨削各种刀具和工具,如修磨钻头、錾子、刮刀、划规、划针和样冲等,如图 5-64 所示。

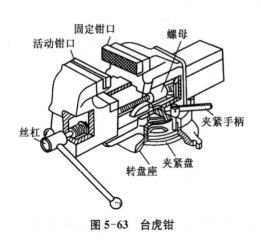

图 5-63 台虎钳

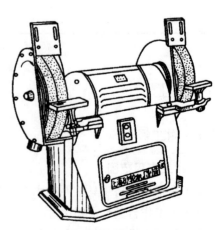

图 5-64 砂轮机

4）钻床

钻床是主要用来加工各类圆孔的设备。通常的钻床包括台式钻床、立式钻床和摇臂钻床，如图 5-65 所示。

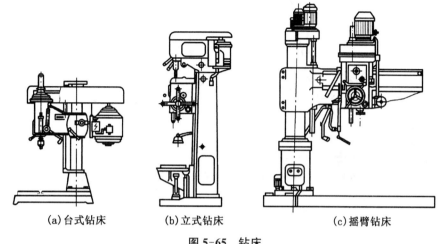

(a) 台式钻床　　　(b) 立式钻床　　　(c) 摇臂钻床

图 5-65　钻床

5）钳工常用工具和量具

钳工基本操作中的常用工具如图 5-66 所示，常用量具如图 5-67 所示。

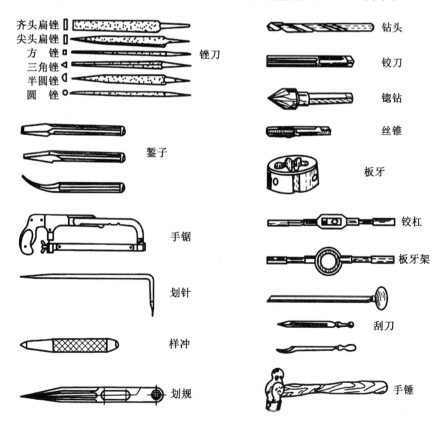

图 5-66　钳工常用工具

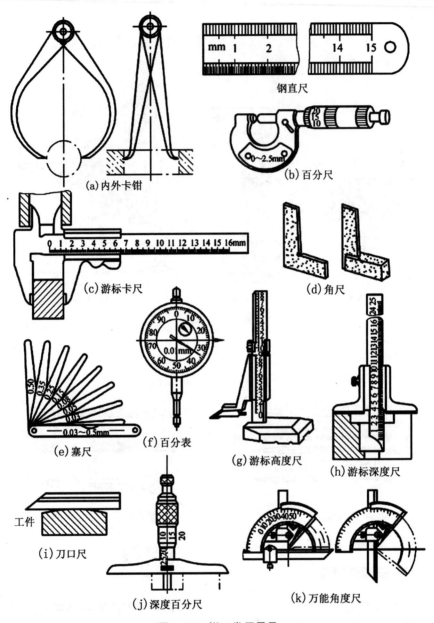

(a) 内外卡钳

(b) 百分尺

钢直尺

(c) 游标卡尺

(d) 角尺

(e) 塞尺

(f) 百分表

(g) 游标高度尺

(h) 游标深度尺

工件

(i) 刀口尺

(j) 深度百分尺

(k) 万能角度尺

图 5-67 钳工常用量具

3. 钳工安全技术规程

（1）实习时要穿工作服，不准穿拖鞋，女同学要戴工作帽。操作机床时严禁戴手套。

（2）不准擅自使用不熟悉的机器和工具。设备使用前要检查，发现损坏或其他故障时应停止使用并报告。

（3）操作（尤其是钳台两侧同时有人在錾削）时要时刻注意安全，互相照应，防止意外。錾削操作时必须戴眼镜。

（4）要用刷子清理铁屑，不准用手直接清除，更不准用嘴吹，以免割伤手指和防止屑沫飞入眼睛。

5.3.2 划线

根据图样要求或实物,在毛坯或半成品工件的表面上划出加工图形、加工界限或在加工时用辅助线找正的操作方法称为划线。划线精度较低,一般为 0.25～0.5 mm,高度尺划线精度为 0.1 mm。划线主要适用于单件、小批量生产,新产品试制,以及工具、夹具和模具的制造等。

1. 划线的种类

划线可分为平面划线和立体划线两种。

(1) 平面划线是在工件的一个平面上划线,如图 5-68(a)所示。

(2) 立体划线是在工件的几个表面上划线,即在长、宽、高三个方向上划线,如图 5-68(b)所示。

(a)平面划线　　(b)立体划线

图 5-68　平面划线与立体划线

2. 划线的作用

(1) 表示出加工余量、加工位置或工件装夹时的找正线,可作为工件加工或装夹的依据。

(2) 检查毛坯形状和尺寸是否符合图样要求,及时发现和剔除不合格的毛坯,以免不合格毛坯投入机械加工而造成不必要的浪费。

3. 划线工量具及其用途

常用的划线工量具有划线平板、千斤顶、V 形铁、方箱、划针、划卡、划规、划线盘、高度游标卡尺和样冲等。

1) 划线平板

划线平板是划线的基准工具,如图 5-69 所示,它由铸铁制成,其上平面是划线用的基准平面,要求非常平直和光洁。平板要安放牢固,上平面应保持水平,以便稳定地支承工件。平板不准碰撞和用锤子敲击,以免降低其精度。平板若长期不用,应涂防锈油并用木板护盖。

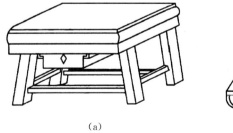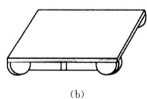

(a)　　　　　(b)

图 5-69　划线平板

2) 划针及划线盘

划针由直径为 3～4 mm 的弹簧钢丝制成,或者是用碳钢钢丝在端部焊上硬质合金磨尖而成,划针及其使用如图 5-70 所示。

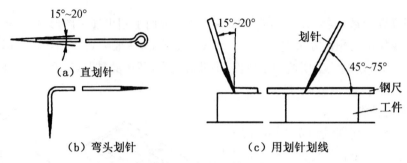

图 5-70　划针及其使用

划线盘是进行立面划线和校正工件位置的工具,有普通划线盘和可微调划线盘两种形式,如图 5-71 所示。

图 5-72 所示为用划线盘划线的情况。划线时先调节划针的高度,然后在划线平板上移动划线盘,就可在工件上划出与划线平板平行的刻线。

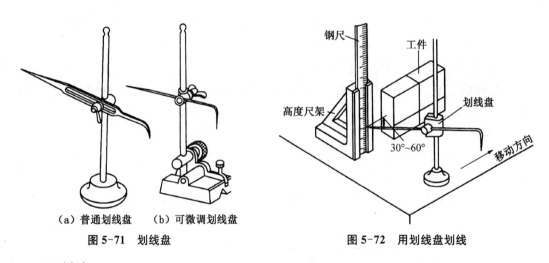

图 5-71　划线盘　　　　　　　　图 5-72　用划线盘划线

3)样冲

为了避免划出的线条在加工过程中被擦掉,要在划好的刻线上用样冲打出小而均匀的样冲眼。需要钻孔的圆心也要打样冲眼,以便钻头对准和切入。图 5-73 所示为样冲及其用法。

冲眼的间距和深浅可根据刻线的长短和工件表面的粗糙程度决定。一般情况下,粗糙的毛坯,冲眼间距可以密些,深些;直线上冲眼应稀些,曲线上应密些;薄工件和薄板上的冲眼要浅些,软材料和精加工过的表面不能打样冲眼。

4)划规和划卡

划规用工具钢制成,两脚尖要淬硬磨利。为了使划规耐磨,在其脚尖焊有硬质合金,如图 5-74 所示。划规用于划圆、量取尺寸和等分线段。

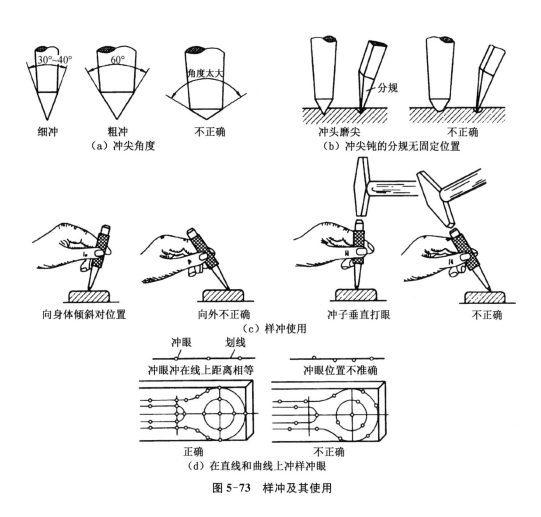

（a）冲尖角度

细冲　　　粗冲　　　不正确

（b）冲尖钝的分规无固定位置

冲头磨尖　　　不正确

向身体倾斜对位置　　　向外不正确

（c）样冲使用

冲子垂直打眼　　　不正确

（d）在直线和曲线上冲样冲眼

冲眼　划线

冲眼冲在线上距离相等　　　冲眼位置不准确

正确　　　不正确

图 5-73　样冲及其使用

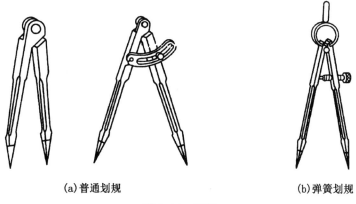

(a)普通划规　　　(b)弹簧划规

图 5-74　划规

划卡又称单脚规,用于确定轴及孔的中心位置,也可用于划平行线,图 5-75 为划卡及其使用。

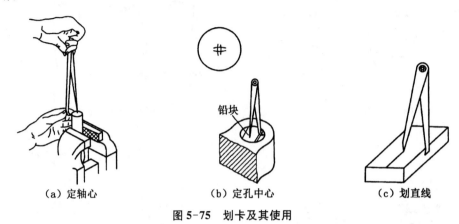

（a）定轴心　　　　　（b）定孔中心　　　　　（c）划直线

图 5-75　划卡及其使用

5）千斤顶和 V 形铁

千斤顶与 V 形铁都是用于支承工件的。工件的平面用千斤顶支承,圆柱面则用 V 形铁支承,如图 5-76 所示。使用千斤顶通常是三个一组。由于它能支承很重的工件,而且又可调节工件位置高低,所以在工件划线中应用很广。

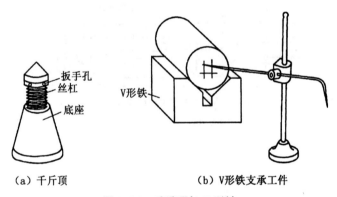

（a）千斤顶　　　　　（b）V形铁支承工件

图 5-76　千斤顶与 V 形铁

6）方箱

方箱用于夹持较小的工件,方箱上各相邻的两面均相互垂直,通过翻转方箱,便可以在工件表面上划出相互垂直的直线,如图 5-77 所示。

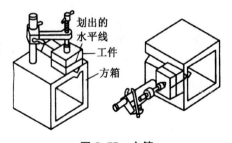

图 5-77　方箱

7）高度游标卡尺

高度游标卡尺由高度尺和划线盘组合而成，如图 5-78 所示。它是精密工具，用于半成品的划线，不允许用它在毛坯上划线。使用时要防止碰坏硬质合金划线脚。

8）量具

划线常用的量具有金属直尺、直角尺、游标卡尺和外径千分尺等。

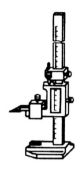

图 5-78　高度游标卡尺

4. 划线基准及其选择原则

1）划线基准

划线时，应在工件上选定一个或几个点、线、面作为划线依据，以便于确定工件的各部尺寸、几何形状和相对位置，这些作为划线依据的点、线、面称为划线基准。有了合理的划线基准，才能保证划线准确。因此，正确地选择基准是划线的关键。

2）划线基准的选择原则

划线基准的选择原则是与设计基准保持一致。选择划线基准时，应根据工件的形状和加工情况综合考虑。一般按照以下顺序考虑（见图 5-79）：①以重要的孔中心线为划线基准；②以已加工表面为划线基准；③若工件上个别平面已加工过，则应选已加工过的平面作为划线基准。

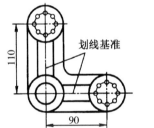
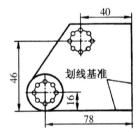
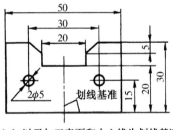

（a）以孔中心线为划线基准　（b）以已加工表面为划线基准　（c）以已加工表面和中心线为划线基准

图 5-79　划线基准的选择

5. 划线基本操作方法

1）划线前准备

为了使工作表面上划出的线条正确、清晰，划线前必须将表面清理干净，如去掉锻件表面的氧化皮，铸件表面的粘砂；半成品要修毛刺，并洗净油污。有孔的工件划圆时，还要用木板或铅块塞孔，以便找出圆心。划线表面上要均匀涂色，锻、铸件一般涂石灰水，小件可涂粉笔，半成品涂蓝油或硫酸铜溶液。

2）划线操作

划线分平面划线和立体划线两种。

平面划线是在工件的一个表面上划线。平面划线和机械制图的画图相似，所不同的是平面划线是用钢尺、角尺、划针和圆规等工具在金属工件上作图。

立体划线是在工件的几个表面上划线。轴承座的立体划线步骤如图5-80所示。

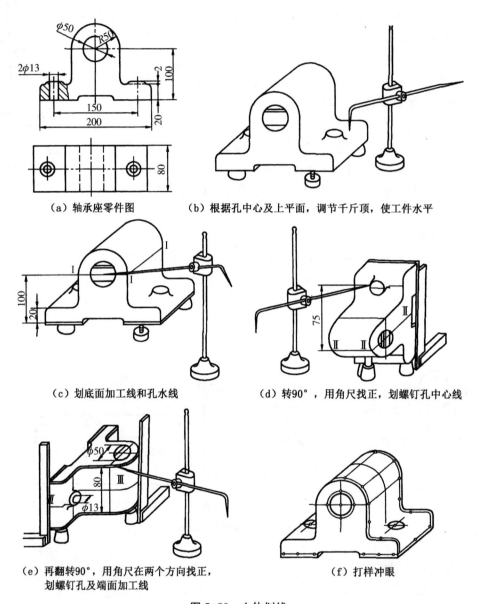

（a）轴承座零件图   （b）根据孔中心及上平面，调节千斤顶，使工件水平

（c）划底面加工线和孔水线   （d）转90°，用角尺找正，划螺钉孔中心线

（e）再翻转90°，用角尺在两个方向找正，
划螺钉孔及端面加工线   （f）打样冲眼

图5-80　立体划线

划线时应注意工件支承平稳。同一面上的线条应在一次支承中划全，避免再次调节支承补划，否则容易产生误差。

5.3.3　錾削

錾削是用手锤锤击錾子，对金属进行切削加工的操作。錾削用于切除铸、锻件上的飞边，切断材料，加工沟槽和平面等。

1. 錾削工具

1）錾子

錾子一般用碳素工具钢锻制而成，刃部经淬火和回火处理后有较高的硬度和足够的韧性。常用的錾子有扁錾（阔錾）和窄錾两种，如图 5-81 所示。扁錾刃宽 10～15 mm，用于錾切平面和切断材料。窄錾刃宽 5～8 mm，用于錾沟槽。錾子全长 125～175 mm。錾子的横截面以扁圆形为好。

2）手锤

手锤是錾削操作中的锤击工具，锤头用碳素工具钢锻成，锤柄用硬质木料制成。手锤大小用锤头的质量表示，常用的约为 0.5 kg。手锤全长约 300 mm。

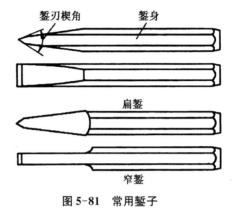

图 5-81　常用錾子

2. 錾削角度

錾子的切削刃由两个刀面组成，构成楔形，如图 5-82 所示。錾削时影响质量和生产率的主要因素是楔角 β 和后角 α 的大小。楔角 β 愈小，錾刃愈锋利，切削愈省力，但 β 太小时刀头强度较低，刃口容易崩裂。一般是根据錾削工件材料来选择 β，錾削硬脆的材料（如工具钢等）时，楔角要选大些，β 选 60°～70°；錾削较软的低碳钢、铜、铝等有色金属时，楔角要选小些，β 选 30°～50°；錾削一般结构钢时，β 选 50°～60°。

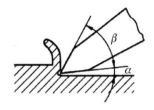

图 5-82　錾削角度

后角 α 的变化将影响錾削过程的进行和工件加工质量，其值在 5°～8°范围内选取。粗錾时，切削层较厚，用力重，α 应选小值；精细錾时，切削层较薄，用力轻，α 应大些。若 α 选择不合适，太大时錾子容易扎入工件，太小时錾子容易从工件表面滑出，如图 5-83 所示。

(a)过大　　　　　　　　(b)过小

图 5-83　錾削后角

3. 錾削基本操作

1）錾子和手锤的握法

錾子用左手中指、无名指和小指松动自如地握持，大拇指和食指自然地接触，錾子头部伸出 20～25 mm，如图 5-84(a)所示。手锤用右手拇指和食指握持，其余各指当锤击时才握紧，锤柄端头伸出 15～30 mm，如图 5-84(b)所示。

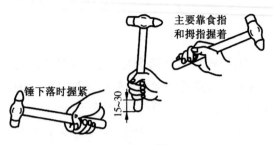

(a) 錾子握法   (b) 手锤及其握法

图 5-84　錾子与手锤的握法

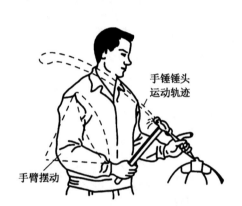

图 5-85　錾削时的姿势

2）錾削时的姿势

錾削时的姿势应便于用力,不易疲倦,如图 5-85 所示。同时,挥锤要自然,眼睛应注视錾刃,而不是錾头。

3）錾削过程

錾削可分为起錾、錾切和錾出三个步骤,如图 5-86 所示。

起錾时,錾子要握平或将錾子略向下倾斜,以便切入工件。

錾切时,錾子要保持正确的位置和前进方向。锤击用力要均匀。锤击数次以后应将錾子退出一下,以便观察加工情况,也有利于刃口散热,能使手臂肌肉放松,使手臂有节奏地工作。

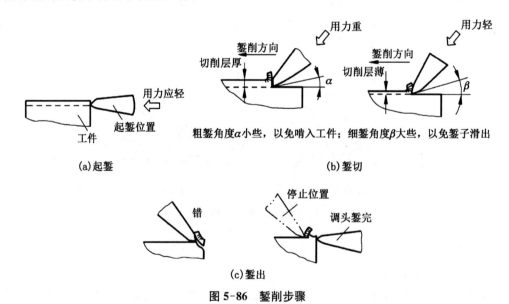

(a) 起錾   (b) 錾切

(c) 錾出

图 5-86　錾削步骤

錾出时,应调头錾切余下部分,以免工件边缘部分崩裂。錾削铸铁、青铜等脆性材料时,尤其要注意这一过程。

鏨削的劳动量较大,操作时要注意所站的位置和站立的姿势,尽可能使全身不易疲劳,又便于用力。锤击时,眼睛要看到刃口和工件之间,不要举锤时看鏨刃,而锤击时转看鏨子尾端部,这样容易分散注意力,会使工件表面不易鏨平整,而且手锤容易打到手上。

4. 鏨削应用

1) 鏨削平面

(1) 工件安装。鏨削前,应将工件牢固地夹持在台虎钳中间部位。

(2) 正确起鏨,根据加工余量大小分层鏨削。在鏨削较大平面时,应先用槽鏨开槽,然后再用扁鏨鏨平,如图 5-87 所示。

2) 鏨断板料

一般厚度在 3 mm 以下的板料可夹持在台虎钳上鏨断,鏨断厚度 3 mm 以上的板料或鏨切曲线时,应在砧铁上进行。

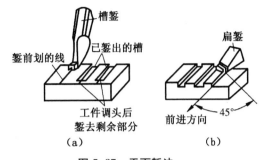

图 5-87　平面鏨法

在台虎钳上鏨断小而薄的板料的操作方法如图 5-88 所示。

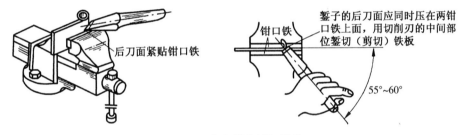

图 5-88　台虎钳上鏨切板料

5.3.4　锯削

锯削是用手锯切断材料或在工件上切槽的操作。锯割工件的精度较低,需要进一步加工。

1. 锯削工具——手锯

手锯由锯弓和锯条两部分组成,如图 5-89 所示。

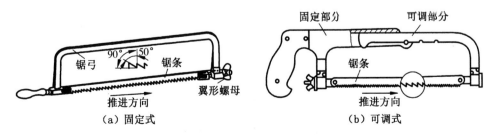

图 5-89　手锯

1）锯弓

锯弓有固定式和可调式两种形式,如图 5-89 所示。固定式锯弓只能安装一种长度规格的锯条。可调式锯弓的弓架分成两段,前段可沿后段的套内移动,该锯弓可安装几种长度规格的锯条。可调式锯弓使用方便,目前应用较广。

2）锯条

锯条是用来直接锯削材料或工件的刃具,一般用碳素工具钢或合金钢制成,经热处理淬硬。常用的锯条规格是长 300 mm,宽 10～25 mm,厚 0.6～1.25 mm。

锯条的切削部分由许多均布的锯齿组成,锯齿齿形如图 5-90 所示。全部的锯齿按一定形状左右错开排列,如图 5-91 所示,这样在使用手锯锯削时能减少锯条与锯缝间的摩擦,便于排屑,防止夹锯。

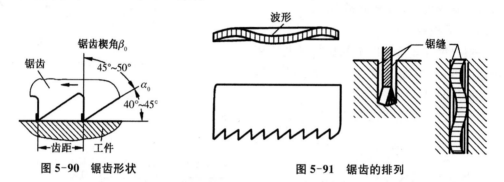

图 5-90   锯齿形状   图 5-91   锯齿的排列

锯条按齿距的大小分为粗齿、中齿和细齿三种,选择锯条时主要根据工件的硬度和厚度或锯削面的形状等条件来确定,如表 5-5 所示。

表 5-5   锯条的齿距及用途

锯齿粗细	齿距/mm	用途
粗齿	1.6	锯削材料软(低碳钢、铜、铝塑料等)、断面面积较大的厚工件
中齿	1.2	锯削中等硬度的钢、铸铁及中等厚度的工件
细齿	0.8	锯削材料硬(如工具钢等),切割面积小(如薄壁管子、薄板等)的工件

锯条锯齿粗细对锯削的影响如图 5-92 所示。

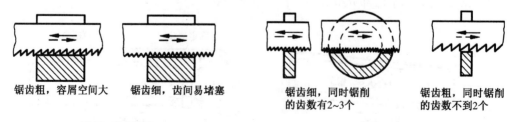

锯齿粗,容屑空间大   锯齿细,齿间易堵塞   锯齿细,同时锯削的齿有 2～3 个   锯齿粗,同时锯削的齿数不到 2 个

(a)厚工件用粗齿   (b)薄工件用细齿

图 5-92   锯齿粗细对锯削的影响

2. 锯削基本操作

根据工件材料及厚度选择合适的锯条。

1）锯条的安装

要使锯齿齿尖向前，如图 5-89 所示，安装松紧程度要适当。一般以两个手指的力旋紧为止。锯条安装后要检查，不能有歪斜和扭曲。

2）工件安装

工件一般夹持在台虎钳的左侧，切割线与钳口端面平行，工件伸出部分尽可能贴近钳口。

3）手锯的握法

手锯常见的握法是：右手（后手）握锯柄，左手（前手）轻扶锯弓前端，如图 5-93 所示。

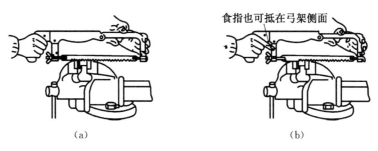

（a）　　　　　　　　　　　　　　（b）

图 5-93　手锯的握法

4）锯削方法

锯削时要掌握好起锯、锯削压力、速度和往复长度。

起锯时，锯条应与工件表面倾斜成 10°～15°的起锯角度。若起锯角度过大，锯齿容易崩碎；起锯角度太小，锯齿不易切入。为了防止锯条滑动，可用左手拇指指甲靠稳锯条。如图 5-94 所示。

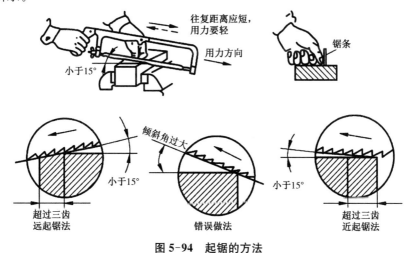

图 5-94　起锯的方法

锯割时，锯弓作往复直线运动，右手推进，左手施压；前进时加压，用力要均匀，如图 5-95 所示。返回时锯条从加工面上轻轻滑过，往复速度不宜太快。锯剖的开始和终了，压力和速度都应减小。

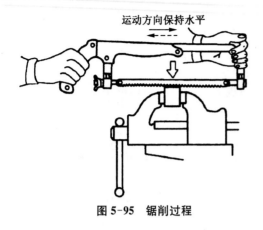

图 5-95 锯削过程

锯硬材料时,压力应大些,速度慢些;锯软材料时,压力可以小些,速度快些。为了延长锯条的使用寿命,锯割钢材时可加乳化液、机油等切削液。

锯条应全长工作,以免中间部分迅速磨钝。锯缝如歪斜,不可强扭,应将工件翻过 90°重新起锯。锯削的工件应夹牢。用台虎钳夹持工件时,锯缝尽量靠近钳口并与钳口垂直,较小的工件或较软材质的工件既要夹牢又要防止变形。

3. 锯削实例

1）锯扁钢

锯扁钢应从宽面下锯,这样锯缝浅且整齐,如图 5-96 所示。

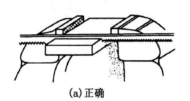

(a)正确   (b)不正确

图 5-96 锯扁钢

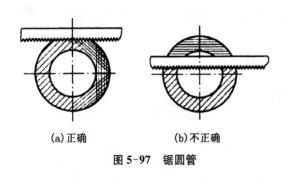

(a)正确   (b)不正确

图 5-97 锯圆管

2）锯圆管

锯圆管不可从上到下一次锯断,应当在管壁锯透时,将圆管向着推锯的方向转过一个角度,锯条仍从原锯缝锯下去,不断转动,直到锯断为止,如图 5-97 所示。

3）锯型钢

角钢与槽钢的锯法与锯扁钢基本相同,要不断改变夹持工件位置。角钢从两面来锯,槽钢从三面来锯,如图 5-98 所示。

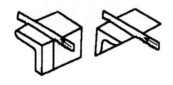
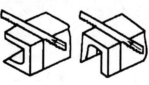

(a)锯角钢   (b)锯槽钢

图 5-98 锯型钢

4）锯薄板与锯深缝

锯薄板时，薄板两侧可用木板夹住，固定在台虎钳上进行，如图 5-99(a) 所示，或将多片薄板叠在一起锯削，这样既可避免锯齿钩住，又增加了板料的刚性。

锯深缝时，当锯缝深度超过锯弓高度时，应将锯条相对锯弓转 90°安装，使锯弓平放，如图 5-99(b) 所示。

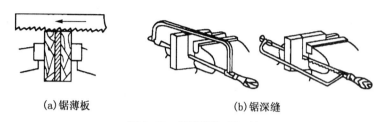

(a)锯薄板　　　　　　　　　　(b)锯深缝

图 5-99　锯薄板与锯深缝

5.3.5　锉削

锉削是用锉刀对工件表面进行切削加工，使其尺寸、形状、位置和表面粗糙度达到要求的操作方法。锉削是钳工的主要操作之一，常安排在机械加工、錾削或锯割之后，在机器或部件装配时还用于修整工件。锉削加工准确度可达到 IT8～IT7，可使工件表面粗糙度值达 0.8 μm。

锉削的应用很广，如锉削平面、曲面、内外角度，以及各种复杂形状的表面和锉配等，如图 5-100 所示。

图 5-100　锉削的应用

1. 锉刀的结构

锉刀是由碳素工具钢经热处理后制成的，硬度可达 62～67HRC。锉刀结构如图 5-101 所示。锉刀齿纹多是用剁齿机剁出来的，分为单纹和双纹，双纹锉刀锉削省力，易断屑和排屑，应用最为普遍。锉刀齿形如图 5-102 所示。

锉刀的规格以工作部分的长度表示，有 100 mm、150 mm、200 mm、250 mm、300 mm、350 mm、400 mm 七种。

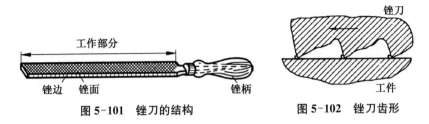

图 5-101　锉刀的结构 　　　　　　图 5-102　锉刀齿形

2. 锉刀的种类及选择

1）锉刀的种类

（1）锉刀的分类方法很多,按用途可分为普通锉、整形锉(什锦锉)和特种锉三种,如图 5-103 所示。

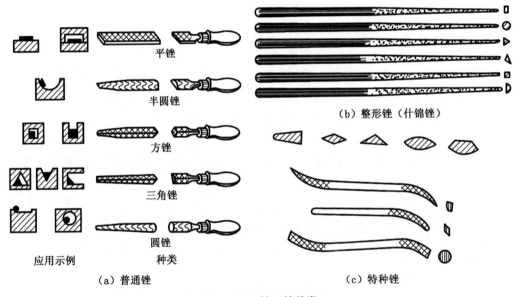

图 5-103　锉刀的种类

普通锉刀适于锉削一般工件表面,按其截面形状的不同可以分为平锉、方锉、圆锉、半圆锉、三角锉等,如图 5-103(a)所示。

（2）锉刀按其齿数粗细(以每 10 mm 的锉面上齿数多少)可以分为粗齿锉、中齿锉、细齿锉和油光锉等,其特点和用途如表 5-6 所示。

表 5-6　锉刀的种类及用途

类别	齿数(10 mm 长度)	加工余量/mm	能达到的 $Ra/\mu m$	用途
粗齿锉	4～12	0.5～1	20～5	粗加工或锉铜、铝等软金属
中齿锉	13～24	0.2～0.5	10～6.3	适用于粗锉后加工
细齿锉	30～40	0.1～0.2	5～3.2	锉光表面或锉硬金属
油光锉	40～60	0.01～0.1	3.2～0.8	精加工时修光表面

2）锉刀的选择

锉削前,应根据加工材料的软硬,加工余量的大小,加工表面的形状、大小及表面粗糙度要求,结合图 5-103、表 5-6 选择锉刀。

3. 锉削基本操作

1）工件安装

工件必须牢固地装夹在台虎钳钳口的中间,并略高于钳口。夹持已加工表面时,应在钳口与工件间垫以铜片或铝片。

2）锉刀握法

锉削时,一般右手握锉柄,左手握住(或压住)锉刀,使用不同大小的锉刀需用不同的姿势,如图 5-104 所示。

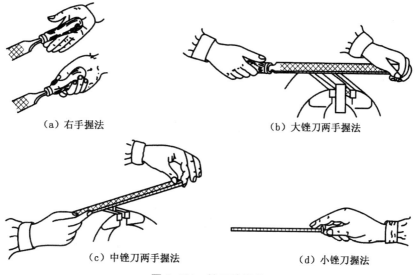

（a）右手握法　　　　　　　　（b）大锉刀两手握法

（c）中锉刀两手握法　　　　（d）小锉刀握法

图 5-104　锉刀的握法

3）锉削姿势及施力

锉削站立姿势如图 5-105 所示,两手握住锉刀放在工件上,右小臂同锉刀呈一直线,并与锉削面平行;左小臂弯曲与锉面基本保持平行。

锉削时,两手施力变化如图 5-106 所示。锉刀前推时加压并保持水平,返回时不加压力,以减少齿面磨损。如锉削时两手施力不变,则开始阶段刀柄会下偏,而锉削终了时前端又会下垂,结果将锉成两端低,中间凸起的鼓形表面。

4. 平面锉削方法

平面锉削是锉削中最基本的一种,常用顺锉、交叉锉、推锉三种操作方法,如图 5-107所示。顺锉是锉刀始终沿其长度方向锉削,一般用于最后的锉平或锉光。交叉锉是先沿一个方向锉一层,然后再转 90°锉平。交叉锉切削效率较高,锉刀也容易掌握,如工件余量较多则先用交叉锉法较好。推锉法的锉刀运动方向与其长度方向垂直。当工件表面已锉平,余量很小时,为了降低工件表面粗糙度值和修正尺寸,用推锉法较好。推锉法尤其适用于较窄表面的加工。

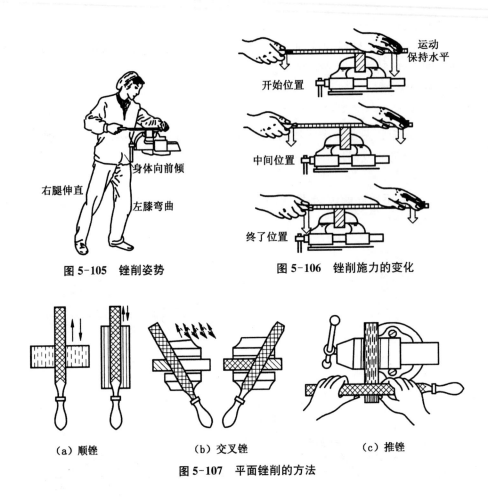

图 5-105 锉削姿势 　　　　 图 5-106 锉削施力的变化

（a）顺锉　　　　　（b）交叉锉　　　　　（c）推锉

图 5-107 平面锉削的方法

　　工件锉平后,可用各种量具检查尺寸和形状精度,图 5-108 所示是用角尺、直尺、刀口尺检查平直度。工件的垂直度可用光隙法检验,即用 90°角尺根据是否透过光线来检查,如图 5-109 所示。

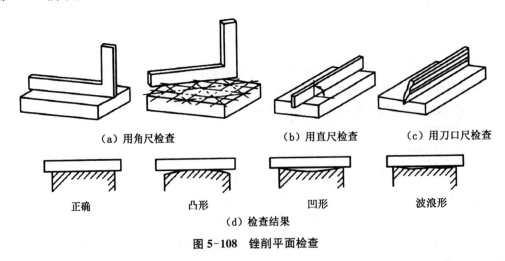

（a）用角尺检查　　　　（b）用直尺检查　　　　（c）用刀口尺检查

正确　　　　凸形　　　　凹形　　　　波浪形

（d）检查结果

图 5-108 锉削平面检查

5. 圆弧面锉削

圆弧面锉削常采用滚锉法(顺着圆弧做前进运动的同时绕工件圆弧中心摆动)。

锉削外圆弧面时,锉刀除向前运动外,同时还要沿被加工圆弧面摆动,如图 5-110 所示。

锉削内圆弧面时,锉刀除向前运动外,本身还要作一定的旋转和向左或向右的移动,如图 5-111 所示。

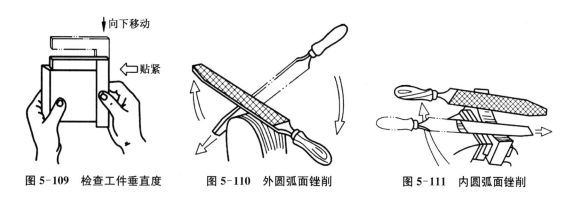

图 5-109 检查工件垂直度   图 5-110 外圆弧面锉削   图 5-111 内圆弧面锉削

5.3.6 钻孔、扩孔、铰孔和锪孔

1. 钻床

机器零件上分布着很多大小不同的孔,那些数量多、直径小、精度不是很高的孔,都是在钻床上加工出来的。钻床上可以完成的工作很多,如钻孔、扩孔、铰孔、攻螺纹、锪孔和锪凸台等,如图 5-112 所示。

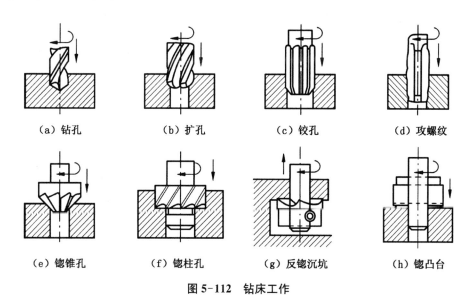

(a) 钻孔   (b) 扩孔   (c) 铰孔   (d) 攻螺纹

(e) 锪锥孔   (f) 锪柱孔   (g) 反锪沉坑   (h) 锪凸台

图 5-112 钻床工作

钻床的种类很多,常用的有台式钻床、立式钻床和摇臂钻床等。

1）台式钻床

台式钻床简称台钻，如图5-113所示，它通常安装在台桌上，主要用来加工小型工件的孔，孔的直径最大为12 mm。钻孔时，工件固定在工作台上，钻头由主轴带动旋转（主运动），其转速可以通过改变三角带轮的位置来调节，台钻主轴的向下进给运动手动完成。

2）立式钻床

立式钻床简称立钻，如图5-114所示。其规格以最大钻孔直径表示，有25 mm、35 mm、40 mm、50 mm等几种。

立式钻床由机座、工作台、立柱、主轴、主轴变速箱、电动机和进给箱组成。主轴变速箱和进给箱分别用以改变主轴的转速和进给速度。钻孔时，工件安装在工作台上，通过移动工件位置使钻头对准孔的中心。加工一个孔后，再钻另一个孔时，必须移动工件。因此，立式钻床主要用于加工中、小型工件上的孔。

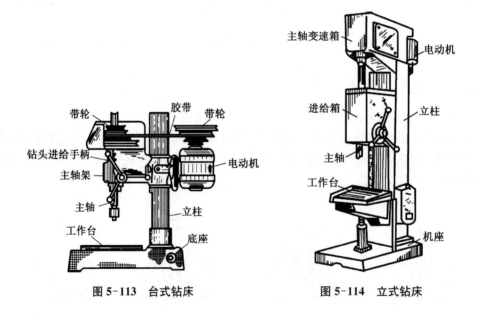

图5-113　台式钻床　　　　　图5-114　立式钻床

3）摇臂钻床

摇臂钻床的构造如图5-115所示。主轴箱安装在能绕立柱旋转的摇臂上，由摇臂带动可沿立柱垂直移动。同时主轴箱可在摇臂上作横向移动。上述运动可以很方便地调整钻头的位置，以对准被加工孔的中心，而不需要移动工件。因此，摇臂钻床适用于单件或成批生产中大型工件及多孔工件上的孔加工。

4）手电钻

手电钻（见图5-116）常用在不便于使用钻床钻孔的地方。其优点是携带方便，使用灵活，操作简单。

2. 钻孔

钻孔是用钻头在实心工件上加工孔的方法。钻出的孔精度较低，尺寸公差等级一般为

IT14～IT11,表面粗糙度 Ra 值为 $50～12.5\ \mu\mathrm{m}$。因此,钻孔属于孔的粗加工。

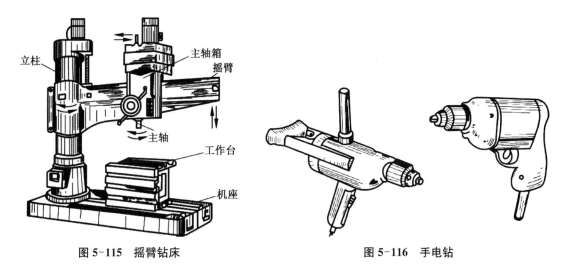

图 5-115　摇臂钻床　　　　　　　　　图 5-116　手电钻

在钻床上钻孔时,工件一般是固定的,钻头旋转作主运动,同时沿轴线向下作进给运动,如图 5-117 所示。

1) 麻花钻

钻头是钻孔用的切削刀具,种类较多,最常用的是麻花钻,麻花钻的组成如图 5-118 所示。

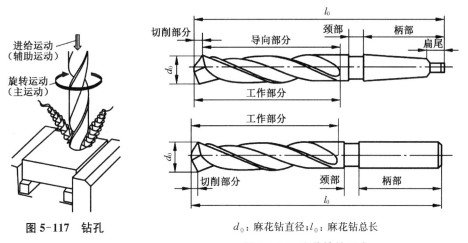

图 5-117　钻孔

d_0：麻花钻直径；l_0：麻花钻总长

图 5-118　麻花钻的组成

柄部是钻头的夹持部分,用于传递扭矩和轴向力,直径小于 13 mm 的为直柄,大于 13 mm 的为锥柄。

工作部分包括切削和导向两部分。切削部分由前刀面、后刀面、副后刀面、主切削刃、副切削刃和横刃等组成,如图 5-119 所示。切削部分担负主要切削工作。切削刃的夹角为 116°～118°,为了保证孔的加工

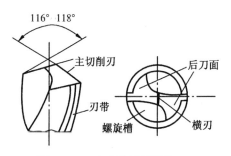

图 5-119　麻花钻切削部分

精度,两切削刃的长度及其与轴线的夹角应相等。图 5-120 为两切削刃刃磨正确及不正确时钻孔的情况。

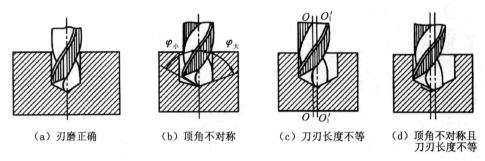

（a）刃磨正确　　　（b）顶角不对称　　　（c）刀刃长度不等　　　（d）顶角不对称且刀刃长度不等

图 5-120　两切削刃刃磨正确时钻孔情况

导向部分由两条对称的刃带(棱边亦即副切削刃)和螺旋槽组成。刃带的作用是减少钻头和孔壁间的摩擦,修光孔壁并对钻头起导向作用。螺旋槽的作用在于排屑和输送切削液。

2) 钻孔用的夹具

钻孔用的夹具主要包括装夹钻头的夹具和装夹工件的夹具。

(1) 装夹钻头夹具

常用的装夹钻头夹具是钻夹头和钻套。

钻夹头是用来夹持直柄钻头的夹具,其结构和使用方法如图 5-121 所示。

当钻头锥柄小于机床主轴锥孔时,可借助钻套(过渡套筒)进行钻头安装,如图 5-122所示。

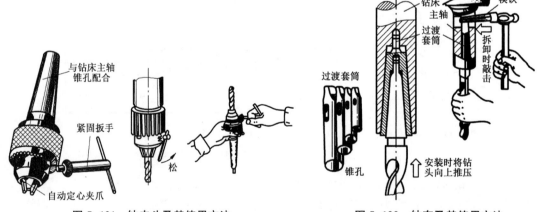

图 5-121　钻夹头及其使用方法　　　图 5-122　钻套及其使用方法

(2) 装夹工件夹具

常用的装夹工件夹具有手虎钳、V 形块、平口钳、压板等,按钻孔直径、工件形状和大小等合理选择,如图 5-123 所示。选用的夹具必须使工件装夹牢固可靠,保证钻孔质量。

薄壁小件可用手虎钳装夹;中小型工件可用平口钳装夹;较大工件用压板和螺栓直接装夹在钻床工作台上。成批或大量生产时,可使用专用夹具安装工件。

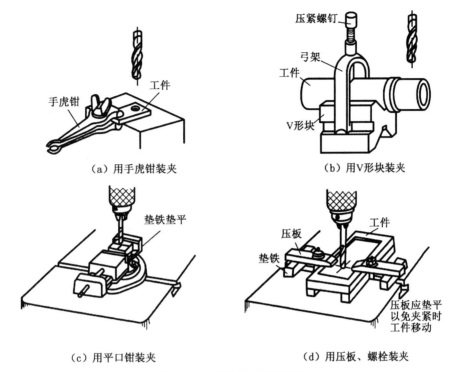

（a）用手虎钳装夹   （b）用V形块装夹

（c）用平口钳装夹   （d）用压板、螺栓装夹

图 5-123　钻孔时工件的安装

3）钻孔基本操作

钻孔方法一般有划线钻孔、配钻钻孔和模具钻孔等，下面介绍划线钻孔的操作方法。

（1）工件划线。按图纸尺寸要求，划线确定孔的中心，并在孔的中心处打样冲眼，使钻头易对准孔的中心，不易偏离，然后再划出检查圆，如图 5-124 所示。

（2）工件装夹。根据工件的大小、形状及加工要求，选择钻床，确定工件的装夹方法。装夹工件时，要使孔的中心与钻床的工作台垂直，安装要稳固。

（3）钻头装夹。根据孔径选择钻头，按住钻头柄部正确安装钻头。

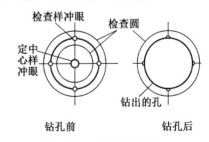

图 5-124　钻孔前的准备

（4）选择切削用量。根据工件材料、孔径大小等确定钻速和进给量。钻大孔时转速要低些，以免钻头过快变钝；钻小孔时转速可高些，但进给应较慢，以免钻头折断；钻硬材料转速要低，反之要高。

（5）钻孔。先对准样冲眼钻一浅孔，检查是否对中，若偏离较多，可用样冲重新打中心孔纠正或用錾子錾几条槽来纠正，如图 5-125 所示。

开始钻孔时，要用较大的力向下进给，进给速度要均匀，快钻透时压力应逐渐减小。

钻深孔时，要经常退出钻头排屑和冷却，避免切屑堵塞孔而卡断钻头。

钻削过程中，可加切削液，降低切削温度，提高钻头耐用度。

钻削孔径大于 30 mm 的大孔,应分两次钻。先钻 0.4~0.6 倍孔径的小孔,第二次再将其钻至所需要的尺寸。精度要求高的孔,要留出加工余量,以便精加工。

在成批大量生产中,为了提高孔的加工精度和生产率,广泛地采用钻模钻孔,如图 5-126 所示。

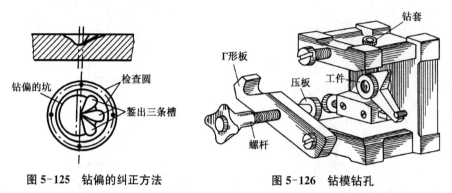

图 5-125 钻偏的纠正方法　　　　图 5-126 钻模钻孔

3. 扩孔、铰孔与锪孔

1) 扩孔

用扩孔钻对已有的孔扩大孔径的加工方法称为扩孔。扩孔属于半精加工,扩孔后尺寸公差等级一般可达到 IT10~IT9,表面粗糙度 Ra 值为 6.3~3.2 μm。

扩孔钻与钻头形状相似,不同的是扩孔钻有 3~4 个切削刃,且没有横刃。扩孔钻的钻芯大,刚性好,导向性好,切削平稳,加工质量比钻孔高。因此,采用扩孔钻可适当地校正钻孔时的轴线偏差,以获得较正确的几何形状和较高的表面质量。扩孔钻与扩孔加工如图 5-127 所示。

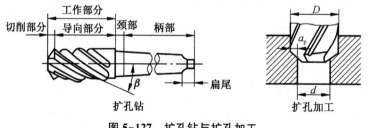

图 5-127 扩孔钻与扩孔加工

扩孔可作为中等精度孔加工的最终工序,也可作为铰孔前的准备工序。扩孔的加工余量一般为 0.5~4 mm。

2) 铰孔

用铰刀对已粗加工的孔进行精加工的方法称为铰孔,如图 5-128(a)所示。通过铰孔可提高孔的尺寸精度,尺寸公差等级可达 IT7~IT6;表面粗糙度 Ra 值可达 1.6~0.8 μm。

(1) 铰刀和铰杠

铰孔所用刀具是铰刀,如图 5-128(b)、(c)所示。铰刀的工作部分由切削部分和修光部分组成。切削部分呈锥形,担负着切削工作。修光部分起着导向和修光作用。铰刀有 6~12 个切削刃,每个切削刃的负荷较轻,刚性和导向性好。

铰刀有手用铰刀和机用铰刀两种。手用铰刀为直柄,如图 5-128(b)所示,其工作部分较长,导向作用好,易于铰刀导向和切入。机用铰刀多为锥柄,如图 5-128(c)所示,可装在钻床、车床上铰孔,铰孔时选较低的切削速度,并选用合适的切削液。

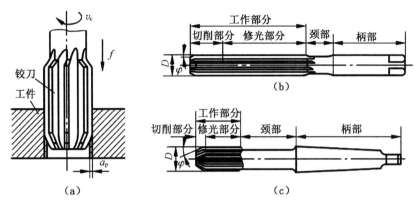

图 5-128　铰孔与铰刀

铰杠是用来夹持手用铰刀的工具,常用的有固定式和活动式两种,如图 5-129 所示。活动式铰杠可以通过转动右边手柄或螺钉,调节方孔大小。

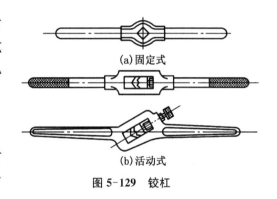

图 5-129　铰杠

（2）铰孔基本操作

手铰圆柱孔的步骤如图 5-130 所示。

铰孔前,要合理选择加工余量,一般粗铰时余量为 0.15～0.25 mm,精铰时为 0.05～0.15 mm。要用百分尺检查铰刀直径是否合适。

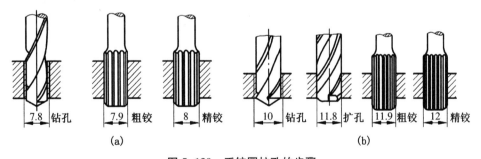

图 5-130　手铰圆柱孔的步骤

铰孔时,铰刀应垂直放入孔中,然后用手转动铰杠并轻压,转动铰刀的速度要均匀。铰削时,铰刀不能反转,以免崩刃和损坏已加工表面;应使用切削液,以提高孔的加工质量。

3）锪孔

用锪钻在工件的孔口部分加工出一定形状孔或平面的加工方法称为锪孔。不同形式的锪钻,可加工圆柱形沉孔、锥形沉孔、凸台平面等,如图 5-131 所示。

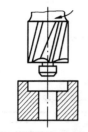 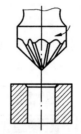 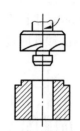

（a）柱形锪钻锪圆柱形沉孔　　（b）锥形锪钻锪锥形沉孔　　（c）端面锪钻锪凸台平面

图 5-131　锪钻的应用

锪孔一般在钻床上进行，锪钻旋转，用手动进给。

5.3.7　螺纹加工

螺纹加工方法很多，钳工加工螺纹方法是指攻螺纹和套螺纹。

1. 攻螺纹

用丝锥加工内螺纹的方法称为攻螺纹（即攻丝），如图 5-132 所示。

1）丝锥和铰杠

（1）丝锥。丝锥是用来切削内螺纹的工具，分为手用和机用两种，一般是用合金工具钢或高速钢制成，其结构如图 5-133 所示。

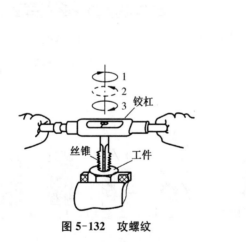

图 5-132　攻螺纹

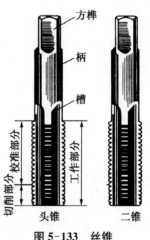

图 5-133　丝锥

丝锥由工作部分和柄部组成。工作部分包括切削部分和校准部分，其上开有几条容屑槽，起容屑和排屑作用。切削部分呈锥形，起主要切削作用。校准部分用于校准和修光切出的螺纹并起导向作用。柄部的方榫用来与铰杠配合传递扭矩。

手用丝锥一般两支组成一套，分为头锥和二锥。两支丝锥的外径、中径和内径是相等的，只是切削部分的长度和锥角不同。头锥的切削部分长些，锥角小些；二锥的切削部分短些，锥角较大。切不通螺孔时，两支丝锥顺次使用；切通孔螺纹，用头锥能一次完成。螺距大于 2.5 mm 的丝锥常制成三支一套。

（2）铰杠。铰杠是用来夹持丝锥并转动丝锥的工具,如图 5-132 所示。

2）攻螺纹前底孔直径和深度的确定

攻螺纹时,丝锥除了切削金属以外,还产生挤压,使材料向螺纹牙尖流动。如果工件上螺纹底孔直径与螺纹内径相同,那么被挤出的材料将会卡住丝锥甚至使丝锥损坏。加工塑性高的材料时,这种现象很明显。因此,螺纹底孔直径要比螺纹内径稍大些。确定底孔直径可查《机械加工工艺手册》或用经验公式计算:

钢料及塑性材料 $\qquad D_0 \approx D - P$

铸铁及脆性材料 $\qquad D_0 \approx D - 1.1P$

式中: D_0——底孔直径,mm;

$\quad\ \ D$——内螺纹大径,mm;

$\quad\ \ P$——螺距,mm。

攻不通孔(盲孔)螺纹时,由于丝锥不能攻到底,所以钻孔深度要大于所需螺纹深度,增加的长度约为 0.7 倍的螺纹外径。一般取钻孔深度＝所需螺纹深度＋0.7D。

3）攻螺纹基本操作

攻螺纹的步骤如图 5-134 所示。

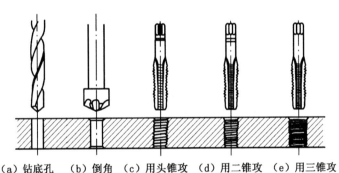

（a）钻底孔　（b）倒角　（c）用头锥攻　（d）用二锥攻　（e）用三锥攻

图 5-134　攻螺纹步骤

（1）确定螺纹底孔直径,划线,确定螺纹孔的中心,并在孔的中心打出样冲眼,选用合适钻头钻螺纹底孔,如图 5-134(a)所示。

（2）在孔口两端倒角,以便丝锥切入,防止孔口产生毛边或螺纹牙齿崩裂,如图 5-134(b)所示。

（3）根据丝锥大小选择合适的铰杠。工件装夹在台虎钳上,应保证螺纹孔轴线与台虎钳钳口垂直。

（4）用头锥攻螺纹时,将丝锥头部垂直放入孔内,然后通过铰杠轻压旋入,如图 5-135(a)所示。待切入工件 1～2 圈后,再用目测或直尺检查丝锥是否垂直,如图 5-135(b)所示。继续转动,直至切削部分全部切入,之后用两手平稳地转动铰杠,这时可不加压力而旋到底。为了避免切屑过长而缠住丝锥,每转 1～2 转后要轻轻倒转 1/4 转,以便断屑和排屑,如图 5-132 所示。

（5）用二锥攻螺纹时,先用手指将丝锥旋进螺纹孔,然后再用铰杠转动,旋转铰杠时不需加压。

169

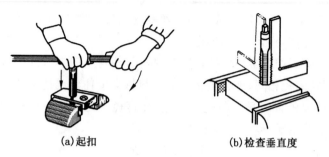

(a)起扣   (b)检查垂直度

图 5-135 起扣方法

(6) 攻螺纹时,可根据情况加切削液,以减少摩擦,提高螺纹加工质量。

在钢料上攻螺纹时,要加浓乳化液或机油。在铸铁件上攻螺纹时,可加些煤油。

2. 套螺纹

用板牙在外圆柱上加工外螺纹的操作称为套螺纹(即套扣)。

1) 板牙和板牙架

(1) 板牙是加工外螺纹的一种刀具,由高速钢或碳素工具钢制成,其结构形状似螺母,如图 5-136 所示。

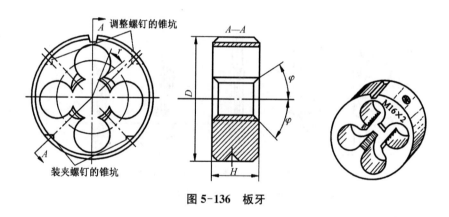

图 5-136 板牙

板牙只是在靠近螺纹外径处钻了 3~8 个排屑孔,并形成了切削刃。板牙由切削部分、校正部分和排屑孔组成,其两端面带有 2φ 锥角的部分是切削部分,起切削作用。中间一段是校准部分,也是套螺纹的导向部分。板牙的外圆有四个锥坑,两个用于将板牙夹持在板牙架内并传递扭矩;另外两个相对板牙中心有些偏斜,当板牙磨损后,可沿板牙 V 形槽锯开,拧紧板牙架上的调节螺钉,使板牙螺纹孔作微量缩小,以补偿磨损的尺寸。

图 5-137 板牙架

(2) 板牙架是夹持板牙并带动板牙转动的工具,如图 5-137 所示。

2) 套螺纹前圆杆直径的确定

套螺纹和攻螺纹的切削过程类似,工件材料也将受到挤压而凸出,因此圆杆的直径应

比螺纹外径小些。但也不宜过小,太小套出的螺纹牙型不完整。确定圆杆直径可用经验公式计算:

$$D_0 = D - 0.13P \qquad (5\text{-}8)$$

式中：D_0——圆杆直径,mm;

　　　D——螺纹大径,mm;

　　　P——螺距,mm。

3) 套螺纹基本操作

(1) 确定圆杆直径,并在圆杆端部倒角,使板牙易对准工件的中心并易切入,如图 5-138 所示。

(2) 工件装夹。用 V 形块衬垫或用厚软金属衬垫将圆杆牢固装夹在台虎钳上。圆杆轴线应与钳口垂直,同时,圆杆套螺纹部分不要离钳口过远。

(3) 将装有板牙架的板牙套在圆杆上,始终保证板牙端面与圆杆轴线垂直。

(4) 套螺纹。开始转动板牙架要稍加压力,当板牙已切入圆杆后,不再加压,只需均匀旋转。为了断屑,要常反转,如图 5-139 所示。

(5) 套螺纹时,也应根据工件材料用切削液冷却和润滑。

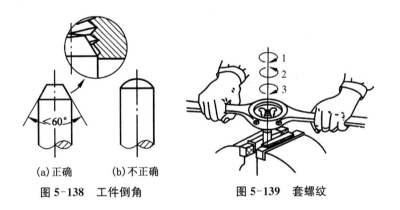

(a)正确　　　(b)不正确

图 5-138　工件倒角　　　　　图 5-139　套螺纹

5.3.8　刮削和研磨

1. 刮削

刮削是利用刮刀在工件已加工表面上刮去一层很薄的金属层的操作。刮削是钳工的精密加工。刮削后的表面,其表面粗糙度值可达 $1.6 \sim 0.4 \ \mu m$,并有良好的平直度。对于零件上相配合的滑动表面,为了增加接触面,减少摩擦磨损,提高零件使用寿命,常需要进行刮削加工,如机床导轨、滑动轴承等。

每次刮削的切削层很薄,生产率低,劳动强度大。所以加工余量不能大,如 500 mm× 100 mm 的加工平面余量不超过 0.1 mm。因此,常用磨削等机械加工方法替代刮削。

1) 刮削工具

(1) 刮刀

刮刀是刮削的主要工具,一般采用碳素工具钢或轴承钢锻制而成。常用的有平面刮刀和曲面刮刀两大类,如图 5-140 所示。

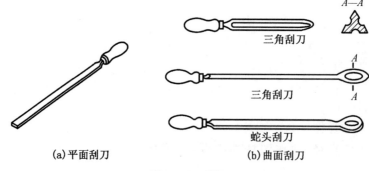

图 5-140　刮刀

（2）校准工具

校准工具也称为研具,它是用来推磨研点及检验刮削面准确性的工具。根据被检工件表面的形状特点,可分为检验平板和检验平尺,如图 5-141 所示。检验平板由铸铁制成,其工作面必须非常平直和光洁,而且要保证刚度好,不变形。

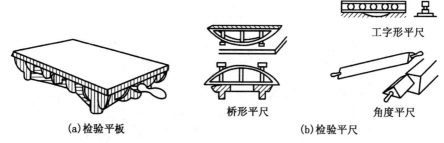

图 5-141　校准工具

图 5-142　平面刮削

2）刮削方法

（1）平面刮削

平面刮削是用平面刮刀刮平面的操作,如图 5-142 所示。右手握刀柄,推动刮刀;左手放在靠近端部的刀体上,引导刮刀刮削方向及加压。刮刀应与工件保持 25°～30°的角度。刮削时,用力要均匀,刮刀要拿稳,以免刮刀刃口两端的棱角将工件划伤。

平面刮削分为粗刮、细刮和精刮。

① 粗刮。工件表面粗糙、有锈斑或余量较大时(0.1～0.05 mm),应先用刮刀将其全部粗刮一次,使表面较为平滑。粗刮用长刮刀,施较大的压力,刮削行程较长,刮去的金属多。粗刮刮刀的运动方向与工件表面机械加工的刀痕方向约成 45°角,各次交叉进行,直至刀痕全部刮除为止,如图 5-143 所示。

② 细刮和精刮。细刮和精刮是用短刀施小压力进行短行程的刮削。它是将粗刮后的贴合点逐个刮去,并经过反复多次刮削,使贴合点的数目逐步增多,直到满足要求为止。

（2）曲面刮削

曲面刮削常用于刮削内曲面，为了得到良好的配合，对某些要求较高的滑动轴承的轴瓦、衬套等也要进行刮削。用三角刮刀刮轴瓦的示例如图 5-144 所示。曲面刮削后也需进行研点检查。

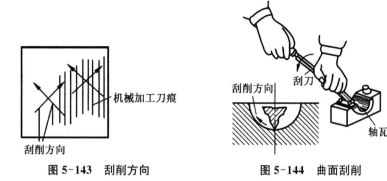

图 5-143　刮削方向　　　　　　　图 5-144　曲面刮削

（3）刮削质量的检验

刮削表面的精度通常以研点法来检验，如图 5-145 所示。先将工件刮削表面擦净，并均匀地涂一层很薄的红丹油，然后将其与校准工具（如检验平板等）相配研，如图 5-145(a) 所示。经配研后，工件表面上的高点会磨去红丹油而显出亮点（即贴合点），如图 5-145(b) 所示。

刮削表面的精度是以 25 mm×25 mm 面积内的贴合点的数量与分布稀疏程度来表示的，如图 5-145(c) 所示。普通机床导轨面贴合点为 8~10 点，精密机床导轨面贴合点为 12~15 点。

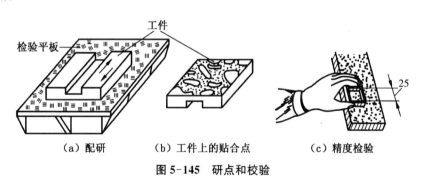

（a）配研　　　　（b）工件上的贴合点　　　　（c）精度检验

图 5-145　研点和校验

2. 研磨

研磨是用研磨工具及研磨剂从工件表面磨掉极薄一层金属的精密加工方法。研磨可达到其他切削加工方法难以达到的加工精度，常用在其他精加工之后。研磨尺寸误差可控制在 0.001~0.005 mm 范围内，表面粗糙度 Ra 值可达到 0.1~0.008 μm。

1）研磨工具与研磨剂

研磨工具是研磨时决定工件表面几何形状的标准工具。在生产中需要研磨的工件是多种多样的，对于不同形状的工件应选用不同类型的研具，常用的研磨工具及用途如下：研磨平板，如图 5-146 所示，主要用于研磨平面；研磨环，如图 5-147 所示，主要用丁研磨外圆柱面；研磨棒，如图 5-148 所示，主要用于研磨圆柱孔。

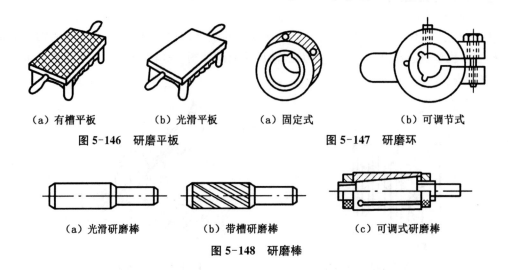

（a）有槽平板　　　（b）光滑平板　　　（a）固定式　　　　　（b）可调节式
图 5-146　研磨平板　　　　　　　　　图 5-147　研磨环

（a）光滑研磨棒　　　（b）带槽研磨棒　　　（c）可调式研磨棒
图 5-148　研磨棒

研磨剂由磨料（常用的有刚玉类和碳化硅类）和研磨液（常用的有机油、煤油等）混合而成。其中磨料起切削作用；研磨液用以调和磨料，并起冷却、润滑和加速研磨过程的作用。

2）研磨方法

（1）研磨平面

开始研磨前，先将煤油涂在研磨平板的工作表面上，把平板擦洗干净，再涂上研磨剂。

研磨时，用手将工件轻压在平板上，按"8"字形或螺旋形运动轨迹进行研磨，如图 5-149（a）所示。平板每一个地方都要磨到，使平板磨耗均匀，保持平板精度。同时还要使工件不时地变换位置，以免研磨平面倾斜。

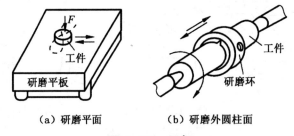

（a）研磨平面　　　　　（b）研磨外圆柱面
图 5-149　研磨

（2）研磨圆柱面

外圆柱面研磨多在车床上进行。将工件装在车床的顶尖之间，涂上研磨剂，然后套上研磨环，如图 5-149（b）所示。研磨时工件转动，同时用手握住研磨环作轴向往复运动，工件与研磨环速度要配合适当，使工件表面研磨出交叉网纹。研磨一定时间后，应将工件调转 180°再进行研磨，这样可以提高研磨精度，使研磨环磨耗均匀。

内圆柱面研磨与外圆柱面研磨相反。研磨时将研磨棒顶在车床两顶尖之间或夹紧在钻床的钻夹头内，工件套在研磨棒上，并用手握住，使研磨棒作旋转运动，工件作往复直线运动。

5.3.9　装配

任何机器都是由许多零件组成的。将合格的零件按照规定的技术要求和装配工艺组装起来,并调试使之成为合格产品的过程称为装配。

装配是机器制造的最后阶段,也是重要的阶段。装配质量的优劣对机器性能的好坏和使用寿命的长短有很大影响。即使组成机器的零件加工质量很好,若装配工艺不合理或装配操作不正确,也不能获得合格的产品。因此,装配在机器制造业中占有很重要的地位。

装配的零件包括:

(1) 基本零件,如机座、床身、箱体、轴、齿轮等。

(2) 通用零件或部件。

(3) 标准件,如螺钉、螺母、接头、垫圈、销等。

(4) 外购零件,如轴承、密封圈、电气元件等。

1. 装配的组合形式及工艺过程

1) 装配的组合形式

装配过程可分为组件装配、部件装配和总装配。

(1) 组件装配:以某一零件为基准零件,将若干个零件安装在上面构成组件。例如:轴系的装配。

(2) 部件装配:将若干个组件和零件装在另一个基准零件上面构成部件。例如:车床的主轴箱、进给箱等的装配。

(3) 总装配:将若干个部件、组件、零件共同安装在产品的基准零件上,总装成机器。例如:车床、铣床等的装配。

2) 装配工艺过程

(1) 装配前的准备阶段:①研究和熟悉产品的装配图、工艺文件和技术要求,了解产品结构、工作原理、零件的作用以及装配连接关系;②准备所需工具,确定装配的方法和顺序;③对装配零件进行清理和清洗,去除油污和毛刺。

(2) 装配工作阶段:按组件装配→部件装配→总装配依次进行。

(3) 装配后进行调整、检验、试车。试车合格后,进行喷漆、涂油和装箱等。

2. 紧固零件连接

紧固零件连接有螺纹连接、键连接、销连接及铆接等。

1) 螺纹连接件的装配

螺纹连接是机器装配中最常用的可拆连接,它具有装配简单、连接可靠、装拆方便等优点。装配要点如下:

(1) 用螺钉、螺母连接零件时,应做到用手能自动旋入,然后再用扳手拧紧。

(2) 用于连接螺钉、螺母的贴合表面要求平整光洁,端面应与连接件轴线垂直,使受力均匀。

(3) 装配成组螺钉、螺母时,为保证零件贴合面受力均匀,应按一定顺序拧紧,如图 5-150 所示,将每个螺母拧紧到 1/3 的松紧程度以后,再按 1/3 的程度拧紧一遍,最后依次全部拧紧,这样每个螺钉受力比较均匀,不致使个别螺钉过载。

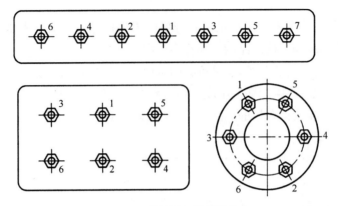

图 5-150　成组螺母拧紧的顺序

2）键连接件的装配

键连接也属于可拆连接,常用于轴套类零件传动中,通过键来传递运动和扭矩。常用的有平键、半圆键、楔键、花键等。图 5-151 所示为平键连接。

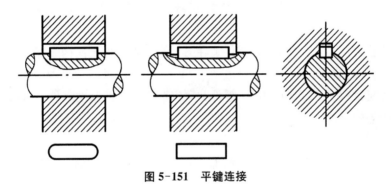

图 5-151　平键连接

平键连接装配步骤:

（1）装配前,去除键槽边的毛刺,修配键侧和槽的配合,选取键长并修锉两头。

（2）装配平键,在键配合面涂油,再将键轻轻地敲入轴槽内,使其与槽底接触。

（3）按装配要求安装轴上配件。配件的键槽侧面与键侧面配合要符合要求,键的顶面与配件的槽底应留有间隙。

3）销连接件的装配

常见的销连接零件有圆柱销和圆锥销,主要用于定位和连接,如图 5-152 所示。销连接也属于可拆连接。

销零件装配时,被连接的两孔需配钻、铰,并达到较高的精度。圆柱销用于固定零件、传递动力,装配时在销子上涂油,用铜棒轻轻敲入。圆柱销不宜多次装拆,否则会降低定位精度和连接的可靠性。圆锥销具有 1∶50 的锥度,多用于定位以及需要经常拆装的场合,装配时一般边铰孔边试装,以销钉能自由插入孔中的长度约占销总长的 80% 为宜,然后轻轻敲入。

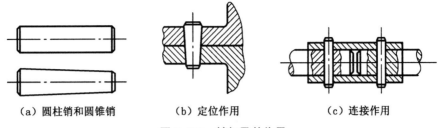

（a）圆柱销和圆锥销　　　（b）定位作用　　　（c）连接作用
图 5-152　销钉及其作用

4）铆接的装配

铆接是不可拆连接,多用于板件连接。铆接时先在被连接的零件上钻孔,插入铆钉,头部用顶模支持,尾部用手锤敲打或用气动工具打铆,如图 5-153 所示。

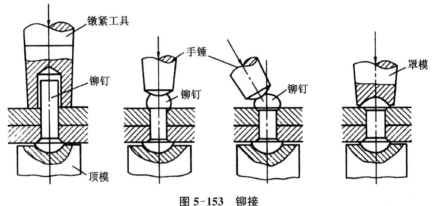

图 5-153　铆接

3. 轴承的装配

1）滑动轴承装配

滑动轴承分为整体式（轴套）和对开式（轴瓦）两种结构。装配前,轴承孔和轴颈的棱边都应去毛刺、洗净加油,装轴套时,根据轴套的尺寸和工作位置用手锤或压力机将其压入轴承座内,如图 5-154 所示,装轴瓦时,应在轴瓦的对开面垫上木块,然后用手锤轻轻敲打,使它的外表面与轴承座或轴承盖紧密贴合。

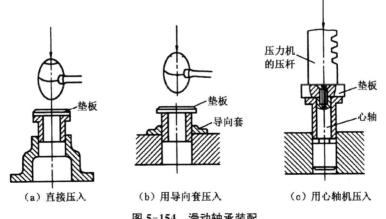

（a）直接压入　　　（b）用导向套压入　　　（c）用心轴机压入
图 5-154　滑动轴承装配

2）滚动轴承装配

滚动轴承一般由外圈、内圈、滚动体和保持架组成,如图 5-155 所示。

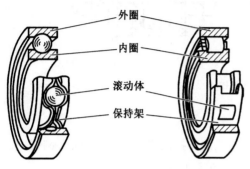

图 5-155　滚动轴承的组成

在一般情况下,滚动轴承内圈与轴、外圈与箱体或机架上的支撑孔配合。内圈随轴转动,外圈固定不动,因此内圈与轴的配合比外圈与支撑孔的配合要紧一些。滚动轴承的配合,一般是较小的过盈配合或过渡配合。滚动轴承常用铜锤或压力机压装。

装配时,为了使轴承圈均匀受力,常通过垫套施压,如图 5-156 所示。若将轴承压到轴上,通过垫套压轴承内圈端面[图 5-156(a)];若将轴承压到机床或箱体孔中,要压轴承外圈端面[图 5-156(b)];若将轴承同时压到轴上和机体孔中,则对内、外圈轴承端面同时施压[图 5-156(c)]。

如果轴承与轴有较大的过盈配合,最好将轴承吊在温度为 80～90 ℃ 的机油中加热然后趁热装入。

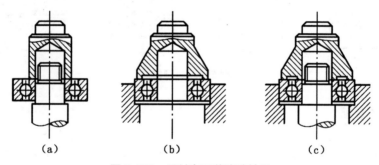

（a）　　　　　　　　　　（b）　　　　　　　　　　（c）

图 5-156　用衬套压装滚动轴承

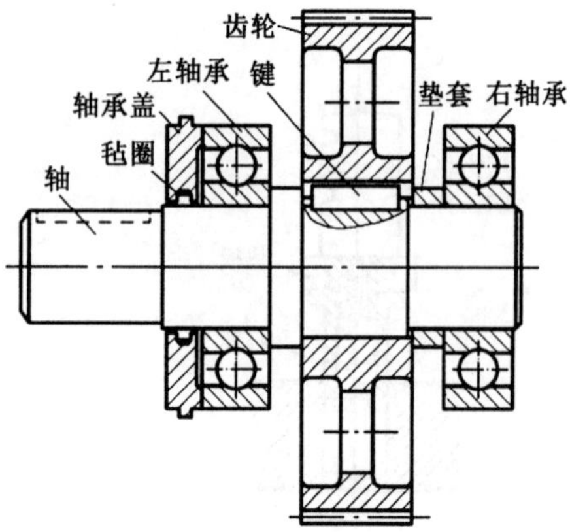

4. 组件装配

图 5-157 所示为传动轴组件,它的装配顺序如下:

（1）选配键,然后将键轻敲入轴的键槽内;

（2）压装齿轮;

（3）放入垫套,压装右轴承;

（4）压装左轴承;

（5）将毡圈放入轴承盖的槽中,然后将轴承盖套在轴上。

5. 机器拆卸

机器经过长期使用,一些零件会发生变形和损坏,需要进行检查和修理。这时要对机器进行

图 5-157　传动轴组件结构图

拆卸,拆卸时的一般要求如下:

(1) 机器拆卸前,要先熟悉图纸,了解机器零、部件的结构,确定拆卸方法和拆卸程序。

(2) 拆卸的顺序与装配顺序相反,一般先拆外部附件,然后按总成、部件的顺序进行拆卸。在拆卸部件或组件时,应按先外后内,先上后下的顺序依次进行。

(3) 拆卸时,应尽量使用专用工具,以防损坏零件。严禁使用铁锤敲击零件。

(4) 拆卸时,对采用螺纹连接或锥度配合的零件,必须辨清回旋方向。紧固体上的防松装置(如开口销等)拆卸后一般要更换,避免再次使用时防松装置断裂而造成事故。

(5) 拆下的零、部件,必须按次序、有规则地摆放,并按原来结构套在一起。有些零、部件(配合体)拆卸时要做好标记(如成套加工的或不能互换的零件等),以防装配时装错。

丝杠、长轴零件要用布包好并用绳索将其吊起放置,以防弯曲变形或碰伤。

5.3.10　钳工操作示例

小榔头零件图如图 5-158 所示。

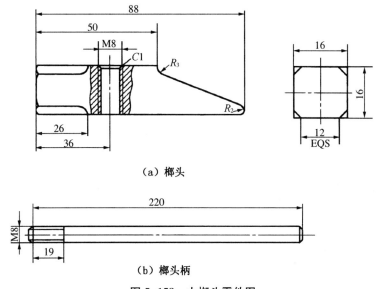

（a）榔头

（b）榔头柄

图 5-158　小榔头零件图

小榔头的钳工操作如下:

(1) 毛坯选用 16 mm×16 mm 的方钢和 φ8 的圆钢。

(2) 操作步骤如表 5-7 所示。

表 5-7　小榔头操作步骤

序号	操作内容
1	下料,锯 16 mm×16 mm 方料 90 mm;φ8 mm×220 mm 棒料
2	在上平面 50 mm 右侧錾切 2～2.5 mm 深槽
3	锉四周平面及端面,注意保证各面平直、相邻面的垂直和相对面的平行

（续表）

序号	操作内容
4	划各加工线
5	锉圆弧面 $R3$
6	锯割 37 mm 长斜面
7	锉斜面及圆弧 $R2$
8	锉四边倒角和端面圆弧,并锉榔头柄两端倒角
9	锪 $C1$ 锥坑,钻 M8 螺纹孔
10	攻 M8 内螺纹
11	套 M8×19 mm 的螺杆(榔头柄)
12	装配,将榔头柄旋入榔头的螺纹孔中
13	检验

（3）榔头与柄连接,并修整打磨,最后打上学号,如图 5-159 所示。

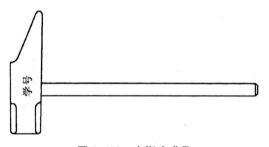

图 5-159　小榔头成品

5.4　刨削、拉削、磨削、齿轮加工

5.4.1　刨削加工

　　刨削加工是加工平面的一种方法,刨削加工是在刨床上通过刀具和工件之间的相对切削运动来改变毛坯的尺寸和形状,使它变成合格零件。常用的刨削类机床按接头特性可分为四类:牛头刨床、龙门刨床、插床和拉床。中小型工件的刨削常在牛头刨床上进行,大平面、特别是长而窄的平面可在龙门刨床上加工,龙门刨床还可以加工沟槽或同时加工几个中小型零件的平面,在机械制造行业中,刨床占有一定的地位。

　　1. 刨削特点

　　刨削时,只在工作行程进行切削,返回的空行程不切削,同时切削速度较低,故生产率较低。刨床和刨刀的结构简单,使用方便,所以在单件小批生产以及狭长平面加工时,应用还很广泛,刨削时不需要加切削液。刨削加工可达到的精度一般为 IT9～IT7 级,表面粗糙

度 Ra 值可以达到 $6.3 \sim 1.6 \; \mu$m。

2. 工艺范围

刨削主要用于加工平面(水平面、垂直面、斜面)、沟槽(直槽、T 形槽、V 形槽)及一些成形面,如图 5-160 所示。

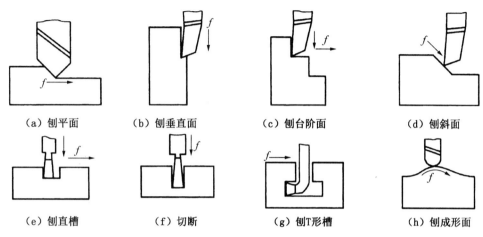

（a）刨平面　　　（b）刨垂直面　　　（c）刨台阶面　　　（d）刨斜面

（e）刨直槽　　　（f）切断　　　（g）刨T形槽　　　（h）刨成形面

图 5-160　刨削加工范围

3. 刨削运动

牛头刨床的刨削运动如图 5-161 所示。主运动是刨刀的直线往复运动,前进是工作行程,退回为空行程。刨刀每次退回后,工件所作的横向水平移动是进给运动。刨刀往复运动的平均速度为切削速度 v_c,单位为 m/s;工件在刨刀每一次往复运动中横向水平移动的距离为进给量 f,单位为 mm/冲程;每次切去的金属层厚度为背吃刀量 a_p,单位为 mm。

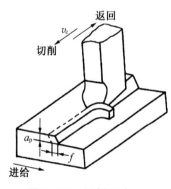

图 5-161　刨削运动

4. 牛头刨床的型号

牛头刨床常见的型号有 B6035、B6065、B6080 等。以 B6065 为例,其中 B 为"刨床"汉语拼音的第一个字母,表示刨削类机床;60 表示通用牛头刨床;65 表示刨削工件的最大长度的 1/10,即最大刨削长度为 650 mm。

5. 刨削安全技术规程

刨床操作安全技术规程除与铣削相同的 10 条要点外,还有以下两点:

（1）调整时应注意滑枕、工作台的极限位置,以及滑枕的极限速度。

（2）滑枕移动后,不要将手、头伸向工件和滑枕附近,不要站在滑枕移动的方向。

5.4.2　拉削加工

在拉床上用拉刀加工工件的内、外表面的方法叫作拉削。从切削性质上看,拉削近似刨削,如图 5-162 所示。如图 5-163 所示,拉刀的切削部分由一系列高度依次增加的刀齿组成。拉削时工件不动,拉刀的直线运动是主运动。拉刀从工件上每拉过一个刀齿,就切下一层金属。全部刀齿通过工件之后,工件的加工就完成了。图 5-164 是经拉削加工的各种表面形状。

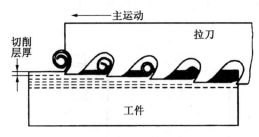

图 5-162　拉削运动

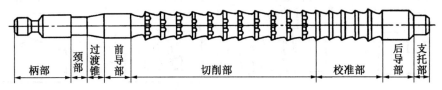

图 5-163　圆孔拉刀

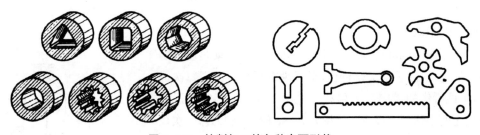

图 5-164　拉削加工的各种表面形状

拉削加工的特点:

(1) 加工精度高,表面质量好。

(2) 拉削速度低,每齿切削厚度很小,拉削过程平稳,不会产生积屑瘤。

(3) 生产率高。由于拉刀在一次行程中能切除全部加工余量,同时完成粗、精加工,故生产率高。

(4) 拉刀的制造和刃磨复杂,成本较高,故拉削适用于大批量生产。

5.4.3　磨削加工

磨削是以砂轮的高速旋转与工件的移动或转动相配合进行切削加工的方法。磨削加工是机器零件的精密加工方法,可达到很高的加工精度和得到较低的表面粗糙度值。随着科学技术的发展,产品精度不断提高,磨削加工的比重也日趋增长,磨床在机床总数中的比例已达 20％左右。

1. 磨削特点

磨削既能加工一般金属材料,又能加工难以切削的各种硬材料,如淬火钢等。磨削后

的工件尺寸公差等级为 IT7~IT5,表面粗糙度 Ra 值为 $0.8~0.2\ \mu m$。高精度磨削的加工
精度还可以更高,表面粗糙度 Ra 值则可以达到 $0.01\ \mu m$。

2. 工艺范围

磨削适合加工各种常见的表面,其中既包括由车削获得的表面,也包括由铣削、刨削等
方法获得的表面,如内外圆柱(锥)面、平面及各种成形表面(花键、螺纹、齿轮等),也可以刃
磨各种切削刀具,如图 5-165 所示。

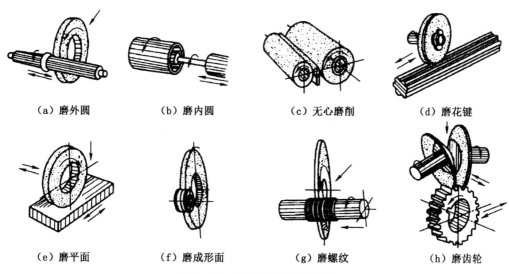

|(a) 磨外圆|(b) 磨内圆|(c) 无心磨削|(d) 磨花键|

(e) 磨平面　　(f) 磨成形面　　(g) 磨螺纹　　(h) 磨齿轮

图 5-165　磨削加工的常见表面

3. 磨削运动

图 5-166 为磨削时的各种运动。

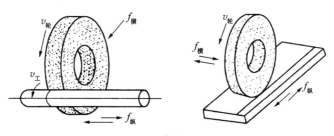

图 5-166　磨削时的运动

磨外圆时,砂轮的高速旋转运动是主运动。工件缓慢的转动为圆周进给运动,纵向往
复移动为纵向进给运动。每次纵向行程完毕,砂轮作横向切深移动。

砂轮圆周的线速度为切削速度 $v_轮$,一般为 $25~30\ m/s$;工件转动的速度为圆周进给速
度 $v_工$,单位为 m/min;工件每转一转的同时沿轴向移动的距离为纵向进给量 $f_纵$,单位为
mm/r;砂轮每次在工件表面切去的金属层厚度为磨削深度 a_p,单位为 mm。

磨平面时,工件作往复直线运动,砂轮作高速旋转运动并沿其轴线作横向移动。磨削
深度是靠调整砂轮架向下移动来实现的。

4. 磨床

磨床有多种类型,常见的有外圆磨床、内圆磨床和平面磨床等,另外还有丝杠磨床、齿轮磨床、曲轴磨床等专用机型。

5. 磨削加工应用

磨削加工的应用日益广泛,常见磨削加工方法见表 5-8。

表 5-8　常见磨削加工方法

磨削类型	磨削方法	简图
外圆磨削	纵磨法	
内圆磨削	纵磨法	
平面磨削	周磨法	
	端磨法	
无心磨削	通磨法	
成形磨削	螺纹磨削	
	齿轮磨削	
	花键磨削	

6. 磨削安全技术规程

（1）启动磨床前，需了解、熟悉磨床各操纵手柄的作用及操纵方法。

（2）多人共用一台机床时，只能一人操作，并应注意他人安全。

（3）工件、砂轮要安装牢固。

（4）着装紧束，长发需挽入工作帽内。

（5）发现磨床异常，立即停车并切断电源。

（6）磨削时，禁止面对砂轮站立。

（7）严禁砂轮快速接触工件，进给时，切削深度不能过大。

（8）安装工件、测量时，退出或停转砂轮。

5.4.4 齿轮加工

按加工原理的不同，齿轮加工可分为成形法和展成法两种。

铣齿属于成形法，是采用与被切齿轮的齿槽形状相似的成形铣刀在铣床上利用分度头逐槽加工齿形的方法；展成法是利用齿轮刀具与被切齿轮的啮合运转切出齿形的方法，如滚齿和插齿。

1. 铣齿

在卧式铣床上铣齿如图 5-167 所示。将工件套在心轴上，用顶尖拨盘安装在分度头和尾座的顶尖间，采用专用的模数铣刀铣削。每铣完一个齿槽后，将工件分度，再铣下一个齿槽，直至铣完为止。

模数相同而齿数不同的齿轮，其渐开线齿形曲率不同，所以齿槽形状各不相同。为减少标准刀具的数量，节省费用，对于同一模数的成形铣刀，一般做成 8 把或 15 把，每把铣刀只能铣削齿数在一定范围内的齿轮，某一刀号的铣刀齿形，与其加工齿数范围中最小齿数的齿槽形状相同，对于这一齿数范围内的其他齿数的齿轮，只能加工出近似的齿形。因此，铣齿与滚齿、插齿相比，加工精度不高。但铣齿加工设备简单，刀具成本低。

2. 滚齿

滚齿法加工齿轮的示意图如图 5-168 所示。滚齿所用刀具为滚刀，它的形状近似于蜗杆，但其在垂直于螺旋线方向开有槽，以形成刀齿。

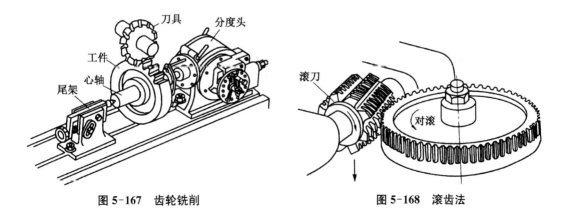

图 5-167　齿轮铣削　　　　　　图 5-168　滚齿法

滚齿时,滚刀旋转,工件(齿坯)与滚刀作对滚运动。此外,滚刀还沿工件轴线方向做进给运动。

滚齿法的特点是能连续加工,生产率较高,加工精度也比铣齿法高。

3. 插齿

插齿法加工齿轮的示意图如图5-169所示。插齿所用刀具为插齿刀,它的形状近似于齿轮。

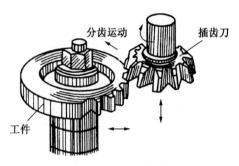

图5-169 插齿法

插齿时,插齿刀作上下往复运动,同时又作缓慢的转动;工件则与插刀作相应的对滚运动。

插齿法的特点是插齿刀制造简便,精度较高,故加工出的齿轮精度较高、表面粗糙度值较低。插齿法还能加工多联齿轮坯和内齿轮等。

 思考题

1. 车削时,工件和刀具需作哪些运动?切削用量包括哪些内容?
2. 普通车床由哪几部分组成?各有什么功用?
3. 丝杠和光杠的作用是什么?为什么有时需要改变主转动方向?如何改变?
4. 车床上有哪些附件?如何使用?
5. 在普通车床上能加工哪些表面?
6. 在车削时保证台阶轴各外圆面同轴度要求的方法有哪些?保证内孔与外圆的同轴度要求又有哪些方法?
7. 调整背吃刀量时为什么要用试切法?如何进行?
8. 车螺纹时为什么要用丝杠传动?螺距如何调整?切削时为什么一般要开反车使刀架退回?
9. 试述分度头的工作原理。若工件需作25等分,应如何分度?
10. 为什么在大批量生产中加工平面时,铣削比刨削更合适?
11. 为什么将铣刀做成多齿刀具?为什么多数铣刀还被做成螺旋齿形状?
12. 为什么顺铣比逆铣加工的表面质量好?
13. 试述铣床的加工工艺范围、种类及其适用范围。刨削适于加工哪些表面类型?其应用有何特点?
14. 划线的作用是什么?常用的划线工具有哪些?
15. 工件的水平和垂直位置应如何找正?
16. 什么是划线基准?如何选择划线基准?
17. 锉削平面有几种方法?说出它们各自的特点和应用场合。
18. 台式钻床、立式钻床和摇臂钻床的结构和用途有何不同?
19. 麻花钻头的切削部分和导向部分的作用各是什么?

20. 如何确定攻螺纹前的底孔直径和深度?
21. 怎样区别丝锥是头锥、二锥或三锥?
22. 什么是装配? 装配的过程有哪几步?
23. 刨削运动有什么特点?
24. 什么叫磨削加工? 它可以加工哪些表面?

第6章　机械制造自动化

近几十年来,随着计算机、自动控制、网络、人工智能等科学技术的发展,对传统加工工艺进行自动化升级以提高生产加工的自动化、高效化成了一项比较迫切的任务。通过这么多年的发展,机械制造过程自动化已经得到了较为成熟的应用,尤其是以数控车床、数控加工中心为代表的自动化加工设备的出现对于提升制造企业生产精度、生产效率和生产柔性都带来了非常大的帮助。

本章主要围绕机械制造自动化发展、数控加工编程基础、数控车床和数控加工中心的编程与操作进行了介绍。

6.1　概述

机械制造自动化是指在机械制造过程的所有环节(毛坯制备、热处理、物料运输、机械加工、装配、辅助过程、质量控制、系统控制等)采用自动化技术,实现机械制造全过程的自动进行。

自18世纪工业革命以来,自动化制造技术就伴随着机械化开始得到迅速发展,其发展历程大约经历了4个发展阶段,如表6-1所示。

表6-1　机械制造自动化发展历程

发展阶段	时间节点	标志成果
第一阶段	1870年至1950年左右	电液控制刚性自动化单机和系统
第二阶段	1952年至1965年左右	数控技术,特别是单机数控技术
第三阶段	1967年至20世纪80年代中期	数控机床和工业机器人组成的柔性制造自动化系统
第四阶段	20世纪80年代至今	计算机集成制造、计算机集成制造系统、智能制造系统

根据系统的自动化水平和规模,自动化制造系统可分成图6-1所示的一些类型。

近年来,国内外制造自动化研究中有以下几个趋势值得注意。

(1) 对无人制造自动化进行了反思,提出了"人机一体化制造系统"的思想。

(2) 单元控制器的研究仍然占据很重要的位置。单元控制系统以一台或多台数控加工设备和物料自动储运系统为主体,在计算机统一控制管理下,可进行多品种、中小批量零件的自动化生产。

(3) 平台技术的研究与平台软件的开发是近年来柔性制造自动化和智能制造发展的主要动向之一。

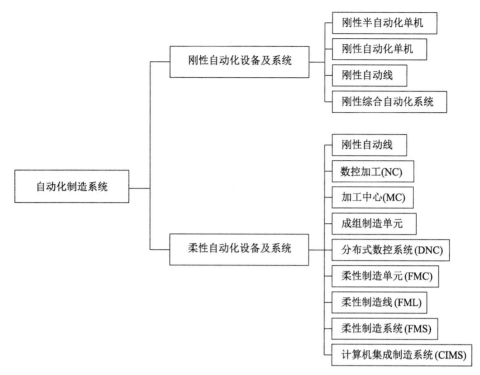

图 6-1　自动化制造系统类型

（4）现代制造模式的提出和研究，直接推动着自动化的发展。随着制造业的发展和市场竞争的加剧，各种现代制造模式如并行工程（CE）、精益生产（LP）、敏捷制造（AM）、计算机集成制造系统（CIMS）等纷纷被提出。

（5）智能制造、绿色制造将是当前及未来制造自动化发展的重要方向之一。

本章主要介绍与机械制造自动化密切相关的数控加工内容，尤其是数控加工中应用较为普遍的数控车削加工、数控铣削加工等相关内容。

6.2　数控加工编程基础

6.2.1　数控机床

数控（Numerical Control）技术是 20 世纪 40 年代后期发展起来的，用数字、字母和符号对某一工作过程进行可编程自动控制的技术；数控系统是实现数控技术相关功能的软硬件模块的有机集成系统，它是数控技术的载体；计算机数控系统是指以计算机为核心的数控系统；数控机床是应用数控技术对加工过程进行控制的机床。

1949 年美国吉丁斯•路易斯公司与麻省理工学院合作，历时三年于 1952 年试制成功了世界上第一台数控机床。数控机床的出现不仅解决了复杂曲线与型面的加工问题，而且指出了今后机床自动化的方向。经过几十年的研究发展，数控机床已是集现代机械制造技术、计算机技术、通信技术、控制技术、液压气功技术和光电技术为一体的，具有高精度、高效率、高自动化和高柔性等特点的机械自动化设备。其品种不仅覆盖了全部传统的切削加工技术,而且推广到了锻压机床、电加工机床、焊接机、测量机等各个方面。

1. 数控机床的组成

数控机床一般由计算机数控(Computerized Numerical Control,CNC)系统、伺服驱动系统、辅助装置和机床本体四大部分组成。

数控机床由装有数控系统程序的专用计算机、输入输出设备、可编程控制器(PLC)、控制介质、主轴伺服及进给伺服单元、主轴驱动及进给驱动装置等部分组成。数控机床组成及工作原理图如图 6-2 所示。

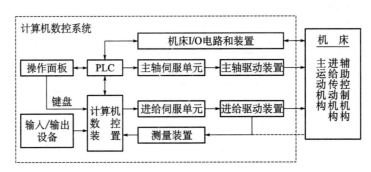

图 6-2　数控机床组成及工作原理图

1)控制介质

控制介质是记录零件加工程序并可将其输入数控装置的信息载体。在数控机床上加工零件时,首先根据图纸要求确定加工工艺,然后编制出加工程序,而加工程序必须存储在某种存储介质上,目前常用的有 CF 卡或 U 盘,除此之外,还可以采用串行通信(RS232 串口)和网络通信技术(Internet、局域网 LAN 等)。

2)输入/输出装置(设备)

输入/输出装置是数控系统与外部设备进行交互的装置。交互的信息通常是零件加工程序,即将编制好的记录在控制介质上的零件加工程序输入数控系统或将调试好了的零件加工程序通过输出设备存放或记录在相应的存储介质上。

3)计算机数控装置

CNC 装置是数控机床实现自动化的核心,主要由计算机系统、位置控制板、PLC 接口板、通信接口板、特殊功能模块以及相应的控制软件等组成。其作用是根据输入的零件加工程序进行相应的处理(如运动轨迹处理),然后输出控制命令到相应的执行部件(伺服单元、驱动装置和 PLC 等)。

4)伺服驱动系统

伺服驱动系统是数控系统与机床本体之间的电传动联系环节,主要由伺服电动机、驱动控制系统以及位置检测反馈装置组成。伺服电动机是系统的执行元件,驱动控制系统则是伺服电动机的动力源。数控系统发出的指令信号与位置反馈信号比较后作为位移指令,再经过驱动系统的功率放大后,带动机床移动部件作精确定位或按照规定的轨迹和进给速度运动,使机床加工出符合图样要求的零件。

　　5）检测反馈系统

　　该系统由检测元件和相应的电路组成,其作用是检测机床的实际位置、速度等信息,并将其反馈给数控装置与指令信息进行比较,再进行校正,构成系统的闭环控制。

　　6）机床本体

　　机床本体是数控机床中的机械主体,是实现零件加工的执行部件。它主要由主传动系统部分、进给系统部分、执行部分、刀架和床身等组成。与普通机床相比,数控机床在精度、刚度、抗振性、热变形等方面都有较高的要求。

2. 数控机床的工作原理及分类

　　在机床的实际加工中,为了满足几何尺寸精度的要求,刀具中心轨迹应该准确地按照工件的轮廓形状生成。对于简单的曲线,数控系统易于实现;对于较复杂的形状,若直接生成刀具中心轨迹,势必会使计算方法变得复杂,计算量将大大增加。因此常常采用一小段直线或圆弧去逼近(或称为拟合)曲线,也可以用抛物线、椭圆、双曲线和其他高次曲线去逼近曲线。CNC 系统是一边进行插补计算,一边进行加工的,本次插补周期内插补程序的作用是计算下一个插补周期的位置增量。对一个数据段正式插补加工前,必须先完成诸如换刀、调整进给速度、加冷却液等功能,即只有辅助功能完成后才能进行插补。

　　目前,数控机床的品种已经基本齐全,规格繁多,据不完全统计,已有 400 多个品种规格,可以按照多种原则来进行分类。但归纳起来,常见的数控机床是以表 6-2 所示方法来分类的。

表 6-2　数控机床基本分类表

一级分类	二级分类	特点及典型机床举例
按控制系统的特点分类	点位控制数控机床	这类机床的数控装置只能控制刀具从一个位置精确地移动到另一个位置,而不管中间的移动轨迹如何。这类机床主要有数控坐标镗床、数控钻床、数控冲床等
	直线控制数控机床	又称平行切削控制机床。这类机床工作时,不仅要控制两相关点之间的位置,还要控制刀具沿某一坐标方向移动的速度和轨迹。这类机床主要有简易数控车床、数控铣床、数控镗床等
	轮廓控制数控机床	又称连续轨迹控制机床。这类机床的数控装置同时对两个或两个以上的坐标轴进行连续控制。轮廓控制又可分为 2、3、4、5 坐标轮廓控制。这类机床主要有 2 坐标以上的数控铣床、高档数控车床、加工中心等
按执行机构的伺服系统类型分类	开环伺服系统数控机床	这类机床的数控系统将零件的程序处理后,输出数字指令信号给伺服系统,驱动机床运动,没有来自传感器的反馈信号。机床较为经济,但速度及精度都较低
	闭环伺服系统数控机床	这类机床可以接受插补器的指令,而且随时接受工作台端测得的反馈信号,并进行比较及修正。这类机床可以消除传动部件制造中存在的精度误差。但系统较复杂,成本较高
	半闭环伺服系统数控机床	大多数数控机床是半闭环伺服系统,测量元件从工作台移动电动机端头或丝杠端头,可以获得稳定的控制特性,且容易调整

(续表)

一级分类	二级分类	特点及典型机床举例
按加工方式 分类	金属切削类数控机床	如数控车床、加工中心、数控钻床、数控磨床等
	金属成形类数控机床	如数控折弯机、数控弯管机、数控回转头压力机等
	数控物种加工机床	如数控线切割机床、数控电火花加工机床、数控光切割机床等
	其他类型的数控机床	如火焰切割机、数控三坐标测量机等

6.2.2　数控机床坐标系

机床的进给运动包含 3 个方向相互垂直的直线运动——沿 X、Y、Z 轴方向的直线运动和绕 3 个直线运动的旋转运动 A、B、C,可采用右手直角笛卡儿坐标系确定相互位置关系,如图 6-3 所示。大拇指的方向为 X 轴的正方向;食指为 Y 轴的正方向;中指为 Z 轴的正方向;旋转运动 A、B、C 用右手螺旋定则确定正方向。

另外,根据 GB/T 19660—2005 标准规定,机床某一部件运动的正方向,是增大工件和刀具之间距离的方向。机床传递切削力的主轴轴线为 Z 坐标(如:铣床、钻床、车床、磨床等);如果机床有几个主轴,则选一垂直于装夹平面的主轴作为主要主轴;如机床没有主轴(龙门刨床),则规定垂直于工件装夹平面的轴为 Z 轴。X 坐标一般是水平的,平行于装夹平面,对于工件旋转的机床(如车床、磨床等),X 坐标的方向在工件的径向上;对于刀具旋转的机床则作如下规定:当 Z 轴水平时,从刀具主轴向工件看,正 X 为右方向。当 Z 轴处于铅垂面时,对于单立柱式机床,从刀具主轴向立柱看,正 X 为右方向;对于龙门式机床,从刀具主轴右侧看,正 X 为右方向,图 6-4 所示为立式铣床坐标方向。

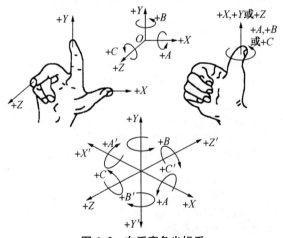

图 6-3　右手直角坐标系

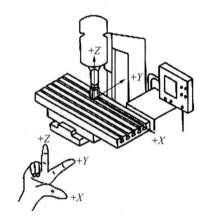

图 6-4　立式数控铣床坐标系

数控加工中使用的坐标系有两种类型。

(1) 机床坐标系。机床坐标系是机床上固有的坐标系,并设有固定的坐标原点,一般出机床制造厂家确定;机床坐标系不能直接用来供用户编程,它是用来帮助机床生产厂家确定机床参考点(零点)的。机床参考点由厂家设定后,用户不得随意改变,否则会影响机床的精度。

通常情况下,在数控铣床上机床原点和机床参考点是重合的,而在数控车床上机床参考点是离机床原点最远的极限点。图 6-5 所示为数控车床的机床参考点与机床原点。

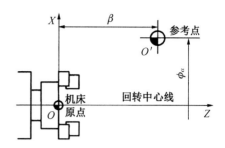

图 6-5　数控车床的机床参考点和机床原点

(2) 工件坐标系。工件坐标系是编程人员在编程时使用的,是以工件图纸上的一个合适的位置建立的坐标系,编程尺寸都是按工件坐标系来确定的。供用户编程的工件坐标系(编程坐标系)和机床坐标系通过机床零点发生联系。加工时,待工件在机床上固定后,测量出工件原点与机床原点的距离,即工件原点偏置值。该偏置值可预存到数控系统,使数控系统可按工件坐标系的尺寸来控制执行件在机床坐标系中的运动。利用原点偏置功能,编程人员可不必考虑工件的安装位置、安装精度,这给编程带来了很大的方便。

另外按照编程坐标系的不同,数控编程还可分为 3 种形式,数控车床和数控铣床的编程基本一致,这里以数控车床为例进行介绍:①绝对值编程是根据预先设定的编程原点计算出绝对值坐标尺寸进行编程的一种方法。采用绝对值编程,首先指出编程原点位置,并用地址 X、Z 进行编程(X 为直径)。②增量值编程是根据与前一位置的坐标值增量来表示位置的一种编程方法。即程序中的终点坐标是相对于起点坐标而言的。采用增量值编程时,用地址 U、W 代替 X、Z 进行编程。U、W 的正负由行程方向来确定,行程方向与机床坐标相同时为正,反之为负。③将绝对值编程与增量值编程混合起来编程的方法叫混合编程。编程时必须设定编程原点。

6.2.3　数控编程

1. 数控编程的步骤

数控机床程序编制过程主要包括:分析零件图样、工艺处理、数学处理、编写程序单、输入数控系统及程序检验,如图 6-6 所示。

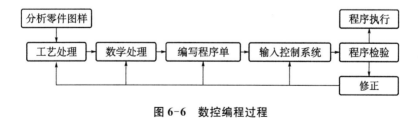

图 6-6　数控编程过程

数控机床程序编制的一般过程如下:

(1) 图样分析

包括对零件轮廓形状、有关标注及材料等要求进行分析。

(2) 辅助准备

包括建立编程坐标系,选择对刀方法、对刀点位置及机械间隙等。

（3）工艺处理

其内容包括：刀具的选择、加工余量的分配、加工路线的确定等。

（4）数学处理

包括尺寸分析与作图、选择处理方法、数值计算等。

（5）填写加工程序单

按照数控系统规定的程序格式和要求填写零件的加工程序单。

（6）制备控制介质

数控机床在自动输入加工程序时，必须有输入用的控制介质，如 U 盘等，有的也可以直接用键盘输入程序，或者直接利用系统的图形化编程编制程序。

（7）程序校验

可以通过模拟运行及首件试切来进行校验工作。

2. 数控编程的方法

（1）手工程序编制。编制零件加工程序的各个步骤均由人工完成，即为手工编制的过程。手工编程常用于编程计算较简单、程序段不多时的情形，如对于点位加工或几何形状不太复杂的零件的编程。

（2）自动程序编制。自动程序编制是用计算机把人们易懂的零件程序改成数控机床能执行的数控加工程序，即数控编程的大部分工作由计算机来完成。编制人员只需根据零件图纸及工艺要求，选择相应的刀具类型、设定加工参数并选择加工策略，利用软件的运算能力自动计算刀具中心轨迹，并可对刀具中心轨迹进行仿真加工，最后输出零件数控加工程序。常用的自动编程软件有 Mastercam、UG、Power Mill、CAXA 等。

6.2.4　数控车床

1. 数控车床的基本特征与加工范围

数控车床主要用来完成数控车削加工。数控车削时，工件作回转运动，刀具作直线或曲线运动，刀尖相对于工件运动时，通过切除材料的方式得到想要的工件表面。其中工件的回转运动为切削主运动，刀具的直线或曲线运动为进给运动。

数控车床主要用于回转体类零件的多工序加工，具有高精度、高效率、高柔性化等特点，其加工范围较普通车床广。

2. 数控车床的结构

数控车床的种类较多，但主体结构都是由车床主体、数控装置、伺服系统三大部分组成。数控车床与普通车床在结构上具有明显差异，本节以卧式车床为例进行讲解。卧式数控车床的基本结构如图 6-7 所示。

3. 数控车床的加工对象

数控车削加工是数控加工中用得最多的加工方法之一。由于数控车床具有精度高、能做直线和圆弧插补以及在加工过程中能自动变速的特点，因此其工艺范围较普通机床宽得多。数控车床适合于车削具有以下要求和特点的回转体类零件。

（1）精度要求高的回转体类零件。

（2）带特殊螺纹的回转体类零件。

（3）表面形状复杂的回转体类零件。

（4）其他形状复杂的零件。

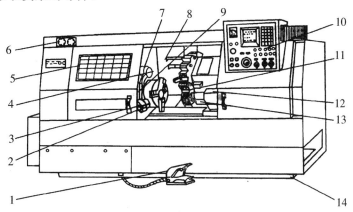

图 6-7 卧式数控车床的基本结构

1—脚踏开关；2—对刀仪；3—主轴卡盘；4—主轴箱；5—机床防护门；6—压力表；
7—对刀仪防护罩；8—防护罩；9—对刀仪转臂；10—操作面板；11—回转刀架；12—尾座；13—滑板；14—床身

6.2.5 数控铣床与加工中心

数控铣床是一种加工能力很强的数控机床，其在数控加工中占据了重要地位，如图 6-8 所示。世界上首台数控机床就是一部三坐标铣床，这主要由于三坐标铣床具有 X、Y、Z 三轴轴向可移动的特性，更加灵活，且可完成较多的加工工序。现在数控铣床已全面向多轴化发展，目前迅速发展的加工中心和柔性制造单元也是在数控铣床和数控镗床的基础上产生的。

加工中心（Machining Center）又称多工序自动换刀数控机床。加工中心的突出特征是设置有刀库，刀库中存放着各种刀具和检具。加工中心是在数控铣床的基础上发展起来的。它们都是通过程序控制多轴联动走刀进行加工的数控机床，不同的是加工中心具有刀库和自动换刀功能。加工中心的外形图如图 6-9 所示。

图 6-8 数控铣床

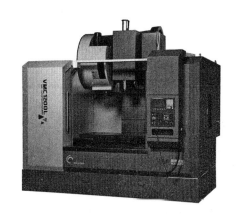

图 6-9 加工中心

数控铣床和加工中心适合于以下情形：

（1）中、小批量，周期性地进行加工，每批品种多变，并有一定复杂程度的零件。

（2）需加工多个不同位置的平面和孔系的箱体或多棱体零件。

（3）零件上不同类型表面之间有较高的位置精度要求，更换机床加工时很难保证能达到该项要求。

（4）加工精度一致性要求较高的零件。

（5）加工切削条件多变的零件，如某些零件由于形状特点需要进行切槽、镗孔、攻螺纹等多种加工。

（6）加工形状虽简单，但可将同类型或不同类型的零件成组安装在工作台夹具上，进行多品种加工的零件。

（7）加工结构或形状复杂，普通加工时操作复杂、工时长、加工效率低的零件。

（8）成组加工系列零件或零件组。

6.3　数控车床编程

6.3.1　工件坐标系和直径编程

数控车床是以其主轴轴线方向为 Z 轴方向，刀具远离工件的方向为 Z 轴正方向。X 坐标的方向是在工件的径向上，且平行于横向拖板，刀具离开工件旋转中心的方向为 X 轴正方向。工件原点（即编程原点）由编程人员根据以下依据自行设定：既要符合图样尺寸的标注习惯，又要便于编程。在实际生产中，工件坐标系原点通常设置在主轴线与工件右端面的交点处。

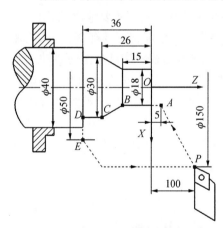

图 6-10　数控车床坐标系

数控车床加工的是回转体类零件，其在 X 轴（横向坐标轴）方向为圆形，所以尺寸有直径指定和半径指定两种方法。在实际生产中使用直径编程方式较多，如图 6-10 所示，如果刀具快速移动到 A 点，采用直径编程方法编辑其程序语句如下：

直径编程：G00　X18　Z5；

6.3.2　数控车床编程规范

1. 数控程序结构与程序段格式
一个完整数控程序由开始符号、程序名、程序主体和程序结束组成，如表 6-3 所示。

数控加工程序是由许多程序段组成的，每个程序段由程序段号、若干数据字和程序段结束符组成，每个数据字是控制系统的具体指令，它由地址符、特殊文字和数字集合而成，它代表机床的一个位置或一个动作。

程序段格式是指一个程序段中字、字符和数据的书写规则。目前国内外广泛采用字-地址可变程序段格式。例如：

N100　G01　X25　Z－36　F100　S300　T02　M03；

程序段内各字的说明如下：

（1）程序段序号（顺序号）：用来识别程序段的编号。用地址码 N 和后面的若干位数字来表示。如 N100 表示该程序段被命名为 100，并不一定指的是第 100 行程序。一般情况下，无特殊指定意义时，程序段序号可以省略。有的数控系统的程序段序号是在输入程序时自动生成的。

表 6-3　程序结构组成

程序	程序注释
％ O1011；	开始符号 程序名
M03　S200； T0101； G00　X18　Z5； …； G00　X100　Z100；	程序主体
M30； ％	程序结束

（2）准备功能 G 指令：是使数控机床作某种动作的指令，由地址码 G 和两位数字组成，从 G00～G99 共有 100 种。G 功能的代号已标准化。

（3）坐标字：由坐标地址符（如 X、Y、Z、U、V、W 等）、"＋、－"符号及绝对值（或增量）的数值组成，且按一定的顺序进行排列。坐标字的"＋"可省略。

（4）进给功能 F 指令：用来指定各运动坐标轴及其任意组合的进给量或螺纹导程。

（5）主轴转速功能字 S 指令：用来指定主轴的转速，由地址码 S 和在其后的若干位数字组成。

（6）刀具功能字 T 指令：主要用来选择刀具，也可用来选择刀具偏置和补偿，由地址码 T 和若干位数字组成。

（7）辅助功能字 M 指令：表示一些机床辅助动作及状态的指令。由地址码 M 和后面的两位数字表示，从 M00～M99 共有 100 种。

（8）程序段结束符：写在每个程序段之后，表示程序结束。当用 EIA 标准代码时，结束符为"CR"，用 ISO 标准代码时为"NL"或"LF"，有的用符号";"或"＊"表示。

2. 常用 G 功能指令

FANUC 数控车床常用的 G 功能指令如表 6-4 所示。

表 6-4　常用 G 功能指令

G 代码	功能	G 代码	功能
G00	定位（快速定位）	G42	右刀补
G01	直线插补（切削进给）	G40	取消刀补
G02	圆弧插补	G65	宏程序调用
G03	圆弧插补	G70	精车循环
G04	暂停	G71	内、外径粗车循环

(续表)

G 代码	功能	G 代码	功能
G41	左刀补	G72	端面粗车循环
G73	成型车削循环	G92	螺纹切削循环
G76	车削螺纹循环	G96	恒线速度控制
G90	单一形状固定循环	G97	恒线速度控制取消

1）快速定位 G00

刀具从当前位置快速移动到切削开始前的位置,在切削完成之后,快速离开工件。一般在刀具非加工状态的快速移动时使用。该指令只是快速到位,刀具移动轨迹因具体的控制系统不同而异,进给速度 F 对 G00 指令无效。

格式:G00 X_ Z_;

例如:G00 X60 Z20;刀具快速移动到点(60,20)。

2）直线插补指令 G01

它是刀具作两点的直线运动加工时的指令。G01 指令表示刀具从当前位置开始以一定的速度(切削速度 F)沿着直线移动到指定的位置。

格式:G01 X_ Z_ F_;

例如:G01 X60 Z20 F60;

注意:G01 和 F 都是续效指令,即一直有效到改变为止。

3）圆弧插补指令 G02/G03

圆弧插补,G02 为顺时针加工(正转),G03 为逆时针加工(反转)。

格式:G02(G03) X_ Z_ R_(I_ K_)F_;

其中 X、Z 是圆弧终点坐标,R 是圆弧半径,I、K 分别是圆弧的起点到圆心的 X、Z 轴的增量,也可以理解为圆弧的圆心坐标值减去圆弧的起点坐标值(相对应)。

4）暂停指令 G04

G04 暂停指令可使刀具作短时间无进给加工或机床空运转使加工表面降低表面粗糙度值。

例如:G04 X1.6 或 G04 P1600;

1.6 或 1600 表示 1.6S,G04 为非续效指令。

5）刀具的补偿指令 G40～G42

刀尖半径是车刀刀尖圆弧所构成的假想圆的半径值。一般的车刀均有刀尖半径。用于车外径和端面时,刀尖圆弧并不起作用,但在车倒角、锥面或圆弧时则会影响精度,因此在编程时,必须给予考虑。刀具半径补偿功能可以利用数控装置自动计算补偿值,生成刀具路径。

G40 为取消刀具半径补偿,应该写在程序开始的第一个程序段及取消刀具半径补偿的程序段,取消 G41、G42 指令。

G41 为刀具半径左补偿,G42 为刀具半径右补偿。

刀具半径补偿注意事项:

(1) G41 和 G42 指令不能与圆弧指令写在同一个程序段,可以与 G00 和 G01 指令写在同一个程序段内,在这个程序段的下一个程序段始点位置,与程序中刀具路径垂直的方向线过刀尖圆心。

(2) 必须用 G40 指令取消刀具半径补偿,在指定 G40 程序段的前一个程序段的终点位置,与程序中刀具路径垂直的方向线过刀尖圆心。

(3) 在使用 G41、G42 指令模式中,不允许有两个连续的非移动指令,否则刀具会在前面程序终点的垂直位置停止,且产生过切或欠切现象。

(4) 在手动输入中不用刀具半径补偿。

(5) 在加工比刀尖半径小的圆弧内侧时,产生报警。

6) 复合固定循环指令 G70~G73

(1) 径向粗车循环指令(G71)

G71 指令将工件切削至精加工之前的尺寸。精加工前的形状及粗加工的刀具路径由系统根据精加工尺寸自动设定。

在 G71 指令程序段内要指定精加工程序段号,精加工余量,粗加工每次切深,F 功能,S 功能,T 功能。

格式:

$$G71 \ U(\Delta d) \ R(e);$$
$$G71 \ P(ns) \ Q(nf) \ U(\Delta u) \ W(\Delta w) \ F \ (f) \ S(s) \ T(t);$$

其中:Δd 是 X 方向粗加工每次切深,是半径值;e 是退刀量;ns 是精加工程序第一个程序段号;nf 是精加工程序最后一个程序段号;Δu 是 X 轴精加工余量(直径值);Δw 是 Z 轴精加工余量;f 为进给速度;s 为主轴转速;t 为刀具功能。

(2) 端面粗加工循环指令(G72)

G72 指令与 G71 指令类似,不同之处它是按轴向方向循环的。

格式:

$$G72 \ W(\Delta d) \ R(e);$$
$$G72 \ P(ns) \ Q(nf) \ U(\Delta u) \ W(\Delta w) \ F(f) \ S(s) \ T(t);$$

其中:Δd 是 Z 方向粗加工每次切深;其他指令与 G71 相同。

(3) 固定形状车削循环指令(G73)

G73 与 G71、G72 指令功能相同,只是刀具路径是按工件加工轮廓进行循环的。

格式:

$$G73 \ U(\Delta i) \ W(\Delta k) \ R(\Delta d);$$
$$G73 \ P(ns) \ Q(nf) \ U(\Delta u) \ W(\Delta w) \ F(f) \ S(s) \ T(t);$$

其中:Δi 是 X 轴方向的退出距离和方向;Δk 是 Z 轴方向的退出距离和方向;其他指令

与 G71 相同;Δd 是粗加工次数。

（4）精加工循环指令（G70）

采用 G71、G72、G73 粗车循环指令后,用 G70 指令可以进行精车循环,切除粗加工中留下的精加工余量。在 G70 指令程序段内要指令精加工程序第一个程序段号和精加工最后一个程序段号。

格式：

$$G70 \quad P(ns) \quad Q(nf);$$

其中：ns 是精加工第一个程序段号;nf 是精加工最后一个程序段号。

提示：在精车循环 G70 状态下,顺序号 ns 到 nf 中指定的 F、S、T 有效;如果顺序号 ns 到 nf 中不指定 F、S、T,粗车循环中指定 F、S、T 有效。在使用 G70 精车循环时,要特别注意快速退刀路线,防止刀具与工件发生干涉。

3. 辅助功能指令(M 代码)

常用 M 辅助功能代码见表 6-5。

表 6-5　常用 M 功能指令

代码	功能	代码	功能
M00	程序停止	M08	冷却液开
M02	程序结束	M09	冷却液关
M03	主轴正转	M30	程序结束并返回程序起点
M04	主轴反转	M98	子程序调用
M05	主轴停止	M99	子程序结束

6.3.3　数控车削刀具选择与对刀

1. 数控车削用刀具及其选择

数控车削常用的刀具一般是指可转位的机夹式刀具,这类刀具采用刀片与刀杆通过机械夹紧的方式联结,故称为机夹式刀具。因为刀片不需要刃磨,且一般一个刀片有 3～8 条切削刃,当某一条切削刃磨损后,可通过旋转换用其他几条切削刃,效率较高。机夹式刀具由于调整便捷,对刀方便,在数控加工中得到了广泛应用。常用的机夹式车刀包括外圆车刀、35°菱形刀、内孔车刀、切槽刀、切断刀、螺纹车刀等。

数控车床能兼顾粗精车削,因此粗车时要选择强度高、耐用度好的刀具,以便满足粗车时大背吃刀量、大进刀量的要求。精车时,要选择精度高、耐用度好的刀具,以保证加工精度的要求。采用机夹式刀具时,刀片最好选择涂层硬质合金刀片。目前,数控车床用得最普遍的是硬质合金刀具和高速钢刀具两种。

刀具的选择需要根据工件的材料类型、硬度以及加工表面粗糙度要求、加工余量、进给量、切削速度等已知条件来决定刀片的几何结构和刀片牌号。具体选择可以参考切削用量手册。

2. 数控车床对刀方法

（1）机床通电开启数控系统，手动返回机床参考点（先回 X 轴再回 Z 轴）。

（2）切换至手动输入数据（MDI）方式，选择将要使用的刀具，确定主轴转速并且使主轴正转。

（3）切换至手动快速方式，使刀具快速接近工件。

（4）切换至手轮脉冲方式，使用×10 的倍率进行操作，使刀具贴近工件端面或外圆。

（5）以手轮脉冲方式沿 X 轴移动刀具（倍率×10），在工件端面上去除一薄层余量，保持 Z 轴不动，移动 X 轴将刀具径向移出至适当位置。

（6）切换到刀具几何形状补偿界面，移动光标至对应刀号的 Z 补偿值位置，通过 MDI 键盘输入"Z0"，单击辅助软键的"测量"，即完成刀具的 Z 轴形状补偿对刀。

（7）以手轮脉冲方式沿 Z 轴移动刀具（倍率×10），在工件外圆上切削一薄层余量（将工件车圆即可），保持 X 轴不动，移动 Z 轴将刀具轴向移出至适当位置。

（8）使主轴停转，测量工件外径（精确到小数点后两位）。

（9）切换至刀具几何形状补偿界面（见图 6-11），移动光标至对应刀号的 X 补偿值位置，通过 MDI 键盘输入"X"及测量的外径值，单击辅助软键的"测量"，即完成刀具的 X 轴形状补偿对刀。（注意此方法适用于绝对坐标系、相对坐标系和机械坐标系一致的情况；如果三坐标值不同，应以机械坐标系的坐标值为准。）

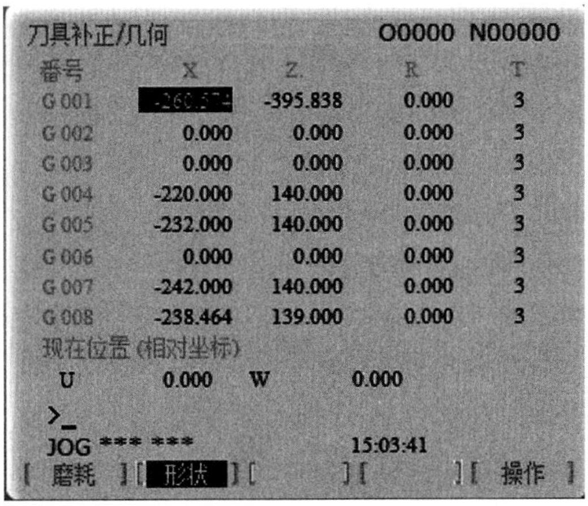

图 6-11　数控车床刀具补偿界面

（10）对于其余刀具，重复以上第 2～9 步的操作。在刀具的 Z 轴形状补偿对刀时应注意每把刀具只要接触到已加工端面即可，不能再次车削工件端面，直至所有刀具的补偿值输入完毕。

6.3.4　数控车床加工步骤

第一步，机床通电开机，将模式调整为"REF"，进行机床手动回参考点操作。（注意：执行手动回参考点后，数控车床的绝对坐标系、相对坐标系和机械坐标系的 X 轴、Z 轴的坐标值都分别相等;如果坐标值不相等,则以机械坐标系的坐标值为准进行计算。)

第二步:将模式切换到"JOG"模式,安装刀具及毛坯,并进行对刀,输入相应的刀具几何形状补偿值、刀具磨耗补偿值、刀尖圆弧半径补偿值、刀具刀尖位置号。

第三步:切换到"EDIT"模式,输入数控加工程序,并检查数控加工程序是否正确。

第四步:锁定数控车床,进行数控加工程序的图形模拟加工,调试并修改数控加工程序。

第五步:将工件坐标系向远离机床原点的方向偏移 200 mm,进行数控加工程序的空运转模拟加工,根据刀具的走刀路线调试并修改数控加工程序;然后将工件坐标系偏移量复位。

第六步:执行手动回参考点的操作。

第七步:执行程序前,将数控车床相应刀具的 X 轴磨耗补偿值预置为+0.2 mm(外圆加工)或-0.2 mm(内孔加工)。

第八步:将数控车床的进给倍率(10%)和快速移动倍率(25%)都置为最小,设置程序运行为"单步执行"状态,要随时控制数控车床"程序起动按钮"和"程序暂停按钮",以防止数控车床出现异常情况和危险。

第九步:当数控机床的定位点和路径正确之后,便可取消"单步执行"状态,放大快速移动倍率,根据加工情况适当调节进给倍率开关,以保证零件良好的几何形状精度和表面质量。

第十步:粗加工和第一次精加工完成之后进行零件的测量,根据测量情况和尺寸公差,修改程序各坐标值和相应刀具磨耗补偿值。

第十一步:调整好数控车床,第二次执行精加工程序。注意第二次精加工的切削情况(如切削用量、进给倍率等)应尽量与第一次精加工相同,以保证出现的加工误差相同。

第十二步:第二次精加工完成之后进行零件的最终测量。

第十三步:进行零件的其他加工和后续工作。

第十四步:进行数控车床的清扫工作,完成零件的加工。

6.3.5　数控车床操作举例

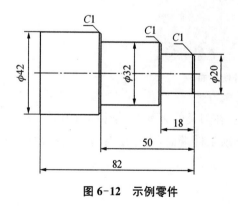

图 6-12　示例零件

加工如图 6-12 所示零件。毛坯为 $\phi 44$ mm×150 mm 圆棒料,装夹时毛坯伸出卡盘右端 100 mm,从右端至左端轴向走刀切削,1 号刀为外圆刀,2 号刀为切槽刀。粗加工每次进给深度为 1 mm,进给量 0.15,精加工余量 X 向 0.5 mm,Z 向 0.1 mm,切槽刀刃宽 4 mm,工件加工程序如下:

```
程序
O0012；
G99 G21；
M03 S300；
T0101；
G00 X44 Z1；
G71 U1 R1；
G71 P10 Q11 U0.5 W0.1 F0.15；
N10 G01 X18 F0.05；
Z0；
X20 Z－1；
Z－18；
X30；
X32 Z－19；
Z－50；
X40；
X42 Z－51；
Z－86；
N11 G01 X44；
G70 P10 Q11；
G00 X100；
Z100；
T0202
G00X44 Z－86；
G01 X0 F0.05；
G00 X100
Z100；
M05
M30；
```

6.4 加工中心编程

加工中心与数控铣床相比较仅仅多了刀库和自动换刀系统,其编程和操作基本相同。下面就以 FANUC0i-MC 系统的加工中心为例进行其基本操作技能介绍。

6.4.1 加工中心坐标系的建立

1. 坐标系

（1）刀具相对工件运动的原则

机床上实际的进给运动部件相对于地面来说,可以是刀具运动,也可以是工件运动。为统一刀具运动的描述,标准规定数控机床的坐标系是刀具相对工件的运动,即刀具是运动的,工件是静止的。

（2）加工中心坐标系的规定

加工中心坐标系采用右手笛卡儿直角坐标系,其直线运动坐标轴用 X、Y、Z 表示,绕 X、Y、Z 轴的旋转运动坐标系轴分别用 A、B、C 表示。

（3）机床零点（机床参考点）

机床作为基准的特定点称为机床零点（也称为机床参考点），机床制造厂为每台机床设置机床零点。根据机床零点的位置设置的坐标系称为机床坐标系。机械零点一般是不能改变的。通常加工中心的机械零点定在 X、Y、Z 轴的正向极限位置。

机械零点与机床坐标系原点之间有准确的相对位置，机床回到机械零点，就可以确定刀具在机床坐标系中的坐标，建立起机床坐标系。在机床通电后执行手动返回参考点，设置机床坐标系，机床坐标系一旦设定就保持不变直到电源关掉为止。

在没有绝对编码器的机床上，接通机床电源后需要通过手动操作返回机床零点（或称返回参考点），在数控系统内建立机床坐标系，然后才可以进行其他操作。在以绝对编码器为检测元件的机床上，由于能够设定、记忆绝对原点位置，所以机床开机后即自动建立机床坐标系，不必进行回机床零点操作。

2. 工件坐标系和程序原点

加工中心刀具位置由坐标值表示，对零件进行数学处理时，需要在零件图样上设定坐标系，称为工件坐标系。编程时使用的坐标尺寸字是工件坐标系的坐标值，工件坐标系就是编程坐标系。

3. 在机床上建立工件坐标系

选择下列两种方法之一设置工件坐标系。

（1）用 G54～G59 法

其步骤如下：

通过对刀、测量，把程序原点偏置存入偏置存储器。工件原点偏置存储器有 6 个，即 G54～G59。

在程序中给出程序原点偏置指令。与原点偏置存储器对应原点偏置指令也是 6 个（G54～G59），G54～G59 指令机床数控系统完成原点偏置，实质是进行坐标系平移，将坐标系原点平移到程序原点上。数控系统就可以运行工件坐标系编制的加工程序了。

（2）用 G92 指令设定工件坐标系

G92 是刀具相对程序原点的偏置指令，该指令通过设定刀具位置相对于程序原点的坐标，建立工件坐标系，用 G92 建立的坐标系在重新启动机床后消失。在加工程序中，用 G92 建立工件坐标系需要用单独一个程序段，其程序格式是：

$$G92 \quad Xa \quad Yb \quad Zc;$$

该程序段中 a、b、c 是刀具的位置在所设定的工件坐标系中的坐标值，这个坐标值就是刀具相对工件坐标系程序原点的偏置值。运行 G92 指令程序段并不使刀具运动，它只是改变显示屏幕中的绝对坐标系（工件坐标系）的坐标值，建立工件坐标系。

刀具上代表刀具位置的点称为刀位点，刀位点可以是刀尖，或者是刀柄上的基准点。在使用 G92 指令前，必须保证刀位点处于加工始点，该加工始点称为对刀点。

6.4.2 加工中心编程规范

程序是由一系列的程序段组成的，程序部分用程序号开始，用程序结束代码结束。如下为一个完成的程序：

程序	注释
O2100；	程序号
N10 G55 G90 G40 G49；	10 号程序段
N20 M03 S800；	20 号程序段
N30 G01 X0 Y0 Z50 F300；	30 号程序段
N40 X50 Y40；	40 号程序段
N50 Z－3 F100；	50 号程序段
N60 G04 X1；	60 号程序段
N70 G00 Z30；	70 号程序段
N80 M05；	80 号程序段
N90 M30；	90 号程序段，程序结束

1. 程序号

上述程序中的"O2100"即为程序号，程序号是数控程序的名称，用英文字母 O 加四位数字构成（0001—9999，其中 9000 以后的数字由机床厂家使用），在程序的开头指定程序号。每个程序都需要有程序号，用来识别存储的程序，在程序目录中检索、调用所需程序。（西门子系统加工中心为开始两个符号必须是字母，其后符号可以是字母或数字：主程序后缀为. MPF，子程序后缀为. SPF。）

2. 程序段格式

程序段格式是指一个程序段中各种指令的书写规则，包括指令排列顺序等，FANUC 系统的程序段格式如下：

组成程序段的各类指令（代码）如下：

（1）NOOOO——程序段顺序号。由地址 N 和后面的 4 位数字组成，可组成由 1 到 9999 程序段的顺序号。程序段顺序号放在程序段的开头，顺序号可以按任意顺序指定，并且任何号都可以跳过，但是一般情况下为方便起见，按加工步骤的顺序指定顺序号。

（2）GOO——准备功能指令，简称 G 代码，用 G 加两位数构成。该类代码用以指定刀具进给运动方式。G 代码将程序段分为不同的组别，同一组别的代码可以相互取代。FANUCOi-MC 系统的加工中心常用 G 功能指令见表 6-6。

（3）X、Y、Z、A、B、C、I、J、K 等坐标指令。由坐标地址及数字组成，例如："X－12.201"，其中字母表示坐标轴，字母后面的数值表示刀具在该轴上移动（或转动）后的坐标值，可以是绝对坐标，也可以是增量坐标（G90/G91）。

（4）FOOO——进给速度功能。用来给定切削时刀具的进给速度。进给速度的单位可以用 G94/G95 指定，G94 指定的单位是每分钟的刀具进给量（mm/min），G95 指定的单位是主轴每转刀具的进给量（mm/r），如果程序中不给出 G94/G95 指令，加工中心开机后默认的进给速度单位（即缺省值）是"mm/min"。

表6-6 加工中心常用 G 功能指令

G 代码	组别	功能	G 代码	组别	功能
★G00	01	快速点定位	★G54	14	选择第1工件坐标系
G01		直线插补(进给速度)	G55		选择第2工件坐标系
G02		圆弧/螺旋线插补(顺圆)	G56		选择第3工件坐标系
G03		圆弧/螺旋线插补(逆圆)	G57		选择第4工件坐标系
G04	00	暂停	G58		选择第5工件坐标系
★G15	17	极坐标指令取消	G59		选择第6工件坐标系
G16		极坐标指令	G61	15	准确停止方式
★G17	02	选择 XY 平面	★G64		切削方式
G18		选择 XZ 平面	G65	00	宏程序调用
G19		选择 YZ 平面	G66	12	宏程序模态调用
G20	06	英制尺寸输入	★G67		宏程序模态调用取消
G21		公制尺寸输入	G68	16	坐标旋转
G28	00	返回参考点	★G69		坐标旋转取消
G29		从参考点返回	G73	09	深孔钻削循环
G30		返回第2,3,4参考点	G76		精镗循环
G31		跳转功能	★G80		固定循环取消
★G40	07	刀具半径补偿取消	G81		钻孔循环、锪镗循环
G41		左侧刀具半径补偿	G82		钻孔循环或反镗循环
G42		右侧刀具半径补偿	G83		排屑钻孔循环
G43	08	正向刀具长度补偿	G84		攻丝循环
G44		负向刀具长度补偿	G85		镗孔循环
★G49		刀具长度补偿取消	★G90	03	绝对值编程
★G50	11	比例缩放取消	G91		增量值编程
G51		比例缩放有效	G92	00	设定工件坐标系
★G50.1	22	可编程镜像取消	★G94	05	每分钟进给
G51.1		可编程镜像有效	G95		每转进给
G52	00	局部坐标系设定	★G98	10	在固定循环中,Z 轴返回到起始点
G53		选择机床坐标系	G99		在固定循环中,Z 轴返回 R 平面

(5) SOOO——主轴转速功能。用以指定主轴转速,其单位是"r/min"。

(6) TOO——刀具功能,用字母 T 加两位数字组成,其中的数字"OO"表示刀具号,用以选择刀具。对每把刀具给定一个编号,在程序中指令不同的编号,就选择了相应的刀具。

例如："T03"表示选用 3 号刀。

（7）HOO（或 DOO）——刀具补偿号地址，用字母 H 加两位数字组成，用于存放刀具长度补偿或半径补偿。

（8）MOO——辅助功能指令。简称 M 代码，用字母 M 加两位数字表示，它是控制机床开关状态动作的指令。通常在一个程序段中仅能指定一个 M 代码，在某些情况下可以最多指定三个 M 代码，哪个代码对应哪个机床功能由机床制造厂决定。常用的 M 代码见表 6-7。

表 6-7　常见的 M 代码

M 指令	情况说明
M00	程序暂停。执行该指令后，机床所有动作停止，按循环启动按键后程序继续执行。一般用于测量零件尺寸或手动换刀
M01	程序选择停止。在机床操作面板上的"选择停止"键为 ON 时才有效
M02	主程序结束
M03	主轴正转。从主轴向工作台看，顺时针为正。需要与 S 代码配合使用
M04	主轴反转。用法同 M03
M05	主轴停转。主轴停止转动指令
M06	换刀指令。与 T 代码一起使用
M30	主程序结束。返回程序头
M98	调用子程序
M99	用在子程序的结尾，系统读到 M99 时，便从子程序返回到主程序中的下一段，继续执行主程序

（9）";"——是程序段结束符号，表示一个程序段的结束。段结束符位于一个程序段末尾，也有采用"LF""CR""＊"等符号表示段结束符号。在用键盘输入程序时，按操作面板上的"EOB"（End of Block）键，则该符号自动添加，同时程序换行。

6.4.3　加工中心刀具选择与对刀

1. 加工中心常用刀具选择

被加工零件的几何形状是选择刀具类型的主要依据。

（1）加工曲面类零件时，为了保证刀具切削刃与加工轮廓在切削点相切，而避免刀刃与工件轮廓发生干涉，一般采用球头铣刀，粗加工用两刃铣刀，半精加工和精加工用四刃铣刀，如图 6-13 所示。

（2）铣较大平面时，为了提高生产效率和

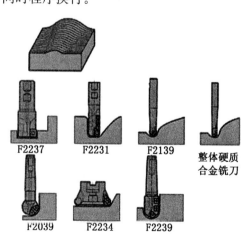

图 6-13　球头铣刀

加工表面粗糙度，一般采用刀片镶嵌式盘形铣刀，如图 6-14 所示。

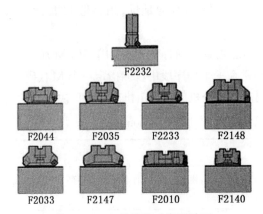

图 6-14　刀片镶嵌式盘形铣刀

（3）铣小平面或台阶面时一般采用通用铣刀，如图 6-15 所示。

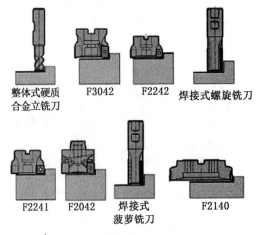

图 6-15　通用铣刀

（4）铣键槽时，为了保证槽的尺寸精度，一般采用两刃键槽铣刀，如图 6-16 所示。

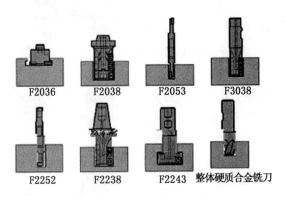

图 6-16　键槽铣刀

（5）孔加工时，可采用钻头、镗刀等孔加工类刀具，如图 6-17 所示。

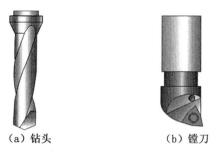

（a）钻头　　　　　　　（b）镗刀

图 6-17　孔加工类刀具

（6）铣削加工时除了以上刀具外，还需要采用铣刀刀柄、弹簧夹头和钻夹头刀柄等。如图 6-18 所示。

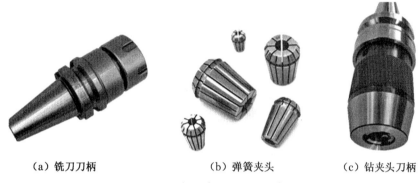

（a）铣刀刀柄　　　　　（b）弹簧夹头　　　　　（c）钻夹头刀柄

图 6-18　加工中心用刀柄及夹头

2. 加工中心常用工具

加工中心的常用工具有机用平口虎钳、平行等高垫铁、Z 轴对刀仪、寻边器等，如图 6-19 所示。

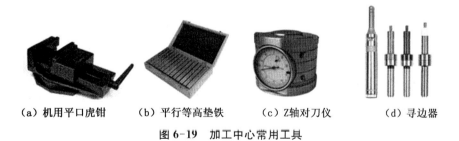

（a）机用平口虎钳　　（b）平行等高垫铁　　（c）Z轴对刀仪　　　（d）寻边器

图 6-19　加工中心常用工具

3. 加工中心对刀

下面以六面体毛坯为例，介绍刀具试切方法对刀过程。

（1）机床通电开启数控系统，手动返回机床参考点（先回 Z 轴再回 X/Y 轴）。

（2）切换至手动输入数据（MDI）方式，选择将要使用的刀具，确定主轴转速并且使主轴正转。

（3）切换至手动快速方式，使刀具快速接近工件 X 轴正向侧面。

（4）切换至手轮脉冲方式，切换到 X 轴，使用×10 或×1 的倍率进行操作，使刀具贴近工件 X 轴正向侧面，使刀具与工件侧面接触，记录 POS 界面上的机床坐标系中 X 轴数值 X1。

（5）反向移动手轮手柄，使刀具远离工件侧面，将刀具移动到工件 X 轴负向侧面，切换到 X 轴，使用×10 或×1 的倍率进行操作，使刀具贴近工件 X 轴负向侧面，使刀具与工件侧面接触，记录 POS 界面上的机床坐标系中 X 轴数值 X2。

（6）计算 X1 和 X2 的平均值，将该平均值输入"OFFSET SETTING"界面下的坐标系界面中 G55 坐标系的 X 轴位置。如图 6-20 所示。

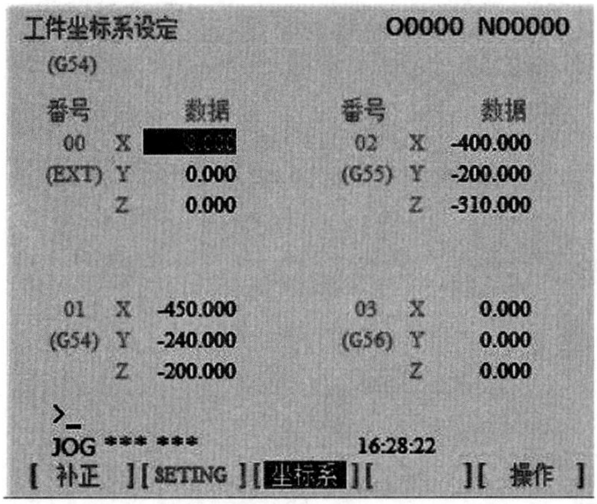

图 6-20　工件坐标值输入

（7）以同样的方法分别测量工件 Y 轴正向和负向侧面对应的 Y 值 Y1 和 Y2，并将其平均值输入图 6-20 中 G55 坐标的 Y 轴位置。

（8）移动刀具至工件上方，用手轮以合适的倍率移动刀具使其下降，直至刀具端面与工件上端面接触，记录该位置 Z 轴机床坐标值，将该数值输入 G55 坐标系 Z 轴位置。

（9）对于其余刀具，只需要对 Z 轴长度补偿，首先切换到 POS 界面中相对坐标，在 MDI 方式下，输入 Z，按"归零"软键。重复以上第（6）步的操作。在刀具的 Z 轴对刀时应注意每把刀具只要接触到已加工端面即可，不能再次铣削工件平面，记录 Z 轴相对坐标值，将该数值输入补正界面对应刀具的长度补偿值位置（形状 H 列）。直至所有刀具的补偿值输入完毕。

（10）在补正界面中形状 D 列中输入相应刀具的半径补偿值。

6.4.4　加工中心常用指令

1. 快速定位 G00

G00 指令使刀具以点位控制方式，从刀具所在点快速移动到目标点。G00 指令可以准确控制刀具到达指定点的定位精度，不控制刀具移动中运动的轨迹，在程序中用于使刀具定位。

程序格式:

$$G00\ X\_Y\_Z\_;$$

X、Y、Z 为目标点坐标,可用绝对坐标方式,也可用增量坐标方式。以绝对值指令编程时,X、Y、Z 是刀具终点的坐标值;以增量值指令编程时,X、Y、Z 是刀具在相应坐标轴上移动的距离。

2. 刀具切削直线进给——直线插补 G01

G01 指令是使刀具以 F 指定的进给速度,沿直线移动到指定的位置。一般用于切削加工。指令中的两个坐标轴(或三个坐标轴)以联动的方式,按 F 码指定的进给速度,运动到目标点,切削出具有任意斜率的直线。

程序段格式:

$$G01\ X\_Y\_Z\_F\_;$$

程序段中"X_Y_Z_":绝对值指令时是终点的坐标值,增量值指令时是刀具移动的距离。

"F_":刀具在直线运动轨迹上的进给速度,单位为 mm/min。

G01 程序段中必须含有 F 指令,在 G01 程序段中如无 F 指令则认为进给速度为零,刀具不动。

3. 刀具切削圆弧进给——圆弧插补 G02、G03

刀具切削圆弧表面时,需要采用圆弧插补指令。G02、G03 为圆弧插补指令,其中 G02 为顺时针方向圆弧插补,G03 为逆时针方向圆弧插补。圆弧的顺、逆方向的判别方法:在直角坐标系中,朝着垂直于圆弧平面坐标轴的负方向看,刀具沿顺时针方向进给运动为 G02,沿逆时针方向圆弧运动为 G03,如图 6-21 所示。

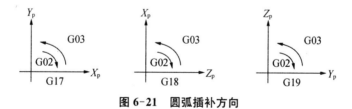

图 6-21　圆弧插补方向

圆弧插补程序格式如下:

$$\begin{Bmatrix} G17 \\ G18 \\ G19 \end{Bmatrix} \begin{Bmatrix} G02 \\ G03 \end{Bmatrix} X\_\_Y\_\_Z\_\_ \begin{Bmatrix} R\_ \\ I\_J\_K\_ \end{Bmatrix} F\_\_;$$

圆弧插补程序段中 G17、G18、G19 为平面选择指令,以此来确定被加工圆弧面所在平面。这三个指令属同一组模态码,开机后默认为 G17 状态,也称 G17 为缺省指令,即开机后如果选择 XY 平面,可以缺省 G17 指令。

圆弧插补程序段中地址 X、Y、Z 指出圆弧终点信息,用 G90 编程时,X、Y、Z 是终点绝对坐标值。用 G91 增量坐标编程时,X、Y、Z 是圆弧起点到圆弧终点的距离(增量值)。FANUC 系统的圆弧插补程序段中可以使用 I、J、K 地址给定圆心位置,也可以使用圆弧半径地址 R 给定半径值。

4. 刀具补偿功能

1) 刀具端刃加工——刀具长度补偿

在一个加工程序内使用几把刀具时,由于每把刀具的长度总会有所不同,因而在同一个坐标系内,在程序指令的 Z 值相同的情况下,不同刀具的端面(刀位点)在 Z 方向的实际位置有所不同,编程中需要改变 Z 指令值,使程序烦琐。可以用刀具长度补偿功能补偿这个差值而不用修改程序。

将不同刀具长度的差值设为长度偏移值。实际操作中可先将一把刀作为标准刀具,并以此为基础,将其他刀具的长度相对于标准刀具长度的增加或减少量作为刀具补偿值,把刀具补偿值输入长度偏置值存储地址(HOO)。在刀具作 Z 方向运动时,数控系统将根据 G43 或 G44 指令和已经记录的长度补偿值对 Z 坐标值作相应的补偿修正。

刀具长度补偿指令格式:

$$G43 \ Z\_\_HOO;$$
$$G44 \ Z\_\_HOO;$$
$$G49;$$

HOO 代码是刀具偏置存储器(或称偏置号),内存刀具长度偏置值。HOO 用于指定刀具长度偏置值。从刀具偏置存储器中取出由 HOO 代码指定偏置号中的刀具长度偏置值,并与程序的移动指令相加或相减。

G43 是刀具长度正向补偿,当指定 G43 时,将补偿值(存储在 HOO 中的值)加在程序指令中的 Z 坐标值上,作为刀具实际在 Z 轴的位移值。G44 是刀具长度负向补偿,当指定 G44 时,将程序指令的 Z 坐标值减去补偿值(存储在 HOO 中的值),作为刀具实际在 Z 轴的位移值。

当由于偏置号改变使刀具偏置值改变时,偏置值变为新的刀具长度偏置值,新的刀具长度偏置值不加到旧的刀具偏置值上。

取消刀具长度补偿须用 G49 指令,G49 是缺省指令,即数控机床开机时,系统自动进入"刀补取消"状态。

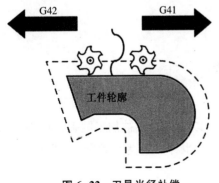

图 6-22 刀具半径补偿

2) 刀具侧刃加工——刀具半径补偿

铣削刀具的刀位点在刀具(主轴)中心线上,编程是以刀位点为基准编写走刀路线。实际加工中生成的零件轮廓是由切削点形成的,以立铣刀为例,刀位点位于刀具端部中心,切削点位于外圆,相差一个刀具半径值。以零件轮廓为编程轨迹,在实际加工时将过切一个半径值。为了加工出要求的零件轮廓,刀具中心轨迹应该偏移零件轮廓表面一个刀具半径值,即进行刀具半径补偿,如图 6-22 所示,刀具中心偏移的量称为偏置量。使用刀具半径补偿功能,系统可以自动计算出偏离编程轨迹一定距离(称偏移量)的刀具轨迹,这项功能不但简化了编程,而且还可以用于调整加工轮廓尺寸。加工结束时,为使刀具返回到开始位置,须取消刀具半径补偿。

半径补偿程序格式:

$$\begin{Bmatrix} G17 \\ G18 \\ G19 \end{Bmatrix} \begin{Bmatrix} \dfrac{G00}{G01} \end{Bmatrix} \begin{Bmatrix} \dfrac{G41}{G42} \end{Bmatrix} X\_\_Y\_\_D\_\_F\_\_;$$

程序段中各指令的用途:

(1) G17、G18、G19——选择平面,一般数控机床的半径补偿只限于在二维平面内进行,所以需要选择偏置平面。G17 选择 XY 平面;G18 选择 XZ 平面;G19 选择 YZ 平面。

(2) G41——左侧刀具半径补偿,即沿刀具运动方向看去,刀具中心偏移到编程轨迹左侧,相距一个补偿量。

G42——右侧刀具半径补偿,即沿刀具运动方向看,刀具中心偏移到编程轨迹右侧,相距一个补偿量。

(3) G00(G01)——建立和取消刀具半径补偿必须与 G01 或 G00 指令组合完成(不能用 G02 或 G03),实际编程时建议与 G01 组合。

(4) X、Y、Z——建立刀具补偿程序段的运动终点坐标。

(5) DOO——D 代码(刀具偏置号)由地址 D 后的 1~2 位数组成。D 代码内存刀具半径补偿的偏置量,用于指定刀具偏置值(刀具半径补偿值)。D 代码一直有效直到指定另一个 D 代码。

(6) F——进给速度。

取消刀具半径补偿指令:G40、G01(或 G00)。G40 必须与 G01 或 G00 指令组合完成,当执行偏置取消时圆弧指令 G02 和 G03 无效,如果使用圆弧指令则会产生 P/S 报警 NO.034 并且刀具停止移动。

G41、G42、G40 均为 07 组模态代码,G40 为缺省指令,即当电源接通时 CNC 系统处于刀偏取消方式,在取消方式中补偿偏置矢量是 0,刀具中心轨迹和编程轨迹一致。

5. 孔加工固定循环

1) 孔加工固定循环种类

加工一个孔,需要多个工步,所以需用多个程序段编写加工程序。固定循环 G 的功能是将多工步用单程序段编程。因此固定循环功能能够缩短程序、节省存储器内存,使某些加工的编程简单、容易。FANUC 系统孔加工固定循环指令如表 6-8 所示。

表 6-8　固定循环指令

G 代码	进刀动作	孔底动作	退刀动作	用途
G76	切削进给	主轴定向停止	快速移动	精镗循环
G80	—	—	—	取消固定循环

(续表)

G 代码	进刀动作	孔底动作	退刀动作	用途
G81	切削进给	—	快速移动	钻孔循环,中心孔钻削循环
G82	切削进给	停刀	快速移动	钻孔循环,锪镗循环
G83	间歇进给	—	快速移动	深孔钻循环
G84	切削进给	停刀→主轴反转	切削进给	攻丝循环
G85	切削进给		切削进给	镗孔循环
G86	切削进给	主轴停止	快速移动	镗孔循环
G87	切削进给	主轴正转	快速移动	背镗循环
G88	切削进给	停刀→主轴停止	手动移动	镗孔循环
G89	切削进给	停刀	切削进给	镗孔循环

2) 孔加工固定循环指令格式

孔加工固定循环指令是用一个 G 代码程序段代替通常需要多个加工程序段才能完成的加工孔的过程,这种指令使编程工作简化、方便。孔加工固定循环程序段一般格式:

$$\begin{Bmatrix} G17 \\ G18 \\ G19 \end{Bmatrix} \begin{Bmatrix} G90 \\ G91 \end{Bmatrix} \begin{Bmatrix} G98 \\ G99 \end{Bmatrix} \begin{Bmatrix} G73 \\ \cdots \\ G89 \end{Bmatrix} X\_\_Y\_\_Z\_\_R\_\_P\_\_Q\_\_F\_\_K\_\_;$$

程序中各代码用途如下:

(1) G17、G18、G19:选择定位平面。定位平面是除了钻孔轴以外的坐标轴所决定的平面,孔在该平面定位。定位平面由平面选择代码 G17、G18 或 G19 决定。G17 为缺省指令。

(2) G90、G91:数据形式。G90 沿着钻孔轴的移动距离用绝对坐标值表示;G91 沿着钻孔轴的移动距离用增量坐标值表示。G90 为缺省指令。G90 和 G91 在固定循环中的应用如表 6-23 所示。

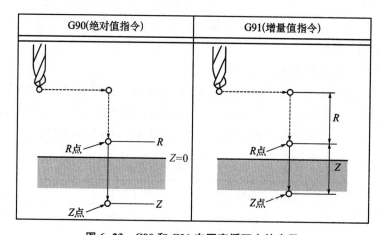

图 6-23　G90 和 G91 在固定循环中的应用

（3）G98、G99：选择返回点平面指令。用 G99 指定当刀具到达孔底后刀具返回到 R 点平面；用 G98 指定当刀具到达孔底后刀具返回到初始平面。G98 为缺省指令。同时加工多孔时，一般情况下 G99 用于第一次钻孔，而 G98 用于最后钻孔。在 G99 方式中执行钻孔，安全平面位置被存储，并不会发生改变。

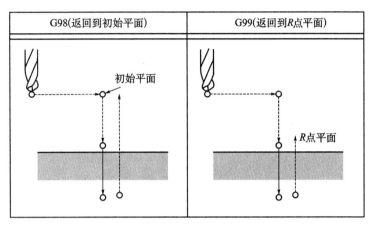

图 6-24　固定循环中的 G98/G99

（4）G73、G74、G76 和 G81～G89 等指令：孔加工循环方式，是模态代码，直到被取消之前一直保持有效。在钻孔方式中一旦钻孔数据被指定，数据就会被存储，直到被修改或清除。

注意：在取消固定循环后才能切换钻孔轴。

（5）X__ Y__：在定位平面上加工孔的位置坐标。

（6）孔加工数据。

Z__：孔底位置。

R__：加工循环中刀具快速进给到工件表面上方的 R 点位置。

P__：在孔底的延时时间，在 G76、G82、G89 时有效。例如 P1000 为 1 s。

Q__：在 G73、G83 啄钻往复进给切削中，为每次切削深度；在镗孔 G76、G87 中为孔底退刀移动距离。

F__：切削进给速度。

K__：指定加工孔的重复次数，K 仅在被指定的程序段内有效。当以增量方式 G91 指定第一孔位置，则对等间距孔进行钻孔。如果用绝对值方式 G90 指令指定孔的位置，则在相同位置重复钻孔。不写 K 时，默认为 K1。一般都是钻一次孔，所以通常指令中省略 K。重复次数 K 最大指令值为 9999。循环次数写作 K0 时，只记忆加工数据，不作加工。

3）取消孔加工固定循环

G73、G74、G76 和 G81 到 G89 都是模态 G 代码，在固定循环的开始指定全部所需的加工孔数据，直到被取消之前一直保持有效。这几个代码有效时当前状态是孔加工方式。一旦在孔加工方式中加工数据被指定，数据就会被保持，直到被修改或清除。G80 为孔加工固定循环取消指令。使用 G80 或 01 组 G 代码可以取消固定循环。

6. 子程序

在一个加工程序中,若有几个完全相同的部分程序(即一个零件中有几处形状相同,或刀具运动轨迹相同),为了缩短程序,可以把这个部分程序单独抽出,编成子程序在存储器中存储,以简化编程。

1)子程序的结构

O＃＃＃＃;子程序号

……… 子程序内容

M99:程序结束,从子程序返回到主程序的指令,是子程序最后一个程序段。M99 是子程序结束指令,它能使执行顺序从子程序返回到主程序中调用程序号段之后的程序段,它可以不作为独立的程序段,例如:"G00 X100 Y100 M99;"。

2)子程序调用

调用子程序的指令:

M98 P OOOO ＃＃＃＃

M98:调用子程序指令。

OOOO:子程序重复调用次数,当被省略时默认为调用 1 次。

＃＃＃＃:(必须是 4 位)子程序号。

例如:M98P61020 表示调用 1020 号子程序,重复调用 6 次(执行 6 次)。

M98P1020 表示调用 1020 号子程序,调用 1 次

M98P5001020 表示调用 1020 号子程序,重复调用 500 次(执行 500 次)

调用指令可以重复地调用子程序,最多可调用 999 次。

7. 可编程镜像加工 G51.1/G50.1

用编程的镜像指令可实现坐标轴的对称加工,如图 6-25 所示。

指令格式:

G51.1 IP__; 设置可编程镜像

..根据 G51.1IP__; 指定的对称轴生成在这些程序段中指定的镜像

G50.1 IP__; 取消可编程镜像

IP__:用 G51.1 指定镜像的对称点(位置)和对称轴。用 G50.1 指定镜像的对称轴,不指定对称点。

8. 坐标系旋转功能(G68、G69)

坐标系旋转功能用于把编程位置旋转到某一个角度。坐标系旋转功能用途:一是可以将编程形状旋转某一个指定的角度;二是如果工件的形状由许多相同的单元图形组成,且分布在由单元图形旋转便可达到的位置上,则可将图形单元编程为子程序,然后用主程序的旋转指令旋转图形单元,以得

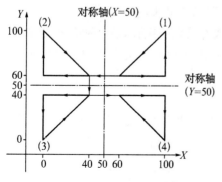

图 6-25 可编程镜像

到工件整体形状,这样可简化编程,省时、省存储空间。

坐标系旋转程序组成:

G17/G18/G19	G68α__β__R__;	坐标系开始旋转
…		坐标系旋转方式(坐标系被旋转)
G69;		坐标系旋转取消指令

程序中:

G17/G18/G19:平面选择,旋转的形状在该平面上。

G68:坐标系旋转功能。

α__β__:旋转中心的坐标值(绝对值指定)。旋转中心的两个坐标轴与 G17、G18、G19 坐标平面一致。G17 平面为 XY 平面,G18 平面为 XZ 平面,G19 平面为 YZ 平面。在 G68 后面指定旋转中心。

R__:旋转角度。正值表示逆时针旋转,可为绝对值,也可以为增量值。当为增量值时,旋转角度在前一个角度上增加该值。

6.4.5 加工中心基本操作

1. 加工中心操作面板

加工中心操作面板位于 MDI 操作面板下侧,如图 6-26 所示。它主要用于控制机床的开关、运动和选择机床运行状态,由模式选择旋钮、数控程序运行控制开关等多个部分组成,每一部分的详细说明如下:

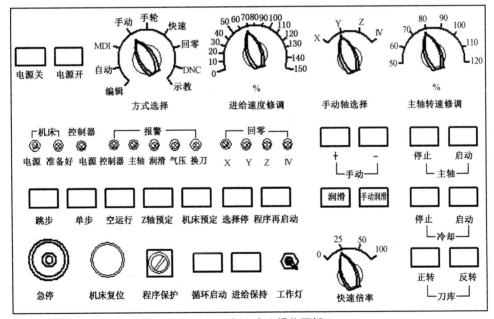

图 6-26 加工中心操作面板

(1) 模式旋钮(转动旋钮选择不同方式)

编辑:用于直接通过操作面板输入数控程序和编辑程序。

自动:进入自动加工模式。

MDI:手动数据输入。

手动:手动连续移动台面或刀具。

手轮:手轮方式移动台面或者刀具。

快速:以快速方式移动台面或者刀具。

回零:建立机床坐标系。

DNC:控制器从外部的 PC 机上按照定义了的协议传输 NC 代码。

（2）数控程序运行控制开关

循环启动:程序运行开始。模式选择在"自动"和"MDI"方式下有效,其余时间按下无效。

进给保持:在数控程序运行过程中,按下此键程序暂停执行,按下"程序再启动"程序继续执行。

（3）机床主轴手动控制开关

手动按钮:主轴启动按钮和主轴停止按钮。

（4）手动移动机床台面按钮

轴方向移动按钮:正方向和负方向移动按钮。

选择移动轴按钮:选择移动轴。

（5）进给速度调节旋钮

调节数控程序中的进给速度,调节范围为 $0\sim150\%$。

（6）主轴速度调节旋钮

调节主轴速度,速度调节范围为 $50\%\sim120\%$。

（7）单步执行开关

置于"ON"位置,每次执行一条指令。

（8）选择停执行开关

置于"ON"状态,M01 代码有效。

（9）跳步执行开关

置于"ON"状态,带有"/"的程序段跳过。

（10）空运行开关

置于"ON"状态,程序以预先设定速度执行。

（11）Z 轴锁住开关和机床锁住开关

置于"ON"状态,机床 Z 轴和机床所有轴不运动。

2. 数控系统操作

FANUC 系统的 MDI 控制面板如图 6-27 所示,在控制面板的左侧或上侧配有显示屏。用操作键盘结合显示屏可以进行数控系统操作。

（1）地址/数据键

用于输入数字、字母等符号,可结合不同模式来应用。

（2）功能键

POS 键:按此键显示屏显示位置界面。

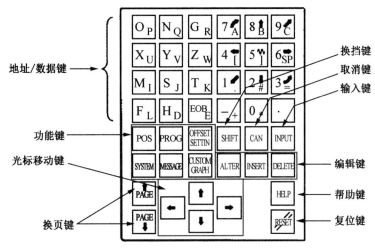

图 6-27　MDI 操作面板

PROG 键:按此键显示屏显示程序界面。

OFFSET/SETTING 键:按此键显示屏显示偏置、设置界面。

SYSTEM 键:按此键显示屏显示系统参数界面。

MESSAGE 键:按此键显示屏显示信息界面。

CUSTOM/GRAPH 键:按此键显示屏显示用户图形界面。

（3）编辑键

ALTER 键:用于替代光标所在的数据。

INSERT 键:将数据插入当前光标之后的位置。

DELETE 键:删除光标所示数据,或者删除一个程序或全部程序。

SHIFT 键:用于切换按钮上的两个符号的输入。

CAN 键:用于取消显示屏下方缓存区中的数据。

INPUT 键:用于输入相关参数和数据。

EOB 键:结束一行程序并换行。

（4）换页键

用于翻页操作。

（5）光标移动键

用于移动光标位置。

3. 手动操作加工中心

（1）回参考点

对于相对位置编码器的加工中心,开机后必须回参考点,建立机床坐标系。具体操作如下:首先将机床控制面板上的模式旋钮旋转到"回零"状态,然后分别向 X、Y、Z 轴的正方向移动,直到位置界面下的 X、Y、Z 轴的机床坐标值均为零。

（2）移动

手动移动机床的方法有三种。

方法一：手动方式。

置模式按钮在"手动"位置，分别移动机床 X、Y、Z 轴向不同方向移动。

方法二：快速方式。

置模式按钮在"快速"位置，则三个轴能以设定的较快速度移动。

方法三：手轮方式。

置模式按钮在"手轮"位置，用手轮移动三个轴，此时可以通过手轮调整移动倍率。

（3）开、关主轴

置模式在"手动"或"手轮"位置，按主轴启动和停止按钮控制主轴开、关。

（4）启动程序加工零件

选择一个程序，置模式于"自动"位置，按"循环启动"按钮，程序执行。

（5）试运行程序

试运行程序时，机床和刀具不切削零件，仅运行程序；此时使"机床锁住"和"空运行"按钮均置于"ON"，选择一个程序后，按"循环启动"按钮，程序试运行。

（6）单步运行

置单步开关于"ON"位置，数控程序进行过程中，每按一次"循环启动"按钮，执行一条指令。

（7）输入一个数控程序

置模式在"编辑"位置，按 PROG 键进入程序界面，利用地址键输入程序号 Oxxxx（O 加四位数字）；然后按 INSERT 键，将显示屏缓冲区中的程序号插入屏幕中，再按 EOB 键，结束程序号的输入，自动产生一行。接下来利用地址键一次输入程序指令，每一条指令以 EOB 键结束。

（8）删除一个数控程序

置模式在"编辑"位置，在 PROG 界面下，在显示屏缓存区输入要删除的程序号，然后按 DELETE 键。

（9）编辑 NC 程序（删除、插入、替换操作）

置模式在"编辑"位置，在 PROG 界面下，选择被编辑的 NC 程序；移动光标选择对象或输入数据到显示屏缓存区；按 DELETE 键，删除光标所在的代码；按 INSERT 键，把缓存区的内容插入光标所在的代码后面；按 ALTER 键，用缓存区的内容替代光标所在位置的代码。

（10）利用 CF 卡读入一个数控程序

置模式在"编辑"位置，按 OFFSET/SETTING 键，选择设置界面，将 I/O 通道设定为 4。按 PROG 键，然后按屏幕下方的右扩展键，按下软键 CARD，此时显示 CF 卡中的内容，按下软键"操作"，指定文件号，按下软键 FREAD，利用数字键输入文件号，再按下软键 FSET，设定文件号，再按下软键"执行"，将 CF 卡中的程序读入机床。

（11）利用计算机输入一个数控程序

首先在电脑上利用传输软件选中要传输的程序，点击发送。此时将机床模式置于"编辑”位置,按右扩展键,选择“操作”软键,在缓存区输入一个程序名(不可与已有程序名重复),按“读入”键,完成程序的输入。

(12) 输入刀具补偿参数

置模式在“编辑”位置,按 OFFSET/SETTING 键,选择“偏置”软键,H 代表长度补偿,D 代表半径补偿。将光标移动到要输入的位置,输入相应数值后按 INPUT 键。

(13) 位置显示

按 POS 键切换到显示页面。位置显示页面有绝对位置界面、相对位置界面和综合位置界面,三种不同界面可以通过软键来切换。

6.4.6　加工中心零件加工示例

例:加工如图 6-28 所示的零件(未注圆角为 R3),假定毛坯材料为 Q235 低碳钢,毛坯尺寸为 90 mm×90 mm×20 mm。

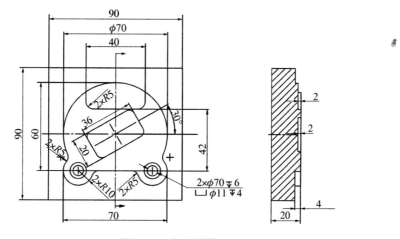

图 6-28　加工零件图

零件装夹:采用平口虎钳装夹。

加工方案:利用键槽铣刀将除四个孔以外的所有特征加工出来,然后利用钻头完成对两个台阶孔的加工,由于此图没有公差要求,故可一次加工完成。

刀具选择:铣刀选择 $\phi16$ 的键槽铣刀,将此刀具确定为 1 号刀具,作为标准刀。主轴转速 700 r/min,进给速度设定为 100 mm/min。选择 $\phi7$ 的钻头作为 2 号刀具,主轴转速设定为 1 000 r/min,进给速度设定为 80 mm/min。选择 $\phi11$ 的钻头作为 3 号刀具,主轴转速设定为 600 r/min,进给速度设定为 60 mm/min。

编程思路:首先要确定几个关键的刀位点的坐标值。此零件的坐标原点设定在上表面的中心点的位置。左侧的四个切点的坐标值分别为(−32.185,−13.753)、(−32.855,−18.812)、(−15.572,−28.333)、(−10.858,−25)。加工的顺序是外轮廓、半开槽、旋转槽、四个孔。其中旋转槽可以利用子程序调用来完成。具体的程序见表 6-9。

表 6-9 程序代码

主程序：	N42 M03S1000；
O1110；	N43 G43Z50H02；
N10 G90G55G40G49G80；	N44 G81X-25Y-25Z-6R3F80；
N11 T01M06；	N45 X25Y-25；
N12 M03S700；	N46 G49Z50；
N13 G43Z50H01；	N47 T03M06；
N14 G01X0Y0Z20F100；	N48 M03S600；
N15 M07；	N49 G43Z50H03；
N16 Y-50Z-4F80；	N50 G81X-25Y-25Z-4F60；
N17 G42Y-25D01F100；	N51 X25Y-25；
N18 X10.858；	N52 G80；
N19 G02X15.572Y-28.333R5；	N53 G49Z50；
N20 G03X32.855Y-18.812R-10；	N54 G01X0Y0Z100F100；
N21 G02X32.185Y13.753R5；	N55 M09；
N22 G03X-32.185R-35；	N56 M05；
N23 G02X-32.855Y-18.812R5；	N57 M30；
N24 G03X-15.572Y-28.333R-10；	子程序：
N25 G02X-10.858Y-25R5；	O1111；
N26 G01X5；	N10 G01X0Y0Z20F100；
N27 Z20F200；	N11 G68X0Y0R30；
N28 G40X0Y0；	N12 Z-2F80
N29 G01Y45；	N12 G41X18D01F100；
N30 G41X-20D01；	N13 Y7；
N31 Z-2F80；	N14 G03X15Y10R3；
N32 Y22F100；	N15 G01X-15；
N33 G03X-15Y17R5；	N16 G03X-18Y7R03；
N34 G01X15；	N17 G01Y-7；
N35 G03X20Y22R5；	N18 G03X-15Y-10R3；
N36 G01Y45；	N19 G01X15；
N37 Z20F200；	N20 G03X18Y-7R3；
N38 G40X0Y0；	N21 G01Y3；
N39 M98P1111；	N22 Z20F200；
N40 G49Z50；	N23 G40X0Y0；
N41 T02M06；	N24 M99；

操作步骤：首先将毛坯装夹在平口虎钳上；安装好刀具并按照要求分别将刀具装到不同的刀位；找到毛坯上表面的中心点，并将该点的机床坐标值输入 G55 坐标存储器中；同时利用对刀将刀具长度补偿值计算出来输入长度补偿存储器中，并将半径补偿值输入半径补偿存储器中；将已经写好的程序输入到机床存储器；将光标移动到程序头，置模式于"自动"位置，按"循环启动按钮"，执行程序。

 思考题

1. 简述数控机床的基本分类、工作原理和特点。

2. 简述数控车床的组成和数控车床与普通车床的区别。

3. 以数控车床为例简述其坐标系方向的确定方法。

4. 简述数控编程的方法，并对图 6-29 所示零件加工进行编程。

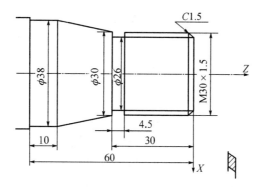

图 6-29 第 4 题图

5. 分析图 6-30 所示工艺步骤，完成零件加工程序的编制。

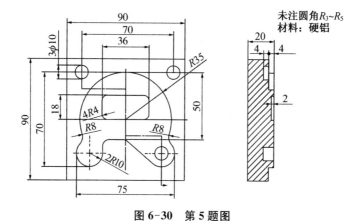

图 6-30 第 5 题图

第 7 章　特 种 加 工

特种加工(Non-Traditional Machining，NTM)，也被称为非传统加工技术，其加工原理是将电、热、光、声、化学等能量或其组合施加到工件被加工的部位上，从而实现材料去除。与传统的机械加工相比，特种加工不是主要依靠机械能，而是主要用其他能量(如电、化学、光、声、热等)去除金属材料，加工过程中工具和工件之间不存在显著的机械切削力，故加工的难易与工件硬度无关。特种加工的各种加工方法可以任意复合，以扬长避短，形成新的工艺方法，这更突出了其优越性，便于其扩大应用范围。特种加工主要工艺包括电火花加工(EDM)、激光加工(LBM)、超声加工(USM)、电子束加工(EBM)和离子束加工(IBM)等。

7.1　电火花线切割加工概述

电火花加工又称放电加工(Electrical Discharge Machining，EDM)，是一种直接将电能转化为热能进行加工的工艺。其原理是依靠工具和工件(即正、负电极)之间不断的脉冲火花放电，产生局部、瞬时高温把多余的金属材料蚀除掉，以达到对零件的尺寸、形状及表面质量的加工要求。在电火花加工过程中，工件和工具并不接触，因此，电火花成型适合于用传统机械方法难以加工的材料和零件，如各种淬火钢、不锈钢、模具钢以及硬质合金钢等;可以加工特殊及复杂形状的零件，如模具制造中的型孔和型腔的加工。

7.1.1　电火花加工的基础知识

1. 电火花加工的机理

火花放电时，电极表面金属材料的蚀除过程可分为三个连续阶段:极间介质的电离、击穿，形成放电通道;介质热分解、电极材料熔化、汽化热膨胀;电极材料抛出、极间介质消电离。

1) 极间介质的电离、击穿，形成放电通道

如图 7-1 所示。当脉冲电压 U 施加于工具电极和工件之间时，两极之间立即形成一个电场，电场强度与电压成正比，与电流成反比。随着极间电压的升高或是极间距离的减小，极间电场强度将增大。由于工具电极和工件的微观表面是凹凸不平的，极间距离又很小，因而极间电场强度是很不均匀的，在两极间离得最近的凸出点或尖端处电场强度最大。如图 7-1(a)所示。

另外，液体介质中不可避免地含有金属微粒、碳粒子等杂质，也含有一些自由电子。在电场的作用下，这些杂质将使极间电场更不均匀，当阴极表面某处电场增加到 10^5 V/mm 左右时就会产生场致发射，由阴极表面向阳极逸出电子。在电场的作用下，电

子高速向阳极运动,并撞击工作液介质中的分子或中性原子,产生碰撞电离。如图 7-1(b)所示。带电离子雪崩式地增多,使介质击穿而形成放电通道,如图 7-1(c)所示。

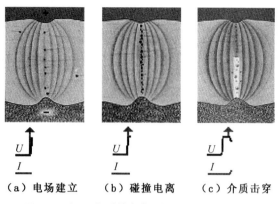

（a）电场建立　　（b）碰撞电离　　（c）介质击穿

图 7-1　极间介质的电离、击穿,形成放电通道

2) 介质热分解、电极材料熔化、汽化热膨胀

形成放电通道后,间隙电压由击穿电压迅速下降到火花维持电压(一般为 20～30 V),而间隙电流迅速上升到最大值,电火花加工微观变化如图 7-2 所示。脉冲电源使通道间的电子高速奔向正极,正离子奔向负极。两股方向相反的离子流在通道内高速碰撞,产生大量的热,通道中心的温度可达 10 000℃。高温使正负电极表面的材料熔化甚至是沸腾汽化,也使工作液介质汽化。这些汽化后的金属蒸气和工作液瞬间热膨胀,具有爆炸性。

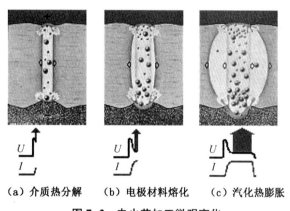

（a）介质热分解　　（b）电极材料熔化　　（c）汽化热膨胀

图 7-2　电火花加工微观变化

3) 电极材料抛出、极间介质消电离

热膨胀产生很高的瞬间压力,通道中心的压力最高,使汽化了的气体不断向外膨胀,形成一个扩张的"气泡",见图 7-3(a)。气泡内各处的压力不相等,压力高处的熔融金属液体和蒸汽就被瞬时、局部高压微爆炸抛出,向四处飞溅,见图 7-3(b)。其中绝大部分蚀除产物被工作液冷却凝聚成细小的圆球颗粒,还有一部分未被冷却的高温熔滴金属被局部的微爆炸抛离极间。这就是为什么我们在加工过程中能听到轻微而清脆的爆炸声和看到橘红色的火花四溅。

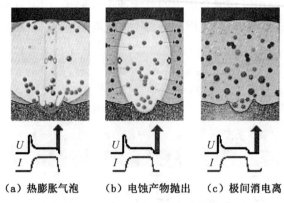

（a）热膨胀气泡　　（b）电蚀产物抛出　　（c）极间消电离

图 7-3　电极材料抛出、极间介质消电离

随着脉冲电压的结束，脉冲电流也迅速降为零，见图 7-3(c)，这标志着一个放电脉冲的结束。在下一个脉冲到来之前的这段时间间隔里，通道中的带电离子重新复合成中性离子，使间隙介质消离，恢复极间的绝缘强度，等待下一个脉冲的到来。

2. 电火花加工必须满足的条件

由以上电火花加工的机理可以知道，电火花加工必须满足三个条件：

（1）工具电极和工件被加工表面之间必须保证正常的放电间隙。如果间隙过大，极间电压不能击穿极间介质，因而不会产生火花放电；如果间隙过小，很容易形成短路接触，同样不会产生火花放电。为此，电火花线切割加工必须采用工具电极的自动进给和调节装置。

（2）火花放电为瞬时性的脉冲放电。放电延续一段时间后，会停歇一段时间。这样使放电时产生的热量来不及传导扩散到其余部分，才能把每次的放电点分别局限在很小的范围内。否则，如果像持续电弧放电那样，使放电点表面大量发热、熔化、烧伤，那火花放电只能用于焊接和切割而无法用于尺寸加工。

（3）放电加工要在有一定绝缘性能的液体介质中进行。工作液的作用：①形成火花击穿放电通道，在脉冲间隔火花放电结束后尽快恢复放电间隙的绝缘状态，以便下一个脉冲电压再次形成火花放电。②对放电通道产生压缩作用，增加通道中被压缩气体、等离子体的膨胀及爆炸力，从而抛出更多熔化和汽化了的金属。③帮助电蚀产物抛出和排除，使电蚀产物较易从放电间隙中悬浮、排泄出去，避免放电间隙被严重污染而导致火花放电点不分散而形成有害的电弧放电。④对工具、工件的冷却作用。降低工具电极和工件表面瞬时放电产生的局部高温，否则表面会因局部过热而产生结炭、烧伤并形成电弧放电。

7.1.2　电火花线切割加工原理、特点、分类及应用

电火花线切割加工（Wire Cut Electrical Discharge Machining，Wire Cut EDM 或 WEDM）是在电火花加工基础上于 20 世纪 50 年代末发展起来的一种新工艺，是用线状电极（钼丝或铜丝）靠火花放电对工件进行切割，故称电火化线切割，或简称线切割。它已获得广泛的应用，目前国内外的线切割机床已占电加工机床的 60% 以上。

1. 线切割加工的原理

电火花线切割加工的基本原理是利用移动的细金属丝（钼丝或铜丝）作电极对工件进行脉冲火花放电、切割成形。图7-4为高速走丝电火花线切割原理示意图。具体原理：利用细钼丝或铜丝作工具电极进行切割，储丝筒使钼丝做正反向交替移动，加工能源由脉冲电源供给。在电极丝和工件之间浇注工作液介质，工作台在水平面两个坐标方向按预定的控制程序，根据火花间隙放电状态作伺服进给移动，从而合成各种曲线轨迹，把工件切割成形。

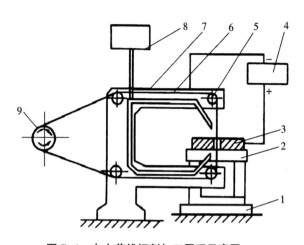

图7-4 电火花线切割加工原理示意图
1—坐标工作台；2—夹具；3—工件；4—脉冲电源；5—导轮；
6—电极丝；7—丝架；8—工作液箱；9—储丝筒

电火花线切割加工时电极丝和工件之间会进行脉冲放电，如图7-5所示。电火花线切割时电极丝接脉冲电源的负极，工件接脉冲电源的正极，在正负极之间加上脉冲电源，每来一个电脉冲，在电极丝和工件之间就产生一次火花放电，放电通道的中心温度瞬时可高达10 000℃以上，高温使工件金属熔化，甚至有少量汽化，高温也使电极丝和工件之间的工作液部分产生汽化，这些汽化后的工作液和金属蒸气瞬间迅速热膨胀，具有爆炸的特性。这种热膨胀和局部微爆炸，将熔化和汽化了的金属材料抛出而实现对工件材料进行电蚀切割加工。通常认为电极丝与工件之间的放电间隙在0.01 mm左右，若电脉冲的电压高，放电间隙会大一些。

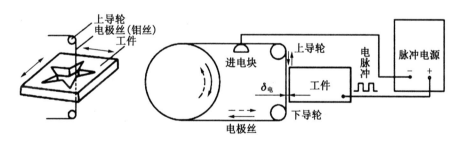

图7-5 电极丝和工件进行脉冲放电

为了电火花加工的顺利进行，必须创造条件保证每来一个电脉冲时在电极丝和工件之间产生的是火花放电而不是电弧放电。首先必须使两个电脉冲之间有足够的间隔时间，使放电间隙中的介质消电离，即使放电通道中的带电粒子复合为中性粒子，恢复本次放电通道处间隙中介质的绝缘强度，以免总在同一处发生放电而导致电弧放电。一般脉冲间隔应为脉冲宽度的4倍以上。

为了保证火花放电时电极丝不被烧断，必须向放电间隙注入大量工作液，以便电极丝得到充分冷却。同时电极丝必须作高速轴向运动，以避免火花放电总在电极丝的局部位置而被烧断，电极丝轴向运动速度通常在7～10 m/s。高速运动的电极丝，还有利于不断往放电间隙带入新的工作液,同时也有利于把电蚀产物从间隙中带出去。

电火花线切割加工时,为了获得比较好的表面粗糙度和高的尺寸精度,并保证电极丝不被烧断,应选择好相应的脉冲参数,并使工件和电极丝之间的放电必须是火花放电,而不是电弧放电。

2. 线切割加工的主要特点

电火花线切割加工与电火花成型加工,其加工机理、生产效率、表面粗糙度等工艺规律基本相同。但与电火花线成型加工相比,电火花线切割加工具有以下特点:

(1) 不需要制造复杂的成型电极,大大降低了成型工具的设计和制造费用,缩短了生产准备时间,加工周期短,成本低。

(2) 由于采用移动的长电极丝进行加工,单位长度电极丝的损耗较少,从而使电极损耗对加工精度影响较小。

(3) 采用水或水基工作液,不会引燃起火,容易实现安全无人运转。

(4) 由于电极丝与工件之间始终有相对运动,线切割加工中一般没有稳定电弧放电状态。

(5) 由于电极丝比较细,能够方便快捷地加工异型孔、窄槽、薄壁等复杂形状零件,还可以进行套料加工,节省工件材料。

(6) 一般采用精规准一次成形加工,加工过程中一般不需要进行加工规准转换。

(7) 自动化程度高,操作方便,劳动强度低。

3. 电火花线切割机床的分类

电火花线切割机床按控制方式分,有靠模仿形控制、光电跟踪控制、数字程序控制和微机控制的机床等,其中前两种现已很少采用。

电火花线切割机床按照加工尺寸范围分,有大型机床、中型机床、小型和微型机床。

电火花线切割机床按照加工特点分,可以分为普通直壁加工型、带锥度加工型和带回转坐标型机床等。

电火花线切割机床按照脉冲电源形式分,有采用 RC 电源、晶体管电源、分组脉冲电源、高低压复合脉冲电源、自适应控制电源的机床等。

电火花线切割机床按照走丝速度分,有低速走丝方式(慢走丝电火花线切割)和高速走丝方式(快走丝电火花线切割)机床两类。电极丝走丝速度大于 7 m/s 的是高速走丝,低于 0.2 m/s 的为低速走丝。以前我国生产和使用的主要是高速走丝线切割机床,近年来我国也开始生产和使用慢走丝线切割机床。

4. 电火花线切割的应用

线切割加工为新产品试制、精密零件加工、模具和工具的制造开辟了一条新的工艺途径。

(1) 模具加工。适用于各种形状的冲模,如图 7-6 所示。也可以加工挤压模、粉末冶金模、塑料模等,并可以加工带锥度的模具。

(2) 加工电火花成型加工用的电极,成形工具、样板等,一般穿孔加工用的电极及带锥度型腔加工用的电极,以及铜钨、银钨合金之类的电极材料,采用线切割加工特别经济,同时线切割加工也适用于加工微细复杂形状的电极。

(3) 线切割加工适用于特殊形状零件的加工，二维直纹曲面加工(图 7-7)和三维直纹曲面加工(图 7-8)。

(4) 线切割加工适用于高硬度材料零件加工以及稀有贵金属的切割等。

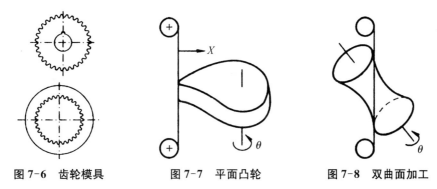

图 7-6　齿轮模具　　　　图 7-7　平面凸轮　　　　图 7-8　双曲面加工

7.1.3　电火花线切割机床组成

电火花线切割加工机床主要由机械部分(床身、坐标工作台、走丝机构)、电气部分(脉冲电源、控制系统)、工作液循环系统和机床附件(锥度切割装置、夹具等)四部分组成。图 7-9 和图 7-10 分别为高速和低速走丝线切割加工机床组成。

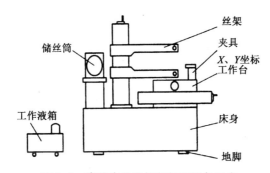

图 7-9　高速走丝线切割加工设备组成

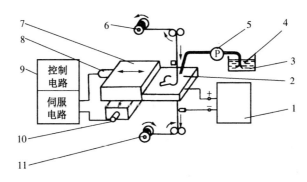

图 7-10　低速走丝线切割加工设备组成

1—脉冲电源；2—工件；3—工作液箱；4—去离子水；5—泵；6—放丝筒；
7—工作台；8—X 轴电机；9—数控装置；10—Y 轴电机；11—丝筒

1. 机械部分

线切割加工设备机械部分由床身、坐标工作台、走丝机构、丝架、工作液循环系统等几部分组成。

1) 床身

床身是坐标工作台、走丝机构、丝架的支撑和固定基础，应有足够的刚度和强度，一般采用箱体式结构。

床身的结构形式一般分为三种：矩形结构、T 形结构和分体式结构。中小型电火花线切割机床一般采用矩形床身，坐标工作台为串联式，即 X、Y 工作台上下叠在一起，工作台可以伸出床身，这种形式的特点是结构简单、体积小、承重轻、精度高。中型电火花线切割机床一般采用 T 形结构，坐标工作台也为串联式，但工作台不能伸出床身，这种形式的特点是承重大、精度高。大型电火花线切割采用分体式结构，X、Y 工作台为并联式，分别安装在两个相互垂直的床身上，其特点是承重大，制造简单，安装运输方便。目前，北京科技大学提出了同步工作台式大型电火花线切割机床结构，其原理是利用丝架移动代替工作台移动。这种结构的特点是运动惯性小，运动精度高。

图 7-11 坐标工作台

2) 坐标工作台

坐标工作台由工作台面、上滑板和下滑板组成，如图 7-11 所示。上滑板和下滑板，中拖板和下拖板是沿着导轨往复移动的，对导轨的精度、刚度、耐磨性有较高的要求。

3) 走丝机构

在电火花线切割加工时，电极丝是不断往复移动的，这个运动是由走丝机构完成的。走丝机构使电极丝以一定速度运动并保持一定的张力。在高速走丝机床上，一定长度的电极丝平整地卷绕在储丝筒上，参看图 7-12。丝张力与排绕时的拉紧力有关，为提高加工精度，防止断丝，近年来恒张力装置已被研制出来，如图 7-13 所示。储丝筒通过联轴器与驱动电极相连。为了重复使用电极丝，电动机由专门的换向装置控制作正反向交替运动。走丝速度等于储丝筒周边的线速度，通常为 $7 \sim 10 \ \mathrm{m/s}$。在运动过程中，电极丝由丝架支撑，并依靠导轮使电极丝与工作台垂直或保持一定的几何角度。

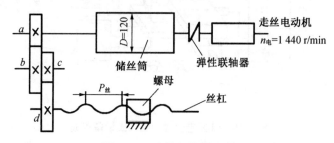

图 7-12 走丝机构原理图

低速走丝系统如图 7-14 所示,未使用的金属丝筒,靠卷丝轮使金属丝以比较低的速度(<0.2 m/s)移动。为了实现断丝时能自动停车并报警,走丝系统中通常装有断丝检测微动开关。为了减轻电极丝的振动,应使丝架跨度尽可能小(按加工工件厚度调整),通常在工件的上下方采用蓝宝石 V 形导向器或圆孔金刚石导器,其附近装有引电部分,工作液一般通过引电区和导向器再进入加工区,这样能使全部电极丝的通电部分冷却。

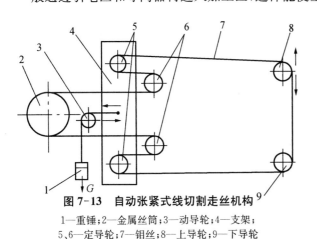

图 7-13　自动张紧式线切割走丝机构

1—重锤;2—金属丝筒;3—动导轮;4—支架;
5、6—定导轮;7—钼丝;8—上导轮;9—下导轮

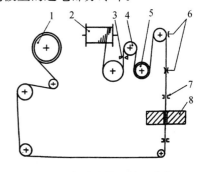

图 7-14　低速走丝系统示意图

1—废丝卷丝轮;2—未使用的金属丝筒;3—拉丝模;
4—张力电动机;5—电极丝张力调节轴;
6—退火装置;7—导向器;8—工件

4) 工作液循环系统

在电火花线切割加工过程中,工作液对加工工艺指标的影响很大,如对切割速度、表面粗糙度、加工精度等都有影响。工作液的种类很多,有煤油、乳化液、去离子水、蒸馏水、洗涤液、酒精等。低速走丝线切割机床大多采用去离子水作为工作液,只有在特殊精加工时才采用绝缘性能较高的煤油。高速走丝线切割机床使用的工作液一般是专业乳化液。

由于线切割切缝很窄,及时排除电蚀产物是极为重要的问题,因此工作液的循环与过滤装置是线切割加工不可缺少的部分。其作用就是充分、连续地向加工区域提供足够、合适的工作液,及时从加工区排除电蚀产物,对电极丝和工件进行冷却,以保持脉冲放电过程能稳定而顺利地进行。工作液循环系统一般由工作液泵、工作液箱、过滤器、管道、流量控制阀等组成,如图 7-15 所示。对高速走丝机床,通常采用浇注式供液方式,而对低速走丝机床,近年来有些采用浸泡式供液方式。

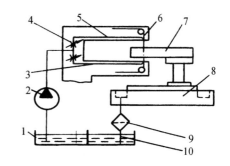

图 7-15　电火花线切割工作液循环系统组成

1—工作液箱;2—工作液泵;3—下流道;
4—流量控制阀;5—上流道;6—电极丝;
7—工件;8—工作台;9—过滤器;10—管道

5) 锥度切割装置

有些线切割机床具有锥度切割功能,以切割某些有锥度(斜度)的内外表面。实现锥度切割的装置主要有两类:偏移式丝架和双坐标联动装置。偏移式丝架主要用在高速走丝线切割机床上以实现锥度切割,其工作原理如图 7-16 所示。在低速走丝线切割机床上广泛采用双坐标联动装置,其原理是主要依靠上导向器亦能作纵横两轴(U、V)驱动,与工作台的

（X、Y）轴构成数控四轴同时控制，如图 7-17 所示。

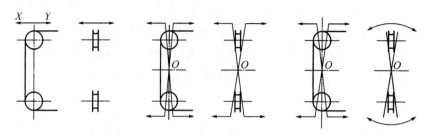

图 7-16 偏移式丝架实现锥度加工的方法

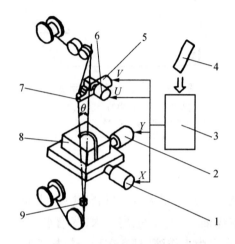

图 7-17 四轴联动锥度切割装置

1—X 轴驱动电动机；2—Y 轴驱动电动机；
3—控制装置；4—数控程序；
5—V 轴驱动电动机；6—U 轴驱动电动机；
7—上导向器；8—工件；9—下导向器

2. 电气部分

电火花线切割机床的电气部分由脉冲电源和数字程序控制系统组成。

1）脉冲电源

电火花线切割机床的脉冲电源通常又叫高频电源，是数控电火花线切割机床的主要组成部分，也是影响线切割加工工艺指标的主要因素之一。

电火花线切割脉冲电源的原理与电火花成型加工脉冲电源是一样的，只是由于加工条件和加工要求不同，对电火花线切割脉冲电源又有特殊的要求。电火花线切割加工属于中、精加工，往往采用某一规准将工件一次加工成型。因此，对加工精度、表面粗糙度和切割速度等工艺指标都有较高要求。

受电极丝直径的限制（一般在 $0.08 \sim 0.2$ mm），脉冲电源的脉冲峰值电流不能太大。与此相反，由于工件具有一定的厚度，欲维持加工稳定，放电峰值电流又不能太小，否则加工将不稳定或者无法加工，放电峰值电流一般在 $5 \sim 25$ A 范围内变化。为获得较高的加工精度和较小的表面粗糙度，应控制单个脉冲放电能量，尽量减小脉冲宽度（一般在 $0.5 \sim 64$ μs）。所以，线切割加工总是采用正极性加工方式。

线切割脉冲电源是由脉冲发生器、推动极、功放及直流电源四部分组成。脉冲电源的形式和品种很多，主要有晶体管脉冲电源、高频分组脉冲电源（图 7-18）、并联电容型脉冲电源等。目前电火花线切割机床使用的高频脉冲电源主要是晶体管脉冲电源。

2）控制系统

数字程序控制系统是线切割机床的重要组成部分，是机床工作的指挥中心。控制系统的技术水平、稳定性、控制精度等将直接影响工件的加工工艺指标。

控制系统的功能是在电火花线切割加工过程中，根据工件的形状和尺寸要求，自动控制电极丝相对于工件的运动轨迹和进给速度，实现对工件形状和尺寸的加工，如图 7-19 所示。

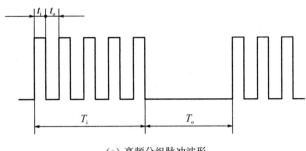

（a）高频分组脉冲波形

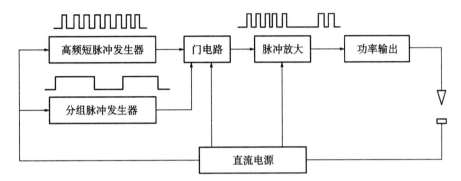

（b）高频分组脉冲电源的电路原理方框图

图 7-18　高频分组脉冲电源

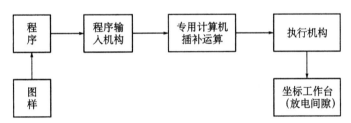

图 7-19　电火花线切割加工控制原理

电火花线切割加工机床控制系统的主要功能包括：

（1）轨迹控制：精确控制电极丝相对于工件的运动轨迹，加工出需要的工件形状和尺寸。

（2）加工控制：主要包括对伺服进给速度、脉冲电源、运丝机构、工作液循环系统的控制。

目前电火花线切割加工机床普遍采用数字程序控制，并已发展到采用微型计算机直接控制阶段。数字程序控制器就是一台专用的小型电子计算机，由运算器、控制器、译码器、输入回路和输出回路五部分组成。高速走丝电火花线切割机床的控制系统大多采用比较简单的步进电动机开环控制系统，低速走丝线切割机床的控制系统则大多采用伺服电动机加编码器的半闭环控制系统，也有一些超精密线切割机床采用了伺服电动机加光栅尺的全闭环控制系统。日本 SODICK 公司开发并在低速走丝线切割机床上使用了直线电动机的新型驱动方式,该驱动方式是无须滚珠丝杠的直接驱动方式,能使电动机的驱动与轴的移动直接连接,从而实现无反向间隙、位置控制精确的快速移动。

3)数字程序控制原理

数控电火花线切割加工的控制原理是把图样上工件的形状和尺寸编制成程序指令,通过键盘或其他方式输入计算机,计算机根据输入的程序进行计算,并发出进给信号来控制驱动电动机,由驱动电动机带动精密丝杠,使工件相对于电极丝作轨迹运动,实现加工过程的自动控制。

数字程序控制系统能够控制加工同一平面上由直线和圆弧组成的任何图形的工件,这是其最基本的控制功能。此外,该系统还有带锥度切割、三维四轴联动加工、间隙补偿、螺距补偿、图形轨迹跟踪显示、停电记忆恢复加工、自适应控制、信息显示等多种控制功能。

控制方法有逐点比较法、数字积分法、矢量判别法、最小偏差法等。高速走丝线切割机床的控制系统普遍采用逐点比较法。

7.1.4 电火花线切割加工工艺及应用

电火花线切割加工已广泛应用于国防和民用生产和科研中,用于各种难加工材料,有复杂表面和特殊要求的零件、工具和磨具的加工。

1. 数控电火花线切割加工工艺

数控电火花线切割加工,一般是作为工件尤其是模具加工中的最后工序。要达到零件的加工精度及表面粗糙度要求,应合理控制线切割加工时的各种工艺参数(电参数、切割速度、工件装夹等),同时应安排好零件加工的工艺路线及线切割加工前的准备加工。有关模具加工的线切割加工工艺准备和工艺过程如图 7-20 所示。

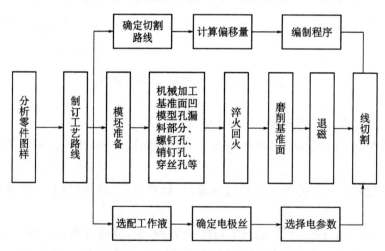

图 7-20 电火花线切割加工工艺过程图

电火花线切割加工工艺路线如下:

1)模坯准备

模具工件一般采用锻造毛坯,其线切割加工常在淬火与回火后进行。对热处理后的坯件进行电火花线切割加工时,由于要大面积去除金属和切断加工,会使材料内部残余应力的相对平衡状态受到破坏从而产生很大的变形,破坏零件的加工精度,甚至在切割过程中会发生材料突然开裂的情况。为了减少这些情况,应选择锻造性能好、淬透性好、热处理变形小的材料,如以线切割为主要工艺的冷冲模具,尽量选用 CrWMn、Cr12Mo、GCr15 等合金工具钢,并要正确选择热加工方法,严格执行热处理规范。

2) 工件的装夹与调整

(1) 工件的装夹

装夹工件时,必须保证工件的切割部位位于机床工作台纵向、横向进给的允许范围之内,避免超出极限,同时应考虑切割时电极丝的运动空间。夹具应尽可能选择通用(或标准)件,所选夹具应便于装夹,便于协调工件和机床的尺寸关系。在加工大型模具时,要特别注意工件的定位方式,尤其在加工快结束时,工件的变形、重力的作用会使电极丝被夹紧,影响加工。

(2) 工件的调整

采用以上方式装夹工件,还必须配合找正法进行调整,方能使工件的定位基准面分别与机床的工作台面和工作台的进给方向保持平行,以保证所切割的表面与基准面之间的相对位置精度。常用的找正方法有:

① 用百分表找正

用磁力表架将百分表固定在丝架或其他位置上,百分表的测量头与工件基面接触,往复移动工作台,按百分表指示值调整工件的位置,直至百分表指针的偏摆范围达到所要求的数值。找正应在相互垂直的三个方向上进行。

② 划线法找正

工件的切割图形与定位基准之间的相互位置精度要求不高时,可采用划线法找正。用固定在丝架上的划针对准工件上划出的基准线,往复移动工作台,目测划针、基准间的偏离情况,将工件调整到正确位置。

3) 电极丝的选择和调整

(1) 电极丝的选择

电极丝应具有良好的导电性和抗电蚀性,抗拉强度高、材质均匀。常用电极丝有钼丝、钨丝、黄铜丝和包芯丝等。钨丝抗拉强度高,直径在 0.03~0.1 mm 范围内,一般用于各种窄缝的精加工,但价格昂贵。黄铜丝适合于慢速加工,加工表面粗糙度和平直度较好,蚀屑附着少,但抗拉强度差,损耗大,直径在 0.1~0.3 mm 范围内,一般用于慢速单向走丝加工。钼丝抗拉强度高,适用于快速走丝加工,所以我国快速走丝机床大都选用钼丝作电极丝,钼丝直径在 0.08~0.2 mm 范围内。

电极丝直径应根据切缝宽窄、工件厚度和拐角尺寸大小来选择。若加工带尖角、窄缝的小型模具,宜选用较细的电极丝;若加工大厚度工件或大电流切割时应选较粗的电极丝。

(2) 穿丝孔和电极丝切入位置的选择

穿丝孔是电极丝相对工件运动的起点,同时也是程序执行的起点,一般选在工件上的基准点处。为缩短开始切割时的切入长度,穿丝孔也可选在距离型孔边缘 2~5 mm 处,如

图 7-21(a)所示。加工凸模时,为减小变形,电极丝切割时的运动轨迹与边缘的距离应大于5 mm,如图 7-21(b)所示。

（3）电极丝初始位置的确定

在线切割加工中,需要确定电极丝相对工件的基准面、基准线或基准孔的坐标位置。对加工要求较低的工件,可直接目测来确定电极丝和工件的相互位置,也可借助于 2~8 倍放大镜进行观测。也可采用火花法,即利用电极丝与工件在一定间隙下发生放电的火花,来确定电极丝的坐标位置。

对加工要求较高的零件,可采用电阻法,利用电极丝与工件基面由绝缘到短路接触瞬间两者间电阻突变的特点,来确定电极丝相对工件基准的坐标位置。

微处理器控制的数控电火花线切割机床,一般具有电极丝自动找中心坐标位置的功能,其原理如图 7-22 所示。设 P 为电极丝在穿丝孔中的起始位置,先向右沿 x 坐标进给,当与孔的圆周点 A 接触后,立即反向进给并开始计数,直至和孔周边的另一点 B 点接触,再反向进给 1/2 距离,移动至 AB 间的中点位置 C;然后再沿 y 坐标进给,重复上述过程,最后在穿丝孔的中心 O 点停止。

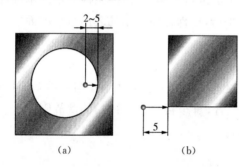

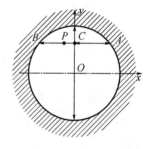

图 7-21　穿丝孔和电极丝切入位置的选择　　图 7-22　电极丝自动对中心原理

4）电规准的选择

线切割加工一般都选用晶体管高频脉冲电源,利用单脉冲能量小、脉宽窄、频率高的电参数特性进行正极性加工。要求获得较好的表面粗糙度时,所选的电规准要小;若要求获得较高的切割速度,则脉冲参数要选大一些,但加工电流的增大受到电极丝截面积的限制,过大的电流将引起断丝。

加工大厚度工件时,为了改善排屑条件,宜选用较高的脉冲电压、较大的脉宽峰值电流,以增大放电间隙,帮助排屑和使工作液进入加工区。在容易断丝的场合(如切割初期加工面积小、工作液中电蚀产物浓度过高或是调换新钼丝时),都应增大脉冲间隙时间,减小加工电流,否则将会导致电极丝的烧断。

5）工艺尺寸的确定

线切割加工时,为了获得所要求的加工尺寸,电极丝和加工图形之间必须保持一定的距离,如图 7-23 所示。图中点划线表示电极丝中心的轨迹,实线表示型孔或凸模轮廓。编程时首先要求出电极丝中心轨迹与加工图形之间的垂直距离 ΔR（间隙补偿距离）,并将电极丝中心轨迹分割成单一的直线或圆弧段,求出各线段的交点坐标后,逐步进行编程。具体步骤如下:

（1）设置加工坐标系

根据工件的装夹情况和切割方向，确定加工坐标系。为简化计算，应尽量选取图形的对称轴线为坐标轴。

（2）补偿计算

选定电极丝半径 r，放电间隙 δ 和凸、凹模的单面配合间隙 $Z/2$，则加工凹模的补偿距离为 $\Delta R_1 = r + \delta$，如图 7-23(a)所示。加工凸模的补偿距离 $\Delta R_2 = r + \delta - Z/2$，如图 7-23(b)所示。

（3）将电极丝中心轨迹分割成平滑的直线和单一的圆弧线，按型孔或凸模的平均尺寸计算出各线段交点的坐标值。

电火花线切割加工工艺上还有一些部分要作合理安排，例如，要选择合理的切割路线，如图 7-24 所示，其中图 7-24(a)的切割路线是错误的，按此加工，切割完第一道工序，继续加工时，由于原来主要连接的部位被割离，余下的材料与夹持部分连接少，工件刚度大为降低，容易产生变形，从而影响加工精度。按图 7-24(b)的切割路线加工，可减少由于材料割离后残余应力重新分布而引起的变形。所以，一般情况下，最好将工件与其夹持部分分割的线段安排在切割总程序的末端。

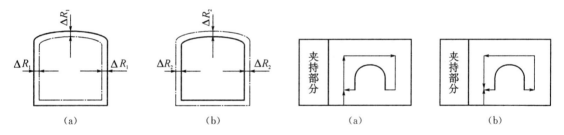

图 7-23　电极丝和加工图形之间间隙补偿　　　图 7-24　切割路线的确定

图 7-25 所示的由外向内顺序的切割路线，通常在加工凸模类零件时采用，但坯件材料被切割，会在很大程度上破坏材料内部应力平衡状态，使材料发生变形。图 7-25(a)是不正确的方案，图 7-25(b)的安排较为合理，但仍存在变形。因此，对于精度要求较高的零件，最好采用图 7-25(c)的方案。

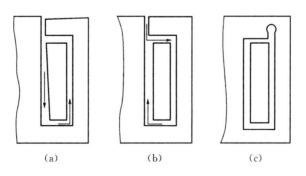

图 7-25　切割起点与切割路线安排

切割孔类工件时，为减小变形，可采用两次切割法，如图 7-26 所示。第一次粗加工型孔,诸边留量为 0.1～0.5 mm,以补偿材料原来的应力平衡状态受到的破坏,第二次切割为精加工,这样可以达到较满意的效果。

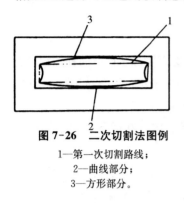

图 7-26　二次切割法图例
1—第一次切割路线;
2—曲线部分;
3—方形部分。

6)工作液的选配

工作液对切割速度、表面粗糙度、加工精度等都有较大影响,加工时必须正确选配。常用的工作液主要有乳化液和去离子水。

(1)慢速走丝线切割加工,目前普遍使用的工作液是去离子水。为了提高切割速度,在加工时还要加进有利于提高切割速度的导电液,以增加工作液的电阻率。加工淬火钢时,要使工作液电阻率在 $2\times10^4\ \Omega\cdot cm$ 左右;加工硬质合金时,要使工作液电阻率在 $30\times10^4\ \Omega\cdot cm$ 左右。

(2)对于快速走丝线切割加工,目前最常用的工作液是乳化液,乳化液是由乳化油和工作介质配制(浓度为 5%～10%)而成的。工作介质可用自来水,也可用蒸馏水、高纯水和磁化水。

2. 加工工艺指标

电火花线切割加工工艺指标主要包括切割速度、表面粗糙度、加工精度,此外,放电间隙、电极丝损耗和加工表面变质层也是反映加工效果的重要指标。而要取得高的加工工艺指标,需要合理选择加工工艺和加工工艺参数。

在电火花线切割加工中影响工艺指标的因素很多,并且这些因素的影响是相互关联和相互矛盾的。

加工速度与脉冲电源波形及诸多电参数有直接关系,它随单个脉冲放电能量的增加和脉冲频率的提高而提高。然而,有时受到加工条件和其他因素的制约,单个脉冲放电能量不能太大,因此,提高加工速度,除了要合理选择脉冲电源的波形和电参数外,还要注意其他因素的影响。例如要注意工作液的种类、浓度、清洁度和喷液情况的影响,电极丝的材料、直径、走丝速度和抖动情况的影响,工件材料和厚度的影响,加工进给速度、稳定性和机械传动精度的影响等,以便在两极间维持最佳的放电条件,提高脉冲利用率,得到较高的加工速度。

表面粗糙度主要取决于单个脉冲放电能量的大小,但电极丝的走丝速度和抖动情况、机械传动精度、进给速度等对表面粗糙度的影响也很大。电极丝张力不足,将出现丝松、抖动或弯曲,影响加工表面粗糙度。电极丝的张力要选得恰当,使之在放电加工中受热作用和发生损耗后不易断,条件允许时张力大些为好。机械传动精度,包括工作台的运动精度和电极丝的运动精度,都会直接影响加工表面粗糙度。对于高速走丝线切割加工,为消除黑白交错相间的条纹,除选择合理的脉冲间隔和进给速度外,还可以采用能够改变导轮距离的活动线架,缩短导轮与工件端面的距离,减少电极丝的抖动,或者采取电极丝单方向运动加工的办法,或者采取在工件两端同时加上一定厚度的其他材料的办法等来提高加工表面粗糙度。

加工精度受机械传动精度影响大,机床坐标工作台的传动精度和电极丝在放电间隙的运动位置精度都直接影响加工精度。此外,电极丝的直径、放电间隙的大小、加工进给控制的稳定性、工作液喷流量的大小和喷流角度等都会影响加工精度。

　　诸因素对加工速度、表面粗糙度和加工精度的影响关系如图 7-27 所示。其中各因素的影响往往是相互依赖，又相互制约的，在具体加工时，要综合考虑诸因素对工艺指标的影响，充分发挥电火花线切割加工设备的作用。

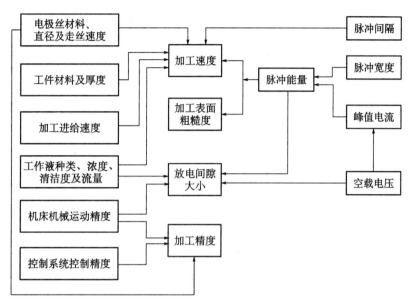

图 7-27　电火花线切割加工各因素对工艺指标的影响关系

7.1.5　电火花线切割加工实例

　　在教学中选择特型的标志物"宝塔"为教学实例，在数控电火花高速走丝线切割机床上进行加工。

1. 相关夹具知识介绍

万能分度头（FW100）：

（1）功用：可进行任意等分的分度。使工件作水平、倾斜、垂直等位置的装夹。

（2）结构：基座、回转体、主轴、挂轮轴、刻度环（0°～360°）、分度盘（多种孔数）等。

（3）传动系统：主要是单头蜗杆与 60 齿的蜗轮传动。

（4）分度方法：简单分度法、角度分度法等。

（5）应用：$n = N/Z$（N——分度头的定数；Z——零件的等分数；n——手柄的转数）。

2. 绘图式自动编程（HF 系统）

（1）确定编程的坐标原点（方便、简化计算）；

（2）辅助线及轨迹线的结合运用（快捷）；

（3）程序的走向及起点的选择（钼丝自塔尖切入，增强安全意识）；

（4）确定丝径的补偿值及方向 $\left(f = \dfrac{1}{2}\phi + \delta \right.$，$f$——补偿值；$\delta$——放电间隙；$\phi$——电极丝直径）；

（5）附加程序的应用（避免分度时发生干涉）；

（6）检测、模拟及修改。

3. 加工前的准备

（1）调整脉冲电源的电参数；

（2）调整电极丝的垂直度；

（3）检查超程开关和换向开关是否安全可靠；

（4）确认工作液是否足够，水管和喷嘴是否通畅；

（5）定时注入规定的润滑油；

（6）每段程序切割完毕后，检查 X、Y 坐标工作台的手轮刻度是否与指令规定的坐标相符，以确保高精度零件加工的顺利进行。

4. 加工中的注意事项

（1）附加程序的应用（要超出模板尺寸）；

（2）分度头的应用（灵活选择计算方法）；

（3）分度时的准确性（消除蜗轮蜗杆的间隙）；

（4）电火花线切割加工与机械切削加工的区别（可不按顺序等分加工）；

（5）对电参数作相应的调整（去除材料的面积不同）。

5. 加工过程

钼丝自塔尖切入，在 X、Y 轴向按宝塔轮廓在水平面内的投影二轴数控联动，切割到宝塔底部后，钼丝离开工件，移动距离大于模板尺寸，空走回塔尖，工件作八等分分度，此时分度手柄应在 30 的孔圈上转过 7 圈又 15 个孔间距，再进行第二次切割。这样共分度 7 次，切割 8 次即可切割出图 7-28 所示的八角宝塔形状，最后割断。图 7-29 为创作、加工的部分工艺品。

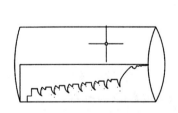    

图 7-28 数控二轴联动加分度线切割加工宝塔　　　　**图 7-29 最终作品效果**

6. 线切割加工工艺及其扩展应用

通过学习分度头在线切割中的应用，同学们可以了解分度头的操作方法和工作原理，拓展他们的工艺知识，培养将分度头和线切割机床结合应用加工的能力。如果将直线移动与圆周转动实现联动，会形成更加特殊的曲线，目前高校普遍使用的是经济型的数控线切割机床，它有一定的局限性，在普通的数控高速走丝电火花线切割机床上增加一个数控回转工作台附件，工件装在用步进电动机驱动的回转工作台上，采用数控移动和数控转动相结合的方式编程，用 θ 角方向的单步转动来代替 Y 轴方向的单步移动，即可完成回转运动和直线运动两轴插补加工。数控转动和移动实现联动加工的螺旋槽，图 7-30 为工件数控转动

θ 和 X 轴插补联动加工多维复杂曲面实例的示意图。

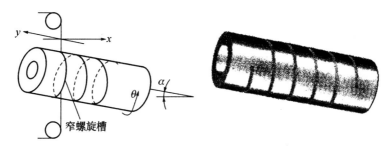

图 7-30 数控转动和移动实现联动加工的螺旋槽

7.2 电火花成型加工

7.2.1 电火花成型加工的工作原理及特点

电火花成型加工时,工具和工件之间产生脉冲性的火花放电,同时工具电极不断向工件进给,就可将工具形状复制在工件上,加工出满足尺寸、形状及表面质量等加工要求的零件。

1. 电火花成型加工的工作原理

图 7-31 是电火花成型机床的工作原理示意图。工件与工具电极分别与脉冲电源的两个输出端相连接。自动进给调节装置使工具电极和工件之间保持一个很小的放电间隙。当脉冲电压加到两极之间,便在当时条件下相对某一间隙最小处或绝缘强度最低处击穿介质,在该局部产生火花放电,瞬时高温使工具和工件表面都蚀除掉一小部分金属,各自形成一个小凹坑。脉冲放电结束后,经过一段时间间隔,极间工作液恢复绝缘,第二个脉冲电压又加到两极上,重复上述放电过程。如此连续不断地重复放电,工具电极不断地向工件进给就可以将工具的形状复制在工件上,加工出所需要的零件。整个加工表面由无数个小凹坑所组成。

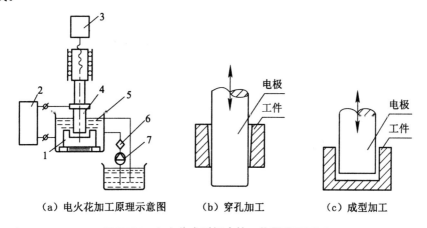

（a）电火花加工原理示意图　　（b）穿孔加工　　（c）成型加工

图 7-31 电火花成型机床的工作原理示意图

1—工件　2—脉冲电源　3—自动调节装置　4—电极　5—工作液　6—过滤器　7—工作液泵

2. 电火花成型加工的特点

与传统金属切削加工相比,电火花成型加工具有如下特点:

(1) 适合于难切削材料的加工。由于材料的蚀除是靠放电的电热作用实现的,材料的可加工性主要取决于其导电性和热学特性(如熔点、导热系数等),而几乎与其力学性能(如强度、硬度等)无关。这样可以突破传统切削加工对刀具的限制,可以实现用软的工具加工硬韧的材料。

(2) 可以加工特殊及复杂形状的零件。采用成型电极进行无切削力加工,可实现低刚度工件加工及微细加工。

(3) 电极相对工件做简单的运动(如单轴数控系统),就可将工具电极的形状复制到工件上,因此电火花成型加工特别适合于复杂表面形状工件的加工。若采用自动控制使电极相对工件做复杂的运动(如多轴数控系统),就可实现用简单的电极加工复杂形状的零件。

(4) 易于实现加工过程自动化。由于电火花成型加工是直接利用电能加工,而电参数较机械量易于进行数字控制、适应控制、智能化控制和实现无人化操作等。

(5) 一般只能用于加工金属等导电材料,只有在特定条件下才能加工半导体和非导电材料。

(6) 加工速度一般较慢,效率较低。且最小角部半径有限制,一般电火花加工能得到的最小角部半径等于加工间隙(0.02~0.3 mm)。

(7) 存在电极损耗,且电极损耗集中在尖角或底面,影响成型精度。

3. 电火花成型加工的应用范围

由于电火花成型加工具有许多传统切削加工所无法比拟的优点,因此其应用领域日益扩大,目前已广泛应用于机械(特别是模具制造)、宇航、航空、电子、电机、电器、精密微细机械、仪器仪表、汽车、轻工等行业,以解决难加工材料及复杂形状零件的加工问题。其加工范围小至几十微米的小轴、孔、缝,大到几米的超大型模具和零件。

电火花成型加工具体应用在高硬脆材料、各种导电材料的复杂表面、微细结构和形状、高精度和高表面质量的加工中。

7.2.2 电火花成型机床的基本组成及其作用

电火花成型机床主要由机床本体、控制系统、脉冲电源和工作液循环过滤系统组成。

1. 机床本体

机床本体由主轴头、工作台、床身和立柱等部件组成。

1) 主轴头

(1) 主轴头是装夹电极并完成预定运动的机构,是电火花成型机床中最关键的部位,对加工工艺指标影响极大。

(2) 主轴头主要由进给系统、导向防扭机构、电极装夹及其调节环节组成。

(3) 主轴头要求能承受一定的负载,有一定的轴向和侧向刚度及精度,有足够的进给和回升速度,主轴运动的直线性和防扭转性能要好,灵敏度要高,无爬行现象。

(4) 主轴头通过自动调节装置(伺服电动机、滚珠丝杠螺母副等)的带动在立柱上作升降运动,以改变电极和工件之间的间隙。

2）工作台

工作台用来支承和装夹工件,并可作纵向和横向进给。分别由伺服电动机经滚珠丝杠驱动来改变电极和工件的相对位置,运动轨迹是靠数控系统通过程序控制实现的。工作台上装有工作液槽,用来容纳工作液,使电极和工件浸泡在工作液中,起到冷却和排屑的作用。

3）床身和立柱

床身和立柱是机床的基础结构,由它们确保电极与工作台、工件之间的相互位置。其精度高低对加工有直接的影响。因此要求床身和立柱的结构合理,有较高的刚度,能承受主轴的负重,还应有较好的精度保持性。

2. 控制系统

控制系统可完成加工的自动进给调节并对机床实现单轴或多轴控制。

1）自动进给调节系统

自动进给调节系统就是用来改变、调节主轴头（工具电极）的进给速度,使进给速度接近并等于电腐蚀速度,维持一定的放电间隙,使放电加工稳定进行,获得比较好的加工效果。放电间隙必须在一定的范围内,间隙过大就不能使放电介质被击穿,过小则容易发生短路。同时,电火花加工是个动态过程,由于粗、精加工的放电间隙随所选电参数的不同而有所变化,需要电极频繁地靠近和离开工件,以便于排渣。而这种运动是无法用手动来控制的,必须由自动进给调节系统来自动控制电极的运动。

2）电火花加工单轴数控系统

单轴数控电火花成型机床只能控制单个轴（往往控制 Z 轴）的运动。自动进给调节系统一方面始终保持电极和工件间的合理间隙,另一方面沿 Z 轴控制主轴头（工具电极）相对工件进给,加工范围小。

3）电火花加工多轴数控系统

可以对机床的 X、Y、Z 及 C 轴等多个坐标轴进行数字控制,电极和工件之间的相对运动就可以复杂,以满足各种复杂型腔和型孔的加工。

3. 脉冲电源

脉冲电源的作用是把工频交流电转换为具有一定频率的单向脉冲电源,以提供火花放电所需的能量。脉冲电源对电火花成型加工的生产率、表面粗糙度、加工速度、加工过程的稳定性和电极丝的损耗等有很大的影响。

4. 工作液循环过滤系统

如图 7-32 所示,工作液循环过滤系统由工作液箱、工作液泵、容器、过滤器、管道和阀等组成,其作用是强迫一定压力的工作液流经放电间隙将电蚀产物排出,并且对使用过的工作液进行过滤和净化。

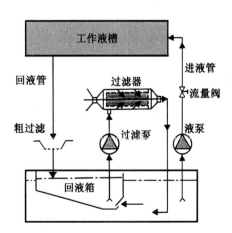

图 7-32　工作液循环过滤系统

放电间隙中的电蚀产物除了靠自然扩散、定期抬刀以及使工具电极附加振动等方法排除外,常采用使工作液强迫循环的方法加以排除。强迫循环的方式有冲油式和抽油式两种,如图 7-33 所示。其中图 7-33(a)、(c)所示为冲油式。冲油是把经过过滤的清洁工作液经液压泵加压,强迫冲入电极与工件之间的放电间隙里,将放电蚀除的电蚀产物随同工作液一起从放电间隙中排除,以达到稳定加工。但电蚀产物仍通过加工区,会稍影响加工精度。冲油较易实现,排屑冲刷能力强,在型腔加工中大都采用这种方式,可以改善加工的稳定性。图 7-33(b)、(d)所示为抽油式,抽油压力略大于冲油压力,排屑能力不如冲油式,但可获得较高的精度和较小的表面粗糙度。在加工过程中,分解出来的气体易积聚在抽油回路的死角处,遇电火花引燃会爆炸"放炮",因此一般较少使用。图 7-33(a)、(b)所示方法常用于盲孔加工。

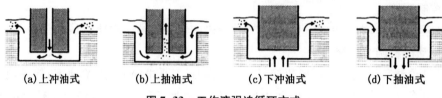

(a)上冲油式　　(b)上抽油式　　(c)下冲油式　　(d)下抽油式

图 7-33　工作液强迫循环方式

工作液过滤装置常用介质过滤器,使用时应注意滤芯堵塞程度,做到及时更换。

7.2.3　电火花成型加工机床的型号及主要技术参数

1. 电火花成型加工机床的型号

电火花加工机床既可用于穿孔加工,又可用于成型加工,因此从 1985 年起,国家把电火花穿孔成型加工机床定名为 D71 系列,机床型号由汉语拼音字母和阿拉伯数字组成,以表示机床的类别、特性和基本参数。

例如,数控电火花线切割机床型号 DK7132 的含义为:

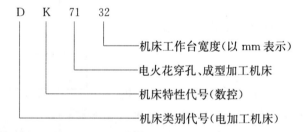

2. 电火花成型加工机床的主要技术参数

电火花成型加工机床的主要技术参数有:工作台行程(纵向行程×横行行程)及最大承载质量、主轴头行程、工具电极的最大质量及连接尺寸以及工作液槽尺寸等。

7.2.4　电火花成型加工的工艺指标及其影响因素

1. 电火花成型加工的工艺指标

1)加工速度和电极损耗

电火花加工时,工具和工件同时遭到不同程度的电蚀,单位时间内工件的电蚀量称为加工速度,单位时间内工具的电蚀量称为损耗速度。

加工速度一般采用单位时间内工件被蚀除的体积来表示,单位为 mm³/min。为便于测量,也可用单位时间内被蚀除的质量来表示,单位为 g/min。在实际生产中衡量工具电极是否耐损耗,不只是看工具损耗速度 $V_{工具}$,还要看同时能达到的加工速度 $V_{工件}$。因此,采用相对损耗 θ 作为衡量工具电极耐损耗的指标。即:

$$\theta = V_{工具} / V_{工件} \times 100\%$$

2) 表面质量

电火花加工表面质量包括表面粗糙度、表面变质层和表面机械性能三项指标。

(1) 表面粗糙度:电火花加工后的表面,由脉冲放电时所形成的大量无方向性的凹坑和硬凸边叠加而成,通常用微观轮廓平面度的算术平均差 Ra 值来衡量,单位为 μm。与机械加工表面(存在切削和磨削痕迹,具有方向性)相比,在相同的表面粗糙度和有润滑油的情况下,电火花加工后表面的润滑性能和耐磨损性能均比机械加工表面好。

(2) 表面变质层:在火花放电的瞬时高温和工作液的快速冷却作用下,材料表面层的化学成分和组织结构发生很大变化,形成表面变质层。表面变质层与基体的结合不牢固,容易剥落而磨损。

(3) 表面机械性能:电火花加工表面由于受到瞬时高温作用并迅速冷却而产生拉压力,往往会出现显微裂纹,因此其耐疲劳性能比机械加工表面低许多。

3) 加工精度

加工精度指加工后工件的尺寸、几何形状精度(如直线度、平面度等)和相互位置精度(如平行度、垂直度等)。

2. 影响三大工艺指标的因素

影响电火花成型加工三大工艺指标的因素如下:

1) 影响加工速度和电极损耗的主要因素

要想获得较高的加工效率和较低的工具电极损耗,必须综合考虑电参数、电极材料、工作液以及加工过程中的各种效应等因素。

(1) 极性效应

在电火花加工过程中,无论是正极还是负极,都会受到不同程度的电蚀。即使是相同的材料,用作正或负电极时的电蚀量也是不同的。这种单纯由于正、负极性不同而使电蚀量不同的现象叫作极性效应。

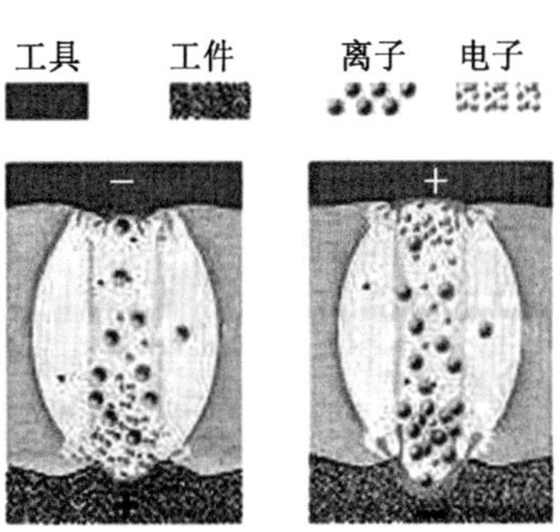

产生极性效应是因为火花放电时,正、负电极表面分别受到负电子和正离子的轰击和瞬时热源的作用,在两极表面所分配到的能量不一样,因而熔化、汽化抛出的电蚀量也不一样。如图 7-34(a)所示,在短脉冲(脉冲宽度小于 15 μs)击穿放电的情况下,由于电子的质量和惯性均小,容易获得很高的加速度和速度,很快就有大量的电子奔到正极,轰击正极表面,使正极材料迅速熔

（a）短脉冲放电　（b）长脉冲放电

图 7-34 极性效应

化和汽化。而离子由于质量和惯性均大,起动和加速较慢,在短时间内大多数正离子来不及到达负极表面,轰击负极表面的只有小部分离子。所以短脉冲加工时,电子轰击的作用大于离子轰击的作用,正极的蚀除速度将大于负极,这时工件应接正极,工具应接负极,称之为正极性加工。正极性加工的电极相对损耗难以低于 10%。

在长脉冲加工的情况下,如图 7-34(b)所示,质量和惯性大的正离子有足够的时间加速,到达和轰击负极表面的离子数随放电时间的增长而增多。由于正离子的质量大,对负极表面轰击破坏的作用强,因此负极的蚀除速度将大于正极,这时工件应接负极,工具应接正极,称之为负极性加工。负极性加工的电极相对损耗随脉冲宽度的增加而减少,当脉冲宽度大于 120 μs 后,电极相对损耗将小于 1%,可以实现低损耗加工。

（2）电参数

电参数包括脉冲电源矩形波的脉冲幅值、脉冲宽度和脉冲间隔。在一定范围内,单个脉冲对正极或负极的蚀除量与单个脉冲的能量成正比。图 7-35 表明了脉冲宽度、脉冲间隔和脉冲幅值对加工速度和电极损耗的影响。

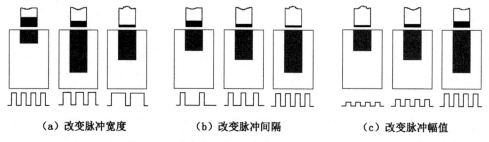

|（a）改变脉冲宽度|（b）改变脉冲间隔|（c）改变脉冲幅值|

图 7-35　电参数对加工速度和电极损耗的影响

从图 7-35(a)、(c)中可以看出:增加脉冲宽度和增加脉冲幅值均能增加单个脉冲的能量,提高加工速度;从图 7-35(b)可以看出,减小脉冲间隔可以提高脉冲频率,使单位时间内放电的次数增加,从而提高加工速度。实际生产时要考虑这些因素之间的相互制约关系和它们对其他工艺指标的影响。例如,脉冲间隔过短,电蚀产物来不及排除,放电间隙来不及充分消电离,将产生电弧放电;随着单个脉冲能量的增加,一次放电蚀除的凹坑也就越大,表面粗糙度值也随之增大等。

（3）金属材料热学常数

金属材料热学常数指材料的熔点、沸点、热导率、比热容、熔化热和汽化热等。当脉冲放电能量相同时,金属的熔点、沸点、比热容、熔化热和汽化热越高,电蚀量将越小,越难加工;另外,热导率越大的金属,由于较多地把瞬间产生的热量传导散失到其他部位,因而本身的蚀除量降低了。

在单个脉冲能量一定时,材料的热学常数和脉冲宽度综合影响着电蚀量。各种金属材料都存在一个使其电蚀量最大的最佳脉宽。并且由于各种金属的热学常数不同,故获得最大电蚀量的最佳脉宽还与脉冲电流幅值有相互匹配的关系,它将随脉冲电流幅值的改变而变化。脉冲电流幅值越小,脉冲宽度越长,散失的热量也越多,电蚀量反而会减少,见图 7-35(a)。反之,脉冲电流幅值越大,脉冲宽度越短,热量集中而来不及传导扩散,虽然散失的热量减少,但抛出的金属中汽化部分比例增大,多耗用不少汽化热,电蚀量也会降低。

因此,当采用不同的工具、工件材料时,正确地选择极性,并将脉冲宽度选在工件材料的最佳脉宽附近,既可以获得较高的生产率,又可以获得较低的工具损耗,有利于实现"高效低损耗"加工。

(4) 吸附效应

采用含碳氢化合物的工作液(如煤油)时,在放电过程中将发生热分解并形成带负电荷的碳胶粒。电场力使碳胶粒吸附在正极表面上,在一定条件下可形成具有一定强度和厚度的化学吸附层,称为炭黑膜。由于碳的熔点和汽化点很高,可对电极起到保护和补偿作用,可实现电极"低损耗"加工。

由于炭黑膜只能在正极表面形成,因此,要利用炭黑膜的补偿作用来实现电极的低损耗,必须采用负极性加工。实验表明,当峰值电流、脉冲间隔一定时,炭黑膜的厚度随脉宽的增加而增加,电极损耗减小,见图 7-35(a)。当峰值电流、脉冲宽度一定时,炭黑膜的厚度随脉冲间隔的增加而减薄,电极损耗增加,见图 7-35(b)。此外,冲、抽油会使吸附效应减弱,要注意加工过程中冲油或抽油的压力不要过大。

(5) 电极材料

要减少工具电极损耗,还应选用合适的材料。钨、钼的熔点和沸点较高,但机械加工性能不好,而且价格又贵,所以除用作线切割的电极丝外,很少采用。铜的熔点虽然较低,但其导热性好,因此损耗也较小,而且易于机械加工,能制成各种精密、复杂的电极,常作为中、小型腔加工的工具电极。石墨电极不仅热学性能好,而且在长脉冲粗加工时能吸附碳胶粒来补偿电极损耗,所以相对损耗很低,目前已广泛用作型腔加工的电极。

2) 影响表面质量的主要因素

(1) 电参数

对表面粗糙度和显微裂纹的影响最大的是脉冲能量。

电火花加工的表面粗糙度和加工速度之间存在很大的矛盾。单个脉冲放电的能量越大,一次放电蚀除的凹坑也就越大,加工速度就越快,但表面粗糙度值也越大,从而使表面粗糙度恶化。

同时,脉冲能量越大,显微裂纹就越宽、越深。脉冲能量很小时(例如 $Ra < 1.25\ \mu m$),一般不出现显微裂纹。不同的工件材料对显微裂纹的敏感性也不同,硬质合金等硬脆材料容易产生表面显微裂纹。工件预先的热处理状态对裂纹产生的影响也很明显,加工淬火材料要比加工淬火后回火或退火的材料容易产生裂纹,因为淬火材料脆硬,原始内应力也较大。

(2) 工件和工具电极材料

工件材料对表面粗糙度有影响。熔点高的材料(如硬质合金),单脉冲形成的凹坑较小,在相同能量下加工的表面粗糙度要比熔点低的材料(如钢)好,但加工速度会相应下降。

精加工时,工具电极的表面粗糙度将影响加工粗糙度。由于石墨电极很难加工出非常光滑的表面,因此与紫铜电极相比,石墨电极的加工表面粗糙度较差。

3）影响加工精度的主要因素

影响电火花加工精度的因素除了机床本身的各种误差以及工件和工具电极的定位、安装误差外，主要还有放电间隙的大小及其一致性、工具电极的损耗及其稳定性。

（1）放电间隙的大小及其一致性

电火花加工时，工具电极与工件存在着一定的放电间隙。间隙的大小对加工精度有影响，尤其是复杂形状的加工表面，其棱角部位强度分布不均，放电间隙越大，对加工精度的

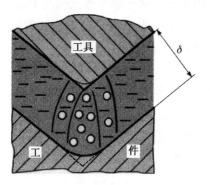

图 7-36　放电间隙等距性对尖角加工时的影响

影响越严重。如图 7-36 所示，在电极的尖角处，由于放电间隙的等距性，工件上只能加工出以尖角顶点为圆心、放电间隙 δ 为半径的圆弧。放电间隙越大，圆弧半径越大。实际加工中，电极上的尖角本身因尖端放电蚀除的概率大而损耗成圆角，这样，电极的尖角很难精确地复制在工件上。因此，为了减少加工误差，提高仿型精度，应采用较小的加工规准，缩小放电间隙。

放电间隙的一致性对加工精度也有影响。如果加工过程中放电间隙保持不变，则可通过修正工具电极的尺寸对放电间隙进行补偿，以获得较高的加工精度。然而，放电间隙的大小实际上是变化的，影响着加工精度。

（2）工具电极的损耗及其稳定性

工具电极的损耗对工件尺寸精度和形状精度都有影响。加工过程中电极下端部加工时间长，绝对损耗大，易出现上大下小的"喇叭口"。电火花穿孔加工时，电极可以贯穿型孔而补偿电极的损耗，型腔加工时则无法采用这种方法。精密型腔加工时常采用更换电极的方法补偿电极的损耗。

此外，电蚀产物的介入，使已加工表面在后续的放电过程中再次进行非必要的放电，这种现象称为"二次放电"现象，它使加工深度方向产生斜度，使加工棱角棱边变钝。

为保证加工精度，对电极的设计和制作有着较为严格的要求。例如对于加工凹模的工具电极，有以下要求：

① 工具尺寸精度和表面粗糙度比凹模高一级，一般精度不低于 IT7，表面粗糙度 $Ra <$ 1.25 μm，且直线度、平面度和平行度在 100 mm 长度上不大于 0.01 mm。

② 工具电极应有足够的长度，使其在端部磨损后仍有足够的修光长度。若加工硬质合金，由于电极损耗较大，电极还应适当加长。

③ 工具电极的截面轮廓尺寸除要考虑配合间隙外，还要考虑比预定加工的型孔尺寸均匀地缩小一个火花放电间隙。

7.2.5　电火花成型机床的操作

1. 电火花成型机床的加工步骤及要求

电火花成型机床的加工分为工具准备、工件准备、选取工作液循环方式、电规准的选择

及转换、程序编制、工件加工和精度检验等几个步骤。

1）工具准备

（1）正确地选择极性

工具电极的一般选用原则是：

① 铜电极对钢，或钢电极对钢，采用负极性加工，即工具电极接"＋"极。

② 铜电极对铜，石墨电极对铜，或石墨电极对硬质合金，采用正极性加工，即工具电极接"－"极。

③ 石墨电极对钢，加工 R_{max} 在 15 μm 以下的孔，采用正极性加工，工具接"－"极；加工 R_{max} 在 15 μm 以上的孔，采用负极性加工，工具接"＋"极。

④ 铜电极对硬质合金，工具接"＋"或"－"极都可以。一般长脉冲粗加工时选正极性加工，短脉冲精加工时选负极性加工。

（2）工具电极工艺基准的校正

工具电极的安装精度会直接影响加工的形状精度和位置精度，所以其安装至关重要。电火花成型机床的主轴伺服进给方向一般都垂直于工作台，因此，工具电极的工艺基准必须平行于机床主轴头的垂直坐标。否则就可能导致加工出来的形状不符合要求，或出现位置偏差。具体校正方法如下：

① 若电极柄定位面与工具电极使用同一工艺基准，可将电极柄直接固定在主轴头的定位元件上，从而使工具电极自然校正。

② 若无柄电极的水平定位面与工具电极的成型部位使用同一工艺基准，可将工具电极的水平定位面贴置于主轴头的水平基面，工具电极即实现了自然校正。

③ 若工具电极柄或水平面均未与工具电极的成型部位采用同一工艺基准，则必须采取人工校正。一般都要通过杠杆百分表来对电极的 X、Y 方向找正，同时还要对它的 C 方向找正。要求工具电极上有垂直基准面或水平基准面。校正时，将千分表或百分表顶压在工具电极的工艺基准面上，通过移动坐标（垂直基准校正移动 Z 坐标，水平基准校正移动 X 和 Y 坐标），观察表上读数的变化估计误差值，不断调整主轴头上的万向装置调节螺栓（见图 7-37），直到校正为止。

图 7-37　主轴头万向装置
1—X 坐标方向调节螺栓；
2—Y 坐标方向调节螺栓；
3—C 坐标方向调节螺栓

2）工件准备

（1）工件的预加工

由于电火花加工效率较低，工件（凹模）型孔部分要加工预孔，并留适当的电火花加工余量。余量的大小应能补偿电火花加工的定位、找正误差和机械加工误差。一般情况下，型腔的侧面余量为 0.3～1.5 mm，底面余量以 0.2～0.7 mm 为宜，并力求均匀。对形状复杂的型腔，余量要适当加大。

（2）工件的安装

工件的安装就是使工件在机床上有准确且固定的位置，使之利于加工和编写程序。安装时,一定要将工件固定,以免在加工时出现振动或移动,从而影响加工精度。

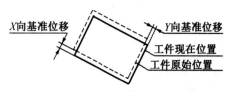

图 7-38　工件基准面与坐标轴不平行

在安放工件时要尽量使工件的基准面与工作台坐标轴的方向平行,如图 7-38 所示是不正确的安装方法,该方法在移动工作台的 Y 坐标时,不仅移动了 X 向基准,而且也相应地移动了 Y 向基准,这样操作既麻烦,又增加了出错的机会。要尽量考虑用基准面作为定位面,从而省去烦琐的计算,达到简化编程的目的。

（3）工件与工具电极的找正

工具电极和工件的工艺基准校正后,必须将二者的相对位置对正(找正),才能在工件上加工出准确的型孔。对正作业是在 X、Y 和 C 坐标三个方向上完成的。C 坐标(即极坐标)的转动用于调整工具电极的 X 和 Y 向基准与工件 X 和 Y 向基准之间的角度误差。

若工件和工具电极都具有垂直基准面,则可采用靠模法实现工件与工具电极的找正。所谓的靠模,就是让数控装置引导伺服驱动装置驱动工作台或电极,使工具电极和工件的垂直基准相对运动并且接触,从而以数字显示的方式显示出工件相对于电极的位置的一种方法。

在移动 X、Y 坐标之前需先转动 C 坐标,使工具电极在水平面内转过某一角度,以使工具电极的 X、Y 基准与工件一致,然后通过靠模来实现工具电极和工件之间的准确定位。靠模之后,我们就知道电极当前的位置,然后计算出加工位置距当前位置的距离,直接把电极移动相应的距离即可进行编程加工。如果加工位置正好在工件的中点或中心,则可以通过靠模然后启动自动移到中点或直接启动自动寻心即可。

3）选取工作液循环方式

放电加工时放电间隙中的电蚀产物必须及时排除,以免电蚀产物过多而引起已加工的侧表面间"二次放电",从而影响加工精度。常用的电蚀产物排除方法有定时抬刀法、喷射法和冲抽油方法等。

4）电规准的选择及转换

电规准是指电火花加工过程中的一组电参数,如电压、电流脉冲宽度和脉冲间隔等。电规准选择正确与否,将直接影响模具加工工艺指标。应根据工件的要求、电极和工件的材料、加工工艺指标和经济效益等因素来确定电规准,并在加工中及时地转换。

大部分工件一般要依次转换采用粗、中、精几种规准,粗规准和精规准的正确配合,可以适当地解决电火花加工时的质量和生产率之间的矛盾。

（1）粗规准

对粗规准的要求是:生产效率高(不低于 $50 \text{ mm}^3/\text{min}$),工具电极的损耗小。所以,粗规准主要采用较大的电流(例如石墨电极加工钢时,最高电流密度为 $3\sim5 \text{ A/cm}^2$),较长的脉冲宽度($50\sim500 \mu s$),脉冲间隔取 $60\sim100 \mu s$(约为脉冲宽度的 $1/10\sim1/5$),采用铜电极时电极相对损耗低于 1%。

（2）中规准

中规准用于过渡性加工,以减少精加工时的加工余量,提高加工速度。转换中规准之

前的表面粗糙度 Ra 应小于 10 μm,否则将增加中精加工的加工余量和加工时间。中规准采用的脉冲宽度一般为 10～100 μs,脉冲间隔为 30～60 μs,电流峰值为 10～25 A。

（3）精规准

精规准用来最终保证模具所要求的配合间隙、表面粗糙度等质量指标,并在此前提下尽可能地提高生产率。故应采用小的峰值电流(小于 10 A),高的频率、短的脉冲宽度(一般为 2～20 μs),脉冲间隔为 10～30 μs(约为脉冲宽度的 2～5 倍)。

每次规准转换后的进给深度,应等于或稍大于上档规准形成的表面粗糙度值 R_{max} 的一半,或当加工表面刚好达到本档规准对应的表面粗糙度值时,就应及时转换电规准,这样既能达到修光的目的,又可使各档的金属蚀除量最少,得到尽可能高的加工速度和尽可能低的电极损耗。

一般电火花加工机床的生产厂家会根据工具电极、工件的材料、加工极性、脉冲宽度、峰值电流等主要参数对表面粗糙度、放电间隙、蚀除速度和电极损耗等工艺指标的影响,提供电规准选择的推荐值,可以按此来选择电火花加工的电规准。

5）程序编制、工件加工和精度检验

（1）程序编制

不同设备的程序编制的方法不同。具体的编程方法可参见机床操作说明书。一般是通过靠模找到编程原点,把编程原点的 X、Y 设为零,选择"程式编辑"的模式,将 Z 设为加工深度,按要求输入合适的电规准进行加工。

（2）工件加工

启动程序前,应仔细检查当前即将执行的程序是不是加工程序。程序运行时,应注意放电是否正常,工作液液面是否合理,火花是否合理,产生的烟雾是否过大。如果发现问题,应立即停止加工,检查程序并修改参数。

（3）精度检验

工件加工完毕后,用相应测量工具进行检测,检查是否达到加工要求。

常用的检测工具有:游标卡尺、深度尺、内径千分尺、塞规、卡规、三坐标测量机等,应针对不同的检测对象合理选用。

2. 电火花单工具电极直接成型法加工实例

单工具电极直接成型法主要用于加工深度很浅的浅型腔模,如各种纪念章、证章的花纹模,可在模具表面加工商标、厂标、中文、外文字母,以及工艺美术图案、浮雕等。除此以外,该方法也可用于加工无直壁的型腔表面。

1）工件准备

（1）工件名称

飞鹰工艺美术品模具,如图 7-39 所示。

（2）工件的技术要求

① 工件材料:45 号钢。

图 7-39 飞鹰

② 工件的形状尺寸:长 40 mm,宽 40 mm,深 2 mm。尺寸精度无严格要求,但要求型面清洁均匀。

（3）工件在电火花加工前的工艺路线

① 下料：刨、铣外形，上、下面留磨量。

② 磨：上、下面。

2）工具电极的准备

（1）工具电极的技术要求

① 电极材料：紫铜。

② 电极的尺寸：长 40 mm，宽 40 mm，厚 6 mm。

（2）电极在电火花加工前的工艺路线

① 下料：刨、铣外形，留线切割夹持余量。

② 线切割：编制数控程序，切割出电极外形。

③ 钳：在电极背面钻孔攻丝（螺纹孔尽量与电极重心重合），装电极柄。

3）工艺方法

单电极直接成型法。从模具背面空刀落料处进行放电加工。

4）装夹、校正、固定

（1）工具电极：以电极的下平行面为基准，在 X 和 Y 两个方向校平，然后予以固定。

（2）工件（凹模）：将工件平置于工作台平面，与工具电极对正然后予以固定。

5）加工规准

（1）线切割加工规准

脉冲宽度：8 μs，脉冲间隔：32 μs，脉冲幅值：80 V，平均加工电流：1 A。

（2）电火花加工规准

电火花加工分为粗、中、精三种电规准，见表 7-1。

表 7-1　飞鹰工艺美术品模具电火花加工规准

加工规准	脉冲宽度/μs	脉冲间隔/μs	平均加工电流/A	总进给深度/mm	表面粗糙度 Ra/μm	极性
粗规准	250	100	8	1.7	8	负
中规准	50	50	1.2	1.95	4	负
精规准	2	20	0.5	2.00	1.6	负

加工表面粗糙度 Ra 值为 1~1.6 μm，符合设计要求。

7.2.6 电火花高速小孔加工

1. 小孔加工的特点

小孔加工是电火花穿孔成型加工的一种应用。小孔加工的特点：

（1）加工面积小，深度大，直径一般为 0.05~2 mm，深径比达 20 以上。

（2）小孔加工为盲孔加工，排屑困难。

小孔加工时由于工具电极截面积小，容易变形，不易散热，排屑又困难，因此电极损耗大。工具电极应选择刚性好、容易矫直、加工稳定性好和损耗小的材料,如铜钨合金丝、钨丝、钼丝和铜丝等。加工时为了避免电极弯曲变形,还需设置工具电极的导向装置。

2. 电火花高速小孔加工原理

电火花高速小孔加工工艺是近几年发展起来的,其工作原理是采用管状电极,加工时电极做回转和轴向进给运动,管电极中通入 1～1.5 MPa 的高压工作液,如图 7-40 所示。一方面,高压流动的工作液能迅速将电蚀产物排出,强化火花放电的作用。另一方面,高压流动的工作液在小孔孔壁按螺旋线轨迹流出孔外,可像静压轴承那样,使工具电极管"悬浮"在孔心,不易产生短路,可加工出直线度和圆度很好的小深孔。

3. 电火花高速小孔加工的应用

电火花高速小孔加工的速度高,一般可达 20～60 mm/min,比普通钻削小孔的速度还要快。这种方法最适合加工 0.3～3 mm 的小孔,且深径比可超过 100。目前电火花高速小孔加工已被用于线切割零件的预穿丝孔、喷嘴以及耐热合金等难加工材料的小孔加工中,此外还可用于斜面和曲面打孔。

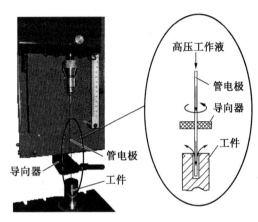

图 7-40 电火花高速小孔加工

7.3 电解加工

电解加工又称电化学加工,是发展较快、应用较广的又一种重要的特种加工方法。

7.3.1 电解加工的基本原理

电解加工是利用金属工件在电解液中所产生的阳极溶解作用而进行加工的方法,是电化学反应过程,其加工原理如图 7-41 所示。加工时,工件接直流电源的正极,工具接负极,两极间外加直流电压为 6～24 V,极间间隙保持为 0.1～1 mm,当电解液以较高流速(5～60 m/s)通过时,阳极工件的金属逐渐被电解腐蚀,以达到加工的目的。

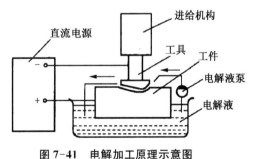

图 7-41 电解加工原理示意图

7.3.2 电解加工的基本概念

1) 生产率

电解加工的生产率,以单位时间内去除的金属量来衡量,单位用 mm^3/min 或 g/min 表示。它与工件材料的电化学当量、电流密度、电解液和极间间隙有关。

2）极间间隙

极间间隙的主要作用是通过足够的电解液,使阳极顺利溶解,获得所需的加工速度和加工质量。极间间隙要求大小适中、均匀一致和稳定。一般取 0.3～0.9 mm,精加工时取小值。

3）电解液

电解液的作用是传递电流,使工件阳极金属进行电化学反应,不断被溶解;把极间间隙中的电解产物和热量带走,起到更新和冷却作用。

电解液的流速和流向直接影响工件的加工质量和生产率。流速一般为 10 m/s 以上,而流向有正流、反流和侧流 3 种。侧流主要用于加工叶片等线形零件;正流简单,不需要密封,应用较广。

4）加工精度和表面质量

影响电解加工加工精度的因素如下:

(1)极间间隙的大小、均匀性、一致性和稳定性。

(2)工具阴极的型面精度和安装精度。

(3)电解液的成分、温度、流速和流向。

(4)机床的运动精度和控制精度,如工具阴极的进给平稳性。

电解加工的表面质量包括表面粗糙度、有无腐蚀和裂纹等。其影响因素有极间间隙、电流密度,电解液浓度、流速和温度等。

7.3.3 电解加工的特点、方法和应用

1. 电解加工的特点

(1)能以简单的直线进给运动一次加工出复杂的型腔、型面和型孔(如锻模、叶片加工等)。

(2)能加工各种硬度、强度的任意金属材料。

(3)加工中无变形和应力,适用于易变形或薄壁零件的加工。

(4)加工中无机械切削力和切削热,加工表面无残余应力和毛刺,能获得 Ra 值为 0.2～0.08 μm 的粗糙度。

(5)工具电极无损耗。

(6)因影响因素多,较难实现高精度的稳定加工,一般精度在 ± 0.03 mm 以内,即低于电火花加工精度。

(7)设备初始投资大,要求防腐蚀、防污染,需要配备废水处理系统。

(8)生产效率高,是特种加工中材料去除速度最快的方法之一。

2. 电解加工的方法及其应用

电解加工的方法很多,如充气电解加工、振动进给脉冲电流电解加工以及各种复合加工,如电解磨削、电解研磨等。

电解加工主要用于成批生产条件下,难切削材料和复杂型面、型腔、型孔等的加工,此外还可用于表面抛光、去毛刺、刻印、磨削、珩磨等加工。

7.4　激光加工

激光一词是 Laser 的意译，英文名为 Light Amplification by Stimulated Emission of Radiation，意思是"通过受激辐射光扩大"。1916 年，物理学家爱因斯坦研究并提出光学感应吸收和感应发射（又称受激吸收和受激发射）的观点，这一观点后来成为激光器的主要物理基础。

1960 年世界上第一台激光器由美国科学家西奥多·梅曼在加利福尼亚休斯实验室研制成功。激光在中国曾被翻译为镭射、光激射器、光受激辐射放大器等，1964 年，中国全国第三届光量子放大器学术会议讨论后，决定采纳钱学森院士的建议将其翻译为"激光"，并一直沿用至今。

7.4.1　激光加工的基本原理

激光加工是激光系统最常用的应用。根据激光束与材料相互作用的机理，大体可将激光加工分为激光热加工和光化学反应加工（又称冷加工）两类。激光热加工是指利用激光束投射到材料表面产生的热效应来完成加工，包括激光焊接、激光切割、表面改性、激光打标、激光钻孔和微加工等；光化学反应加工是指将激光束照射到物体，借助高密度高能光子引发或控制光化学反应的加工过程，包括光化学沉积、立体光刻、激光刻蚀等。

激光热加工是一种高能束加工方法，由于激光的方向性好，发射角很小，通过透镜聚焦后，可以得到直径很小的焦点，再加上它的单色性好，波长极为一致，亮度极高，所以焦点处的能量高度集中（可达 $10^8 \sim 10^{10}$ W/cm^2），温度可达上万度。在此高温下，任何坚硬的材料都将被瞬时熔化和汽化，产生很强的冲击波，使熔化物爆炸式喷射去除。激光加工是借激光作用于物体的表面而引起的光热效应来去除材料或改变材料性能的加工过程。

激光热加工原理如图 7-42 所示。

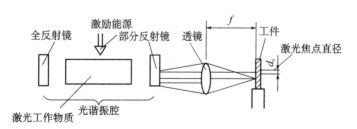

图 7-42　激光热加工原理示意图

激光器由激光工作物质、激励能源和由全反射镜与部分反射镜构成的光谐振腔组成。当工作物质被光或放电电流等能源激发后，在一定条件下使光放大，并通过光谐振腔作用产生光的振荡，由部分反射镜输出激光。由发射器发射的激光束通过透镜聚焦到工件的被加工表面，对工件进行各种加工。

光化学反应加工具有很高负荷能量的（紫外）光子，能够打断材料（特别是有机材料）或周围介质内的化学键，致使材料发生非热过程破坏。这种冷加工在激光标记加工中具有特殊的意义,因为它不是热烧蚀,而是不产生"热损伤"副作用的、打断化学键的冷剥离,因而对被加工表面的里层和附近区域不产生加热或热变形等作用。例如,电子工业中使用准分子激光器在基底材料上沉积化学物质薄膜,在半导体基片上开出狭窄的槽。

7.4.2 激光加工的特点、方法及应用

1. 激光加工的特点

(1) 激光束的功率密度很高,能加工几乎所有材料,包括金属材料和非金属材料。如果工件材料透明,则需事先进行色化或打毛处理。

(2) 激光加工不需要加工工具,因此不存在损耗,适宜进行自动化连续操作。

(3) 激光加工速度快,效率高,操作简便,工件热变形小,易保证加工精度。

(4) 可穿过空气、惰性气体或光学透明材料进行加工,使在一些特殊情况下(如在真空环境中)的加工变得尤为方便。

(5) 能加工深而窄的小缝、微孔,适于精密微细加工,是目前加工领域可实现的最微细的加工方法之一。

2. 激光加工的方法及应用

激光加工作为先进制造技术已广泛应用于汽车、电子、电器、航空、冶金、机械制造等国民经济重要部门,对提高产品质量和劳动生产率、自动化、无污染、减少材料消耗等起到愈来愈重要的作用。

(1) 激光表面处理。激光表面处理是利用激光束照射工件表面,使表层迅速加热、熔化或汽化,从而使工件表层改性的过程。它包括激光淬火(相变硬化)、激光表面合金化、激光熔覆、激光非晶化(上釉)、表面复合和激光冲击硬化等多种工艺,如图7-43所示。激光表面处理一般多采用大功率激光器,它具有速度快、不需淬火介质、硬度高而均匀、深度可控、可实现局部变性、变形小等优点,这些优点使其得以迅速发展。

(2) 激光切割。激光切割时,工件相对于激光束要有移动,激光可切割不锈钢、石英、陶瓷、布匹、纸张等金属和非金属。一般多采用大功率的连续输出二氧化碳气体激光器,其切割原理如图7-44所示。

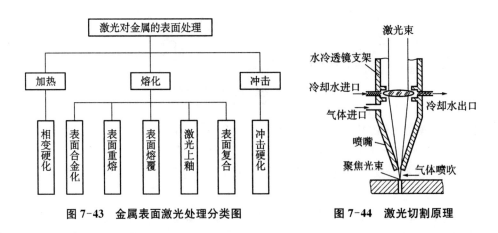

图 7-43　金属表面激光处理分类图　　　图 7-44　激光切割原理

（3）激光焊接。激光焊接所需要的能量密度比切割低,特点是焊接过程迅速,生产率高,焊缝小而深,热影响区小,强度高,能实现异种材料焊接,适合于热敏感较强的晶体管元件焊接。一般脉冲输出的激光器适合于点焊,连续输出的二氧化碳激光器适合于缝焊。

（4）激光打孔。激光打孔时,采用吹气或吸气装置,以帮助排除蚀除物。激光打孔适于在硬脆材料上打微孔、小孔、异形孔或盲孔,目前多用于柴油机燃料喷嘴小孔加工、化纤喷丝头小孔加工、钟表和仪表中宝石轴承的小孔加工以及金刚石拉丝模的小孔加工。

（5）激光雕刻。也叫激光打标或镭雕,是利用高能量密度的激光对工件进行局部照射,使工件表层材料汽化或发生颜色变化的化学反应,从而留下永久性标记的一种雕刻方法,可以打出各种文字、符号和图案等。激光雕刻的特点是非接触加工,可在任何异型表面雕刻,工件不会变形和产生内应力,适于金属、塑料、玻璃、陶瓷、木材、皮革等材料的标记。同时由于激光聚焦后的尺寸很小,热影响区域小,加工精细,因此,可以完成一些常规方法无法实现的工艺。

（6）激光熔覆。激光熔覆是利用激光的能量在材料表面熔凝耐磨、耐腐蚀的高级的金属或金属陶瓷层,以改善其表面性能的激光工艺。利用激光熔覆技术,还可以修复材料表面的孔洞和裂纹,恢复已损害工件的几何尺寸、形貌和性能。

7.4.3　激光加工设备

激光加工设备是集机、电、光于一体的自动化设备,整体系统主要由光路系统、机械系统、数控系统和辅助系统四大部分组成,如图 7-45 所示。

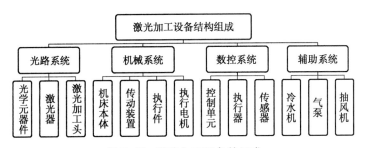

图 7-45　激光加工设备的组成

1. 光路系统

激光器是会产生激光光源的装置,是光路系统乃至激光加工设备的核心组件,它的任务是将电能转换为光能,产生所需要的激光束。按工作介质的种类可将激光器分为固体激光器、气体激光器、液体激光器、半导体激光器和光纤激光器五大类。常见的激光器有红宝石、钕玻璃、YAG(钇铝石榴石)、He-Ne、CO_2、光纤激光器等,典型的 CO_2 激光器的组成如图 7-46 所示。

一台激光加工设备的光路通常包括若干个反射镜和一个聚焦透镜。反射镜将来自激光器的光束多次反射后,让其射入激光加工头。光束透过激光加工头内部的聚焦透镜后进一步聚焦成更高密度的细小光斑,最后再作用于被加工对象上,如图 7-47 所示。

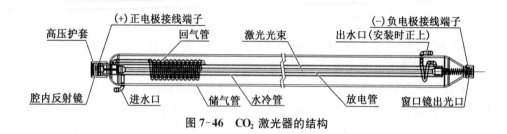

图 7-46　CO_2 激光器的结构

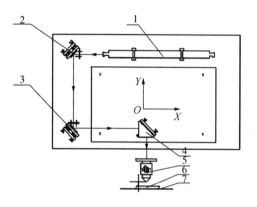

图 7-47　光路示意图

1—激光管;2—第一反射镜;3—第二反射镜;
4—第三反射镜;5—聚焦镜筒;
6—加工工件;7—工件承载平台

2. 机械系统

机械系统包括机床本体、传动装置、执行件和执行电机等,用于实现 X、Y、Z 轴运动和放置被加工对象。

3. 数控系统

数控系统由主板和控制面板组成。主板用于控制机床 X、Y、Z 轴的运动轨迹和激光器的输出功率。控制面板可直接控制工作平台的升降,实现对焦、移动激光头、设置切割起始点、改变工作速度、调整功率大小等基本功能,还可以直接预览加工对象的工作路径,甚至可以预估工件需要的加工时间。

4. 辅助系统

(1)冷水机:用于冷却激光器,把多余的热量带走,以保持激光器的正常工作。

(2)气泵:供给激光器加工时用的辅助气体,主要用途是防止被加工材料燃烧,以及带走加工时所产生的烟雾,减轻切割面的碳化现象,同时防止烟雾污染聚焦镜。

(3)抽风机:抽除加工时所产生的烟尘和粉尘。

7.4.4　激光加工示例

现以正天 D90M 非金属激光切割机加工图 7-48 所示手机支架为示例进行介绍。

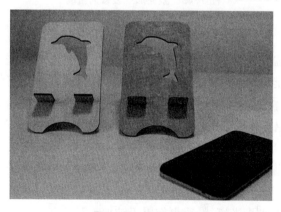

图 7-48　手机支架

1. 加工流程概述

（1）使用 LaserMaker 设计并生成加工代码；

（2）按顺序开启 D90M 非金属激光切割机设备电源及激光电源，检查设备；

（3）传输加工程序至设备内存；

（4）安装工件，调整焦距，通过"点射"功能检查光路系统是否正常工作及切割效果；

（5）选择加工程序，设置切削起始点，利用"描边框"功能检查加工区域是否合适；

（6）点击"启动/暂停"按键开始加工；

（7）检查工件质量，更改尺寸、工艺参数后生成新程序并重复（3）～（6）操作直至满足要求。

2. LaserMaker 设计步骤

LaserMaker 是国内的一款由雷宇激光团队开发的免费软件，LaserMaker 绘图操作简单，适合绘图新手使用。LaserMaker 内嵌有设置加工工艺模式的功能，能实现绘图与激光加工工艺参数一体化设置。

1）绘制支撑板

（1）绘制圆角矩形

单击【矩形工具】，在绘图区空白处绘制一个宽 100 mm，高 180 mm 的矩形，矩形尺寸可根据个人手机的大小进行修改。单击［圆角工具］，将鼠标分别移至矩形的四个角单击，进行圆角化处理，如图 7-49 所示。

（2）修剪圆角矩形

单击【椭圆形工具】，按住 Ctrl 键不放，在圆角矩形底部绘制一个直径为 45 mm 的正圆，使用对齐工具，使之对齐圆角矩形中间。选中圆角矩形，单击【修剪工具】，即可将圆角矩形修剪出一个半圆的形状，如图 7-50 所示。

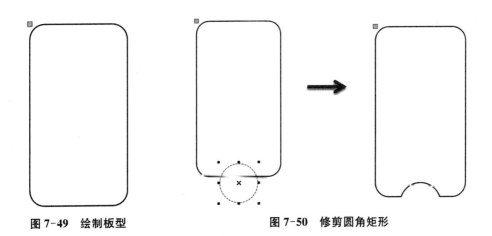

图 7-49　绘制板型　　　　　　　图 7-50　修剪圆角矩形

（3）添加 DIY 图形

将鼠标移至【选择图库】，在下拉选项框中选择"2. 动物图形"，单击自己喜欢的动物图形，如海豚。单击"海豚"将其移至圆角矩形上部中间对齐，可适当调整图形的大小。如图 7-51 所示。

（4）绘制支撑板卯结构

单击【矩形工具】，绘制一个宽 25 mm，高 3 mm 的矩形，单击【阵列复制】，将【水平个数】设为 2，【垂直个数】设为 1，【水平间距】设为 30 mm，单击【确定】，将其移至"海豚"下方，对齐圆角矩形中间，如图 7-52 所示。

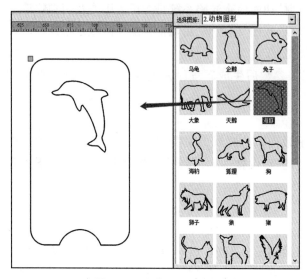
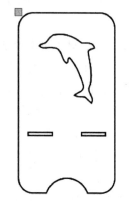

图 7-51　添加 DIY 图形

图 7-52　绘制支撑板卯结构

2）绘制支撑架

（1）绘制矩形

单击【矩形工具】，在绘图区空白处绘制一个宽 25 mm，高 90 mm 的矩形，单击【圆角工具】，在弹出的【圆角工具】"半径"对话框中输入 5 mm，将四个角进行圆角化处理，如图 7-53 所示。

（2）复制圆角矩形

选中"圆角矩形"，单击【阵列复制】，将【水平个数】设为 2，【垂直个数】设为 1，【水平间距】设为 30 mm，单击【确定】，即可完成复制，且间距与支撑板的卯结构的间距相等。如图 7-54 所示。

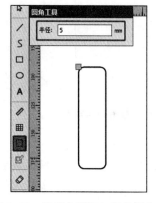
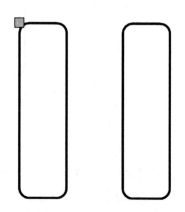

图 7-53　绘制支撑架矩形并圆角化

图 7-54　复制圆角矩形

（3）连接圆角矩形

单击【矩形工具】，在两个矩形中间绘制一个宽 80 mm，高 20 mm 的矩形，使用对齐工具，使之处于中心位置。选中矩形和两个圆角矩形，单击【并集】，即可将三个图形合并成一个图形，如图 7-55 所示。

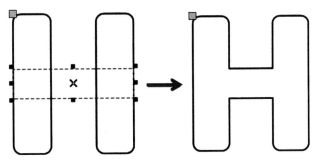

图 7-55　合并图形

完成以上步骤后，图形的绘制已初步完成，如图 7-56 所示。

3）设置工艺参数

手机支架的图形输出模式都为切割模式，因此框选所有图形，在下方的颜色选择区，单击"黑色"，设置为黑色图层，将鼠标移至【图层参数】，双击"黑色图层"，弹出【加工参数】对话框，在【材料名称】栏中选择材料"椴木胶合板"，在【加工工艺】栏中选择"切割"，在【加工厚度（mm）】栏中选择材料厚度为 3 mm，单击【确定】，即完成切割参数设置，如图 7-57 所示。

图 7-56　完成设计

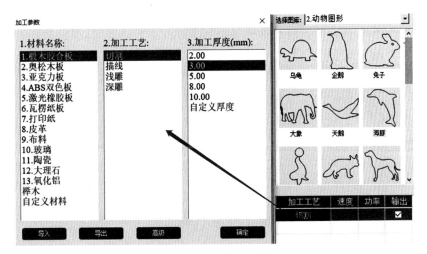

图 7-57　设置工艺参数

4）模拟造物

点击【模拟造物】，设置相关参数后点击【开始】，即可进行加工模拟，并可对结果进行评估。

5）传输代码

插入加密锁、链接机床后，点击【开始造物】，输入名称后点击【确定】即可传输代码。

3. 切割加工

1）机床控制面板

机床控制面板及其功能如图 7-58 所示。

复位	"复位"键：复位主板	菜单	"Z/U"键：包含Z/U轴移动、定位点设置、语言设置等功能
定位	"定位"键：设置定位点	最大功率	"最大功率"键：设置当前最大功率值
点射	"点射"键：激光管点射出光	最小功率	"最小功率"键：设置当前最小功率值
边框	"边框"键：对当前加工文件进行走边框操作	启动暂停	"启动/暂停"：启动工作或暂停/重启工作
文件	"文件"键：内存文件和U盘文件管理	退出	"退出"键：用于停止工作、关闭菜单、取消设置等
速度	"速度"键：设置当前加工速度值	确定	"确定"键：用于用户确认

方向按键：控制激光头的移动方向（可用于直接修改参数）

图 7-58 机床控制面板及其功能

2）手动调整焦距

如图 7-59 所示，通过调整工作台升降，确保工件与激光加工头②之间的加工距离大于 10 mm，将 6 mm 调焦工具放置在待加工材料与激光加工头②之间，缓慢上升工作台，使调焦工具③与激光加工头②接近，松开激光加工头紧固螺钉①，将激光加工头②与调焦工具③贴紧后，拧紧紧固螺钉①，取走调焦工具③，即可完成手动调整焦距。

3）选择加工程序

主菜单按下【文件】，通过◀▲▼▶选择程序，单击【确定】。

4）定位描边框

通过◀▲▼▶移动激光头至加工起始点，单击【定位】，点击【描边框】，通过激光头的运动极限边框确定加工起始点是否合适。

5）加工

主菜单按下【启动】，机床根据加工程序完成手机支架加工，完成着色后的手机支架如图 7-60 所示。

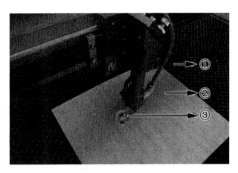

图 7-59 手动调整焦距

图 7-60 加工完成后的手机支架

7.5 其他加工

7.5.1 超声波加工

1. 超声波加工的基本原理

超声波加工是利用超声频振动冲击磨料对工件进行加工的一种方法。其加工原理如图 7-61 所示。

超声波加工的机理主要是磨粒在超声振动作用下产生撞击和抛磨，以及超声波空化作用。加工时，工具以一定的力压在工件上，由于工具的超声振动，悬浮磨粒以很大的速度、加速度和超声频打击工件，致使其表面破碎、产生裂纹，脱离而成微粒，这是磨粒撞击和抛磨作用。而空化作用则是磨料悬浮液受端部超声振动，产生液压冲击和空化现象，促使液体渗入裂纹处，加强了机械破坏作用，同时因液压冲击而使工件表面损坏而蚀除。为了减少工具材料的损耗，一般采用 45 号钢作为工具材料。

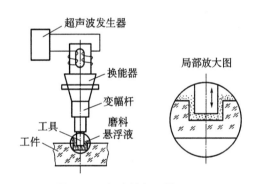

图 7-61 超声波加工原理

2. 超声波加工的特点、方法及应用

1）超声波加工的特点

（1）主要适用于加工各种硬脆材料，如硬质合金、淬火钢、金刚石、石英、石墨、陶瓷等。

（2）由于工具通常不需旋转，故易于加工各种形状复杂的型孔、型腔、成形表面等。

（3）加工过程受力小，热影响小，可加工薄壁、薄片等易变形零件。

（4）被加工表面无残余应力，无破坏层，故加工精度较高，表面粗糙度值较低。

（5）由于零件材料的去除是靠磨料的直接作用，故通常用中碳钢的各种材料做工具。

（6）生产率较低。

2）超声波加工的方法及应用

（1）超声波加工。超声波加工可对硬脆材料进行型孔、型面、型腔、弯曲孔、微细孔加工；将薄钢片或薄磷青铜片制成工具，焊于变幅杆端部，可进行切割加工，主要用来加工硬而脆的半导体材料；还用于对零件表面进行抛磨，以提高零件的精度和表面质量。

（2）超声波机械复合加工。在加工难切削材料时，常将超声振动与其他加工方法配合进行复合加工，如超声车削、超声磨削、超声电解加工等，复合加工对提高生产效率、降低表面粗糙度都有较好的效果。

（3）超声波焊接和涂敷。超声波焊接利用超声振动去除工件表面氧化膜，分子高速撞击而亲和粘接，可用于焊接尼龙、塑料等。超声波涂敷则用来在陶瓷等非金属材料表面涂敷熔化的金属薄层。

（4）超声清洗。利用超声振荡产生的空化作用，清洗零件，近年来多用于衣物清洗等。

另外，超声波还可用于测距和探伤等工作。

7.5.2　电子束加工

在真空条件下，电子枪中产生的电子经加速、聚集，形成高能量大密度的细电子束，轰

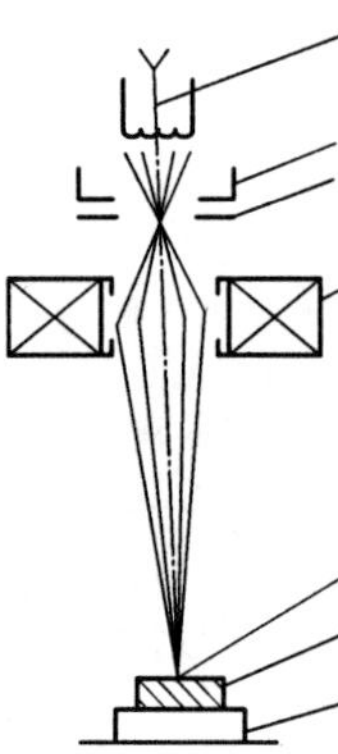

图 7-62　电子束加工原理

击工件被加工部位，使该部位材料的温度高至熔点，从而使材料被熔化、汽化蒸发去除，达到加工的目的。电子束加工原理如图 7-62 所示。

电子束加工与其他加工方法相比，具有以下特点：

（1）电子束能够极其微细地聚焦，甚至能聚焦到 $0.11~\mu m$，故适合于深孔加工。

（2）由于电子束在极小的面积上具有高能量，故可加工微孔、窄缝等，且加工速度快，生产率高。

（3）加工中电子束压力小，主要靠瞬时蒸发，故工件发生的应力及变形均很小。

（4）加工中产生污染少，无杂质渗入，不产生氧化，故特别适于加工易氧化金属及合金材料，以及纯度要求特别高的半导体材料。

（5）加工过程易实现自动化，用电、磁的方法控制电子束的强度和位置比较容易，可进行程序控制和仿型加工。

（6）"能量射线"既不存在损耗又不受发热限制。

在机械制造业中，利用电子束可加工特硬、难熔的金属与非金属材料，穿孔时孔径可小至几微米；在真空中进行加工，可防止工件被污染和氧化。但由于需高真空、高电压条件，为防止 X 射线逸出，故设备较复杂，多用于微细加工和焊接等。

7.5.3　离子束加工

在真空条件下，将氩（Ar）、氪（Kr）、氙（Xe）等惰性气体，通过离子源产生离子束并经过加速、集束聚焦后，投射到工件表面的加工部位，以实现去除材料的目的。

离子束加工的特点：

(1) 由于离子束流密度及离子的能量可以精确控制，因而能控制加工效果。

(2) 加工应力小，变形微小，对材料适应性强，尤其适宜对脆、薄半导体材料，高分子材料进行加工。

(3) 由于加工在较高真空度中进行，故产生污染少，特别适于加工易氧化的材料。

离子束加工的应用日益广泛，它不仅可对工件被加工表面进行切除、剥离、蚀刻、研磨、抛光等，而且经严格的精确定量控制，还可对材料实现"纳米级"或"原子级"加工。此外，还可用离子束抛光超声波压电晶体，提高其固有频率，进行离子注入和离子溅射镀覆，从而打破"分离去除"加工和"结合镀覆"加工的界限。

 思考题

1. 特种加工是在什么背景下发展起来的？

2. 简述特种加工的含义，并比较特种加工与传统切削加工有哪些不同之处。

3. 电火花加工的原理是什么？有何特点？

4. 线切割加工有何特点？试举例说明其实际用途。

5. 电解加工的原理是什么？影响其加工精度的因素是什么？

6. 激光加工的设备主要由哪几部分组成？其主要应用在什么方面？

7. 超声波加工的机理是什么？有何特点？

8. 电子束加工有何特点？离子束加工有何特点？

第8章 快速成型技术

快速成型技术(Rapid Prototyping，RP)也叫快速原型，是近年来出现的一种新型制造技术，它其实和现在热门的 3D 打印属于同一种概念，是根据分层制造的原理将 CAD 模型直接快速制造成具有任意复杂形状的三维物理实体，它相比模具制造的受迫成型方式能够大大缩短制造周期和节约开发成本。该技术 20 世纪 80 年代起源于日本，是近 20 年来制造技术领域的一次重大突破，现在被广泛应用于工业产品开发、建筑、医疗、汽车制造、文物修复、影视动画开发等行业。

8.1 快速成型技术原理

快速成型 3D 打印技术发展至今已非常成熟，该技术通过离散分层的原理制作产品原型，其过程可以分解为：产品三维 CAD 模型→分层离散→按离散后的平面几何信息逐层加工堆积原材料→生成实体模型。整个过程主要依赖于计算机数据处理，如图 8-1 所示。

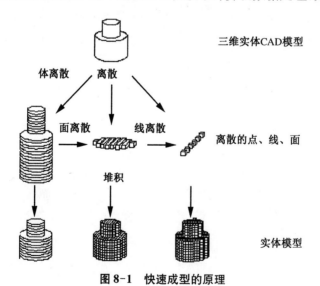

图 8-1　快速成型的原理

快速成型技术集计算机技术、激光加工技术、新型材料技术于一体，依靠 CAD 软件，在计算机中建立三维实体模型，并将其切分成一系列平面几何信息，以此控制能量部件的扫描方向和速度，采用黏结、熔结、聚合或化学反应等手段逐层有选择地加工原材料，从而快速堆积制作出产品实体模型。

8.2 快速成型技术特点

快速成型 3D 打印技术突破了"毛坯→切削加工→成品"的传统的零件加工模式,不采用刀具加工零件,是一种前所未有的薄层叠加的加工方法。与传统的切削加工方法相比,快速原型加工具有以下特点:

(1) 可以制造任意复杂的三维几何实体。由于采用离散、堆积成型的原理,它将一个十分复杂的三维制造过程简化为二维过程的叠加,可实现对任意复杂形状零件的加工。越是复杂的零件越能显示出快速成型技术的优越性。此外,快速成型技术特别适合于具有复杂型腔、复杂型面等传统方法难以制造甚至无法制造的零件。

(2) 快速性。通过对一个 CAD 模型的修改或重组就可获得一个新零件的设计和加工信息。只需几个小时到几十个小时就可制造出零件,具有快速制造的突出特点,大大降低了新产品的开发成本和开发周期。

(3) 高度柔性。无须任何专用夹具或工具即可完成复杂的制造过程,不受刀具磨损和切削力影响。

(4) 快速成型技术所用的材料类型丰富多样,包括树脂、纸、工程蜡、工程塑料(ABS等)、陶瓷粉、金属粉、砂等,可以在航空、机械、家电、建筑、医疗等各个领域应用。

(5) 可与反求工程(Reverse Engineering,RE,也叫逆向工程)、CAD 技术、网络技术、虚拟现实等相结合,成为产品快速开发的有力工具。

因此,快速成型技术在制造领域中起着越来越重要的作用,并将对制造业产生重要影响。

8.3 快速成型技术基本工艺流程

通过快速成型技术进行产品制造主要包含以下四个工艺过程。

1. 产品三维模型的构建

由于快速成型系统是由三维 CAD 模型直接驱动,因此首先要构建所加工工件的三维CAD 模型。该三维 CAD 模型可以利用计算机辅助设计软件(如 Pro/E, I-DEAS, SolidWorks, UG 等)直接构建,也可以将已有产品的二维图样进行转换而形成三维模型,或对产品实体进行激光扫描、CT 断层扫描,得到点云数据,然后利用反求工程的方法来构造三维模型。

2. 三维模型的近似处理

由于产品往往有一些不规则的自由曲面,加工前要对模型进行近似处理,以方便后续的数据处理工作。由于 STL 格式文件格式简单、实用,目前已经成为快速成型领域的准标准接口文件,STL 格式如图 8-2 所示。它是用一系列的小三角形平面来逼近原来的模型,每个小三角形用三个顶点坐标和一个法向量来描述,三角形的大小可以根据精度要求进行选择。STL 文件有二进制码和 ASCII 码两种输出形式,二进制码输出形式文件所占的空间比 ASCII 码输出形式的文件所占用的空间小得多,但 ASCII 码输出形式可以阅读和检查。典型的 CAD 软件都带有转换和输出 STL 格式文件的功能。

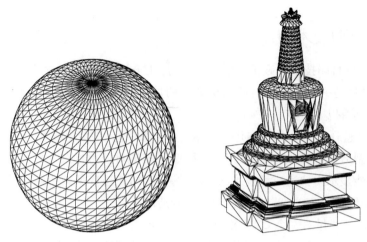

图 8-2 ASCII 编码的 STL 格式

3. 三维模型的分层切片处理

根据被加工模型的特征选择合适的加工方向，在成型高度方向上用一系列具有一定间隔的平面切割近似后的模型，以便提取截面的轮廓信息。间隔一般取 0.05～0.5 mm，常用 0.1～0.3 mm。间隔越小成型精度越高，但成型时间也越长，效率就越低，反之则精度低，但效率高。

4. 成型加工

根据切片处理的截面轮廓，在计算机控制下，相应的成型头（激光头或喷头）按各截面轮廓进行扫描，配合高度方向的运动加工出零件。

5. 成型零件的后处理

从 3D 打印成型系统里取出成型件，进行打磨、抛光，或将其放在高温炉中进行后烧结，进一步提高其强度。

8.4 典型快速成型工艺

快速成型 3D 打印技术根据成型方法可分为两类：基于激光及其他光源的成型技术（Laser Technology），如光固化成型（SLA）、分层实体制造（LOM）、选择性激光粉末烧结（SLS）、形状沉积成型（SDM）等；基于喷射的成型技术（Jetting Technology），如熔融沉积成型（FDM）、三维印刷（3DP）、多相喷射沉积（MJD）。下面对其中比较成熟的工艺作简单的介绍。

8.4.1 光固化成型(Stereo Lithography Apparatus, SLA)

光固化方法如图 8-3 所示，该方法是目前快速成型技术领域中被研究得最多的方法，也是技术上最为成熟的方法。SLA 工艺成型的零件精度较高，加工精度一般可达到 0.1 mm，原材料利用率近 100%。但这种方法也有自身的局限性，比如需要支撑、树脂收缩导致精度下降、光固化树脂有一定的毒性等。

8.4.2　分层实体制造(Laminated Object Manufacturing, LOM)

LOM 工艺称叠层实体制造或分层实体制造,简称切纸型加工,采用薄片材料,如纸、塑料薄膜等。LOM 工艺原理如图 8-4 所示,只需在片材上切割出零件截面的轮廓,而不用扫描整个截面。因此成型厚壁零件的速度较快,易于制造大型零件。工艺过程中不存在材料相变,因此不易引起翘曲变形。工件外框与截面轮廓之间的多余材料在加工中起到了支撑作用,所以 LOM 工艺无需加支撑。LOM 工艺的缺点是材料浪费严重,表面质量差。

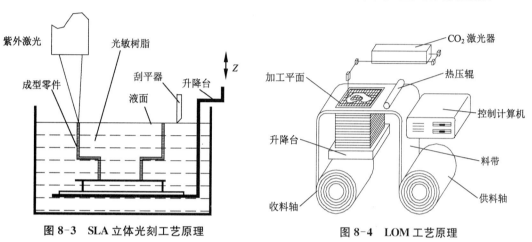

图 8-3　SLA 立体光刻工艺原理　　　　图 8-4　LOM 工艺原理

8.4.3　选择性激光粉末烧结(Selective Laser Sintering, SLS)

选择性激光粉末烧结工艺由美国得克萨斯大学奥斯汀分校的 C. R. Dechard 于 1989 年研制成功,SLS 工艺原理如图 8-5 所示,该工艺是利用粉末状材料成型。

SLS 工艺的特点是材料适应面广,不仅能制造塑料零件,还能制造陶瓷、蜡等材料的零件,特别是还可以制造金属零件,这使 SLS 工艺颇具吸引力。SLS 工艺无需加支撑,因为没有烧结的粉末起到了支撑的作用。

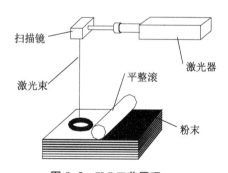

图 8-5　SLS 工艺原理

8.4.4　三维印刷工艺(Three Dimension Printing, 3DP)

三维印刷工艺是美国麻省理工学院 E-manual Sachs 等人研制的,已被美国的 Soligen 公司以 DSPC(Direct Shell Production Casting)名义商品化,用以制造铸造用的陶瓷壳体和型芯。

3DP 工艺原理如图 8-6 所示,该工艺与 SLS 工艺类似,采用粉末材料成型,如陶瓷粉末、金属粉末。所不同的是材料粉末不是通过烧结联结起来的,而是通过喷头用黏结剂(如硅胶)将零件的截面"印刷"在材料粉末上面。用黏结剂粘接的零件强度较低,还须进行后处理,先烧掉黏结剂,然后在高温下渗入金属,使零件致密化,提高强度。

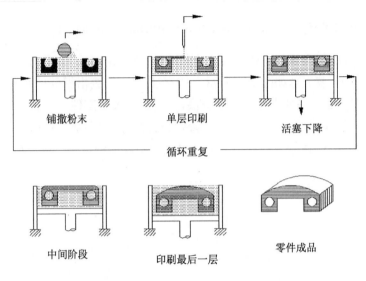

图 8-6 三维印刷工艺原理

8.4.5 熔融沉积成型工艺(Fused Deposition Modeling, FDM)

FDM 工艺是所有 3D 打印技术中最晚出现的,但是现在应用却最为普及。主要原因是它不采用激光部件,且原材料的价格已大幅降低。FDM 工艺由美国学者 Scott Crump 于 1988 年研制成功。FDM 的材料一般是热塑性材料,如蜡、ABS、尼龙等,以丝状供料。FDM 工艺原理如图 8-7 所示,材料在喷头内被加热熔化,喷头沿零件截面轮廓和填充轨迹运动,同时将熔化的材料挤出,材料迅速凝固并与周围的材料凝结。每一个层片都是在上一层上堆积而成,上一层对当前层起到定位和支撑的作用。随着高度的增加,层片轮廓的面积和形状都会发生变化,当形状发生较大的变化时,上层轮廓就不能给当前层提供充分的定位和支撑作用,这时就需要设计一些辅助结构——"支撑",如图 8-8 所示,对后续层提供定位和支撑,以保证成型过程的顺利实现。

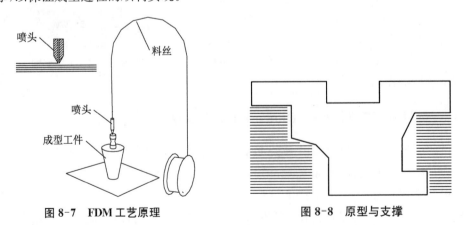

图 8-7 FDM 工艺原理   图 8-8 原型与支撑

这种工艺不用激光,使用、维护简单,成本较低。用 ABS 制造的原型因具有较高强度而在产品设计、测试与评估等方面得到了广泛应用。近年来开发出的 PLA、PC、PPSF、尼龙、

TPU/TPE、尼龙碳纤复合、尼龙玻纤复合等具有更高强度的成型材料，使得该工艺有可能被用于直接制造功能性零件。这种工艺具有一些显著优点，发展极为迅速。该工艺具有以下适于 3D 打印的特点：

（1）不使用激光，维护简单，成本低。价格是成型工艺是否适于 3D 打印的一个重要因素。多用于概念设计的三维打印机对原型精度和物理化学特性要求不高，PLA 便宜的价格是该工艺被推广的决定性因素。

（2）塑料丝材清洁、更换容易。与其他使用粉末和液态材料的工艺相比，丝材更加清洁，易于更换、保存，不会在设备中或附近形成粉末或液体污染。

（3）后处理简单。仅需要几分钟到一刻钟的时间剥离支撑后，原型即可使用。而现在应用较多的 SL、SLS、3DP 等工艺均存在清理残余液体和粉末的步骤，并且需要进行后固化处理，需要额外的辅助设备。这些额外的后处理工序一是容易造成粉末或液体污染；二是增加了几个小时的时间，不能在成型完成后立刻使用零件。

（4）成型速度较快。一般较高的成型速度可以达到 $30 \sim 80 \ cm^3/h$。对于厚壁或实体零件，可以达到 $100 \sim 200 \ cm^3/h$ 的高速度。

8.5　快速成型技术基本技能操作

下面以北京太尔时代公司所研制生产的 UP300 熔融沉积成型机为例介绍其具体操作以及工业产品制作过程。

8.5.1　系统组成

UP300 熔融沉积成型机包括系统主框架 XYZ 扫描运动系统、喷头及送丝机构、加热及温控系统、数控系统等结构。

（1）数控系统：由计算机、控制模块、电机驱动单元、传感器组成，配以 UP Studio 软件，用于三维图形数据分层处理、加工过程的模拟和实时控制。

（2）机械单元：由送丝机构、加热及温控系统、喷头 XY 扫描系统（如图 8-9）、可升降工作台（基座）以及通风排尘装置、机身和机壳等组成，如图 8-10 所示。

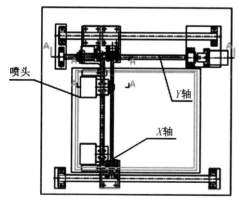

图 8-9　UP300 打印机喷头 XY 扫描系统

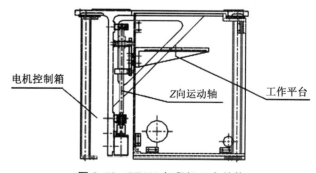

图 8-10　UP300 打印机 Z 向结构

（3）原材料：甲基丙烯酸 ABS(φ2 mm)塑料丝，也可以更换其他喷头模块，从而使用其他材料，如尼龙、PLA、TPU 等材料，但是加热温度必须进行调节以保证喷头出丝的流动性和丝的黏结性。ABS 对应的加热温度在 230℃左右。

UP300 系统基本性能参数如表 8-1 所示。

表 8-1 UP300 设备主要参数

系统配置	主机
操作系统	Windows7、Windows10
工艺	FDM——熔融沉积成型
材料	ABS、PLA、柔性 TPU
扫描速度	0～80 mm/s
成型空间	255 mm(X)×205 mm(Y)×225 mm(Z)
精度	±0.1 mm/100 mm
电源	4 kW, 200～240VAC, 50/60 Hz
定位精度	0.001 5 mm(X)×0.001 5 mm(Y)×0.001 mm(Z)
喷嘴规格	0.2 mm、0.4 mm 可选

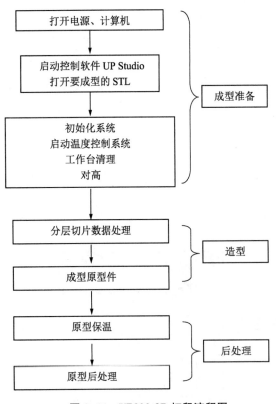

图 8-11 UP300 3D 打印流程图

8.5.2 打印机操作流程

在 CAD 软件中设计出三维模型或通过反求工程处理出 STL 格式模型后就可以进行模型的打印，下面将按顺序介绍使用控制软件进行造型的步骤。3D 打印步骤如图 8-11 所示。

8.5.3 开机操作准备

（1）打开快速成型机电源开关，启动计算机。

（2）运行 UP Studio 程序，如图 8-12 所示，点击菜单中【文件】，点击下拉菜单中【三维打印机】，并选择【初始化】，完成计算机与快速成型机的数据连接。

将打印板安装好，点击 3D 打印菜单下面的初始化选项，当打印机发出蜂鸣声，初始化即开始。打印喷头和打印平台将再次返回到打印机的初始位置，当准备好后将再次发出蜂鸣声。如图 8-13 所示。

图 8-12　运行 UP Studio 软件

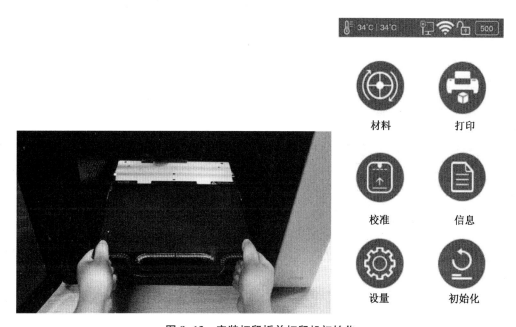

图 8-13　安装打印板并打印机初始化

（3）点击【三维打印机】菜单中【调试】选项，对材料、成型空间进行加热，需根据成型材料、支撑材料型号设置加热温度，系统自动升温至设定值，完成加工前准备工作。

　　喷嘴加热至指定的 230℃ 后，打印机会发出蜂鸣。将丝材插入喷头，并轻微按住，直到喷头挤出细丝。挤丝过程中观察喷头出丝的情况，并持续出丝一段时间。在喷头中已经老化的丝材吐完后，观察新吐出的 ABS 丝是否光滑；如果不光滑，查看成型材料温度或对丝材进行除湿处理。喷头正常出丝后，按下"停止"按钮，系统将关闭喷头停止送丝，装材料过程如图 8-14 所示。

　　（4）进行工作台水平校准和高度校准，该部分主要为加工前的准备工作，用以保证加工零件的水平度和垂直度。该部分可以作为打印机定期维护项目处理，当然，如发现模型误

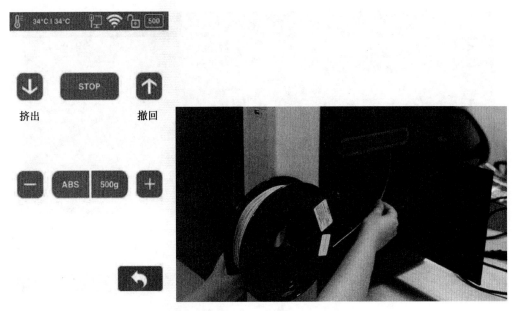

图 8-14 装载材料

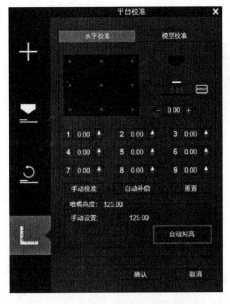

图 8-15 平台校准界面

差较大,必须进行水平校准,选择菜单【造型】→【控制面板】,调出控制面板,如图 8-15 所示。使用【工作台】区域左侧的箭头,调节工作台高度,使喷嘴与工作底板间的距离大于调平量块的高度。点击【XY 扫描】区域,使喷头运动到工作台的中前部。将调平量块放到工作台上的喷头附近。点击【工作台】区域右侧的箭头将工作台运动速度降低,点击左侧的箭头调节工作台的高度,使喷嘴与调平量块上表面的高度差为 0(此步骤需慢慢调节高度,防止量块撞击喷头)。点击【XY 扫描】区域,使喷头运动到工作台左后部。将调平量块放到喷头附近,调节工作台左侧调平螺母,使喷嘴与量块之间的距离也为 0。点击【XY 扫描】区域,使喷头运动到工作台右后部。将调平量块放到喷头附近,调节工作台右侧调平螺母,使喷嘴与量块之间的距离也为 0。反复几次,使工作台与 XY 扫描平面平行。

工作台高度对加工影响较大,如图 8-16 所示。工作台高度校准和水平校准类似,选择菜单【造型】→【控制面板】,调出控制面板。有两种方法可以完成工作台的高度校准:第一种是直接单击【控制面板】工作台区域的【对高】按钮,单击后系统可自动完成工作台高度校准。此方法适合在工作台底板较平时使用。第二种是采取手动方法,将喷头移动到工作台中部,使用工作台区域左侧箭头,上升工作台,使之上表面接近喷嘴,微调工作台,并用普通纸不断测量喷头和台面的距离。当纸可以插入喷头和台面之间,并有一定的阻力时,表明高度比较合适,间隙大约为 0.1 mm,完成高度校准。

喷嘴高度值过大,很难取下模型　　　刚好　　　喷嘴高度值过小,容易翘曲

图 8-16　平台高度对加工的影响

如果底板已经加工过几个零件,造成底板不够平整,需要用砂纸或木工刨刨平底板,重新安装底板后,要再次进行工作台水平校准。如果工作底板不平,调高要以零件的成型区高度为准(将喷头移动到成型区后进行高度校准),如图 8-17 所示。

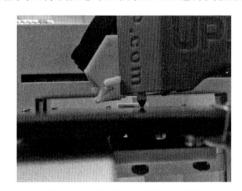

图 8-17　喷头与打印平台间距　　　　　图 8-18　喷头与打印平台间距的测试

有一个简单的方法可以检查喷头和平台之间的距离,将一张纸折叠一下(厚度大概 0.2 mm),然后将它置于喷嘴和平台之间,以此来检测两者间距,如图 8-18 所示。

当平台和喷嘴之间的距离在 0.2 mm 内,在文本框里记下这个数值,这个就是正确的校准高度。反复调试获得合适的喷嘴高度,可以使支撑较容易剥离,如图 8-19 所示。

图 8-19　喷嘴高度设置

8.5.4　模型加工

1. 图形预处理

在三维设计软件(CAD 软件:UG、SolidWorks、CAXA 等)中进行建模,将文件转化为 STL 格式。STL 格式的精度直接会影响模型的打印精度,如果 STL 输出的精度高,模型数据存储量大,表面三角面片比较精细,打印效果比较光滑,反之亦然。所以在三维软件中建模完成后输出 STL 时应将模型的三角形公差、相邻公差值设置低些,以保证打印效果。

快速成型工艺对 STL 文件的正确性和合理性有较高的要求，主要是要保证 STL 模型无裂缝、空洞、悬面、重叠面和交叉面，以免造成分层后出现不封闭的环和歧义现象。如图 8-20 所示，从 CAD 系统中输出的 STL 模型错误概率较小，而从反求系统中获得的 STL 模型错误较多。错误原因和自动修复错误的方法一直是快速成型软件领域的重要研究方向。

根据分析和实际使用经验，可以总结出 STL 文件的四类基本错误：

① 法向错误，属于中小错误。

② 面片边不相连。有多种情况：裂缝或空洞、悬面、不相接的面片等。

③ 有相交或自相交的体或面。

④ 文件不完全或损坏。

STL 文件出现的许多问题往往来源于 CAD 模型中存在的一些问题，对于一些较大的问题（如大空洞、多面片缺失、较大的体自交），最好返回 CAD 系统处理。对于一些较小的问题，可使用自动修复功能修复，不用回到 CAD 系统重新输出，这样可节约时间，提高工作效率。

UP Studio 软件 STL 模型处理算法具有较高的容错性，对于一些小错误，如裂缝（几何裂缝和拓扑裂缝）、较规则孔洞的空洞，能进行自动缝合，无须修复；而对于法向错误，由于其涉及支撑和表面成型，所以需要进行手工或自动修复。在三维显示窗口，STL 模型会自动以不同的颜色显示，当出现法向错误时，该面片会以红色显示处理，如果模型中出现图 8-20 所示的深色区域，则说明该文件有错误，需要修复。使用"校验并修复"功能可以自动修复模型的错误。启动该功能后，系统提示用户设定校验点数，点数越多，修复的正确率越高，但时间越长，一般点数设为 5 就足够了。修复效果如图 8-21 所示。

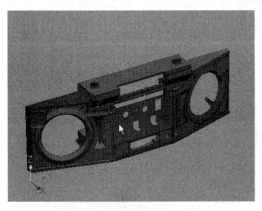 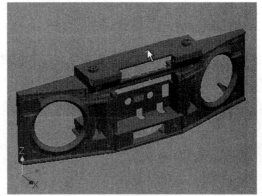 

图 8-20　含错误的 STL 模型　　　　　图 8-21　修复后的 STL 模型

2. 模型制作

（1）点击【载入模型】工具条，将所设计的三维模型进行装载，并在【模型】菜单选择【变形】，调整放置的坐标及位置，如图 8-22、图 8-23 所示。

旋转完成之后一定要"自动摆放"，使模型处于底板上方，如图 8-24 所示。

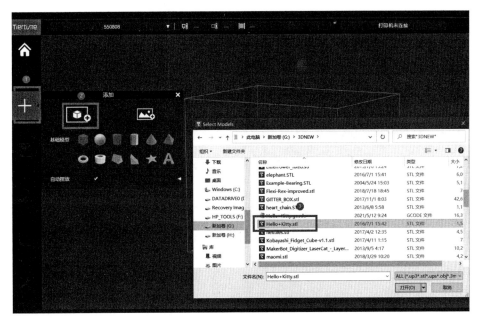

图 8-22　载入模型

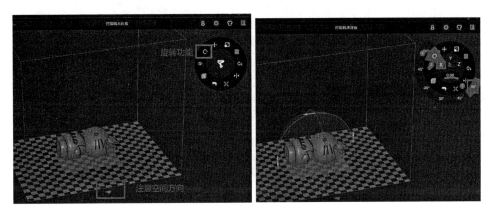

图 8-23　模型旋转

图 8-24　模型摆放合适

也可以对模型进行比例缩放,缩放完成之后一定要"自动摆放",使模型处于底板上方。同时打印多个相同模型可以用右键复制模型,如图 8-25 所示。

图 8-25　模型缩放及复制

载入多个不同模型时,需要用 Ctrl 键按住所有模型,用右键合并模型,如图 8-26 所示。

图 8-26　模型合并

(2) 单击【模型分层】,设置分层参数,点击【确认】后自动进行分层数据处理,生成相应的层片文件,如图 8-27 所示。对 CAD 模型的 STL 格式文件进行分层处理,可以得到每一层截面图形及其有关的网格矢量数据,用于控制原材料的加工轨迹。

分层参数设置主要包括层厚、轮廓、网格间距、线宽补偿值、支撑厚度等参数的选择与确定,分层参数的设置会直接影响到原型件精度和表面质量,如图 8-28 所示。

分层后的层片包括三个部分,分别为原型的轮廓部分、内部填充部分和支撑部分。轮廓部分根据模型层片的边界获得,可以进行多次扫描。内部填充是用单向扫描线填充原型内部非轮廓部分,根据相邻填充线是否有间距,可以分为标准填充(无间隙)和孔隙填充(有间隙)两种模式。标准填充应用于原型的表面,孔隙填充应用于原型内部(该方式可以大大减小材料的用量)。支撑部分是在原型外部,对其进行固定和支撑的辅助结构。

大部分参数已经固化在三维打印机/快速成型系统中,用户只需根据喷嘴大小和成型要求选择合适的参数集即可,一般无需对这些预设参数进行修改。设置打印选项,点击软

278

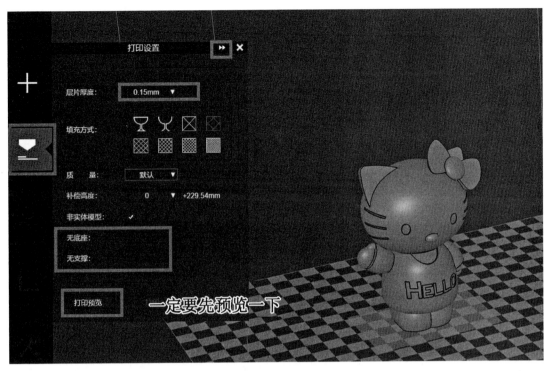

图 8-27　模型分层

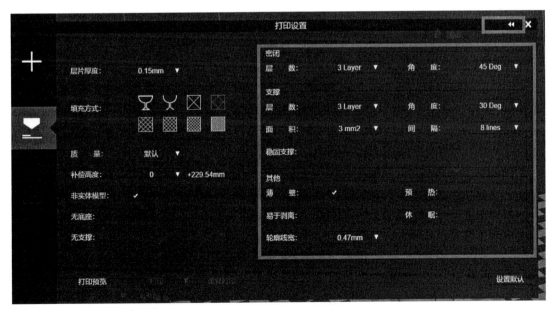

图 8-28　分层软件参数设置界面

件【三维打印】选项内的【设置】,将会出现图 8-28 所示的界面,具体参数如下:

①层片厚度:设定打印层厚,根据模型的不同,每层厚度设定在 0.15～0.4 mm。层厚越大,打印速度越快,表面质量越粗糙。

② 支撑：在打印实际模型之前，打印机会先打印出一部分底层。当打印机开始打印时，它首先打印出一部分不坚固的丝材，沿着 Y 轴方向横向打印。打印机将持续横向打印支撑材料，直到开始打印主材料时打印机才开始一层层地打印实际模型。现在桌面型三维打印机的支撑和实体部分采用同种材料，可以提高打印速度，但是会带来支撑不易剥离、分离表面质量较差的问题。支撑底座的效果如图 8-29、8-30 所示。工业级三维打印机一般采用双喷头结构，支撑使用不同材料打印，这样的优点是打印效果会变好，国外先进的设备甚至采用水溶性支撑材料，以获得更好的表面质量。

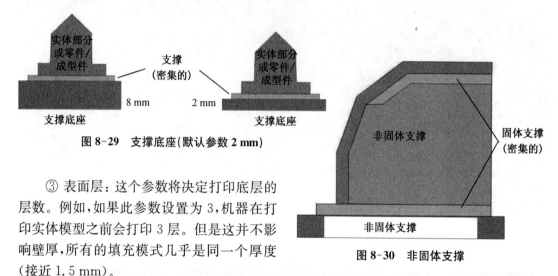

图 8-29　支撑底座（默认参数 2 mm）

图 8-30　非固体支撑

③ 表面层：这个参数将决定打印底层的层数。例如，如果此参数设置为 3，机器在打印实体模型之前会打印 3 层。但是这并不影响壁厚，所有的填充模式几乎是同一个厚度（接近 1.5 mm）。

④ 角度：用于决定在什么时候添加支撑结构。如果角度小，系统会自动添加支撑。

⑤ 填充方式：有四种方式填充内部支撑，如表 8-2 所示。

表 8-2　内部支撑填充设置

	该部分是由塑料制成的最坚固部分。在制作工程部件时建议使用此设置
	该部分的外部壁厚大概 1.5 mm，但内部为网格结构填充
	该部分的外部壁厚大概 1.5 mm，但内部为中空网格结构填充
	该部分的外部壁厚大约 1.5 mm，但是内部由大间距的网格结构填充

⑥ 支撑选项，密封层：为避免模型主材料凹陷入支撑网格内，在贴近主材料被支撑的部分要做数层密封层，而具体层数可在支撑密封层选项内进行选择（可选范围为 2 至 6 层，系统默认为 3 层），支撑间隔取值越大，相应密封层数取值越大。

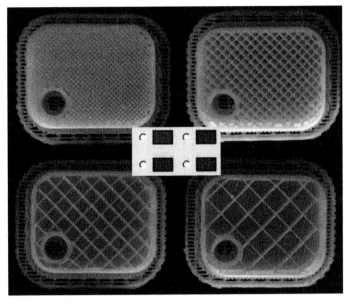

图 8-31　内部支撑结构

⑦ 支撑角度：使用支撑材料时的角度。例如设置成 10°，在表面和水平面的成型角度大于 10° 的时候，支撑材料才会被使用。如果设置成 50°，在表面和水平面的成型角度大于 50° 的时候，支撑材料才会被使用，如图 8-32 所示。

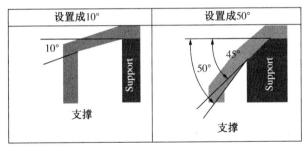

图 8-32　支撑角度设置

支撑材料角度的最小值与零件的质量和移除支撑材料的难易程度之间总会形成一种平衡。零件在打印平台上的方向，决定要使用多少支撑材料和移除支撑材料的难易程度。一般情况下，从外部移除支撑比从内部移除要简单些。因为零件可以从图片的右侧看到，所以面朝下打印比面朝上打印要使用更多的支撑材料。支撑材料在节耗性、牢固性和易除性上有良好的平衡点。在打印的操作上也充分考虑了用多少支撑材料，以及支撑是否容易移除等因素。按照常规，外部支撑比内部支撑更容易移除；开口向上将比向下节省更多的支撑材料，如图 8-33 所示。

图 8-33　支撑示意图

⑧ 间隔：支撑材料线与线之间的距离。要通过支撑材料的用量、移除支撑材料的难易度、零件打印质量等经验来改变此参数。如图 8-34 所示。

⑨ 面积：支撑材料的表面使用面积。例如，当选择的面积为 5 mm² 时，悬空部分面积小于 5 mm² 时不会有支撑添加，这将会节省一部分支撑材料并且可以提高打印速度，如图 8-35 所示。此外，还可以选择"仅基底支撑"，以节省支撑材料。

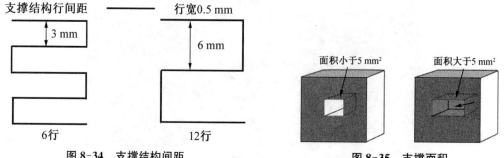

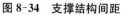

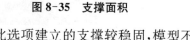

图 8-34　支撑结构间距　　　　　　图 8-35　支撑面积

图 8-36　分层效果图

⑩ 稳固支撑：此选项建立的支撑较稳固，模型不容易被扭曲，但是支撑材料比较难被移除。

⑪ 壳：选择此项将会提高中空模型的打印效率，但是模型强度会降低。

⑫ 表面：选择此项，则将仅打印单层外壁，以方便对模型进行简要评估。

分层切片数据设定完成需要打印预览，以检查支撑、薄壁、填充的效果，比如字体有无显示等，如图 8-36 所示。如果有问题，必须重新切片。

（3）系统参数设定。系统菜单如图 8-37 所示，单击【系统→工艺参数】菜单可以设定系统的工艺参数。单击后系统状态栏（参数栏）为激活可写入状态。主要工艺参数主要用于设定喷头挤丝的速度、喷头的移动速度等，这些参数决定了加工的重要工艺指标，即模型的打印速度、加工精度、表面质量以及模型的强度等；单击【系统→系统参数】菜单可以设定系统的基本参数，如图 8-38 所示；这些参数和数控机床的调试参数一致，可通过数控系统和 PLC 进行封装。

很多打印机的工艺参数和系统参数都不对用户开放，厂家会将调试完后最优化的参数进行封装。学生在打印模型时除出现特别差的效果的情况外，一般几乎可以不考虑这一项参数的调试。

（4）点击【文件】下拉菜单中的【三维打印】，选择【打印模型】，开始制造过程，如图 8-39 所示。根据每个层片的轮廓信息、加工参数，系统自动生成数控代码，最后由成型机成型一系列层片并通过材料自身的黏结性将它们联结起来，得到三维物理实体。模型完成后，送丝、加热以及扫描机构自动停止运行。

参数	值	单位
扫描速度		设定扫描系统运动速度
轮廓	45.00	mm/s
填充	48.00	mm/s
支撑	70.00	mm/s
跳转	200.00	mm/s
加速度	2.00	mm/ms2;扫描轮廓的加速度
填充加速度	2.00	mm/ms2;扫描填充和支撑的加速度
跳转加速度	2.00	mm/ms2;跳转时的加速度
喷头速度		设定喷头速度
轮廓	0.90	
填充	0.85	
支撑	0.70	
送丝速度		设定材料送进速度
轮廓	1	g/hours;1--5,2--6
填充	1	g/hours;3-8,4--10
支撑	1	g/hours;5-15,6--20
喷嘴清洁		清洁喷头
频率	0	层
层片		层片参数
厚度	0.00	mm
延时		设定喷头延时
开启	0.00	ms;开启延时
关闭	0.00	ms;关闭延时
暂停	0.00	ms;路径结束延时
温控		设定喷头加温参数
加热时间	1	秒;一个加热单元内的加热时间
冷却时间	1	秒;一个加热单元内的冷却时间
总时间	0	分钟;预热时间
送丝检测		检测送丝状态
检测间隔	0	秒;两次监测间的时间
基底		制造基底
层数	0	基底层数,一般少于6层

图 8-37　设备工艺参数图

参数	值	单位
轴号		设定各轴在控制卡中的轴号
X	1	
Y	2	
Z	3	
喷头	4	
脉冲比例		设定各轴的单位长度对应的脉冲数
X	2006	
Y	2006	
Z	2006	
喷头	10	
限位		设定各轴的行程限位
X +限位	248.00	
X -限位	-8.00	
Y +限位	298.00	
Y -限位	-18.00	
Z +限位	400.00	
Z -限位	-400.00	
W +限位	0.00	
W -限位	0.00	
I/O端口		设定I/O端口的功能
喷头	0	输出
送丝	0	输出
报警	7	输出
检测	1	输入
成形空间		设定系统的成形尺寸
Min X	0.00	
Min Y	0.00	
中心－X	110.00	
中心－Y	130.00	
最大－X	240.00	
最大－Y	270.00	
最大－Z	400.00	

图 8-38　设备系统参数图

（a）

（b）

图 8-39　模型打印

3. 后处理

模型打印完毕并且冷却后可以移除模型,当模型完成打印时,打印机会发出蜂鸣声,喷嘴和打印平台会停止加热,从打印机上撤下打印平台。慢慢滑动铲刀,将其慢慢地滑动到模型下面,来回撬松模型。切记在撬模型时要佩戴手套以防烫伤。撤出模型之前要先撤下打印平台。如果不这样做,很可能使整个平台弯曲,导致喷头和打印平台的角度改变。

原型移除完毕后,需进行剥离,去除废料和支撑结构。同时根据要求还需对产品进行后固化、修补、打磨、抛光、表面涂覆、表面强化处理等。

小心去除支撑,避免破坏零件。去除支撑的过程中经常出现的问题是支撑和底座以及支撑和模型之间粘接过于牢靠,导致零件不容易剥落,甚至剥落时破坏到模型表面。出现这一现象的原因在于喷嘴和底座平台设置过紧,如图 8-40 所示,支撑去除完毕后用砂纸打磨台阶效应比较明显处。可以先使用粗颗粒水砂纸在水里进行打磨,然后用细砂纸进行精密打磨,再用小刀处理多余部分。用填补液处理台阶效应造成的缺陷。如需要可用少量丙酮溶液给原型表面上光。

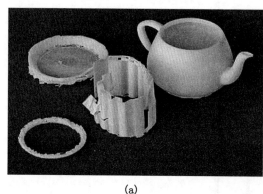

(a)   (b)

图 8-40   移除支撑材料

模型由两部分组成,一部分是模型本身,另一部分是支撑材料。支撑材料和模型主材料的物理性能是一样的,只是支撑材料的密度小于主材料,所以很容易从主材料上移除支撑材料。图 8-40(a)展示了支撑材料移除后的状态,图 8-40(b)是还未移除支撑的状态。支撑材料可以使用多种工具来移除,一部分可以很容易地用手移除,接近模型的支撑使用钢丝钳或者尖嘴钳更容易移除。

移除支撑材料需要进行一些练习,但是需要注意:

① 在移除支撑尤其是在移除 PLA 材料时,一定要佩戴防护眼罩。

② 支撑材料和工具都很锋利,在从打印机上移除模型时请佩戴手套。

4. 设备维护

经常清理成型室内部的废弃物,如果发现送丝机构的啮合齿轮处有成型材料粉末,需要用洗耳球清除。拆下弹簧后重新安装时,压力应适中,不能过大也不能过小。

加工新原型前,需要在喷头加热到指定温度后,用干净的纯棉布擦拭喷嘴,把喷嘴上的变质的黑色 ABS 材料擦拭干净。如果黏结底板凹凸不平,需要将底板修平。如果喷头的其他部分有 ABS 漏出,只要定期将其用镊子夹出,并不妨碍加工。

为防止丝杠、光杠生锈,尽量避免用手触摸光杠和丝杠,一旦触摸,应该尽快用机油涂抹该处。至少每两周将设备保养一次,检查丝杠、光杠、螺母等,并进行清理,加导轨油(黄油),清扫机器,清除电器柜内尘土。

思考题

在 UP Studio 软件中对图 8-41 所示零件进行分层处理,并通过 FDM 工艺完成该零件的制作,图中尺寸自定。

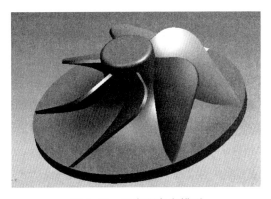

图 8-41 思考题参考模型

第9章　机器人技术

机器人这个名词对很多人来说，其实并不陌生，从古代神话传说，到现代的科学幻想、戏剧电影，都有非常多的关于机器人的精彩描述。尽管现实世界中的机器人与文艺作品和神话传说中描写的智勇双全的机器人还是有一定的差距的，但不可否认的是它正在迅速崛起，并对整个工业生产、太空探索及人类生活的方方面面产生越来越大的影响。

机器人的应用水平是一个国家工业自动化水平的重要标志，机器人是先进制造技术领域不可缺少的自动化设备，工业机器人也是实现智能制造的重要生产和服务性设备。随着我国工业化进程的推进和"中国制造 2025"的实施，将工业机器人引到生产线取代人力已成为势不可挡的趋势，"机器换人"规模逐渐辐射到全国各个产业集聚群。对机器人技术人才的需求也急剧增加，许多高校，特别是工科院校都先后开设了"机器人"相关的课程。

本章主要介绍机器人的发展及历史、机器人机械系统、机器人感知系统、机器人编程及机器人应用等内容，旨在使机械、自动化、仪器科学、电气、计算机等专业学生对其所学的机器人相关专业知识有全面认识，从而提高学生的创新和工程实践能力。

9.1　机器人概述

9.1.1　机器人的由来及发展

人类一直都有一个梦想，即创造出一种像人一样的机器，以便能够代替人类去进行各种工作，这就是"机器人"出现的思想基础。尽管"机器人"作为专有名词出现较晚，但是这个概念在人类的想象中却早已出现。制造机器人是机器人技术研究者的梦想，它体现了人类重塑自身、了解自身的一种强烈愿望。自古以来，有不少科学家和杰出工匠都曾制造出具有人类特点或具有模拟动物特征的机器人雏形。

在我国，西周时期的能工巧匠偃师就研制出了能歌善舞的伶人，这是我国最早记载的机器人；春秋后期，著名的木匠鲁班曾制造过一只木鸟，如图 9-1 所示，它能在空中飞行"一日而不下"，这体现了我国劳动人民的聪明才智。

图 9-1　鲁班木鸟

机器人（Robot）一词是 1920 年由捷克作家 Karel Capek 在他的讽刺剧《罗萨姆的万能机器人》中首先提出的。剧中描述了一个有手臂和大腿，外形与人类相似，但能不知疲倦工作的机器奴仆 Robota（捷克语）。从那时起，Robot（英文）、机器人（中文）就一直被沿用下来。

1942 年，美国科幻作家埃萨克·阿西莫夫（Isaac Asimov）在他的科幻小说《我是机器人》中提出了有名的"机器人三原则"：

（1）机器人必须不危害人类，也不允许它眼看人将受害而袖手旁观。

（2）机器人必须绝对服从于人类，除非这种服从有害于人类。

（3）机器人必须保护自身不受伤害，只要这种防护行为不与第一或第二定律相矛盾。

这三条定律，给机器人社会赋以新的伦理性，并使机器人概念通俗化，更易于被人类社会接受，这三条定律成为学术界默认的研发原则。

现代机器人研究开始于 20 世纪中期，当时数字计算机已经出现，电子技术也有了长足的发展，产业领域出现了受计算机控制的可编程的数控机床，与机器人技术相关的控制技术和零部件加工也已有了扎实的基础。同时，人类需要开发自动机械，替代人去从事一些恶劣环境下的作业。正是在这一背景下，机器人技术的研究与应用得到了快速发展。以下列举了现代机器人工业史上的几个标志性事件。

1954 年：美国人戴沃尔（G. C. Devol）制造出世界上第一台可编程的机械手，并注册了专利。这种机械手能按照不同的程序从事不同的工作，因此具有一定的通用性和灵活性。

1959 年：戴沃尔与美国发明家英格伯格（Engelberger）联手制造出第一台工业机器人，如图 9-2 所示。英格伯格成立了世界上第一家机器人制造工厂 Unimation 公司。由于英格伯格对工业机器人有富有成效的研发和宣传，他被称为"工业机器人之父"。

图 9-2　Unimation 机器人

1962 年：美国 AMF 公司生产出万能搬运（Verstran）机器人，与 Unimation 公司生产的万能伙伴（Unimate）机器人一样成为真正商业化的工业机器人，并被出口到世界各国，掀起了全世界对机器人研究的热潮。

1967 年：日本川崎重工公司和丰田公司分别从美国购买了工业机器人 Unimate 和 Verstran 的生产许可证，日本从此开始了对机器人的研究和制造。20 世纪 60 年代后期，第一台喷漆弧焊机器人问世并逐步开始应用于工业生产。

1968 年：世界上第一台智能机器人 Shakey 在美国斯坦福研究所诞生，由此拉开了第三代机器人研发的序幕。Shakey 带有视觉传感器，能根据人的指令发现并抓取积木，不过控制它的计算机有一个房间那么大。

1969 年：日本早稻田大学加藤一郎实验室研发出第一台以双脚走路的机器人。加藤一郎被誉为"仿人机器人之父"。

1973 年：世界上第一次机器人和小型计算机的携手合作，使美国 Cincinnati Milacron 公司的机器人 T3 诞生，如图 9-3 所示。

1979 年：美国 Unimation 公司推出通用工业机器人 PUMA，如图 9-4 所示。这标志着工业机器人技术已经完全成熟。

图 9-3　T3 机器人

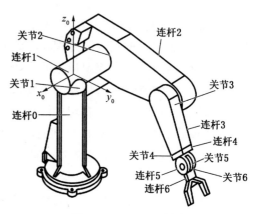

图 9-4　PUMA 机器人

1979 年：日本山梨大学牧野洋发明了水平多关节型 SCARA 机器人，SCARA 机器人由于其高精度等特性，在此后的装配作业中得到了广泛应用。

1980 年：这一年被日本定为机器人普及元年，随后，工业机器人在日本得到了长足的发展，并帮助日本赢得了"机器人王国"的美称。

1996 年：本田公司推出仿人型机器人 P2，使双足行走机器人的研究达到了一个新的水平。随后许多国际著名企业争相研制代表自己公司形象的仿人型机器人，以展示公司的科研实力。

1998 年：丹麦 Lego 公司推出机器人(Mind-storms)套件，让机器人制造变得跟搭积木一样，相对简单又能任意拼装，使机器人开始走入个人世界。

1999 年：日本索尼公司推出的机器人狗爱宝(AIBO)，被当即销售一空，从此娱乐机器人成为目前机器人迈进普通家庭的途径之一。

2002 年：美国 iRobot 公司推出了吸尘器机器人 Roomba，它是目前世界上销量最大、最商业化的家用机器人。

2006 年：微软公司推出 Microsoft Robotics Studio，机器人模块化、平台统一化的趋势越来越明显，比尔·盖茨预言，家用机器人很快将席卷全球。

2009 年：丹麦优傲机器人(Universal Robots)公司推出轻量型的 UR5 系列工业机器人，如图 9-5 所示。

图 9-5　UR5 机器人

2012 年：多家机器人著名厂商开发出双臂协作机器人。如 ABB 公司开发的 YuMi 双手臂工业机器人，如图 9-6 所示。双臂协作机器人能够满足电子消费品行业对柔性和灵活制造的需求，未来也将逐渐被应用于更多市场领域。

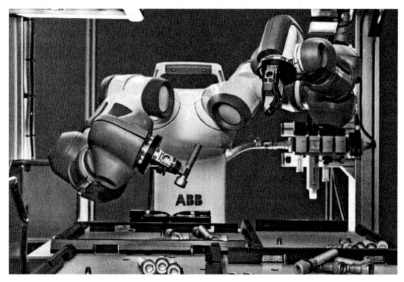

图 9-6　YuMi 机器人

我国从 20 世纪 80 年代初开始，通过科技攻关，目前已基本掌握了机器人操作机的设计制造技术、控制系统硬件和软件设计技术、运动学和轨迹规划技术，生产了部分机器人关键元器件，开发出喷漆、弧焊、点焊、装配、搬运机器人等。根据发改委公布的资料，目前我国工业机器人装机数量位于世界首位，然而，目前我国的工业机器人主要依赖进口，还没有形成具有国际竞争力的国产工业机器人品牌，国际机器人市场份额占有较小。

目前来看，和国外相比，我国在机器人理论突破和机器人工程实现方面都存在一定的差距，需要持续深入的理论研究和工程实践。

9.1.2　机器人的定义及特征

虽然在我们的身边活跃着各种类型的机器人，但不是所有的机电产品都属于机器人，不能把看到的每一个自动化装置都称为机器人，机器人有它的特征和定义。

国际上至今还没有合适的，为人们普遍认同的"机器人"定义，原因之一是机器人还在发展，新的机型不断涌现，机器人可实现的功能不断增多。而根本原因则是机器人涉及了人的概念，这就使"什么是机器人"成为一个难以回答的哲学问题。就像"机器人"一词最早诞生于科幻小说中一样，人们对机器人充满了幻想，但另一方面，也许正是机器人定义的模糊性，才给了人们充分的想象和创造空间。

目前，国际上关于机器人的定义主要有如下几种：

（1）美国机器人工业协会（RIA）的定义：机器人是一种用于移动各种材料、零件、工具或专用装置，通过可编程序动作来执行各种任务并具有编程能力的多功能机械手。这个定义实际上针对的是工业机器人。

（2）日本工业机器人协会（JIRA）的定义：机器人是一种带有存储器件和末端操作器（end effector，也称手部，包括手爪、工具等）的通用机械，它能够通过自动化的动作替代人类劳动。

（3）美国国家标准局（NBS）的定义：机器人是"一种能够进行编程并在自动控制下执行某些操作和移动作业任务的机械装置"。

（4）国际标准组织（ISO）的定义：机器人是一种自动的、位置可控的、具有编程能力的多功能机械手，这种机械手具有几个轴，能够借助于可编程序操作来处理各种材料、零件、工具和专用装置，可以执行种种任务。

（5）中国对机器人的定义：机器人是一种自动化的机器，这种机器具备一些与人或生物相似的智能能力，如感知能力、规划能力、动作能力和协同能力，是一种具有高度灵活性的自动化机器。

目前，大多数国家倾向于美国机器人工业协会（RIA）给出的定义，即工业机器人的定义。机器人应该具有以下三大特征：

（1）拟人功能机器人是模仿人或动物肢体动作的机器人，能像人那样使用工具。因此，数控机床和汽车不是机器人。

（2）可编程机器人具有智力或具有感觉与识别能力，可随工作环境变化的需要而再编程。一般的电动玩具没有感觉和识别能力，不能再编程，因此不能称为真正的机器人。

（3）通用性一般机器人在执行不同作业任务时，具有较好的通用性。

9.1.3 机器人的分类

关于机器人如何分类，国际上没有制定统一的标准，从不同的角度来看机器人，就会有不同的分类方法。按照日本工业机器人协会（JIRA）的标准，可对机器人进行如下分类：

第1类：人工操作装置——由操作员操作的多自由度装置。

第2类：固定顺序机器人——按预定的不变方法有步骤地依次执行任务的设备，其执行顺序难以修改。

第3类：可变顺序机器人——同第2类，但其顺序易于修改。

第4类：示教再现机器人——操作员引导机器人手动执行任务，记录下这些动作并由机器人以后再现执行。即机器人按照记录下的信息重复执行同样的动作。

第5类：数控机器人——操作员为机器人提供运动程序，而不是手动示教执行任务。

第6类：智能机器人——机器人具有感知和理解外部环境的能力，即使其工作环境发生变化，也能够成功地完成任务。

美国机器人工业协会（RIA）只将以上第3～6类视为机器人。法国机器人学会（AFR）对机器人进行如下分类：

类型A：手动控制远程机器人的操纵装置。

类型B：具有预定周期的自动操纵装置。

类型C：具有连续轨迹或点到点轨迹的可编程伺服控制机器人。

类型D：同类型C，但能够获取环境信息。

9.2　机器人的机械系统

机器人的机械系统是机器人的支承基础及执行机构,机器人的计算、分析和编程的最终目的都是要通过本体的运动和动作来完成特定的任务。

9.2.1　机器人的驱动机构

驱动机构主要用于把驱动元件的运动传递到机器人的关节和动作部位。按实现的运动方式,驱动机构可分为直线驱动机构和旋转驱动机构两种。驱动机构的运动可以由不同的驱动方式来实现。

机器人常用的驱动方式主要有液压驱动、气压驱动和电气驱动三种基本类型。在机器人出现的初期,其大多采用曲柄机构和连杆机构等,所以较多使用液压与气压驱动方式。但随着对机器人作业速度要求越来越高,以及机器人的功能日益复杂化,目前采用电气驱动的机器人所占比例越来越大。但在需要很大功率的应用场合,或运动精度不高、有防爆要求的场合,液压、气压驱动仍应用较多。

1. 液压驱动

液压驱动的特点是功率大、结构简单,可省去减速装置,能直接与被驱动的杆件相连,且响应快,伺服驱动具有较高的精度,但需要增设液压源,而且易产生液体泄漏,故目前多用于特大功率的机器人系统。

液压驱动有以下几个优点:

(1) 液压容易达到较高的单位面积压力(常用油压为 2.5～6.3 MPa),液压设备体积较小,可以获得较大的推力或转矩。

(2) 液压系统介质的可压缩性小,系统工作平稳可靠,并可得到较高的位置精度。

(3) 在液压传动中,力、速度和方向比较容易实现自动控制。

(4) 液压系统采用油液做介质,具有防锈蚀和自润滑性能,可以提高机械效率,系统的使用寿命长。

液压驱动的不足之处如下:

(1) 油液的黏度随温度变化而变化,会影响系统的工作性能,当油温过高时有燃烧爆炸等危险。

(2) 液体的泄漏难以避免。

(3) 需要额外的供油系统。

2. 气压驱动

气压驱动的能源、结构都比较简单,但与液压驱动相比,同体积条件下功率较小,而且速度不易控制,所以多用于精度要求不高的点位控制系统。

与液压驱动相比,气压驱动的优点如下:

(1) 压缩空气黏度小,容易达到高速(1 m/s)。

(2) 利用工厂集中的空气压缩机站供气,不必添加动力设备,且空气介质对环境无污染,使用安全,可在易燃、易爆、多尘埃、强磁、辐射、振动等恶劣工作环境中工作。

(3) 气动元件工作压力低,故制造要求也比液压元件低,价格低廉。

(4) 空气具有可压缩性,使气动系统能够实现过载自动保护,提高了系统的安全性和柔软性。

同样,气压驱动也存在一些不足之处:

(1) 压缩空气常用压力较小。

(2) 空气压缩性大,工作平稳性差,速度控制困难。

(3) 压缩空气的除水问题是一个很重要的问题,水容易使零件生锈,导致机器失灵。

(4) 排气会造成噪声污染。

3. 电气驱动

电气驱动是指利用电动机直接驱动或通过机械传动装置来驱动执行机构,其所用能源简单,机构速度变化范围大,效率高,速度和位置精度都很高,且具有使用方便、噪声低和控制灵活的特点,在机器人中得到了广泛应用。

根据选用电动机及配套驱动器的不同,电气驱动系统大致分为步进电动机驱动系统、直流伺服电动机驱动系统和交流伺服电动机驱动系统等。步进电动机多为开环控制,控制简单但功率不大,多用于低精度、小功率机器人系统;直流伺服电动机易于控制,有较理想的机械特性,但其电刷易磨损,且易形成火花;交流伺服电动机结构简单,运行可靠,可频繁启动、制动,没有无线电波干扰。

9.2.2 机器人的传动机构

机器人在运动时,各个部位都需要能源和动力,因此设计和选择良好的传动部件是非常重要的。传动机构用来把驱动机构的运动传递到关节和动作部位。常用的传动机构有齿轮传动、螺旋传动、带传动、链传动、流体传动、连杆机构与凸轮传动,电机是高转速、小力矩的驱动机构,而机器人通常却要求低转速、大力矩,因此,机器人中常用 RV 减速器和谐波传动机构减速器来完成速度和力矩的变换与调节。

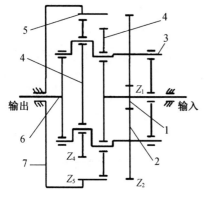

图 9-7 RV 减速器结构示意图
1—太阳轮;2—行星轮;3—曲柄轴;4—摆线轮;
5—针齿;6—输出轴;7—针齿壳

1. RV(Rot-Vector)摆线针轮传动减速器

RV 减速器的传动装置是由第一级渐开线圆柱齿轮行星减速机构和第二级摆线针轮行星减速机构两部分组成,为一封闭差动轮系。其结构示意图如图 9-7 所示,主动的太阳轮与输入轴相连,如果太阳轮顺时针方向旋转,它将带动三个呈 120° 布置的行星轮在绕中心轮轴心公转的同时还有逆时针方向自转,三个曲柄轴与行星轮相固连而同速转动,两片相位差 180° 的摆线轮铰接在三个曲柄轴上,并与固定的针轮相啮合,在其轴线绕针轮轴线公转的同时,还将反方向自转,即顺时针转动。输出轴(即行星架)由装在其上的三对曲柄轴支撑轴承来推动,把摆线轮上的自转矢量以 1∶1 的速比传递出来。

RV 减速器具有如下优点：

（1）传动比范围大。

（2）扭转刚度大,输出机构即为两端支承的行星架,用行星架左端的刚性大圆盘输出,大圆盘与工作机构用螺栓联结,其扭转刚度远大于一般摆线针轮行星减速器的输出机构。在额定转矩下,弹性回差小。

（3）只要设计合理,制造装配精度保证,就可获得高精度和小间隙回差。

（4）传动效率高。

（5）传递同样转矩与功率时的体积小。RV 减速器由于第一级用了三个行星轮,特别是第二级摆线针轮为硬齿面多齿啮合,这本身就决定了它可以用小的体积传递大的转矩,又加上在结构设计中,让传动机构置于行星架的支承主轴承内,使轴向尺寸大大缩小,所有上述因素使传动总体积大为减小。

目前国外对 RV 减速器已有较为系统的研究,并形成了相当规模的减速器产业。如日本帝人公司的 RV 减速机已经成为定型产品,并根据市场需求不断更新换代。我国 RV 减速器的研究工作起步于 20 世纪 80 年代末,但是与国际技术仍有一定的差距,围绕机器人对高精度高效率减速器的发展需求,系统开展 RV 系列减速器关键技术的研究,攻克该减速器在数字化设计、制造工艺、精度与效率保持等方面的关键技术问题,对推动我国机器人产业的发展有着重要的工程意义。

2. 谐波减速器

谐波传动是随着 20 世纪 50 年代末期航天技术的发展而由美国学者 C. Walton Musser 发明的。谐波传动利用弹性元件可控的变形来传递运动和动力。谐波传动技术的出现被认为是机械传动中的重大突破,并推动了机械传动技术的重大创新。

谐波传动在运动学上是一种具有柔性齿圈的行星传动,谐波发生器是在椭圆形凸轮的外周嵌入薄壁轴承制成的部件。轴承内圈固定在凸轮上,外圈依靠钢球发生弹性变形,一般与输入轴相连。

柔轮是杯状薄壁金属弹性体,杯口外圆切有齿,底部称为柔轮底,用来与输出轴相连。刚轮内圆有很多齿,齿数比柔轮多两个,一般固定在壳体上。谐波发生器通常由凸轮或偏心安装的轴承构成。刚轮为刚性齿轮,柔轮为能产生弹性变形的齿轮。当谐波发生器连续旋转时,产生的机械力使柔轮变形,变形曲线为一条基本对称的谐波曲线。发生器波数表示谐波发生器转一周时,柔轮某一点变形的循环次数。

其工作原理是：当谐波发生器在柔轮内旋转时,迫使柔轮发生变形,同时进入或退出刚轮的齿间。在谐波发生器的短轴方向,刚轮与柔轮的齿间处于啮入或啮出的过程,伴随着发生器的连续转动,齿间的啮合状态依次发生变化,即产生"啮入—啮合—啮出—脱开—啮入"的变化过程。这种错齿运动把输入运动变为输出的减速运动。

图 9-8 所示是谐波传动的结构简图,谐波发生器 4 的转动使柔轮 6 上的柔轮齿圈 7 与刚轮 1（圆形化键轮）上的刚轮内齿圈 2 相啮合。输入轴为 3,如果刚轮 1 固定,则轴 5 为输出轴,如果轴 5 固定,则刚轮 1 的轴为输出轴。

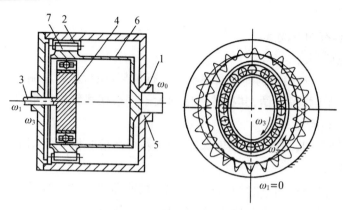

图 9-8　谐波传动的结构简图

谐波减速器具有以下优点：

（1）结构简单，体积小，重量轻。谐波齿轮传动的主要构件只有 3 个：波发生器、柔轮、刚轮。它与传动比相当的普通减速器比较，零件减少 50% 左右，体积和重量均减少 1/3 左右或更多。

（2）传动比范围大，单级谐波减速器传动比可在 50～300 之间，优选在 75～250 之间。

（3）运动精度高、承载能力大。由于多齿啮合，与相同精度的普通齿轮相比，其运动精度能提高 4 倍左右，受载能力也大大提高。

（4）运动平稳，无冲击，噪声小。

（5）齿侧间隙可以调整。

9.2.3　机器人的关节及坐标

1. 机器人关节

机器人中连接运动部分的机构称为关节，机器人有许多不同类型的关节，有线性的、旋转的和滑动的。

大多数机器人关节是线性或旋转型关节。滑动关节是线性的，它不包含旋转运动，并由汽缸、液压缸或者线性电驱动器驱动，主要用于台架构型、圆柱构型或类似的关节构型。回转关节是旋转型的，虽然液压和气动旋转关节使用十分普遍，但大部分旋转关节是电动的，它们由步进电机驱动，或者更普遍地采用伺服电机驱动。

2. 机器人的坐标

机器人的构型通常根据它们的坐标系来确定，滑动关节用 P 表示，旋转关节用 R 表示，如图 9-9 所示。机器人构型通常可用一系列的 P 和 R 来描述。例如，一个机器人有三个滑动关节和三个旋转关节，则用 3P3R 表示。

机器人的坐标形式有直角坐标型、圆柱坐标型、球坐标型和关节坐标型，结构形式如图 9-10 所示。

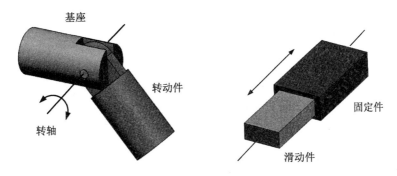

图 9-9 旋转关节与滑动关节

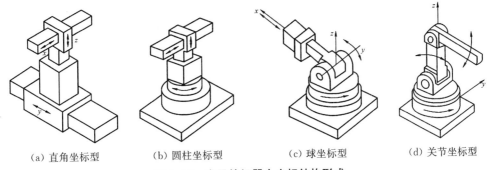

(a) 直角坐标型　　　　(b) 圆柱坐标型　　　　(c) 球坐标型　　　　(d) 关节坐标型

图 9-10 常见的机器人坐标结构形式

9.2.4 机器人的执行机构

机器人的执行机构包括手部、腕部、手臂、腰部和基座等。

1. 手部

人类都是有"手"的,因此机器人也必须有"手",这样它才能根据电脑发出的"命令"执行相应的动作。"手"不仅是一个执行命令的机构,它还应该具有识别的功能,这就是我们通常所说的"触觉"。机器人的手一般由方形的手掌和节状的手指组成。为了使机器人手具有触觉,在其手掌和手指上都装有带有弹性触点的触敏元件;如果要感知冷暖,则还可以装上热敏元件。当手指触及物体时,触敏元件发出接触信号,否则就不发出信号。在各指节的连接轴上装有精巧的电位器,它能把手指的弯曲角度转换成"外形弯曲信息"。把外形弯曲信息和各指节产生的接触信息一起送入电子计算机,通过计算就能迅速判断机械手所抓的物体的形状和大小。现在,机器人手已经具有了灵巧的指、腕、肘和肩胛关节,能灵活自如地伸缩摆动,手腕也会转动弯曲。通过手指上的传感器还能感觉出抓握的东西的重量,可以说机器人手已经具备了人手的许多功能。图 9-11 所示为人类手腕的两个 B(Bend)关节。在实际情况中,许多时候机器人并不一定需要这样复杂的多节人工指。

末端操作器一般是指机器人的手,它是机器人直接用于抓取和握紧(吸附)的专用工具(如喷枪、扳手、焊具、喷头等)并进行操作的部件。它具有模仿人手动作的功能,并安装于机器人手臂的前端。被握工件的形状、尺寸、重量、材质及表面状态等会有不同,因此机器人的末端操作器是多种多样的,并大致可分为以下几类。

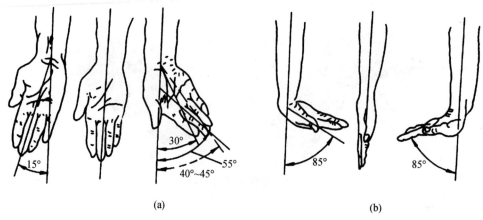

图 9-11　人类手腕的两个 B 关节

1) 夹钳式取料手

夹钳式手部与人手相似,是工业机器人广为应用的一种手部形式。它一般由手指(手爪)和驱动机构、传动机构及连接与支承元件组成,如图 9-12 所示,并能通过手爪的开闭动作实现对物体的夹持。

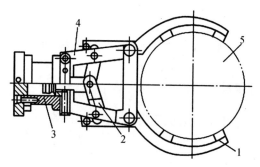

图 9-12　夹钳式手部的组成

1—手指;2—传动机构;3—驱动装置;4—支架;5—工件

2) 吸附式取料手

(1) 气吸附式取料手

气吸附式取料手是利用吸盘内的压力和大气压之间的压力差而工作的。按形成压力差的方法,可分为挤压排气式、气流负压吸附式、真空抽气式等几种,各种真空吸附取料手如图 9-13 所示。

气吸附式取料手与夹钳式取料手相比,具有结构简单、重量轻、吸附力分布均匀等优点,对于薄片状物体的搬运更具有优越性(如板材、纸张、玻璃等物体),广泛应用于非金属材料或不可有剩磁的材料的吸附,但要求物体表面较平整光滑,无孔无凹槽。

(2) 磁吸附式取料手

磁吸附式取料手是利用电磁铁通电后产生的电磁吸力取料,因此只能对铁磁物体起作用;另外,对某些不允许有剩磁的零件要禁止使用。所以,磁吸附式取料手的使用有一定的局限性。

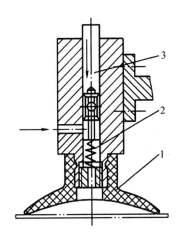
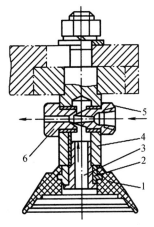
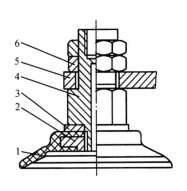

（a）挤压排气式手爪结构
1—橡胶吸盘　2—弹簧
3—拉杆

（b）气流负压吸附式手爪结构
1—橡胶吸盘　2—心套
3—透气螺钉　4—支承杆
5—喷嘴　6—喷嘴套

（c）真空抽气式手爪结构
1—碟形橡胶吸盘　2—固定环
3—垫片　4—支承杆　5—基板
6—螺母

图 9-13　各种真空吸附取料手

电磁铁的基本组成如图 9-14(a)所示。当线圈通电后,在铁芯内外产生磁场,磁力线穿过铁芯、空气隙和衔铁形成回路,衔铁受到电磁吸力 F 的作用被牢牢吸住。实际使用时,往往采用图 9-14(b)所示的盘状电磁铁,衔铁是固定的,衔铁内用隔磁材料将磁力线切断,当衔铁接触磁铁物体零件时,零件被磁化形成磁力线回路,并受到电磁吸力而被吸住。

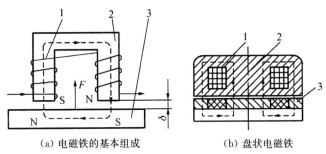

（a）电磁铁的基本组成　　　　（b）盘状电磁铁

图 9-14　电磁铁工作原理
1—线圈;2—铁芯;3—衔铁

3）专用操作器及换接器

（1）专用末端操作器

机器人是一种通用性很强的自动化设备,配上各种专用的末端操作器后,就能根据作业要求完成各种动作。在通用机器人上安装焊枪,其就成为一台焊接机器人,安装拧螺母机则该机器人成为一台装配机器人。目前有许多由专用电动、气动工具改型而成的操作器,如图 9-15 所示,有拧螺母机、焊枪、电磨头、电铣头、抛光头、激光切割机等,所形成的一整套系列可供用户选用,使机器人能胜任各种工作。

（2）换接器或自动手爪更换装置

使用一台通用机器人,要在作业时能自动更换不同的末端操作器,就需要配置具有快速装卸功能的换接器。换接器由两部分组成:换接器插座和换接器插头,分别装在机器腕

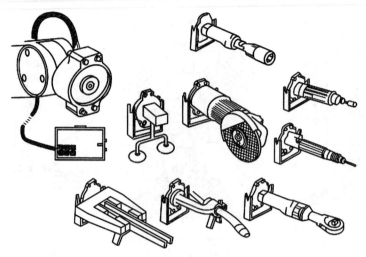

图 9-15　各种专用末端操作器

部和末端操作器上,能够实现机器人对末端操作器的快速自动更换。

专用末端操作器换接器的要求主要有:同时具备气源、电源及信号的快速连接与切换;能承受末端操作器的工作载荷;在失电、失气情况下,机器人停止工作时不会自行脱离;具有一定的换接精度等。

4)仿生多指灵巧手

(1)柔性手

为了能对不同外形的物体实施抓取,并使物体表面受力比较均匀,研制出了柔性手。如图 9-16 所示为多关节柔性手,每个手指由多个关节串联而成。手指传动部分由牵引钢丝绳及摩擦滚轮组成,每个手指由两根钢丝绳牵引,一侧为握紧,另一侧为放松。驱动源可采用电机驱动或液压、气动元件驱动。柔性手可抓取凹凸不平的物体并使物体受力较为均匀。

(2)多指灵巧手

机器人手爪和手腕最完美的形式是模仿人手的多指灵巧手。如图 9-17 所示,多指灵巧手有多个手指,每个手指有 3 个回转关节,每一个关节的自由度都是独立控制的。因

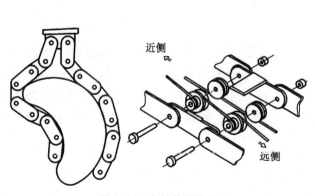

图 9-16　多关节柔性手

图 9-17　多指灵巧手

此,人手指能完成的各种复杂动作它几乎都能模仿,诸如拧螺钉、弹钢琴、做礼仪手势等动作。在手部配置触觉、力觉、视觉、温度传感器,将会使多指灵巧手达到更完美的程度。多指灵巧手的应用前景十分广泛,可在各种极限环境下完成人无法实现的操作,如在核工业领域、宇宙空间作业,在高温、高压、高真空环境下作业等。

5)其他手

其他常见机械手有弹性力手爪、摆动式手爪和勾托式手部等几种类型。

弹性力手爪的特点是其夹持物体的抓力是由弹性元件提供的,不需要专门的驱动装置,在抓取物体时需要一定的压力,而在卸料时,则需要一定的拉力。

摆动式手爪的特点是在手爪的开合过程中,其爪的运动状态是绕固定轴摆动,结构简单,使用较广,适合于圆柱表面物体的抓取。

勾托式手部并不靠夹紧力来夹持工件,而是利用工件本身的重量,通过手指对工件的勾、托、捧等动作来托持工件。应用勾托方式可降低对驱动力的要求,简化手部结构,甚至可以省略手部驱动装置。勾托式手部适用于在水平面内和垂直面内搬运大型笨重的工件或结构粗大而质量较轻且易变形的物体。

2. 腕部

机器人手腕是连接末端操作器和手臂的部件,它的作用是调节或改变工件的方位,因而它具有独立的自由度,以使机器人末端操作器适应复杂的动作要求。

机器人一般需要 6 个自由度才能使手部达到目标位置并处于期望的姿态。为了使手部能处于空间任意方向,要求腕部能实现对空间 3 个坐标轴 x、y、z 的转动,即具有翻转、俯仰和偏转 3 个自由度,如图 9-18 所示。通常也把手腕的翻转叫作 Roll,用 R 表示;把手腕的俯仰叫作 Pitch,用 P 表示;把手腕的偏转叫作 Yaw,用 Y 表示。

注意,并不是所有的手腕都必须具备 3 个自由度,而是根据实际使用的工作性能要求来确定。常见的腕关节如图 9-19 所示。

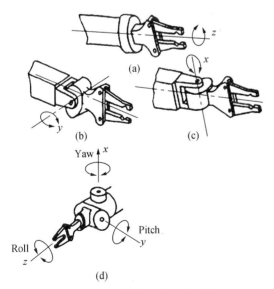

图 9-18　手腕坐标系与手腕动作

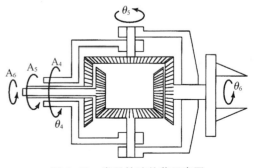

图 9-19　常见的腕关节示意图

3. 手臂

手臂是机器人执行机构中的重要部件,它的作用是将被抓取的工件运送到给定的位置上。因而,一般机器人手臂有 3 个自由度,即手臂的伸缩、左右回转和升降(或俯仰)运动。手臂回转和升降运动是通过机座的立柱实现的,立柱的横向移动即为手臂的横移。手臂的各种运动通常由驱动机构和各种传动机构来实现,因此,它不仅仅承受被抓取工件的重量,而且承受末端操作器、手腕和手臂自身的重量。手臂的结构、工作范围、灵活性、抓重大小(即臂力)和定位精度都直接影响机器人的工作性能。

机器人手臂的伸缩、升降及横向(或纵向)移动均属于直线运动,而实现手臂直线往复运动的机构形式较多,常用的有活塞液压(气)缸、齿轮齿条机构、丝杠螺母机构等。直线往复运动可采用液压或气压驱动的活塞缸。由于活塞液压(气)缸的体积小、重量轻,因而在机器人手臂结构中应用较多。图 9-20 为双导向杆手臂伸缩结构示意图。手臂和手腕通过连接板安装在升降液压缸的上端,当双作用液压缸的两腔分别通入液压油时,则推动活塞杆(即手臂)做直线往复移动。导向杆在导向套内移动,以防手臂伸缩时的转动,并兼作手腕回转缸及手部的夹紧液压缸的输油管道。由于手臂的伸缩液压缸安装在两根导向杆之间,由导向杆承受弯曲作用,活塞杆只受拉压作用,故受力简单,传动平稳,外形整齐美观,结构紧凑。

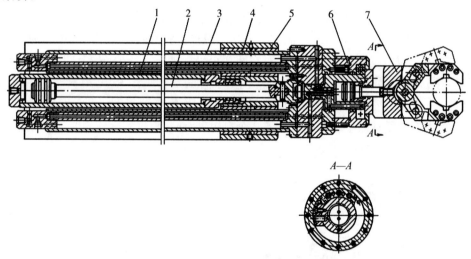

图 9-20 双导向杆手臂伸缩结构示意图
1—双作用液压缸;2—活塞杆;3—导向杆;4—导向套;5—支承座;6—手腕回转缸;7—手部的夹紧液压缸

4. 腰部

腰部是连接臂部和基座,并用于安装驱动装置及其他装置的部件。机身结构在满足结构强度的前提下应尽量减小尺寸,降低重量,同时考虑外观要求。机器人腰部要承担机器人本体的小臂、腕部和末端负载,所受力及力矩最大,要求其具有较高的结构强度。腰部材料为球墨铸铁,采用筋板式结构。由于其结构复杂,焊接不能保证其精度和强度。为满足日后批量生产的要求,一般采用铸造方式,然后对各基准面进行精密加工。常见的腰关节布置方案如图 9-21 所示。

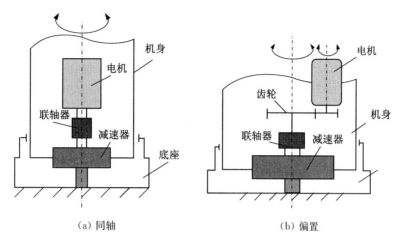

(a) 同轴　　　　　　　　　　　　　　(b) 偏置

图 9-21　腰关节布置方案

5. 基座

基座是整个机器人的支撑部分,有固定式和移动式两种。其中,移动式机构是机器人用来扩大活动范围的机构,有的采用专门的行走装置,有的采用轨道、滚轮机构。如图 9-22 所示为美国 PUMA-262 型垂直多关节型机器人,它是固定式机器人。

行走式基座也称行走机构,是行走机器人的重要执行部件,它由行走的驱动装置、传动机构、位置检测元件和传感器、电缆及管路等组成。它一方面支承机器人的机身、臂和手部,另一方面还根据工作任务的要求,带动机器人在更大的空间内运动。

行走机构按其行走运动轨迹可分为固定轨迹和无固定轨迹行走机构两种。固定轨迹式行走机构主要用于工业机器人。无固定轨迹式行走机构,按其行走机构的结构特点可分为轮式、履带式和步行式。它们在行走过程中,前两者与地面为连续接触,后者为间断接触。前两者的形态为运行车式,后者则为类人(或动物)的腿脚式。运行车式行走机构用得比较多,多用于野外作业,比较成熟;步行式行走机构正在发展和完善中。

图 9-23 是火星探测用的小漫游车,依据使用目的,科学家对该车采用了六轮驱动车和具有柔性机构车辆的方案。

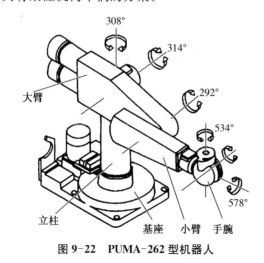

图 9-22　PUMA-262 型机器人　　　　　图 9-23　火星探测用的小漫游车

9.3 机器人的感知系统

机器人工作的稳定性与可靠性,依赖于机器人对工作环境的感觉和自适应能力,因此需要高性能传感器及各传感器之间协调工作。不同行业工作环境具有的特殊性和不确定性,对机器人感觉系统提出了更高的要求,机器人感觉系统的设计由此成为机器人技术的一个重要发展方向。机器人感觉系统的设计是实现机器人智能化的基础,主要表现在新型传感器的应用及多传感器信息技术的融合上。

机器人的传感器相当于人五官的部分机能,主要包括机器人的视觉、触觉和位置传感器等。

9.3.1 视觉传感器

机器人视觉可以帮助机器人获取最大的信息量、最完整的信息,是机器人最重要的感知功能。视觉传感器是将景物的光信号转换成电信号的器件。大多数机器人视觉都不必采用胶卷等媒介物,而是直接把景物摄入。过去经常使用光导摄像等电视摄像机作为机器人的视觉传感器,近年来开发了由 CCD(电荷耦合器件)和 MOS(金属氧化物半导体)器件等组成的固体视觉传感器。固体视觉传感器又可以分为一维线性传感器和二维线性传感器,目前二维线性传感器已经能做到 4 000 个像素以上。由于固体视觉传感器具有体积小、重量轻等优点,因此应用日趋广泛。

由视觉传感器得到的电信号,经过 A/D 转换成数字信号,得到数字图像。一般一个画面可以分成 256×256 像素、512×512 像素或 1 024×1 024 像素,像素的灰度可以用 4 位或 8 位二进制数来表示。一般情况下,这么大的信息量对机器人系统来说是足够的。要求比较高的场合,还可以通过彩色摄像系统或在黑白摄像管前面加上红、绿、蓝等滤光器得到颜色信息和较好的反差。

如果能在传感器的信息中加入景物各点与摄像管之间的距离信息,这显然是很有用的。每个像素都含有距离信息的图像,称之为距离图像。目前,人们正在研究获得距离信息的各种办法,但至今还没有一种简单实用的装置可以用来实现这一目的。

9.3.2 触觉传感器

人的触觉包括接触觉、压觉、冷热觉、滑动觉、痛觉等,这些感知能力对于人类是非常重要的,是其他感知能力(如视觉)所不能完全替代的。

为使机器人准确地完成工作,需时刻检测机器人与对象物体的配合关系。机器人触觉可分成接触觉、接近觉、压觉、滑觉和力觉五种,如图 9-24 所示,触头可装配在机器人的手指上。

在机器人中使用触觉传感器主要有三个方

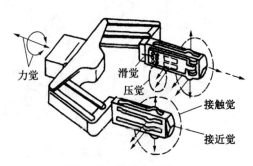

图 9-24 机器人触觉

面作用。第一,使操作动作适宜,如感知手指同对象物之间的作用力,便可判定动作是否适当。还可以用这种力作为反馈信号,通过调整使给定的作业程序实现灵活的动作控制。这一作用是视觉无法代替的。第二,识别操作对象的属性,如大小、质量、硬度等。第三,可以代替视觉进行一定程度的形状识别,这在视觉无法起作用的场合显得非常重要。

9.3.3 位置传感器

机器人关节的位置控制是机器人最基本的控制要求,因此,对位置和位移的检测也是机器人最基本的感觉要求。位置和位移传感器根据其工作原理和组成的不同有多种形式,这里介绍几种常见的位移传感器。

1. 电位器式位移传感器

电位器式位移传感器由一个线绕电阻(或薄膜电阻)和一个滑动触点组成。其中滑动触点通过机械装置受被检测量的控制。当被检测的位置量发生变化时,滑动触点也会发生位移,从而改变滑动触点与电位器各端之间的电阻值和输出电压值,根据这种输出电压值的变化,可以检测出机器人各关节的位置和位移量。

按照结构的不同,可以把电位器式位移传感器分成两大类:直线型电位器和旋转型电位器,如图 9-25 所示。

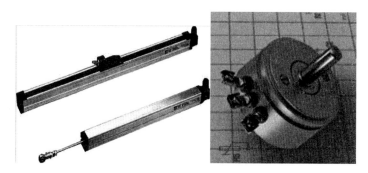

图 9-25 直线型电位器与旋转型电位器

直线型电位器主要用于检测直线位移,其电阻器采用直线型螺线管或直线型碳膜电阻,滑动触点也只能沿电阻的轴线方向做直线运动。直线型电位器的工作范围和分辨率受电阻器长度的限制。线绕电阻、电阻丝本身的不均匀性会造成电位器式传感器的输入/输出关系的非线性。

旋转型电位器的电阻元件呈圆弧状,滑动触点也只能在电阻元件上做圆周运动。旋转型电位器有单圈电位器和多圈电位器两种。由于滑动触点等的限制,单圈电位器的工作范围只能小于 360°,其对分辨率也有一定限制。对于多数应用情况来说,这并不会妨碍它的使用。假如需要更高的分辨率和更大的工作范围,可以选用多圈电位器。

2. 编码器

当前机器人系统中应用的位置传感器一般为编码器。所谓编码器,是将某种物理量转换为数字格式的装置。机器人运动控制系统中编码器的作用是将位置和角度等参数转换为数字量。可根据电接触、磁效应、电容效应和光电转换等机理,形成各种类型的编码器。

最常见的编码器是光电编码器,这种非接触型传感器可分为绝对型和相对型,如图 9-26 所示。前者只要电源加到这种传感器的机电系统中,编码器就能给出实际的线性或旋转位置。因此,用绝对型编码器装备的机器人关节不要求校准,只要一通电,控制器就知道实际的关节位置。相对型编码器只能提供某基准点对应的位置信息,所以用相对型编码器的机器人在获得真实位置信息以前,必须首先完成校准程序。

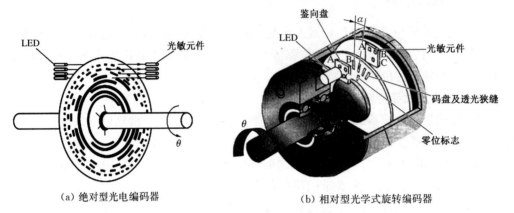

(a) 绝对型光电编码器   (b) 相对型光学式旋转编码器

图 9-26 绝对型光电编码器与相对型光学式旋转编码器

3. 速度传感器

速度传感器是机器人内部传感器之一,是闭环控制系统中不可缺少的重要组成部分,它用来测量机器人关节的运动速度。可以进行速度测量的传感器很多,例如进行位置测量的传感器大多可同时获得速度的信息。但是应用最广泛,能直接得到代表转速的电压且具有良好的实时性的速度测量传感器是测速发电机。在机器人控制系统中,以速度为首要目标进行伺服控制并不常见,更常见的是机器人的位置控制。当然如果需要考虑机器人运动过程的品质,那么测度传感器是需要的。旋转编码器及测速发电机是两种被广泛采用的角速度传感器。

4. 超声波传感器

超声波传感器发射超声波脉冲信号,测量回波的返回时间便可得知到达物体表面的距离。如果安装多个接收器,根据相位差还可以得到物体表面的倾斜状态信息,图 9-27 所示是超声波测距传感器的原理图。

但是,超声波在空气中衰减得很快(在 1 MHz 的条件下为 12 dB/cm),因此其频率无法太高,通常使用 20 kHz 以下的频率,所以要提高分辨率比较困难。

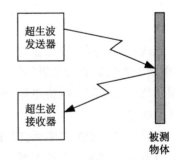

图 9-27 超声波测距传感器原理图

9.4 机器人编程

机器人语言用于实现人与机器人的交流功能,编程是指为了使机器人完成某项作业而进行的程序设计。随着机器人技术的发展及对机器人功能要求的提高,人们希望同一台机器人通过不同的程序能适应各种不同的作业,要求机器人具有较好的通用性。同时,用户对产品的质量、效率的追求越来越高。在这种情况下,机器人的编程方式、编程效率和质量显得越来越重要。降低编程的难度和工作量,提高编程效率,实现编程的自适应性,从而提高生产效率,是机器人编程技术发展的目标之一。目前,在工业生产中应用的机器人主要编程方式有在线编程、机器人语言编程、离线编程三种形式。

9.4.1　在线编程

在线编程也称为示教方式编程,示教方式是一项成熟的技术,易于被操作者所掌握,而且用简单的设备和控制装置即可完成。示教时,通常由操作人员通过示教盒控制机器人工具末端到达指定的位置和姿态,记录机器人位置和姿态数据并编写机器人运动指令,完成机器人在正常加工中的轨迹规划,位置和姿态等关节数据信息的采集、记录。

示教盒示教具有在线示教的优势,操作简便直观。示教盒主要有编程式和遥感式两种。示教编程示意图如图 9-28 所示。

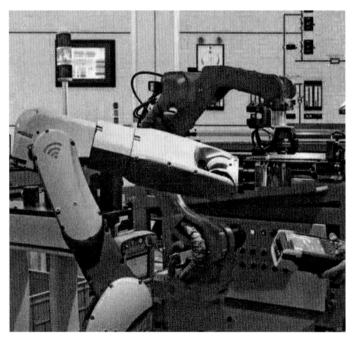

图 9-28　示教编程示意图

示教编程的优点是只需要简单的设备和控制装置即可进行,操作简单、易于掌握,而且示教再现过程很快,示教之后即可应用。然而,它的缺点也是明显的,主要有:

(1) 只能在人所能达到的速度下工作。

(2) 难以与传感器的信息相配合。

(3) 不能用于某些危险的情况。

(4) 在操作大型机器人时,这种方法不实用。

(5) 难获得高速度和直线运动。

（6）难以与其他操作同步。

9.4.2 机器人语言编程

机器人编程语言是一种程序描述语言，它能十分简洁地描述工作环境和机器人的动作，能把复杂的操作内容通过尽可能简单的程序来实现。机器人编程语言也和一般的程序语言一样，应当具有结构简明、概念统一、容易扩展等特点。从实际应用的角度来看，很多情况下都是操作者实时地操纵机器人工作，因此，机器人编程语言不仅应当简单易学，并且应有良好的对话性。高水平的机器人编程语言还能够作出并应用目标物体和环境的几何模型。在工作进行过程中，几何模型是不断变化的，因此性能优越的机器人语言会极大地减少编程的困难。

到现在为止，已经有多种机器人语言问世，其中有的是研究室里的实验语言，有的是实用的机器人语言。前者中比较有名的有美国斯坦福大学开发的 AL 语言，IBM 公司开发的 AUTOPASS 语言，英国爱丁堡大学开发的 RAPT 语言等；后者中比较有名的有由 AL 语言演变而来的 VAL 语言，日本九州大学开发的 IML 语言，IBM 公司开发的 AMI 语言等。机器人语言系统的组成如图 9-29 所示。

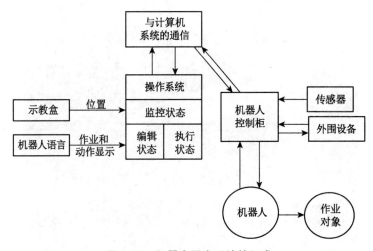

图 9-29 机器人语言系统的组成

9.4.3 离线编程

离线编程是在专门的软件环境支持下用专用或通用程序在离线情况下进行机器人轨迹规划编程的一种方法。离线编程程序通过支持软件的解释或编译产生目标程序代码，最后生成机器人路径规划数据。离线编程的系统框图如图 9-30 所示。

离线编程相比于示教编程，有如下的优点：

（1）可减少机器人非工作时间，当对下一个任务进行编程时，机器人仍可在生产线上工作。

（2）可以使编程者远离危险的工作环境。

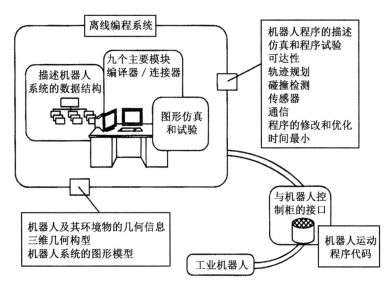

图 9-30　离线编程系统框图

（3）使用范围广，可以对各种机器人进行编程。

（4）便于和 CAD/CAM 系统结合做到 CAD/CAM/机器人一体化。

（5）可使用高级计算机编程语言对复杂任务进行编程。

（6）便于修改机器人程序。

9.5　机器人应用及模块化机器人创新实践

机器人可以代替人类完成各种工作，特别是危险的、有毒的、枯燥的工作。机器人除了广泛应用于制造业领域外，还应用于资源勘探开发、救灾排险、医疗服务、家庭娱乐、教育教学、军事和航天等其他领域。

9.5.1　机器人的应用准则

在设计和应用机器人时，应全面和均衡考虑机器人的通用性，环境的适应性、耐久性、可靠性和经济性等因素。埃斯蒂斯（Vernon E. Estes）于 1979 年提出八条使用机器人的经验准则，称为弗农（Vernon）准则，准则如下：

（1）应当从恶劣工种开始执行机器人计划。

（2）考虑在生产率落后的部门应用机器人。

（3）要估计长远需要。

（4）使用费用不与机器人成本成正比。

（5）力求简单实效。

（6）确保人员和设备安全。

（7）不要期望卖主提供全套承包服务。

（8）不要忘记机器人需要人。

9.5.2　机器人的典型应用举例

1. 恶劣工作环境及危险工作

核工业等领域的作业是一种有害于健康并可能危及生命,或不安全因素很大而不宜于人去从事的作业,此类工作由工业机器人做是最适合的。图 9-31 所示为核工业上沸腾水式反应堆(BWR)燃料自动交换机。BWR 的燃料是把浓缩的铀丸放在长 4 m 的护套内,把它们集中在一起作为燃料的集合体,装入反应堆的堆心。每隔一定时期要变更已装入燃料的位置,以提高铀的燃烧效率,并把已充分燃烧的燃料集合体与新的燃料集合体进行交换。这些作业都在定期检查时完成,并且为了冷却使用过的燃料和遮蔽放射线,这种燃料交换的作业是在水中进行的。从作业人员到被处理的燃料之间的距离约为 17~18 m,过去作业人员是靠手动进行操作的,难免会产生误操作,而如果为了尽可能缩短距离而靠近操作,则容易受到辐射的危害。

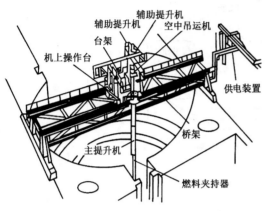

图 9-31　沸腾水式反应堆燃料自动交换机

燃料自动交换机的主要结构如图 9-31 所示,它是由机上操作台、辅助提升机、台架、空中吊运机、主提升机、燃料夹持器等组成的,采用了计算机控制方式,可依据操作人员的运转指令,完成自动运转、半自动运转和手动运转模式下的燃料交换。这种装置的主要特征是:①可以在远距离的操作室中全自动运转;②具有精密的多重圆筒立柱可提高定位精度;③利用计算机可以控制系统高速运转,防止误操作。这种交换机的使用不仅提高了效率,降低了对操作人员的辐射,而且由计算机控制的操作自动化可以提高作业的安全性。

2. 特殊作业场合和极限作业

火山探险、深海探秘和空间探索等对于人类来说是力所不能及的场合,只有机器人才能进行作业。如图 9-32 所示为航天飞机上用来回收卫星的操作臂 RMS(Remote Manipulator System),它是由加拿大 SPAR 航天公司设计并制造的,是世界上最大的关节式机器人。该操作臂额定载荷为 15 000 kg,最大载荷为 30 000 kg;末端操作器的最大速度空载时为 0.6 m/s,承载 15 000 kg 时为 0.06 m/s,承载 30 000 kg 时为 0.03 m/s;定位精度为±0.05 m。这些额定参数是在外层空间抓放飞行体时的参数。

3. 自动化生产领域

工业机器人在自动化生产线上应用非常广泛,主要用于机床上下料、点焊和喷漆。随着柔性自动化的出现,机器人在自动化生产领域扮演了更为重要的角色。比如在汽车制造领域,已广泛应用焊接机器人进行承重大梁和车身结构的焊接。弧焊机器人需要 6 个自由度,其中 3 个自由度用来控制焊具跟随焊缝的空间轨迹,另外 3 个自由度用丁保持焊具与工件表面有正确的姿态关系,这样才能保证良好的焊缝质量。图 9-33 为复杂空间里正在工作的焊接机器人。

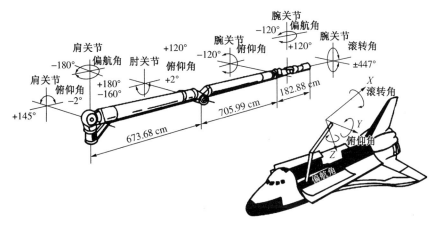

图 9-32　航天飞机上的操作臂

图 9-33　复杂空间里的焊接机器人

4. 教育机器人领域

教育机器人是一类应用于教育领域的机器人,它一般具备以下特点:首先,具有教学适用性,符合教学使用的相关需求;其次,具有良好的性能价格比;再次,它的模块化特征,具有开放性和可扩展性,可以根据需要方便地增、减功能模块,进行自主创新;最后,它还应当有友好的人机交互界面。

由于机器人涉及信息技术的多个领域,它融合了多种先进技术,没有一种技术平台会比机器人具有更为强大的综合性。引入教育机器人的教学平台将给学生的技术课程增添新的活力,成为培养学生综合能力、信息素养的优秀平台。在国外,机器人教育一直是个热点:自 1992 年开始,美国政府有关部门在全国高中生中推行"感知和认知移动机器人"计划,高中生可免费获得 70 kg 重的一套零件,自行组装成遥控机器人,然后可参加有关的比赛。1994 年麻省理工学院(MIT)就设立了"设计和建造 LEGO 机器人"课程(Martin),目的是提高工程设计专业学生的设计和创造能力,尝试机器人教育与理科实验的整合。

日本高度重视机器人教育,在日本,每所大学都有高水平的机器人研究和教学内容,每年定期举行各种不同层次的机器人设计和制作大赛,既有国际性高水平比赛,也有社区性适合中小学生参加的比赛。

新加坡国立教育学院(NIE)和乐高教育部于 2006 年 6 月在新加坡举办了第一届亚太 ROBOLAB 国际教育研讨会,通过专题报告、论文交流和动手制作等方式,就机器人教育及其在科技、数学课程里的应用进行交流,以提高教师们开展机器人教育的科技水平与能力。

机器人作为增强学生的动手能力,促进学生思维发展、创新能力训练的有效工具,在我国教育界也逐渐得到认同。教育部近年来大力推广机器人教育,将"人工智能初步"与"简易机器人制作"分别列入"信息技术课程""通用技术课程"选修内容,在国内外开展了很多教育机器人竞赛,以促进教育机器人的普及与推广。

9.5.3 模块化机器人创新实践

机器人创新实践教学是高校创新实践训练的经典项目,该项目以机器人基本理论与实验技术为主要教学内容开展各类教学活动。

模块化机器人创新组件是开展机器人创新教学更好的选择,模块化是机器人发展的重要方向,模块化机器人的特点是各机器人构件具备通用性、重构性,构件之间具有统一的接口,可根据用途进行组合,得到所需的机器人构型及功能。自从 1998 年丹麦乐高公司推出 Mind Storm 机器人积木以来,不同公司的机器人组件层出不穷,它们风格迥异,拼搭难易不同,侧重点也各不相同。

高校在机器人创新教学过程中,可以充分利用模块化机器人技术的特点,拓展创新教学资源,增强理论与实践教学的综合性、创新性与应用性,从而达到培养更多机器人创新人才以适应社会及产业发展需要的教学目的。

本书选用学校购买的"探索者"模块化机器人创新平台套件,该平台拥有完善的教学体系和开放度极高的系统,能够很好地兼容市面上常见的各种机械零件、电子部件。同时该套件也是江苏省大学生机器人竞赛委员会指定品牌机器人套件。

机器人的行走足借助多关节的腿部结构,能抬起离地迈步前进,模仿动物行走,可越过松软、不平整的地形而保持机体稳定,环境适应能力较强,受到了机器人领域的重点关注。特别是四足机器人具有较强的负载能力和良好的环境适应性,应用较为广泛,是大规模推广应用的热点之一。

为了促进同学们的学习兴趣,本书将简易四足机器人开发成机器人创新教学课堂的实践项目。设计一种具有行走机构的简易四足仿生机器人,采用曲柄摇杆传动系统,由一个电机驱动即可实现机器人的跨步行走,该机器人结构紧凑,控制相对简单。同时,行走机构承载能力强,工作过程中连杆作复杂的平面运动,运动轨迹丰富多样,可以很好地实现足式机器人的步态要求。

1. 简易足型机构设计方案

根据连杆机构的运动规律,设计一种基于曲柄摇杆的仿生机器人行走足机构,机构简图如图 9-34 所示。该机构由一个曲柄摇杆机构组成,所有杆件均通过铰链进行连接。曲柄为主动件且等速转动,而摇杆为从动件作变速往返摆动,连杆作平面复合运动。曲柄摇杆机构中也有用摇杆作为主动件,将摇杆的往复摆动转换成曲柄的转动。

2. 驱动机构方案设计

模块化机器人组件提供了多种驱动机构,如舵机、双轴直流电机组件等,如图 9-35 所示。其中舵机主要由外壳、电路板、驱动马达、减速器与位置检测元件构成。其工作原理是由接收机发出讯号给舵机,经由电路板上的 IC 驱动无核心马达开始转动,透过减速齿轮将动力传至摆臂,同时由位置检测器送回讯号,判断是否已经到达定位。位置检测器

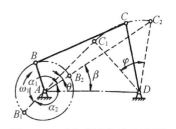

图 9-34　曲柄摇杆机构示意图

是可变电阻,当舵机转动时电阻值也会随之改变,借由检测电阻值便可知转动的角度。

图 9-35　舵机与双轴直流电机组件

根据简易四足机器人的结构特点,在四足机构的驱动机构上选用直流电机,设计齿轮减速箱的驱动机构方案。

3. 控制主板

模块化机器人组件提供了 Basra 控制主板与 BigFish 扩展板,如图 9-36 所示。其中,

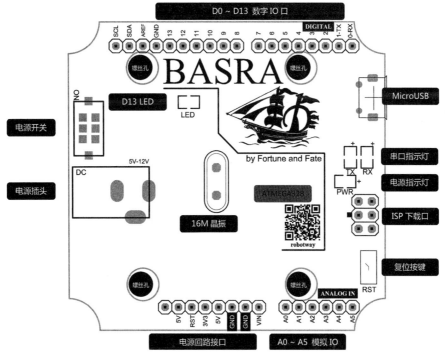

（a）Basra 控制板

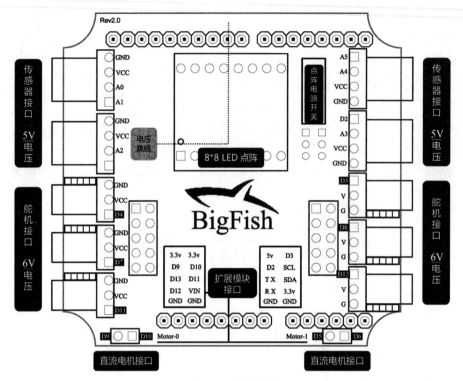

（b）BigFish 扩展板

图 9-36　Basra 控制板与 BigFish 扩展板

Basra 是基于 Arduino 开源方案设计的一款开发板，可以通过各种各样的传感器来感知环境，通过控制灯光、马达和其他的装置来反馈、影响环境。板上的微控制器可以在 Arduino、eclipse、Visual Studio 等集成开发环境（IDE）中通过 C/C++语言来编写程序，编译成二进制文件，烧录进微控制器。微控制器集成在控制板上，通过 USB 大小口的方式与电脑连接，进行程序下载。BigFish 扩展板连接的电路可靠稳定，上面还扩展了伺服电机接口、8×8Led 点阵、直流电机驱动以及一个通用扩展接口，是 Basra 控制板的必备配件。

4. 机器人传感器

根据项目简易四足机器人的工作任务要求，选择使用模块化机器人组件提供的光强传感器、触碰传感器、声强传感器等，如图 9-37 所示。传感器安装在 BigFish 扩展板上，给四足机器人提供必需的外部环境信号。

5. 机器人编程

模块化机器人组件使用控制主板 Basra，对应的编程软件选用 Arduino IDE。Arduino IDE 基于

图 9-37　模块化机器人组件传感器

Processing IDE 开发，对于初学者来说，极易掌握，同时有着足够的灵活性。Arduino 语言基于 Wiring 语言开发，是对 Avr-gcc 库的二次封装，不需要太多的单片机基础、编程基础，简单学习后，即可快速地进行开发。

对于初学者或者没有其他软件开发经验的同学,可以使用 Arduino 图形化编程进行模块化机器人程序的编写与下载,操作非常方便,易于上手。如图 9-38 所示。

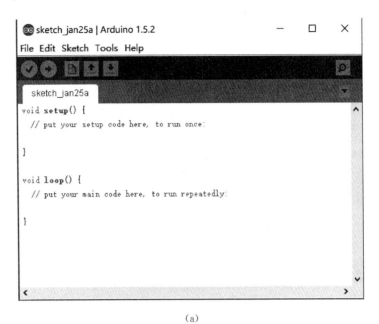

(a)

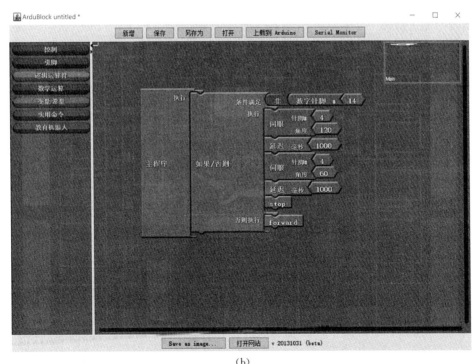

(b)

图 9-38 Arduino 及图形化编程界面

6. 简易四足机器人搭建

选用探索者平台的机械零件,使用不锈钢螺钉螺母完成机器人主体结构组装。完成的简易四足机器人如图 9-39 所示。

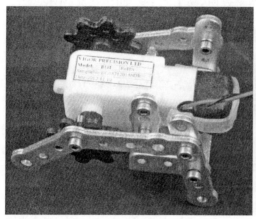

图 9-39　学生实践完成实物及调试

本项目设计的简易四足仿生机器人结构紧凑,行走足之间的距离设计合理,能避免同一侧行走足的杆件运动产生干涉。机器人的传动系统采用曲柄摇杆机构,驱动电机只用一个,控制简单,传动精度较高,并且能保证四个行走足的曲柄在运动中的相位配置关系保持稳定,从而保证机器人的运动能模仿四足哺乳动物的行走方式,这能大大提升学生的创新实践兴趣与动手能力。

 思考题

1. 简述机器人的特征。
2. 简述机器人三种驱动方式及各自的优缺点。
3. 按照机器人关节的不同组合,可以将机器人分为哪几种类型?
4. 简述 RV 减速器和谐波齿轮减速器的工作原理和特点。
5. 简述触觉传感器的主要作用。
6. 简述示教编程的优缺点。

第 10 章　CAD/CAM 技术

计算机辅助设计与制造(Computer Aided Design and Computer Aided Manufacturing, CAD/CAM)技术,是一门基于计算机技术、计算机图形学而发展起来的并与专业领域技术相结合的具有多学科综合性的技术,产生于 20 世纪 50 年代后期发达的航空和军事工业中,1989 年美国国家工程科学院将 CAD/CAM 技术评为当代(1964—1989)十项最杰出的工程技术成就之一。

CAD/CAM 技术是制造工程技术与计算机技术紧密结合、相互渗透而发展起来的一项综合应用技术,具有知识密集、学科交叉、综合性强、应用范围广等特点。CAD/CAM 技术是先进制造技术的重要组成部分,它的发展和应用使传统的产品设计、制造内容和工作方式等都发生了根本性的变化。CAD/CAM 技术已成为衡量一个国家科技现代化和工业现代化水平的重要标志之一。

由于信息、电子及软件技术的飞速发展,CAD/CAM 技术的内涵也在快速地变化和扩展。随着 CAD/CAM 技术的推广和应用,它已经从一门新兴技术发展成为一种高新技术产业,CAD/CAM 技术已经成为未来工程技术人员必备的基本工具之一。

10.1　CAD/CAM 技术的基本概念

随着计算机技术在制造业等领域应用的不断深入,计算机辅助设计(Computer Aided Design,CAD)、计算机辅助工程(Computer Aided Engineering,CAE)、计算机辅助工艺规划(Computer Aided Process Planning, CAPP)和计算机辅助制造(Computer Aided Manufacturing,CAM)等概念先后被提出。CAD/CAM 是计算机辅助设计和计算机辅助制造的简称,指以计算机作为主要技术手段来进行产品的设计和制造。此外,CAD/CAM 技术还包括在产品设计中要尽早考虑其下游的制造、装配、检测和维修等各个方面的技术。

如图 10-1 所示的美国波音 777 客机,100％采用数字化设计技术,是全球第一个全机无图样数字化样机,成为成功应用 CAD/CAM 技术的典范。汽车、船舶、机床制造也是国内外应用 CAD/CAM 技术较早和较为成功的领域。

10.1.1　CAD 技术

CAD 是指工程技术人员在计算机及各种软件工具的帮助下,应用自身的知识和经验,对产品进行包括方案构思、总体设计、工程分析、图形编辑和技术文档整理等活动的总称。

CAD 是一个设计过程,它是"在计算机环境及相关软件支撑下完成产品的创造、分析和

图 10-1　采用全数字化设计技术的波音 777 客机

修改,以达到预期设计目标"的过程。

一般认为,CAD 系统具有几何建模、工程分析、模拟仿真、工程绘图等主要功能。就目前 CAD 技术可实现的功能而言,CAD 作业过程是在设计人员进行产品概念设计的基础上,建立产品几何模型,提取模型中的相关数据进行工程分析和计算(例如有限元分析、优化设计、仿真模拟等),并根据计算分析结果对设计进行修改,满意后编辑全部设计文档,输出工程图的一个完整的过程。从 CAD 作业过程可以看出,CAD 技术也是一项产品建模技术,它是将产品的物理模型转化为计算机内部的数据模型,以供后续的产品开发活动共享,驱动产品生命周期的全过程。

一个功能完备的 CAD 系统应包含产品设计数据库、应用程序库和多功能交互图形库。产品设计数据库存储有各类标准规范、计算公式、经验曲线等产品设计信息;应用程序库包含有常规的设计程序、优化方法、有限元分析、可靠性分析等通用或专用的设计分析和计算程序;多功能交互图形库用于图形处理、工程图绘制、标准零部件图库的建立等图形处理作业。

在 CAD 系统中,若加入人工智能(Artificial Intelligence,AI)技术,根据人类专家解决问题的思路和方法,用计算机进行设计过程中的推理和决策,可大大提高设计过程自动化水平,可对产品进行功能设计、总体方案设计等,为产品设计全过程提供有力的支持。

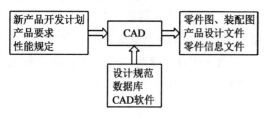

图 10-2　CAD 系统的功能模型

CAD 系统的功能模型见图 10-2,这是一个接受新产品的开发计划、产品性能要求,通过相关的 CAD 软件、数据库、设计规范及技术要求,将零件图、装配图等产品技术文件表达出来的过程。

CAD 系统包括产品设计与工程分析两个方面。

1. 产品设计

产品设计主要是指构建产品的几何形状,产品材料的选用,以及为了保证整个设计的统一性(如与制造、装配等方面的设计的一致性),而对产品提出的一些技术要求。

产品设计分为概念设计、工程设计和详细设计三个阶段。

概念设计阶段：设计者根据产品的技术要求，将产品的功能、价格、生命周期、外形要求、重量等量化定义成设计过程中所需的参数信息。

工程设计阶段：完成产品的几何形状设计、零件表和材料清单等。

详细设计阶段：完成产品的符合功能要求、加工要求和装配要求的每个零件的详细设计。

2. 工程分析

工程分析亦称计算机辅助工程分析（Computer Aided Engineering，CAE），是指运用有限元法分析、可靠性分析、动态分析、优化设计等手段，对产品的性能进行检验、模拟，以提高产品设计的质量及可靠性的分析方法。

就目前 CAD 技术可实现的功能而言，CAD 是设计人员在产品概念设计的基础上进行产品的几何造型，然后进行有限元分析、模拟仿真等工程分析等，根据工程分析的计算结果对设计进行修改，最终输出设计文档和工程图。

典型的设计和分析分别如图 10-3、图 10-4 所示。

图 10-3　车身结构设计

图 10-4　车身疲劳分析仿真

10.1.2　CAPP 技术

计算机辅助工艺规划（CAPP），指工艺人员借助于计算机，根据产品制造工艺的要求，交互地或自动地确定产品加工方法和加工工艺，完成产品的工艺规程设计，如加工方法选择、工艺路线确定、工序设计等。

一般认为，CAPP 系统的功能包括毛坯设计、加工方法选择、工序设计、工艺路线制定和工时定额计算等。其中的工序设计包含有加工设备和工装的选用、加工余量的分配、切削用量和机床刀具的选择以及工序图生成等内容。

CAPP 系统的功能模型见图 10-5。

工艺设计是制造型企业技术部门的主要工作之一，其设计效率的高低以及设计质量的优劣，对生产组织、产品质量、生产率、产品成本、生产周期等均有极大的影响。长期以来，工艺人员依据个人的经验以手工的方式进行工艺规程设计，由于

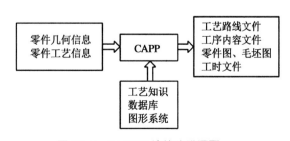

图 10-5　CAPP 系统的功能模型

存在固有的缺陷,如设计效率低、工艺方案因人而异、难以取得最佳方案等,而不能适应当今快速发展的市场需求。应用 CAPP 技术能够迅速编制出完整、详尽、优化的工艺方案和各种工艺文件,可极大提高工艺人员的工作效率、缩短工艺准备周期,加快产品投放市场的进程。此外,应用 CAPP 技术可获得符合企业实际的优化工艺规程,给出合理的工时定额和材料消耗,这为企业的科学管理提供了可靠的数据支持。

典型 CAPP 软件系统如图 10-6 所示。

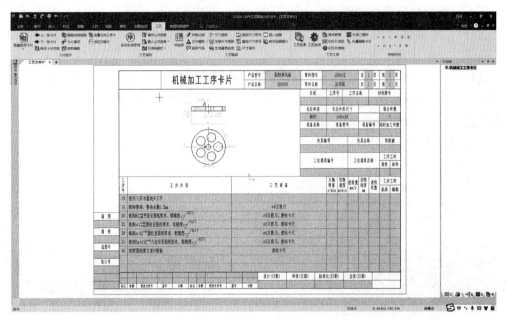

图 10-6　CAPP 软件系统

10.1.3　CAM 技术

计算机辅助制造(CAM),指制造技术人员利用计算机技术进行数控加工或零件制造加工过程中的各项活动,如计算机辅助数控加工编程、制造过程控制、质量检测与控制等。

CAD 系统向 CAM 系统提供零件的几何信息等,CAPP 系统向 CAM 系统提供加工工艺信息和加工工艺参数等,CAM 系统根据 CAD 系统和 CAPP 系统的信息自动生成 NC(数控)加工代码。

CAM 系统根据 CAD 系统的零件信息和 CAPP 系统的加工工艺、加工工序等信息,运用加工设备、数据库和 CAM 软件等生成 NC 加工程序。

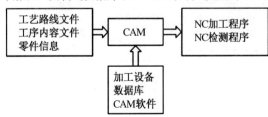

图 10-7　CAM 系统的功能模型

CAM 系统的功能模型见图 10-7。

CAM 分为广义 CAM 和狭义 CAM。

1. 广义 CAM

广义 CAM 是指利用计算机辅助技术完成从毛坯到产品制造过程中的各种直接和间接的活动,包括工艺准备、生产作业计划、物流过程的运行控制、生产控制、质量控制等。

工艺准备包括计算机辅助工艺规程设计、计算机辅助工装设计、NC 编程、计算机辅助工时定额和材料定额的编制等。

物流过程的运行控制包括物料的加工、装配、检验、输送、储存等。

2. 狭义 CAM

狭义 CAM 通常指数控程序的编制,包括刀具路线的规划、刀具文件的生成、刀具轨迹的仿真以及后置处理和 NC 代码的生成等。CAM 软件系统见图 10-8。

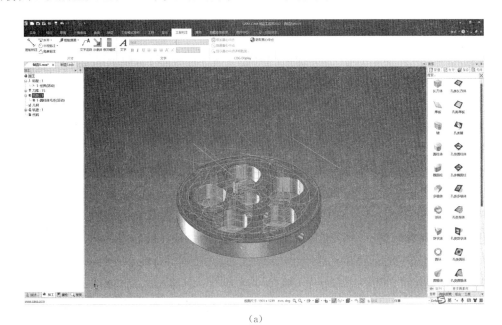

（a）

（b）

图 10-8 CAM 软件系统

CAM 的核心技术是数控加工技术。数控加工主要有程序编制和加工过程两个步骤。程序编制是根据图纸或 CAD 信息，按照数控机床控制系统的要求，确定加工指令，完成零件数控程序编制；加工过程是将数控程序传输给数控机床，控制机床各运动轴的伺服系统，驱动机床，使刀具和工件严格按执行程序的规定相对运动，加工出符合要求的零件。作为应用性、实践性极强的专业技术，CAM 直接面向数控生产实际。生产实际的需求是所有技术发展与创新的原动力，CAM 在实际应用中已经取得了明显的经济效益，并且在提高企业市场竞争能力方面发挥着重要作用。

10.1.4　CAD/CAM 集成技术

自 20 世纪 60 年代 CAD/CAM 技术问世起，CAD 技术和 CAM 技术就各自独立地发展，国内外学者和工业界研究开发了众多性能优良的相互独立的商品化 CAD、CAPP、CAM系统，这些系统分别在产品设计自动化、工艺规程编制自动化和数控编程自动化方面起到了重要的作用，使制造企业大大提高了生产效率，缩短了产品设计与制造周期，使企业能够以更快的速度更新自己的产品，响应市场的需求。

然而，这些各自独立的系统相互割裂，不能实现系统之间信息的自动传递和转换，大量的信息资源得不到充分地利用和共享。例如：CAD 系统设计的结果不能直接为 CAPP 系统所读取，进行 CAPP 作业时，仍需设计者将 CAD 输出的图样文档转换成 CAPP 所需的数据信息进行人工录入，这不仅影响了设计效率的提高，而且还难以避免人为的差错。因而，随着计算机辅助技术的发展和日益广泛的应用，人们很快认识到，只有当 CAD 系统一次性输入的信息能为后续的生产制造环节（如 CAE、CAPP、CAM 等）直接应用才能取得最大的经济效益。为此，人们提出了 CAD/CAM 集成的概念，并首先致力于 CAD、CAPP 和 CAM系统之间数据自动传递和转换的研究，以便将业已存在和使用的 CAD、CAPP、CAM 系统集成起来。

所谓 CAD/CAM 集成技术，是指一种在 CAD、CAPP 和 CAM 应用系统之间进行信息的自动传递和转换的技术。集成化的 CAD/CAM 系统借助于工程数据库技术、网络通信技术以及标准格式的产品数据交换接口技术，把分散于不同机型的各个 CAD、CAPP 和 CAM各功能模块高效快捷地集成起来，实现软、硬件资源的共享，以保证整个系统内的信息流畅通无阻。

随着网络技术、信息技术的不断发展以及市场全球化进程的加快，各种更大范围的信息集成系统出现了，如将企业内的经营管理信息、工程设计信息、加工制造信息、产品质量信息等融为一体的计算机集成制造系统（Computer Integrated Manufacturing System，CIMS），将有时间先后的知识处理和作业实施过程转变为同时考虑和尽可能同时处理的并行工程系统（Concurrent Engineering System），对市场需求作出灵活快速反应的以动态联盟为基础的敏捷制造系统（Agile Manufacturing System）等。而 CAD/CAM 集成技术则是计算机集成制造系统、并行工程系统、敏捷制造系统等新型集成系统中的一项核心技术。

10.2 CAD/CAM 系统的功能与作业过程

10.2.1 CAD/CAM 系统的主要功能

作为一种计算机辅助工具和手段,CAD/CAM 系统应能对产品整个设计和制造全过程的信息进行处理,包括产品的概念设计、详细设计、数值计算与分析、工艺设计、模拟仿真、工程数据管理等各个方面。但就目前技术的成熟程度而言,CAD/CAM 系统主要具有下述功能。

1. 产品建模

产品几何建模是 CAD/CAM 系统的核心功能,它为产品的设计和制造提供基本的几何数据。产品几何建模又称几何实体造型,是在产品设计构思阶段通过对产品基本几何实体及其相互间关系的描述,按照一定的数据结构在计算机中构造出产品的三维几何模型。

产品几何建模是整个 CAD/CAM 作业的基础,通过所构造的产品及其部件的三维几何结构模型,可对产品各组成零件间可能存在的装配干涉进行分析,评价产品的可装配性;可对产品传动机构的运动关系进行分析,检验机构内部零部件间以及机构与周围环境是否存在碰撞;可动态显示产品的三维图形,进行图形的消隐、色彩浓淡处理,以提高所设计产品的真实感。

利用 CAD/CAM 系统提供的几何建模功能,用户可构造各种产品的几何模型,对其性能进行分析评价,及时弥补所发现的缺陷和不足。目前市场上提供的商品化 CAD/CAM 系统,一般具备完善的实体造型、曲面造型和参数化特征造型功能,可满足各种不同的产品形状和复杂曲面造型的建模要求。

2. 产品模型的工程分析处理

在产品几何模型的基础上,可以开展各种不同的产品性能分析计算作业,这是传统手工设计方法所不可比拟的。借助于计算机工具,CAD/CAM 软件系统在分析计算处理之后可采用各种可视化技术手段把计算结果显示出来,非常直观、形象,发现问题可及时进行修改。这种分析计算处理可取代传统手工设计时所进行的大量模型实验,缩短设计周期,降低设计成本,可获取更多更全面的实验结果。目前,常用的工程分析处理作业内容有:

(1) 运动学、动力学分析。对产品中运动机构的位移、速度和加速度以及受力状况进行分析,并形象直观地进行运动仿真,有助于全面了解所设计机构的工作性能和运动规律,发现问题及时修改设计对象。

(2) 有限元分析。根据产品结构特征,自动生成有限元网格,对产品进行应力、应变结构分析,进行振动模态、温度场、电磁场分析,将分析计算结果自动生成应力、应变分布图,温度场分布图,电磁场分布图等图形和文件,使用户方便、直观地看到分析结果。

(3) 优化设计。为了获取产品的最佳性能,常常需要对所设计的产品进行优化设计,包括产品总体方案优化、产品零件结构优化、工艺参数优化等,以保证所设计产品体积最小、重量最轻、设计寿命最为合理。

3. 工程图绘制

目前,机械产品设计的结果大多是以工程图样的形式输出,以供产品制造过程的各环节使用。现在的 CAD/CAM 软件系统除了具备一般二维图形的处理功能之外,如基本图元的生成显示、图形的编辑(缩放、平移、复制、删除等)、尺寸标注等,还提供了从三维实体几何模型直接转换为二维工程图的功能,经简单编辑,能够生成满足实际生产需要、符合国家标准的机械工程图。

4. 辅助制定工艺规程(CAPP)

CAPP 是连接 CAD 与 CAM 的桥梁,是设计与加工制造的中间环节。加工工艺规划的目的是为产品的加工制造提供指导性的文件。目前,CAD/CAM 系统进行工艺规划的功能还不强,尚需使用专用 CAPP 系统进行处理。CAPP 系统应能根据产品建模后所生成的产品信息和制造工艺要求,自动决策生成产品加工所采用的加工方法、工艺路线、工艺参数和加工设备。CAPP 设计结果一方面用来生成工艺规程和工艺卡片,用于指导实际生产;另一方面为 CAM 系统所接收和识别,以自动生成 NC 控制代码,控制生产设备的运行。

5. NC 自动编程

根据 CAD 所建立的几何模型,以及 CAPP 所制定的加工工艺规程,选择所需要的刀具和工艺参数,确定走刀方式,自动生成刀具轨迹,经后置处理,生成特定机床的 NC 加工指令。当前,CAD/CAM 系统具备 3 至 5 轴联动加工的数控编程能力。

6. 加工过程仿真模拟

在产品投入实际生产加工之前,利用计算机工具,创建虚拟加工制造设备或制造系统,进行产品的虚拟数控加工,用以检查 NC 指令代码的正确性,检查产品制造过程中可能存在的几何干涉和物理碰撞现象,分析产品的可制造性,预测产品的工作性能,避免实际现场加工调试所造成的人力、物力消耗,以降低制造成本,缩短产品研制周期。

7. 工程数据管理

CAD/CAM 系统所涉及的数据量大,数据结构复杂,数据种类多,既有几何图形数据,又有属性语义数据;有产品模型数据,也有加工工艺数据;有静态数据,也有动态数据。因此,CAD/CAM 系统应能提供有效的工程数据管理手段,支持产品设计与制造全过程的数据信息的流动和处理。通常,CAD/CAM 以工程数据库管理系统为工具,实现 CAD/CAM 作业过程的数据管理。

10.2.2　CAD/CAM 系统作业过程

通常,一个创新产品的设计过程需要经历需求分析、功能设计、方案设计、总体设计、分析评价、详细设计等工作流程。传统产品设计开发过程主要凭借设计者的经验,借助于原始的工具手段进行,存在着设计效率低、出错率高、可预见性差以及设计质量低、修改困难、难以协调等不足,这些不足会导致产品的开发周期长、产品质量差、开发费用高。面对日益激烈的市场竞争,采用一切可以利用的新技术,改造产品设计过程,提高产品开发水平,已经成为制造业的当务之急。

CAD/CAM 系统是设计和制造过程中的一种信息处理系统,它克服了传统手工设计的不足,充分利用计算机高效、精确的计算功能,图形、文字的处理功能,大容量数据存储、传递和处理能力,结合设计人员的知识、经验和创造性,形成一个人机交互、各尽所长、紧密配合的人机一体化系统。在设计人员对产品创意构思的基础上,CAD/CAM 系统主要从事设计对象的描述、系统的分析、方案的优化、计算分析、图形处理、工艺规划、NC 编程、仿真模拟等作业。下面以图 10-9 为例阐述 CAD/CAM 系统的作业过程。

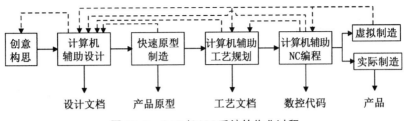

图 10-9 CAD/CAM 系统的作业过程

(1) 创意与构思。就目前 CAD/CAM 系统所具备的功能而言,新产品的创意与构思工作主要仍是由人工来完成,即产品设计人员在需求分析的基础上,创造性地进行产品的原理设计、功能设计、方案设计、总体结构的构思,充分发挥了人的灵感思维和聪明才智。但可以断言,这部分工作最终将由计算机专家系统和人工智能系统辅助完成或自动完成。

(2) 计算机辅助设计与分析。在方案设计的基础上,借助于计算机工具,人机交互地完成产品零件的造型和装配设计,以及产品的详细设计工作,在计算机内建立产品的几何数据模型;对所建产品模型进行工程分析,进行参数和结构的优化,不断进行修改和完善,最终输出工程图样和设计文档。

(3) 快速原型制造。采用传统的产品开发设计方法时,直到开发活动接近完成时才能看到具体的产品,产品设计过程中可能存在的缺陷和错误往往到加工制造阶段才能被觉察。快速原型技术是应用数字化制造原理,以非切削加工方法,用非金属材料,直接根据 CAD 设计结果,快速而廉价地生成与所设计产品形状和尺寸一致的产品原型,以供设计者进行分析和评价,借此发现设计中所存在的缺陷和不足,可进行多个设计方案的比较。

(4) 计算机辅助工艺规划。系统从数据库中提取所设计的产品数据模型,在分析其几何特征、工艺特征以及有关技术要求后,对产品进行工艺规程设计,生成所需的工艺文档。

(5) 计算机辅助编程。现代产品的加工制造采用大量的数控加工设备,而这些数控设备的各种加工动作是靠数控程序进行驱动控制的,CAD/CAM 系统利用产品设计的结果和相关的工艺信息,自动计算刀具运动轨迹,自动生成 NC 控制代码,大大提高了数控编程的效率和质量。

(6) 虚拟制造。虚拟制造(Virtual Manufacturing,VM)是在计算机环境下将现实制造系统映射为虚拟制造系统,借助三维可视的交互环境,对产品从设计、制造到装配的全过程进行全面仿真的技术,它不消耗资源和能量,也不生产现实世界的产品。应用虚拟制造技术可在所设计的产品投入实际加工制造之前,模拟整个加工制造和装配工艺过程,以便事先发现产品设计开发中的问题,重新修改完善,保证产品的设计和制造一次成功。

从上述 CAD/CAM 系统作业过程可以看出,现代产品设计与制造过程具有如下的特征:

(1) 产品开发设计数字化。开发设计的产品在计算机中以数据形式保存,产品的各项开发活动是一个对存储在计算机内的产品数据进行操作、处理和转换的活动过程,而不再需要用图纸作为产品信息的传输媒介。

(2)设计环境的网络化。产品的设计开发是一个群体的作业过程,通过计算机网络将不同的设计人员、不同的设计部门、不同的设计地点联系起来,做到每个设计活动的及时沟通和响应,避免了信息的延误和错误的传递,以及常见的扯皮和责任推诿现象。

(3)设计过程的并行化。建立了上下游产品设计活动的关联和反馈机制,在上游设计活动中可以对下游活动预先进行分析,确保设计活动的整体正确性;在下游活动中,若发现上游活动的缺陷,可以及时地对上游活动的结果进行修改,并重新进行下游的设计活动,使产品的设计不断得到完善和优化。

(4)新型开发工具和手段的应用 在现代产品设计开发过程中,应用了如快速原型技术、虚拟制造技术、动静态工程分析技术等多项先进制造技术,有力地保证了产品开发质量,缩短了产品开发周期,提高了产品开发一次成功率。

10.3 CAD/CAM 系统的结构和组成

10.3.1 CAD/CAM 系统的结构

CAD/CAM 系统是由硬件、软件和设计者组成的人机一体化系统,如图 10-10 所示。该系统是建立在计算机系统上,并在操作系统、网络系统及数据库的支持下运行的软件系统。硬件是 CAD/CAM 系统运行的基础,软件是 CAD/CAM 系统的核心,而设计者在CAD/CAM 系统中起着关键作用,就目前而言,在设计策略、信息组织以及经验、创造性和灵感思维方面,设计者依然占据主导地位,发挥着不可替代的作用。

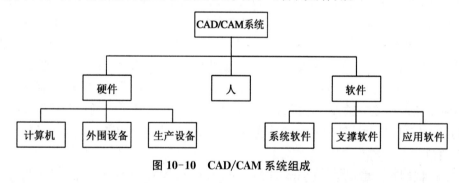

图 10-10 CAD/CAM 系统组成

一个完整的 CAD/CAM 系统包括工程设计与分析、生产管理与控制、财务会计与供销等诸多方而,它是一个分级的计算机结构的网络,如图 10-11 所示。它通过计算机分级结构控制和管理制造过程的多方面的工作,其目标在于开发一个集成的信息网络来监测一个广阔的相互关联的制造作业范围,并根据一个总体的管理策略控制每项作业。中央计算机控制全局,提供经过处理的信息;主计算机管理某一方面的工作,并对下属的计算机发布指令和进行监控,再由下属计算机承担单一的工艺过程控制或管理工作。从图中可以看出,CAD/CAM 系统功能是全面而广泛的,涉及整个设计和制造领域。

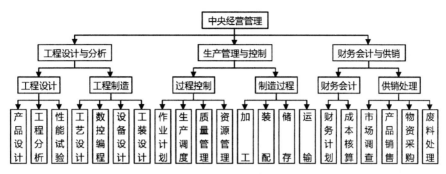

图 10-11　CAD/CAM 系统的分级结构

10.3.2　CAD/CAM 系统的硬件

　　如图 10-12 所示,CAD/CAM 系统的硬件主要由计算机主机、输入设备、输出设备、存储器、生产装备以及计算机网络等几部分组成。

　　为保证 CAD/CAM 系统的作业,其硬件系统应满足如下的要求:

　　(1) 强大的图形处理功能。在机械 CAD/CAM 系统中,图形信息的处理所占比例较大,一般均配置有高档的图形处理软件。为满足图形处理和显示的需要,机械 CAD/CAM 系统硬件要求有较大的内存容量、高的图形分辨率和快速的图形处理速度。

　　(2) 大外存储容量。CAD/CAM 作业通常需要存储的内容包括各种不同的支撑软件、用户开发的图形库和数据库、大量的应用软件、各类产品的图样和技术文档等,这就需要有足够大的硬盘存储容量。

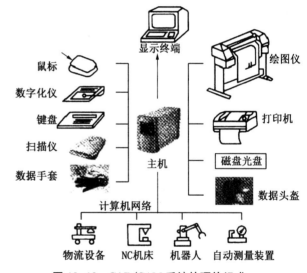

图 10-12　CAD/CAM 系统的硬件组成

　　(3) 友好方便的人机交互功能。CAD/CAM 系统一般采用人机交互作业,要求硬件系统能够提供友好方便的人机交互工具和快速的交互响应速度。

　　(4) 良好的通信联网功能。CAD/CAM 集成系统是一个综合化系统,涉及产品的各类设计和制造活动,需要由计算机网络将位于不同地点、不同部门的各类异构计算机,以及不同的应用软件和控制装置连接起来,进行信息交换和协同作业,形成一个网络化的 CAD/CAM 系统。

　　下面将扼要介绍 CAD/CAM 系统的主要硬件设备。

　　(1) 计算机主机

　　主机是 CAD/CAM 系统的硬件核心,主要由中央处理器(CPU)及内存储器(也称内存)组成。衡量主机性能的指标主要有两项：CPU性能和内存容量。按照主机性能等级的不同，可将计算机分为大中型机、小型机、工作站和微型机等不同档次。目前国内应用的计算机主机主要是微机和工作站。

（2）外存储器

外存储器简称外存，用来存放暂时不用或等待调用的程序、数据等信息。当使用这些信息时，由操作系统根据命令将信息调入内存。外存储器的特点是容量大，经常达到数百兆字节、数十吉字节或更多，但存取速度慢。常见的外存储器有硬盘和光盘等。随着存储技术的发展，移动硬盘等移动存储设备成为外存储器的重要组成部分。

（3）输入设备

CAD/CAM系统常用的输入设备有键盘、鼠标、图形扫描仪等。随着逆向工程和虚拟制造技术在产品设计和制造领域的发展和应用，三坐标测量仪、激光扫描仪、数码相机、数据手套以及各种位移传感器等也均成为现代CAD/CAM系统重要的输入设备。

三坐标测量设备主要包括三坐标测量仪、激光三维扫描仪等。三坐标测量仪属于一种接触式测量设备，如图10-13所示，它是通过传感测量头与产品表面的接触而采样记录产品表面的坐标位置，以结合CAD软件系统进行产品的建模。这种测量设备的测量精度一般较高，但测量效率较低。激光三维扫描仪通常采用激光三角测距原理进行非接触测量，由激光源发射的激光束对物体进行扫描，经物体表面反射后由CCD（电荷耦合器件）图像传感器进行采集，所采集的每条反射激光线包含有物体表面的形状信息，从而可获得物体表面各点的三维点位数据，再经CAD软件系统处理造型后，可形成物体的三维曲面模型。激光三维扫描仪如图10-14所示。

数据手套是近年来随着虚拟现实（Virtual Reality，VR）技术发展起来的一种输入装置，也是虚拟现实系统中最常用的输入装置，如图10-15所示。数据手套是由合成弹力纤维制作的，由柔性电路板和力敏元件制成的若干弯曲传感器，可测量每个手指的弯曲程度，可把人手姿态以及与虚拟物体的接触信息反馈给虚拟环境和操作者，实时地生成手与物体接近或远离的图像。

图10-13 三坐标测量仪

图10-14 激光三维扫描仪

图10-15 数据手套

（4）输出设备

CAD/CAM系统常用的输出设备有图形显示器、打印机和绘图仪等。近年来，随着虚拟制造技术和快速原型技术在产品设计开发中的应用，立体显示器和三维打印机等输出设备在现代产品设计中也开始扮演着重要的角色。

在使用虚拟现实技术的 CAD/CAM 系统中,立体显示器可提供逼真的三维视觉,使用户尽可能地沉浸在虚拟环境中。立体显示设备主要有头盔显示器、立体眼镜以及 3D 立体投影仪等,其中头盔显示器较为常用,如图 10-16 所示。三维打印属于增材制造方式,使用分层切片,层层堆叠累计的方式,能够快速制造出产品的原型,如图 10-17 所示。

图 10-16　头盔显示器

图 10-17　三维打印机

(5) 网络互联设备

网络互联设备包括网络适配器(也称网卡)、中继器、集线器、网桥、路由器、网关及调制解调器等装置,通过传输介质连接到网络上以实现资源共享。网络的连接方式即拓扑结构可分为星形、总线型、环形、树形以及星形和环形的组合等形式。先进的 CAD/CAM 系统都是以网络的形式出现的。

10.3.3　CAD/CAM 系统的软件

CAD/CAM 系统的软件是指控制计算机运行,并使 CAD/CAM 系统发挥最大效能的计算机程序、相关数据以及各种文档。其中,计算机程序是对各类数据和文档进行处理并指挥 CAD/CAM 系统硬件进行协调工作的指令集合,是 CAD/CAM 系统软件的主要内容。

在 CAD/CAM 系统中,根据执行任务和处理对象的不同可将软件分为系统软件、支撑软件及专业性应用软件三个不同的层次,如图 10-18 所示。系统软件与计算机硬件直接关联,一般由软件专业人员研制,起着扩充计算机的功能和合理调度与运用计算机硬件资源的作用。系统软件有两个显著的特点:一是公用性,各个应用领域都要有系统软件的支持;二是基础性,各种支撑软件及应用软件都是在系统软件基础上开发的。支撑软件是 CAD/CAM 系统在不同工程领域应用的工具,也是各类应用软件开发的基础支撑,它包括实现 CAD/CAM 各种功能的通用性应用基础软件。专业性应用软件则是根据某行业或某产品设计和制造的具体要求,在系统软件和支撑软件基础上经过二

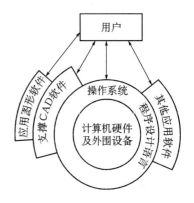

图 10-18　CAD/CAM 软件
系统层次结构关系

次开发所得到的专用软件。

1. 系统软件

系统软件主要包括操作系统、计算机语言编译系统、网络通信及其管理软件、图形接口标准等。

（1）操作系统

操作系统是系统软件的核心，是 CAD/CAM 系统的灵魂，它控制和指挥计算机的软件资源和硬件资源。其主要功能是硬件资源管理、任务队列管理、硬件驱动程序、定时分时系统、基本数学计算、日常事务管理、错误诊断与纠正、用户界面管理和作业管理等。目前流行的操作系统有 Windows、UNIX、Lunix、VMS、OS/2 等。

（2）计算机语言编译系统

计算机语言编译系统是将用计算机高级语言编写的程序，翻译转换成计算机能够直接执行的机器指令的软件程序。目前，国内外广为应用的计算机高级语言有：Basic、Fortran、C/C++、Pascal、Cobol、Lisp、JAVA 等。这些计算机高级语言均有相应的编译系统，C/C++ 是目前最流行的 CAD/CAM 软件开发语言，微机版 C/C++ 编译系统以 Microsoft 公司的 Visual C++ 和 Borland 公司的 Borland C++ 为主流，提供了良好的集成开发环境和辅助调试工具。

（3）网络通信及其管理软件

网络通信及其管理软件主要包括网络协议、网络资源管理、网络任务管理、网络安全管理、通信浏览工具等内容。国际标准的网络协议方案为"开放系统互连参考模型（OSI）"，它分为七层：应用层、表示层、会话层、传输层、网络层、数据链路层和物理层。目前 CAD/CAM 系统中流行的主要网络协议包括 TCP/IP 协议、MAP 协议、TOP 协议等。

（4）图形接口标准

为了实现在计算机硬件设备上进行图形的处理和输出，必须向计算机高级编程语言提供相应的图形接口，如 Borland C++ 提供了众多 BGI 图形接口模块，可用于不同显示器的图形显示。为了使图形处理独立于不同的硬件和操作系统环境，先后推出了 GKS、GKS-3D、PHIGS、GL/OpenGL 等图形接口标准，利用这些图形接口标准所提供的接口函数，应用程序可以方便地从事二维和三维图形的处理和输出。

2. 支撑软件

支撑软件是 CAD/CAM 软件系统的重要组成部分，一般由商业化的软件公司开发。支撑软件是满足共性需要的 CAD/CAM 通用性软件，属知识密集型产品，这类软件不针对具体的应用对象，而是为某一应用领域的用户提供工具或开发环境。支撑软件一般具有较好的数据交换性能、软件集成性能和二次开发性能。根据功能的不同可将支撑软件分为功能单一型和功能集成型软件。功能单一型支撑软件只提供 CAD/CAM 系统中某些典型过程的功能，如交互式绘图软件、三维几何建模软件、工程计算与分析软件、数控编程软件、数据库管理系统等。功能集成型支撑软件提供了设计、分析、造型、数控编程以及加工控制等综合功能模块，如美国 PTC 公司 Pro/Engineer，法国 DASSAULT 公司的 CATIA 等软件，如图 10-19 所示。

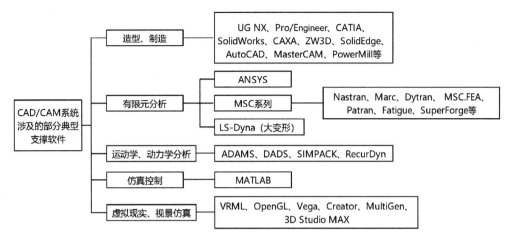

图 10-19　CAD/CAM 系统各相关技术涉及的典型支撑软件

3. 应用软件

应用软件是在系统软件和支撑软件基础上,针对专门应用领域的需要而研制的 CAD/CAM 软件系统。这类软件系统通常由用户结合当前设计工作需要自行开发,如机械零件设计 CAD 软件、模具设计 CAD 软件、组合机床设计 CAD 软件、汽车车身设计 CAD 软件等,均属 CAD/CAM 应用软件范畴。

要充分发挥已有 CAD/CAM 硬件和软件系统的效益,CAD/CAM 应用软件的技术开发是关键,这也是 CAD/CAM 工作者的主要任务。CAD/CAM 应用软件的开发应充分利用现有商用 CAD/CAM 支撑软件技术和所提供的二次开发工具,以保证所开发的 CAD/CAM 应用软件的技术先进性和开发工作的高效性。

需要说明的是,应用软件和支撑软件之间并没有本质的界限,当某行业的某种 CAD/CAM 应用软件逐步成熟完善,成为一个商业化的软件产品时,也可以将之称为支撑软件。

10.3.4　国内外常用的 CAD/CAM 软件

1. AutoCAD

AutoCAD 是美国 Autodesk 公司于 20 世纪 80 年代初为微机上应用 CAD 技术而开发的绘图程序软件包。AutoCAD 具有良好的用户界面,通过交互菜单或命令行方式便可以进行各种操作。它的多文档设计环境,让非计算机专业人员也能很快地学会使用,在不断实践的过程中更好地掌握它的各种应用和开发技巧,从而不断提高工作效率。

AutoCAD 是目前应用广泛的 CAD 软件,具有完善的图形绘制功能、强大的图形编辑功能,可采用多种方式进行二次开发或用户定制,可进行多种图形格式的转换,具有较强的数据交换能力,同时支持多种硬件设备和操作平台,还可以通过多种应用软件适应于建筑、机械、测绘、电子、服装以及航空航天等行业的设计需求。

2. Inventor

Inventor 软件是美国 Autodesk 公司于 1999 年底推出的三维可视化实体模拟软件。它包含三维建模、信息管理、协同工作和技术支持等各种特征。使用 Autodesk Inventor 可以创建三维模型和二维制造工程图,可以创建自适应的特征、零件和子部件,还可以管理上千个零件和大型部件,它的"连接到网络"工具可以使工作组人员协同工作,方便数据共享和同事之间设计理念的沟通。Inventor 在用户界面、三维运算速度和着色功能方面有突破的进展。它建立在 ACIS 三维实体模拟核心之上,设计人员能够简单迅速地获得零件和装配体的真实感,这样就缩短了用户设计意图的产生与系统反应时间的距离,从而最小限度地影响设计人员的创意和发挥。

3. Pro/Engineer

Pro/Engineer(简称 Pro/E)是美国 PTC(Parametric Technology Corporation)公司的著名产品。PTC 公司提出的单一数据库、参数化、基于特征、全相关的概念,改变了机械设计自动化的传统观念,这种全新的观念已成为当今机械设计自动化领域的新标准。基于该观念开发的 Pro/E 软件能将设计至生产全过程集成到一起,让所有的用户能够同时进行同一产品的设计制造工作,实现并行工程。Pro/E 包括 70 多个专用功能模块,如特征建模、有限元分析、装配建模、曲面建模、产品数据管理等模块,具有较完整的数据交换转换器。

4. UG

UG NX 是 Siemens PLM Software 公司出品的一个产品工程解决方案,它为用户的产品设计及加工过程提供了数字化造型和验证手段。UG 采用将参数化和变量化技术与实体、线框和表面功能融为一体的复合建模技术,其主要优势是三维曲面、实体建模和数控编程功能,融合 Siemens PLM 后具有强大的数据库管理和有限元分析前后处理功能,以及具有界面良好的用户开发工具。UG 现已成为世界一流的集成化机械 CAD/CAM/CAE 软件,并被多家著名公司选作企业计算机辅助设计、制造和分析的标准。

5. I-DEAS

I-DEAS 是美国 UGS 子公司 SDRC(Structure Dynamics Research Corporation)公司开发的 CAD/CAM/CAE 软件。SDRC 公司创建了变量化技术,并将其应用于三维实体建模中,进而创建了业界最具革命性的 VGX 超变量化技术。I-DEAS 是高度集成化的 CAD/CAM/CAE 软件,其动态引导器帮助用户以极高的效率,在单一数字模型中完成从产品设计、仿真分析、测试直至数控加工的产品研发全过程。I-DEAS 在 CAD/CAE 一体化技术方面一直雄居世界榜首,软件内含很强的工程分析和工程测试功能。

6. CATIA

CATIA 由法国达索(Dassault Systems)公司与 IBM 合作研发,是较早面市的著名的三维 CAD/CAM/CAE 软件产品,支持从项目前阶段到具体的设计、分析、模拟、组装、维护在内的全部工业设计流程。目前主要应用于机械制造、工程设计和电子行业。CATIA 率先采用自由曲面建模方法,在三维复杂曲面建模及其加工编程方面极具优势。

7. SolidWorks

SolidWorks 公司成立于 1993 年,总部位于美国马萨诸塞州的康克尔郡,其当初的目标是希望给每一个工程师的桌面上提供一套具有生产力的实体模型设计系统。1997 年,SolidWorks 被法国达索(Dassault Systems)公司收购,作为达索中端主流市场的主打品牌。

SolidWorks 软件是世界上第一个基于 Windows 开发的三维 CAD 系统,由于其技术创新符合 CAD 技术的发展潮流和趋势,SolidWorks 公司于两年间成为 CAD/CAM 产业中获利最高的公司。良好的财务状况和用户支持度使得 SolidWorks 每年都有数十乃至数百项的技术创新,公司也获得了很多荣誉。该系统在 1995—1999 年获得全球微机平台 CAD 系统评比第一名;从 1995 年至今,已经累计获得 17 项国际大奖,其中仅从 1999 年起,美国权威的 CAD 专业杂志 *CADENCE* 连续 4 年授予 SolidWorks 最佳编辑奖,以表彰 SolidWorks 的创新、活力和简明。至此,SolidWorks 所遵循的易用、稳定和创新三大原则得到了全面落实和证明,通过使用它,设计师大大缩短了设计时间,使产品快速、高效地投向了市场。

8. CAXA

CAXA 是北京数码大方科技股份有限公司开发的,该公司是中国最大的 CAD 和 PLM 软件供应商,是中国工业云的倡导者和领跑者。其主要提供数字化设计(CAD)、数字化制造(MES)以及产品全生命周期管理(PLM)解决方案和工业云服务。数字化设计解决方案包括二维、三维 CAD,工艺 CAPP 和产品数据管理(PDM)等软件;数字化制造解决方案包括 CAM、网络 DNC、MES 和 MPM 等软件;支持企业贯通并优化营销、设计、制造和服务的业务流程,实现产品全生命周期的协同管理;工业云服务主要提供云设计、云制造、云协同、云资源、云社区五大服务,涵盖了企业设计、制造、营销等产品创新流程所需要的各种工具和服务。CAXA 是“中国工业云服务平台”的发起者和主要运营商。

9. 中望 CAD

中望 CAD 是由广州中望龙腾软件股份有限公司(以下简称“中望公司”)开发的。广州中望龙腾软件股份有限公司是国家高新技术企业,国际 CAD 联盟 ITC 在中国大陆的首位核心成员,中国最大、最专业的 2D、3D CAD 设计软件供应商。

2010 年,中望公司收购了美国 VX 公司的技术及研发团队,在美国佛罗里达设立了中望美国子公司,中望 3D 也正式推出。中望公司一举成为世界少数几家能提供高端三维 CAD/CAM 解决方案的 CAD 厂商之一,中国的软件企业终于可以与世界软件巨头们站在同一平台上进行角逐。

中望 3D 是中望公司拥有全球自主知识产权的高端三维 CAD/CAM 一体化产品。中望 3D 技术建立在一个独特的、高性能的 Overdrive 混合建模内核上,这使得其计算速度更快,精度更高,也使中望 3D 处理复杂图形和海量数据有了保证。使用速度极快的中望 3D 混合建模工具,工程师们能够充分感受快速实体和曲面混合建模的强大功能,中望 3D 自带的 CAM 模块使得从设计到加工过程不存在任何文件衔接问题,钣金、模具设计、逆向工程、渲染、分析等模块的应用丰富了用户的工作需求,从入门级的模型设计到全面的一体化解决方案,中望 3D 都能提供强大的功能以及卓越的性能。

中望 3D 标准版包含中望 3D 产品里所有的高级设计模块,它提供了一个功能强大,并且有着极高效率的建模工具。利用混合建模可以在同一个环境下控制实体和曲面无缝结合。高效易用的钣金设计、模型修补功能等附加模块使中望 3D 标准版成为一个功能强大的设计软件包。

10.4　CAD/CAM 技术的发展与应用

10.4.1　CAD/CAM 技术的发展

CAD/CAM 技术的发展与计算机图形学的发展密切相关,并伴随着计算机及其外围设备的发展而发展。计算机图形学中有关图形处理的理论和方法构成了 CAD/CAM 技术的重要基础。

1946 年,美国麻省理工学院(MIT)研制成功世界上第一台可以实时运行的计算机,它的高速运算能力和大容量的信息存储能力,使得很多数值分析方法在计算机上得以实现。1952 年,MIT 试制成功世界上第一台数控铣床,通过改变数控程序可实现对不同零件的加工。同期,MIT 研制开发了 APT 自动编程语言,解决了如何方便地将被加工零件的形状输入计算机中进行刀具轨迹的计算和数控程序自动生成等 CAM 技术领域的难题。1963 年,MIT 的 I. E. Sutherland 教授在美国计算机联合大会上宣读了他的题为"人机对话图形通信系统"的博士论文,由此开创了 CAD 的历史。20 世纪 70 年代末以后,32 位工作站和微机的出现对 CAD/CAM 技术的发展产生了极大的推动作用。

几十年来,CAD/CAM 技术得到了深入研究和应用,其发展经历了如下三个主要的阶段:单元技术的发展和应用阶段、CAD/CAM 的集成阶段以及面向产品并行设计制造的 CAD/CAM 阶段,如表 10-1 所示。

表 10-1　CAD/CAM 技术的发展历程

项目	第一代 CAD/CAM	第二代 CAD/CAM	第三代 CAD/CAM
特征	单元技术的发展和应用	CAD/CAM 的集成	面向产品并行设计制造的 CAD/CAM
时间	20 世纪 60 年代至今	20 世纪 80 年代至今	20 世纪 90 年代至今
技术背景	计算机技术和数字控制技术	集成技术	网络技术
解决的问题	产品信息建模和加工	解决系统信息孤岛	提高区域制造业竞争力
技术特点	产品加工过程的 CAD/CAM	产品研发的集成化	产品开发的协同化
标志性技术	CAD/CAPP/CAE/CAM	CIMS/PDM/PLM	网络协同设计与制造

10.4.2　CAD/CAM 技术的应用

CAD/CAM 技术最早被应用于航空航天、汽车、飞机等大型制造业,随着 CAD/CAM 硬件软件技术的日益成熟和应用领域的不断扩大,CAD/CAM 技术的应用由大型企业和军工企业向中小型企业扩展延伸,应用领域涉及机械制造、轻工、服装、电子、建筑、地理等几乎所有行业。有资料表明,公认的 CAD/CAM 技术应用较为成熟的领域是机械、电子和建筑领域。

美国、日本、德国、法国等国家都是 CAD/CAM 技术应用较为成功的国家。据统计,

100％的美国大型汽车业,60％的电子行业,40％的建筑行业采用了 CAD/CAM 技术。

我国 CAD/CAM 技术的开发和应用起步于 20 世纪 70 年代。20 世纪 80 年代,国家对 24 个重点机械产品行业投资,进行 CAD 的开发研制工作,取得了一系列在国内来说具有开创性的成果。20 世纪 90 年代,我国 CAD 技术开发与应用进入较为系统的推广阶段,"CAD 应用 1215 工程"和"CAD 应用 1550 工程"相继开展,前者重点树立 12 家"甩图板"的 CAD 应用典型企业,后者重点培养 50～100 家 CAD/CAM 应用示范性企业,并扶持 500 家,继而带动 5 000 家企业。近年来市场上出现了不少拥有自主知识版权的 CAD/CAM 系统软件,如 CAXA 软件、高华 CAD 软件、开目 CAD 软件、天河 CAPP 软件等。CAXA 是北京数码大方科技股份有限公司的品牌产品,目前具有 CAXA 创新设计组、CAXA 绘图类 CAD、CAXA 设计类 CAD、CAXA 计算机辅助制造(CAM)类软件系列产品。

我国 CAD/CAM 技术经过几十年的发展和应用,取得了可喜的成绩。但和国外工业发达国家相比,差距还比较明显。主要表现在：CAD/CAM 应用的集成化程度较低(多为单一绘图、单项数控编程)；CAD/CAM 系统软硬件主要靠进口,拥有自主知识版权的软件少,且功能相对较弱；缺少人才和技术力量,软件的二次开发能力弱,引进的许多 CAD/CAM 系统功能不能充分发挥；企业产品的规范化、协同设计能力弱,CAD/CAM 设计和应用水平没有得到质的提升。

10.4.3　CAD/CAM 技术的发展趋势

CAD/CAM 技术经历几十年的发展历程,现已成为一种应用广泛的高新技术,并产生了巨大的生产力,有力地推动着制造业的技术进步和产业发展。目前,CAD/CAM 技术正继续向集成化、网络化、智能化、标准化、虚拟化和绿色化方向发展。

1. 集成化

自 20 世纪 80 年代以来,虽然 CAD/CAM 集成技术取得较大的进展,取得了令人瞩目的成果,但集成化仍是当前 CAD/CAM 技术发展的一个重要方向。

CAD/CAM 技术集成化的形式之一,是将单一的 CAD、CAE、CAPP、CAM、PDM 模块集成为一个系统,在这种系统中设计人员可利用 CAD 所建立的产品数据模型进行运动学和动力学分析,确定产品合理的结构形状,自动生成产品的数据模型存放在系统数据库中,再由系统对所存储的产品数据模型进行工艺设计及数控加工编程,并直接控制数控机床进行加工制造,从而使产品设计、制造和分析测试作业一体化。

CAD/CAM 技术集成化的另一形式,是将企业设计领域的 CAD/CAM 信息与企业经营管理领域的 MIS(管理信息系统)信息进行综合集成(即 CIMS),实现从产品设计、制造以至经营管理的整个生命周期的信息集成,从而保证产品数据的有效性、完整性和共享性,以取得企业的综合经济效益。

实现上述 CAD/CAM 技术需要解决工程数据管理、计算机网络、系统集成平台以及产品数据交换等方面的众多关键问题。

2. 网络化

网络技术是计算机技术和通信技术相互渗透、密切结合的产物,在计算机应用和信息传输中起着越来越重要的作用。CAD/CAM 技术作为计算机应用的一个重要方面,同样离不开网络技术。通过计算机网络可将分散在不同地点的 CAD/CAM 系统工作站和服务器按一定网络拓扑结构连接起来,可实现不同设计信息快捷、可靠地交换,共享网络的软硬件资源,可大大降低产品开发设计成本,加速产品设计进程。

3. 智能化

产品设计是具有高智能人类所从事的一种创造性活动,设计制造过程的智能化是 CAD/CAM 技术发展的必然选择。虽然,当前的 CAD/CAM 系统也体现了一些智能的特征,例如尺寸与公差的自动标注、材料清单(BOM)的自动生成、工艺路线和刀具轨迹的自动生成等,然而这些智能与人们所期望的智能相比还有很大的差距。

智能化 CAD/CAM 系统是通过引入专家系统和人工智能技术,使其具有人类专家的知识和经验,具有学习、推理、联想和判断的功能。这种系统能够模拟人类专家的思维方式,模拟人类专家运用自己所拥有的知识与经验来解决实际问题的过程,在产品设计过程中适时地给出智能化提示,告诉设计人员当前设计存在的问题,下一步该做什么,给予设计人员如何解决现有问题的提示,给他们带来有效的帮助。

智能化 CAD/CAM 系统就是将人工智能技术与 CAD/CAM 技术融为一体而建立的系统,而对人类思维方式的表达和模型的建立还有待继续研究和完善。

4. 标准化

CAD/CAM 标准化体系是开发应用 CAD/CAM 软件及 CAD/CAM 技术普及应用的基础。随着 CAD/CAM 技术的快速发展和广泛应用,技术标准化问题愈显重要。CAD/CAM 软件系统的标准化是指图形软件的标准化。图形标准是一组由基本图素与图形属性构成的通用标准图形系统。图形标准按功能大致可分为三类:①面向用户的图形标准,如图形核心系统(Graphical Kernel System,GKS),程序员交互图形标准(Programmer's Hierarchical Interactive Graphics System,PHIGS)和基本图形系统(Core);②面向不同 CAD 系统的数据交换标准,如初始图形交换规范(Initial Graphics Exchange Specification,IGES)、产品模型数据交换标准(Standard for the Exchange of Product Model Data,STEP)等;③面向图形设备的图形标准,如虚拟设备接口标准(Virtual Device Interface,VDI)和计算机图形设备接口(Computer Device Interface,CDI)等。

5. 虚拟化

虚拟现实(VR)技术是利用计算机创建的一种可以自然交互虚拟环境的技术,使操作者具有沉浸感(Immersion)、自主性(Imagination)和交互性(Interaction)的"3I"特征。

基于 VR 技术的 CAD/CAM 系统是 CAD/CAM 技术与虚拟现实技术的有机结合,通过数据手套、数据头盔、三维鼠标以及语音设备等触觉、视觉、听觉等多种传感设备,使操作者自然而又直观地与虚拟设计环境进行交互。在这种虚拟设计环境下,设计人员可快速地完成产品的概念设计和结构设计;通过研究所设计对象的拆装过程,可在虚拟环境中检查设计对象各部件之间以及与拆装工具之间所存在的干涉;能够快速显示设计内容和设计对象的性能特征,显示设计对象与周围环境的关系,设计者可通过与虚拟设计环境的自然交互,方便灵活地对设计对象进行修改,大大提高设计效率与设计质量。

基于 VR 技术的 CAD/CAM 系统有两个显著特点：其一，将设计者在 CAD/CAM 环境下的活动提升到人机融合为一体的交互活动，构成了智能化的设计系统，充分发挥了设计者的智慧和决策作用；其二，在设计过程中，可对虚拟产品进行多方位的分析、评价和修改，保证了产品的结构合理性，降低了产品成本，缩短了产品的开发周期。

CAD/CAM 系统的虚拟化涉及虚拟环境建模技术、立体显示技术、三维虚拟声音实现技术、自然交互与传感技术、实时碰撞检测技术等多学科知识。目前，VR 技术所需的软硬件价格还相当昂贵，技术开发的复杂性和难度还较大，基于 VR 技术的 CAD/CAM 系统实用化还有待进一步研究和完善。

6. 绿色化

资源、环境、人口是当今人类面临的三大主要问题。绿色制造是一个综合考虑环境影响和资源效率的现代制造模式，其目标是使得产品从设计、制造、包装、运输、使用到报废处理的整个产品周期，对环境的影响（副作用）最小，资源利用率最高。绿色制造、面向环境的设计制造、生态工厂、清洁化工厂等概念是全球可持续发展战略在制造技术中的体现，是摆在现代 CAD/CAM 技术面前的一个新课题。

 思考题

1. 简述 CAD/CAM 的相关概念。
2. 试描述 CAD/CAM 产品的基本生产过程。
3. 试描述 CAD/CAM 系统的分级结构体系。
4. CAD/CAM 系统的基本功能和任务有哪些？
5. CAD/CAM 系统的硬件组成有哪些？
6. 什么是 CAD/CAM 系统的支撑软件？CAD/CAM 系统的支撑软件一般有哪些？
7. 简述 CAD/CAM 技术的发展阶段，以及国内外 CAD/CAM 技术的应用情况。
8. CAD/CAM 技术的发展趋势如何？

第 11 章　综合实践项目

项目 1　工程训练 CAD 设计实践项目

一、项目目标

1. 掌握 SolidWorks 实体建模及装配的基本思路与基本方法；
2. 掌握 SolidWorks 装配图及工程图的基本描述方法；
3. 掌握图纸、标注、BOM 表的标准化及使用方法；
4. 使用 SolidWorks 软件进行基本产品设计。

二、项目任务

该项目源于"第五届江苏省工科院校先进制造技术实习教学与创新制作比赛"创新制作比赛子项目，项目任务如下：

根据给定的结构要素和毛坯——尺寸为 $\phi 30 \times 170$ mm，材质为 2A12(LY12)，要求设计者对如下三个零件的结构进行设计并绘制零件图及装配图（工艺及制作部分的内容在后续项目中详细阐述）。

1. 结构要素

零件 1(台阶轴)：含有半径为 8 mm 的球头、$10°$ 斜度的锥面、与孔有转动配合要求的 $\phi 20$ 外圆及 M16 外螺纹。

零件 2(套)：内孔与零件 1 的 $\phi 20$ 外圆装配后能精密传动。

零件 3(螺母)：内螺纹与零件 1 的 M16 外螺纹拧紧后，零件 2 在零件 1 的轴肩与螺母之间能灵活转动，螺母外表面应有便于上述结构的拧紧。

2. 设计要求

根据上述结构要素及其要求，进行结构设计，绘制零件图及装配图，并进行规范、正确的标注，提出适当的技术要求。

三、项目设计

通过对项目任务的分析可知，三个零件均可以设计为回转件，通过对设计要求及运动要求分析可知：

(1) 零件 1 包含的尺寸信息（如：R8，$10°$ 锥度，$\phi 20$ 及 M16 等），必须在设计中全部体现出。

（2）零件 2 与零件 1 装配后能精密传动且灵活转动，因此 $\phi20$ 尺寸的内孔外圆需间隙配合，考虑到精密传动，采用基孔制，配合公差为 $\phi\,20\,\dfrac{H7}{g6}$，详情如图 11-1 所示。

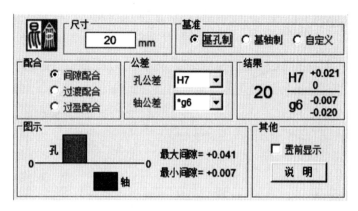

图 11-1　配合公差

（3）零件 3 要便于拧紧，考虑到装拆的便捷性，可以将零件 3 的外径加大，采用徒手拧紧的方式，为了增大摩擦力，可以在其外表面增加滚花设计。

（4）考虑到零件 3 拧紧后，零件 2 在零件 1 的轴肩与螺母之间能灵活转动，因此零件 2 的长度必须要小于零件 1 的 $\phi20$ 轴的长度，可以设计零件 1 的 $\phi20$ 轴的长度取正公差 $(L_0^{+0.1})$，零件 2 的配合长度取负公差 $(L_{-0.1}^{0})$。

（5）必须考虑装夹及切刀宽度，确保三个零件可以用 $\phi30\times170$ mm 毛坯加工完成。

项目任务的基本步骤如下：

（1）在 SolidWorks 软件中建立带属性的零件，根据规划（1）、（2）及（4）的要求完成零件 1 的设计。

（2）在 SolidWorks 软件中建立带属性的零件，根据规划（2）要求完成零件 2 的设计。

（3）在 SolidWorks 软件中建立带属性的零件，根据规划（3）要求完成零件 3 的设计。

（4）在 SolidWorks 软件中建立带属性的装配体，根据设计要求完成装配并进行干涉检查。

（5）使用 SolidWorks 工程图功能，选择正确的 GB 模板及 GB 标注，完成装配体视图的生成、标注，并根据 GB 明细表要求生成符合 GB 的 BOM 表。

（6）使用 SolidWorks 工程图功能，选择正确的 GB 模板及 GB 标注，完成 3 个零件的零件图绘制。

四、项目实现

由项目任务可知，该项目包含 3 个建模零件，1 个装配体，3 张零件图和 1 张装配图，设定零件 1 名称为台阶轴，代号为 cxbs-01，零件 2 名称为套，代号为 cxbs-02，零件 3 名称为螺母，代号为 cxbs-03，装配体名称为转套，代号为 cxbs-00。

1. 建模设计

（1）台阶轴结构设计

① 新建零件并修改文件属性

点击图 11-2 所示的按钮，在弹出菜单中的名称、代号、共 X 张、第 X 张的数值栏中分别填写"台阶轴""cxbs-01""4""2"等信息，此信息均为 BOM 表调用所需的必要信息。

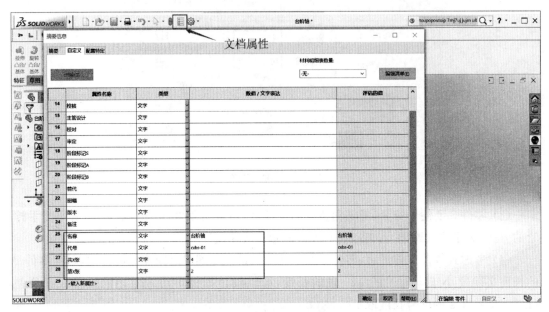

图 11-2　修改文档属性

② 旋转成形基体

单击"前视基准面"，在弹出的关联菜单中单击 按钮，如图 11-3 所示。绘制草图，如图 11-4 所示，根据图示要求进行尺寸约束，直至草图完全约束。

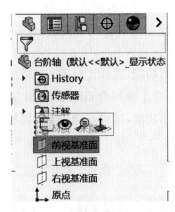

图 11-3　旋转基准面绘制草图

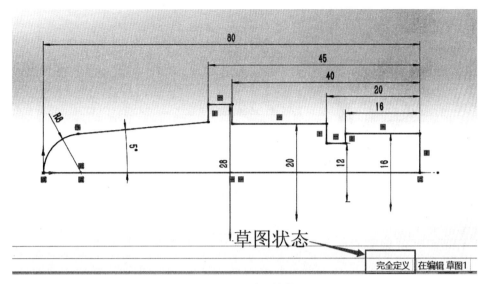

图 11-4　台阶轴旋转截面图

进入特征选项卡，单击旋转凸台/基体 🌀 按钮，在旋转 1 对话框中选择旋转轴、方向和旋转角度，如图 11-5 所示，单击 ✔ 按钮，生成实体模型，如图 11-6 所示。

图 11-5　旋转 1 对话框

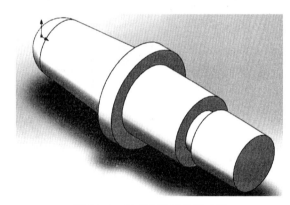

图 11-6　完成台阶轴旋转成形

③ 倒角

单击倒角按钮 🔲，在倒角 1 中选中"角度距离"，并将距离和角度栏分别设置为"0.5"和"45"，选择图 11-7 所示的边线，单击 ✔ 按钮，完成倒角 1。

再次单击倒角按钮，将倒角距离设置为"2"，选择图 11-8 所示的边线，单击 ✔ 按钮，完成倒角 2。

④ 创建螺纹

单击主菜单→"插入"→"注解"→"螺纹装饰线"，在弹出的"装饰螺纹线"对话框中单击图 11-9(b)所示边线〈1〉，基准面设置为面〈1〉，标准为 GB，类型为"机械螺纹"，大小为 M16，给定深度为 16 mm。

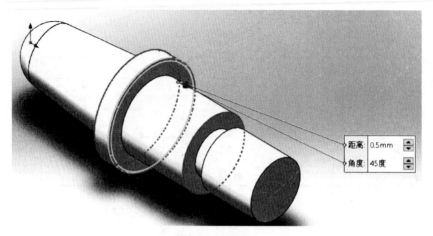

图 11-7 倒角 1

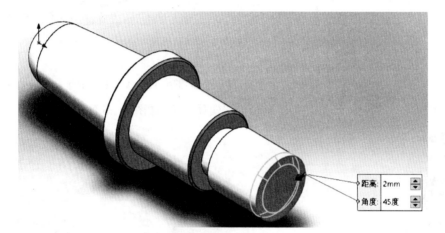

图 11-8 倒角 2

（a）"装饰螺纹线"对话框

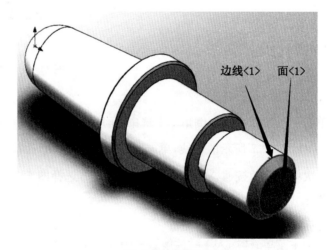

（b）选择的边线及面

图 11-9 添加螺纹特征

建模后的整体效果如图 11-10 所示。

右键单击设计树中的材质 ，选择"编辑材料"，在弹出的"材料"对话框中选择"常用材料"→"GB 铝合金"→"LY12♯"→"应用"→"关闭"，完成材料的设置，保存文件，命名为"台阶轴"。

备注：此材料为 GB 材料库，需要单独下载并加载。

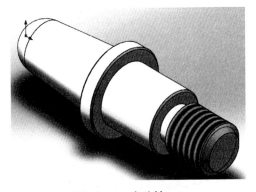

图 11-10　台阶轴

（2）轴套结构设计

① 新建零件并修改文件属性

点击"文件属性" 按钮，在弹出菜单中的名称、代号、共 X 张、第 X 张数值栏中分别填写"轴套""cxbs-02""4""3"等信息。

② 旋转成形基体

单击"前视基准面"，在弹出的关联菜单中单击 按钮，绘制草图，按照图 11-11 所示要求进行尺寸约束，直至草图完全约束。

进入特征选项卡，单击旋转凸台/基体 按钮，在旋转 1 对话框中选择旋转轴、方向和旋转角度，单击 按钮，生成实体模型，如图 11-12 所示。

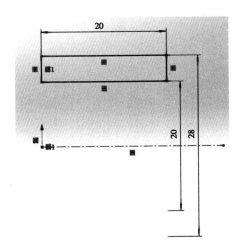

图 11-11　轴套旋转截面图

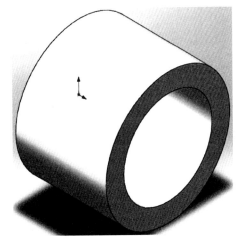

图 11-12　完成轴套旋转成形

③ 倒角

单击倒角按钮 ，在倒角 1 中选中"角度距离"，并将距离和角度栏分别设置为"0.5"和"45"，选择图 11-13 所示的边线，单击 按钮，完成倒角 1。

建模后的整体效果如图 11-14 所示。

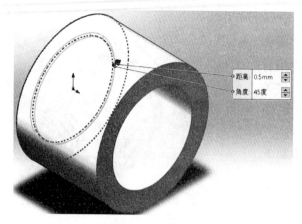

图 11-13　倒角 1

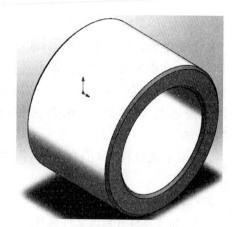

图 11-14　轴套

右键单击设计树中的材质 按钮,选择"编辑材料",在弹出的"材料"对话框中选择"常用材料"→"GB 铝合金"→"LY12♯"→"应用"→"关闭",完成材料的设置,保存文件,命名为"轴套"。

（3）螺母结构设计

① 新建零件并修改文件属性

点击"文件属性" 按钮,在弹出菜单中的名称、代号、共 X 张、第 X 张数值栏中分别填写"螺母""cxbs-03""4""4"等信息。

② 旋转成形

单击"前视基准面",在弹出的关联菜单中单击 按钮,绘制草图,按照图 11-15 所示要求进行尺寸约束,直至草图完全约束。

进入特征选项卡,单击旋转凸台/基体 按钮,在旋转 1 对话框中选择旋转轴、方向和旋转角度,单击 按钮,生成实体模型,如图 11-16 所示。

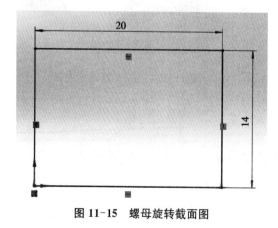

图 11-15　螺母旋转截面图

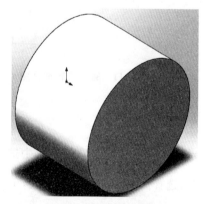

图 11-16　完成螺母旋转成形

③ 倒角

单击倒角 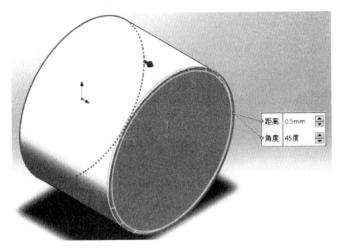按钮，在倒角 1 中选中"角度距离"，并将距离和角度栏分别设置为"0.5"和"45"，选择图 11-17 所示的边线，单击 ✔ 按钮，完成倒角 1。

图 11-17　倒角 1

④ 添加 M16 螺纹孔

单击"异形孔向导" 按钮，在弹出的"孔规格"对话框中空类型选择"直孔螺纹"、标准选择"GB"、类型选择"螺纹孔"、孔规格大小选择"M16"、终止条件选择"成形到下一面"、螺纹线选择"成形到下一面"、勾选"近端锥孔"和"远端锥孔"，设置如图 11-18(b)所示，进入对话框的位置页面，选择图 11-18(c)所示的面，然后单击原点，单击 ✔ 按钮，完成 M16 螺纹孔，如图 11-19 所示。

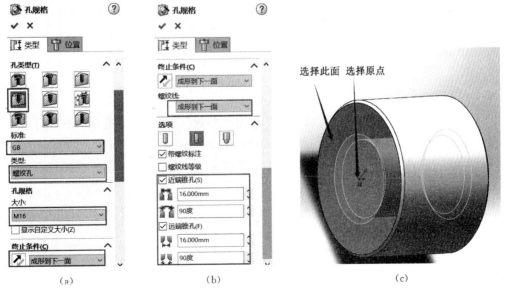

图 11-18　螺纹孔

343

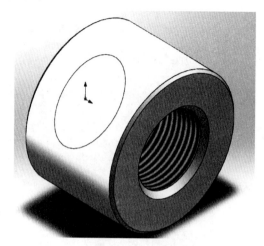

图 11-19　螺母

⑤ 添加滚花装饰

单击螺母外圆面,选择"外观"→"面〈1〉@旋转1",如图 11-20 所示。

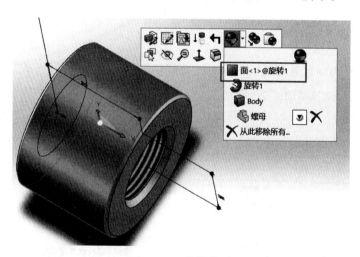

图 11-20　编辑外观

弹出"颜色"对话框,选择"高级"选项,点击"外观"下方的"浏览(B)…",打开 D:\ Program Files\SolidWorks Corp\SolidWorks\data\Images\textures\metal\machined 文件夹(假设 SolidWorks 安装在 D 盘),选择文件类型为"所有图像文件",并选择查看方式为"大图标",如图 11-21 所示。

选择 mesh1,点击打开→保存→是(Y)→保存,然后单击 ✔ 按钮,完成滚花装饰,如图 11-22所示。

右键单击设计树中的材质 ⚙ 按钮,选择"编辑材料",在弹出的"材料"对话框中选择"常用材料"→"GB 铝合金"→"LY12♯"→"应用"→"关闭",完成材料的设置,保存文件,命名为"螺母"。

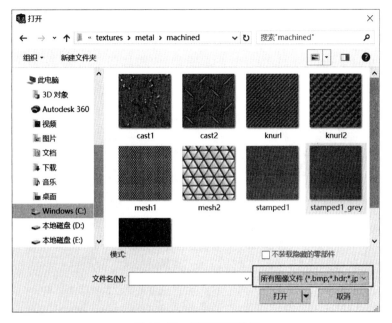

图 11-21　图库图形选择

2. 装配设计

（1）新建装配体并修改文件属性

点击"文件属性"⊞按钮，在弹出菜单中的名
称、代号、共 X 张、第 X 张数值栏中分别填写"转
套""cxbs-00""4""1"等信息。

（2）插入固定部件

SolidWorks 默认第一个插入的零件为固定
件，假设台阶轴是固定件，单击"插入零部件"🗁
按钮，浏览找到"台阶轴"，直接单击✔按钮，完成
台阶轴的插入（切记不要在绘图区域单击插入固
定件，这样会导致装配体基准视图与固定件基准
视图不一致的情况，影响剖视图的使用）。

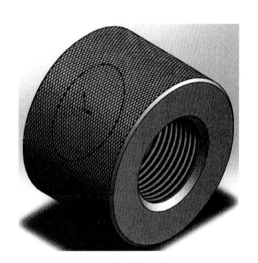

图 11-22　滚花装饰后的螺母

（3）插入浮动部件

单击"插入零部件"🗁按钮，浏览找到"轴套"和"螺母"（用 Ctrl＋左键单击即可），将其
放在绘图区适当位置，如图 11-23 所示。

（4）装配

单击"配合"📎按钮，选择台阶轴 $\phi20$ 外圆面及轴套 $\phi20$ 内孔面，如图 11-24 所示，自
动添加"同轴心"◎配合，单击✔按钮。

选择台阶轴轴肩侧面及轴套侧面，如图 11-25 所示，自动添加"重合"人配合，单击✔
按钮。

图 11-23 放置固定部件及浮动部件

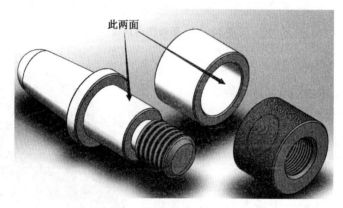

图 11-24 台阶轴与轴套的同轴心配合

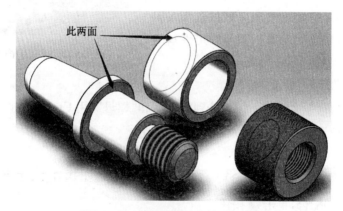

图 11-25 台阶轴与轴套的重合配合

台阶轴与轴套完成两次配合后的效果如图 11-26 所示。

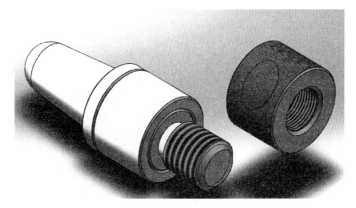

图 11-26　台阶轴与轴套的配合效果

选择螺母的内孔与台阶轴的有 M16 螺纹装饰线的外圆面,如图 11-27 所示,自动添加
"同轴心"◎配合,单击✔按钮。

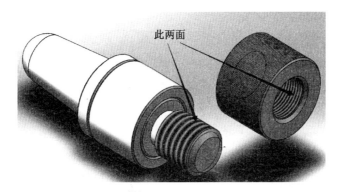

此两面

图 11-27　台阶轴与螺母的同轴心配合

选择台阶轴退刀槽侧面及螺母侧面,如图 11-28 所示,自动添加"重合"人配合,单击
✔按钮。

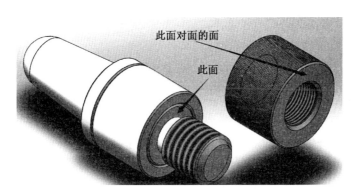

此面对面的面

此面

图 11-28　台阶轴与螺母的重合配合

装配后的整体效果如图 11-29 所示。

图 11-29　转套整体装配效果

（5）干涉检查

单击"评估"选项卡下的"干涉检查"，单击"计算"，发现结果中存在干涉，干涉为 M16 外螺纹和 M16 内螺纹，无其他干涉，此处干涉可以忽略。故整个装配不存在结构问题，如图 11-30 所示。

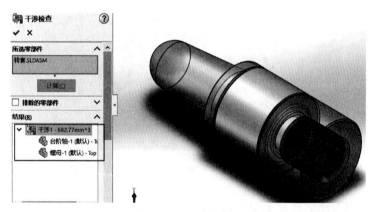

图 11-30　干涉检查

保存文件，命名为"转套"。

3. 工程图绘制

（1）装配图绘制

① 新建工程图

打开 SolidWorks 软件，点击"新建"→"高级"，选择"gb_a3"模板，如图 11-31 所示，单击"确定"，进入工程图绘制环境。

一般情况下，打开的 SolidWorks 文件都会被加载进来，系统会提示选择某个零件或者装配体来生成标准视图，单击 ✖，取消自动生成标准视图。

② 设置图纸选项

单击"选项"⚙按钮，弹出"系统选项（S）"对话框，单击"系统选项"→"工程图"→"显示

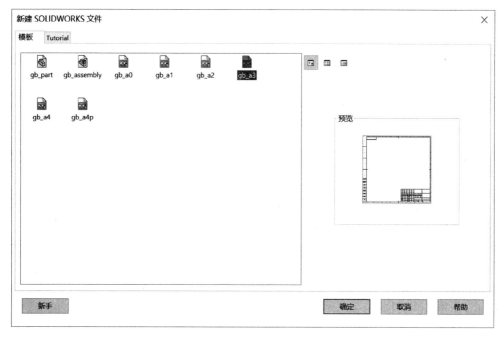

图 11-31　选择绘图模板

类型",将"切边"选项设置为"移除";单击"文档属性"→"总绘图标准",选择"GB",单击"确定",完成必要的图纸选项设定。

③ 使用视图调色板生成视图

单击"视图调色板" 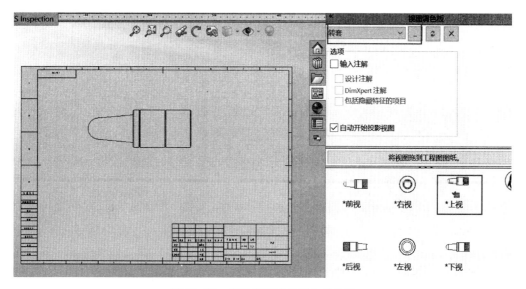按钮(软件右侧),使用"下拉"或者"浏览"的方式找到"转套"装配体文件,拖动"*上视"至绘图区合适位置,如图 11-32 所示,单击 ✔ 按钮。

图 11-32　使用视图调色板生成视图

④ 调整视图比例

如果视图比例不合适，右击"图纸 1"→"属性"，修改比例至合适值，如图 11-33 所示。

⑤ 插入中心线

单击"注释"选项卡中的"中心线" 口 按钮，勾选"选择视图"，然后选择刚生成的视图，单击 ✔ 按钮，如图 11-34 所示。

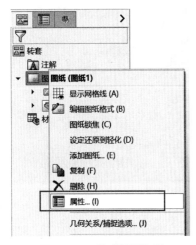

图 11-33　修改视图比例

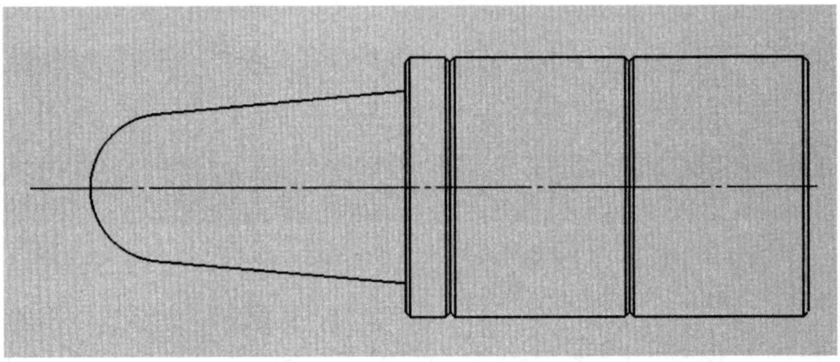

图 11-34　插入中心线

⑥ 使用局部剖视主视图

单击"视图布局"选项卡的"断开的剖视图" 按钮，绘制图 11-35 所示的封闭样条曲线，在弹出的"剖面视图"对话框中单击主视图中的"台阶轴"（或者通过设计树选择），则"台阶轴"不被剖切，单击"确定"。

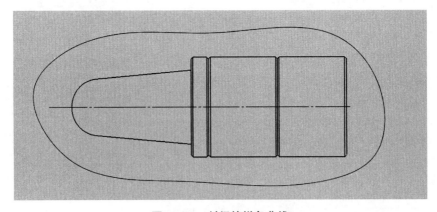

图 11-35　封闭的样条曲线

在"断开的剖视图"对话框中，设置深度为 14 mm，勾选"预览"，如果没有问题，单击 ✔ 按钮，如图 11-36 所示。

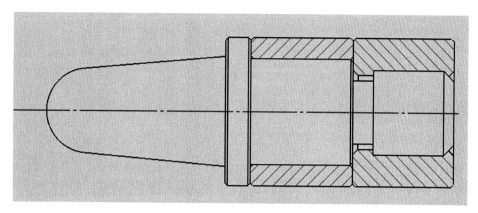

图 11-36　剖视的主视图

⑦ 标注尺寸

装配图中主要应标注配合尺寸、极限运动尺寸、外形尺寸、安装尺寸等,根据任务要求,此处需要标注最大直径,最大长度及台阶轴、轴套的配合尺寸。

单击"注释"选项卡中的"智能尺寸" ✍ 按钮,单击 R8 圆弧及右侧边线,默认标注尺寸为 72,单击左侧"引线"选项卡,设置"圆弧条件"为"最大",则数值更改为 80,如图 11-37所示。

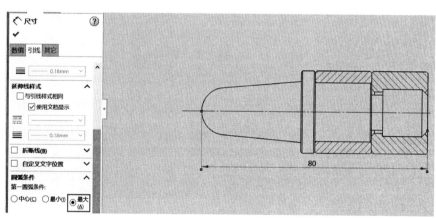

图 11-37　调整尺寸

标注 φ20 尺寸,将左侧"尺寸"对话框中"公差/精度(P)"设置为"与公差套合","分类"选择为"间隙","孔套合"设置为"H7",如图 11-38 所示。

标注最大外圆尺寸 φ28,如图 11-39 所示。

⑧材料明细表

单击"注释"选项卡中的"零件序号" ① 按钮,选择"台阶轴",选择合适的方向,单击左键,同样的方式依次选择"轴套"及"螺母",注意方向及水平高度的一致,如图 11-40 所示。

图 11-38　公差设置

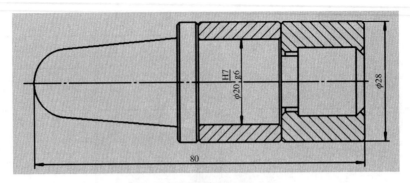

图 11-39　完成标注的主视图

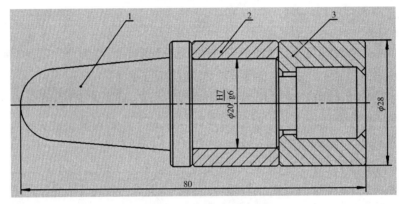

图 11-40　插入零件序号

单击"注释"选项卡中的"材料明细表" 按钮（在"表格"下拉菜单下），选择主视图，"表格位置"勾选"附加到定位点"，单击 按钮，此时的"材料明细表"位置不对，单击"材料明细表"左上角锚点，在左侧弹出菜单中"恒定边角"选择"右下"，如图 11-41 所示。

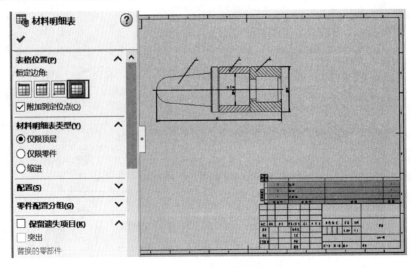

图 11-41　修改材料明细表定位

由于该"材料明细表"不符合 GB 要求,因此需要对其进行个性化定义,具体步骤如下:

a. 单击表格,弹出对话框选择表格在表头上(右 2 图标)。

b. 双击项目号,修改成序号。

c. 右击 A 列→插入→右列,选择 B 列(鼠标在 B 上单击)→弹出对话框选择列属性(右 4 图标)→列类型为自定义,下拉菜单选择"代号"。

d. 双击 C 列的零件号,将其修改成"名称",全选此列,选择居中对齐方式(左 3 图标)。

e. 拖动 E 列("数量"列)至"名称"列右侧,双击"数量"后确定(更改文字格式)。

f. 右击 D 列("数量"列)→插入→右列,弹出对话框选择列属性(右 4 图标)→列类型为自定义,下拉菜单选择"材料"。

g. 右击 E 列("数量"列)→插入→右列,弹出对话框选择列属性(右 4 图标)→列类型为自定义,下拉菜单选择"单重"。

h. 右击 F 列("数量"列)→插入→右列,弹出对话框选择方程式(左 12 图标),单击 $\sum$ 按钮→在列下拉菜单选择"数量",然后输入" * ",再次在列下拉菜单中输入"单件",得到总重,修改列名称为"总计"。

i. 双击"说明"列(H 列)名称,修改成"备注"。

j. 右击图表左上角的十字箭头→格式化→行高度,设置为 7 mm。

k. 右击 A 列→格式化→列宽,输入 8 mm,依次类推修改 B~H 列列宽。

国标明细栏的尺寸如图 11-42 所示。

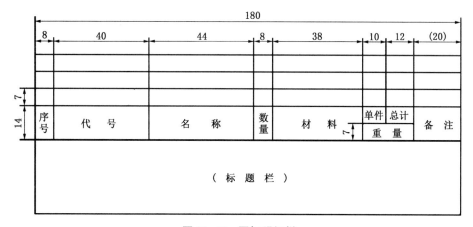

图 11-42　国标明细栏

按国标设置完成后的标题栏及明细表效果如图 11-43 所示。

由于零件设计及装配图设计的时候设置了文件属性及材料属性,因此材料明细表中的所有属性均为自动调用,不需要任何修改。

为了方便日后的使用,不做重复工作,可以将修改后的材料明细表保存并调用,具体方法如下:

保存:右击图表左上角的十字箭头→"另存为",输入模板名称,指定路径即可。

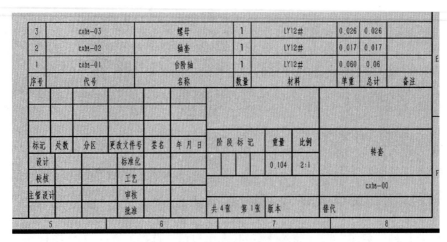

3	cxbs-03	螺母	1	LY12#	0.026	0.026	
2	cxbs-02	轴套	1	LY12#	0.017	0.017	
1	cxbs-01	合阶轴	1	LY12#	0.060	0.06	
序号	代号	名称	数量	材料	单重	总计	备注

标记	处数	分区	更改文件号	签名	年 月 日	阶 段 标 记	重量	比例	转套
设计			标准化				0.104	2:1	
校核			工艺						cxbs-00
主管设计			审核						
			批准			共 4 张 第 1 张 版本		替代	

图 11-43　修改后的材料明细表

图 11-44　调用材料明细表

调用：单击"材料明细表"，选择图 11-44 所示图标，然后选择模板即可。

保存文件时使用默认命名即可。

⑨ 填写技术要求

根据要求填写技术要求。

⑩ 设置打印工程图

使用快捷键 Ctrl＋P，弹出"打印"对话框，单击"线粗"，将正常线粗设置为 0.35 mm，如图 11-45 所示，单击"确定"，选择正确的打印机及正确的纸张，预览没有问题即可打印。建议将图纸打印成 PDF 格式，以提升其通用性与阅读性。

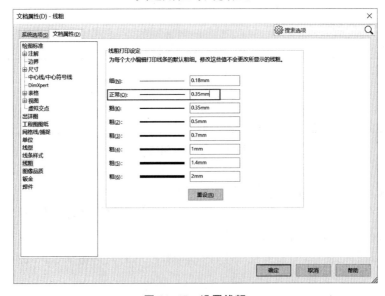

图 11-45　设置线粗

也可以通过"选项" 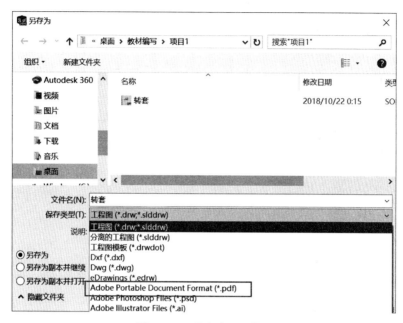按钮，弹出文档属性对话框，然后在"文档属性"栏目中设置线粗后，单击"文件"→"另存为"，将存储格式设置为 pdf 格式即可，如图 11-46 所示。

图 11-46　另存为 pdf 格式

（2）零件图绘制

零件图的绘制与装配图的绘制基本一致，对于相似的步骤，不再给出详细的过程。

① 台阶轴

a. 打开 SolidWorks 软件，点击"新建"→"高级"，选择"gb_a4"模板，并按要求设置图纸选项。

b. 使用视图调色板，浏览"台阶轴"，选择"前视"，生成主视图。

c. 调整视图比例（比例为 2∶1）。

d. 插入中心线。

e. 标注尺寸。

按图 11-47 所示标注尺寸，其中 M16 外螺纹可以通过标注外径的方式标注，然后修改前缀 ϕ 为 M，也可以通过右击螺纹线→插入标注的方式插入"M16 机械螺纹"，$20_0^{+0.1}$ 采用双边标注。

f. 按要求添加技术要求。

保存文件，名称默认。

② 轴套

a. 打开 SolidWorks 软件，点击"新建"→"高级"，选择"gb_a4"模板，并按要求设置图纸选项。

b. 使用视图调色板，浏览"台阶轴"，选择"前视"，生成主视图。

c. 调整视图比例（比例 2∶1）。

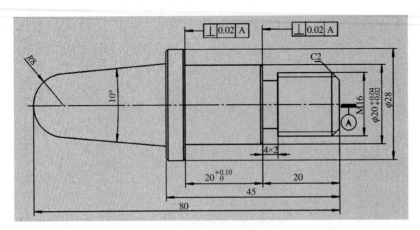

图 11-47 台阶轴标注

d. 插入中心线。

e. 使用局部剖的方法剖视主视图,深度设置为 14 mm。

f. 按图 11-48 所示要求标注尺寸。

g. 按要求添加技术要求。

保存文件,命名默认。

③ 螺母

a. 打开 SolidWorks 软件,点击"新建"→"高级",选择"gb_a4"模板,并按要求设置图纸选项。

b. 使用视图调色板,浏览"台阶轴",选择"前视",生成主视图。

c. 调整视图比例(比例 2∶1)。

d. 插入中心线。

e. 使用局部剖的方法剖视主视图,深度设置为 14 mm。

f. 按图 11-49 所示标注尺寸。

g. 按要求添加技术要求。

保存文件,命名默认。

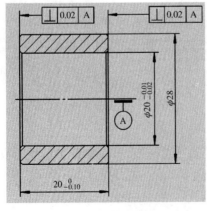

图 11-48 轴套标注

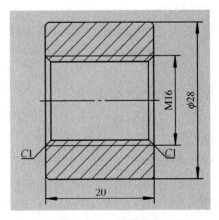

图 11-49 螺母标注

五、项目总结

通过本项目的实践,读者可以掌握 SolidWorks 零件设计、装配体设计及工程图绘制的基本流程及方法,为后续项目的实施奠定一定的设计基础。该项目是规范化的引导,设计能力的提升还需要大量的设计实践。

项目 2　镂空组合件制作实践项目

一、项目目标

1. 掌握普通铣床、数控铣床(加工中心)编程及加工的基本方法;
2. 掌握数控车床编程及加工的基本方法;
3. 掌握钳工划线、钻孔、铰孔、装配的基本方法。

二、项目任务

该组合件装配后的效果如图 11-50 所示。

该组合件由镂空六面体、底座及 MF85ZZ 法兰轴承组成,如图 11-51 所示,借助 MF85ZZ 法兰轴承,镂空六面体可在底座上方自由转动。

图 11-50　组合件效果图

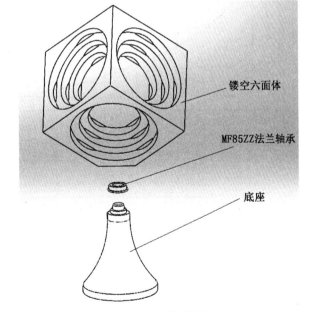

图 11-51　组合件爆炸图

主要任务如下:

1. 完成镂空六面体的加工;
2. 完成底座的加工;

3. 完成镂空组合件的装配。

三、项目规划

1. 根据给定的毛坯(60 mm×60 mm×60 mm),使用普通铣床、数控铣床(加工中心)按照图纸加工出镂空六面体;

2. 设计铣削斜面的夹具,并利用夹具铣削斜面至尺寸;

3. 根据给定的毛坯(ϕ35×500 mm),使用数控车床按照图纸加工出底座;

4. 利用钳工划线、钻孔、铰孔来镂空六面体斜面;

5. 根据要求完成镂空六面体、MF85ZZ法兰轴承及底座的装配,确保组合体自由、灵活转动。

四、项目实施

1. 镂空六面体的加工制作

镂空六面体的材质为1060铝合金,零件图如图11-52所示。

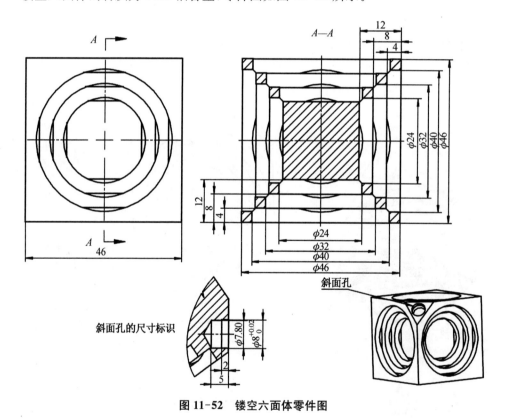

图 11-52 镂空六面体零件图

镂空六面体制作的参考步骤如下:

(1) 下料,锯 60 mm×60 mm×60 mm 方料;

(2) 机用虎钳装夹,使用 ϕ80 盘铣刀铣出六面体,保证其 46 mm×46 mm×46 mm 尺寸,保证各面平直、相邻面垂直及相对面平行,去毛刺;

（3）编制铣削程序，利用机用虎钳装夹，使用 $\phi20$ 立铣刀，完成六个面 $\phi40$ 深 4 mm、$\phi32$ 深 8 mm（以上表面为基准）、$\phi24$ 深 12 mm（以上表面为基准）孔加工，去毛刺；

（4）使用设计的夹具装夹工件，确保六面体对角顶点与数控铣床（加工中心）轴线平行，以上顶点为参考基准点，铣削 7 mm 完成斜面加工，去毛刺；

（5）钳工划线找到斜面（正三角形）中心，打样冲眼，使用设计的夹具装夹，钻 $\phi7.8$ 孔，深度为 5 mm，孔口倒角，铰孔 $\phi8_0^{+0.02}$，去毛刺。

2. 底座的加工制作

底座的材质为 1060 铝合金，零件图如图 11-53 所示。

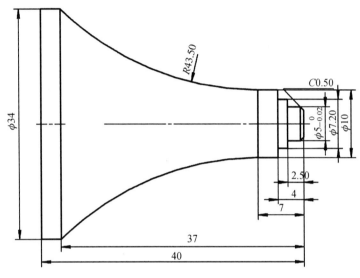

图 11-53　底座零件图

底座制作的参考步骤如下：

（1）根据零件加工特点，采用"一刀落"加工方式，考虑到切断刀 4 mm 的刀宽及机床装夹及行程的影响，一根棒料可加工 10 个工件，下料规格为 $\phi35\times500$ mm；

（2）采用三爪卡盘装夹，伸出长度为 80 mm；

（3）编制粗加工程序，使用 93°外圆刀（TN60 三角形刀片）粗车 $\phi5$、$\phi7.2$、$\phi10$、$R43.5$、$\phi34$ 外圆，直径及长度余量 0.2 mm；

（4）编制精加工程序，使用 93°外圆刀（VN1604 菱形刀片）精车 $\phi5$、$\phi7.2$、$\phi10$、$R43.5$、$\phi34$ 外圆，保证 $\phi5_{-0.02}^{0}$ 精度；

（5）编制切断程序，使用 4 mm 割刀倒角 0.5 并割断；

（6）掉头装夹，光端面。

3. 镂空组合件的装配

镂空组合件的装配步骤参考如下：

（1）将 MF85ZZ 法兰轴承安装至镂空六面体 $\phi8$ 孔内，确保法兰轴承 $\phi9.2$ 法兰端面与镂空六面体斜面紧密贴合；

（2）将底座 $\phi5$ 外圆装配至 MF85ZZ 法兰轴承的 $\phi5$ 内圈孔中，确保轴承内圈与底座

$\phi 7.2$ 轴肩紧密配合；

（3）检验。转动镂空六面体，检查是否存在干涉或者转动不顺畅的现象。

五、项目评价

本项目评价指标和具体成绩所占比例如下：

1. 镂空六面体的加工制作   50%；
2. 底座加工制作   30%；
3. 组合体装配效果   20%。

通过本项目的实践，读者可以掌握数控车床、数控铣床（加工中心）、钳工划线、孔加工、装配的基本实践能力，同时具备初步夹具设计能力。

项目3   法槌综合实践项目

一、项目目标

本项目需要完成法槌的设计与制作。通过本项目充分锻炼学生的机械设计能力，CAD技术应用能力，车削、3D打印、钳工等技能综合应用能力，工艺分析与定制能力，创新能力等。

二、项目任务

1. 完成法槌的结构设计；
2. 绘制法槌的全部三维图和工程图；
3. 针对不同零件制定加工工艺卡片，利用相关设备完成零件的加工制作；
4. 独立完成法槌的装配与调试，使其符合设计要求；
5. 撰写法槌结构设计报告、工程管理报告、加工工艺卡片和成本分析报告。

三、项目实施

1. 该项目由每位学生独立完成产品结构设计、工艺设计与实物制作。
2. 学生要完成三维模型、爆炸图、工程图等文档。
3. 提供6061铝合金棒料、PLA材料若干。
4. 学生根据自行设计的产品，对每个零件进行工艺设计，工种包括但不限于：钳工、车工、铣工、3D打印等。
5. 学生根据自己制定的生产工艺，选择合适的设备完成零件的加工，并自行装配调试。
6. 撰写结构设计方案、工艺设计方案、成本分析方案和工程管理方案。具体要求如下：

（1）结构设计方案文件

完整性要求：法槌装配图1幅，要求标注所有零件（A4纸1页）；

                装配爆炸图1幅（所用三维软件自行选择，A4纸1页）；

                设计说明书1～2页（A4纸）。

正确性要求：结构设计合理正确，选材和工艺合理。

创新性要求：有独立见解及创新点。

规范性要求：图纸表达完整，标注规范，文字描述准确、清晰。

（2）工艺设计方案文件

按照中批量（500 台/年）的生产纲领，自选法槌组合件中一个较复杂的零件，完成并提交工艺设计方案报告（A4 纸，2～3 页）。

（3）成本分析方案文件

分别按照单台小批量和中批量（500 台/年）生产纲领对产品做成本分析。内容应包含材料成本、加工制造成本两方面（A4 纸，2～3 页）。

（4）工程管理方案文件

按照中批量（500 台/年）对产品做生产工程管理方案设计（A4 纸，2～3 页）。要求目标明确，文件完整，计划合理，表达清楚。

四、设计要求

1. 自主利用 CAD 软件设计一个法槌，法槌由连接件、法槌头、法槌杆和法槌手柄四个主要零件组成；

2. 图片仅供参考，具体形状、尺寸、材料选择自行确定；

3. 各零件和具体装配效果如图 11-54～图 11-59 所示。

图 11-54 连接件

图 11-55 法槌头

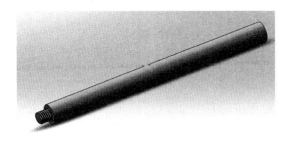
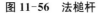
图 11-56 法槌杆

图 11-57 法槌手柄

图 11-58　法槌装配图

图 11-59　法槌爆炸图

五、制作要求

1. 根据实习的模块，自行制定加工工艺流程，并选择相关设备进行加工、装配。
2. 至少应包含两个工种。

六、提交成果

1. 提交加工、装配完成的最终成品一份。
2. 同时提交四个方案文档。

七、项目评价

本项目评价指标和具体成绩所占比例如下：

1. 产品机械结构的创新性　　　　　10%；
2. 零件工艺制定的合理性　　　　　20%；
3. 四个报告文档是否符合要求　　　20%；
4. 产品加工实际效果　　　　　　　50%。

项目 4　指尖陀螺综合实践项目

一、项目目标

本项目需要完成指尖陀螺的设计与制作。通过本项目充分锻炼学生的机械设计能力，CAD 技术应用能力，车削、3D 打印、钳工等技能综合应用能力，工艺分析与定制能力，创新能力等。

二、项目任务

1. 完成指尖陀螺的结构设计；
2. 绘制指尖陀螺的全部三维图和工程图；
3. 针对不同零件制定加工工艺卡片，利用相关设备完成零件的加工制作；
4. 独立完成指尖陀螺的装配与调试，使其符合设计要求；

5. 撰写指尖陀螺结构设计报告、工程管理报告、加工工艺卡片和成本分析报告。

三、项目实施

1. 该项目由每位学生独立完成产品结构设计、工艺设计与实物制作。

2. 学生要完成三维模型、爆炸图、工程图等文档。

3. 提供深沟球轴承 608ZZ(1 件)、O 型圈若干。

4. 学生根据自行设计的产品,对每个零件进行工艺设计,工种包括但不限于:钳工、车工、铣工、3D 打印等。

5. 学生根据自己制定的生产工艺,选择合适的设备完成零件的加工,并自行装配调试。

6. 撰写结构设计方案、工艺设计方案、成本分析方案和工程管理方案。具体要求如下:

(1) 结构设计方案文件

完整性要求:指尖陀螺装配图 1 幅,要求标注所有零件(A4 纸 1 页);
　　　　　　装配爆炸图 1 幅(所用三维软件自行选择,A4 纸 1 页);
　　　　　　设计说明书 1~2 页(A4 纸)。

正确性要求:结构设计合理正确,选材和工艺合理。

创新性要求:有独立见解及创新点。

规范性要求:图纸表达完整,标注规范;文字描述准确、清晰。

(2) 工艺设计方案文件

按照中批量(500 台/年)的生产纲领,自选作品中一个较复杂的零件,完成并提交工艺设计方案报告(A4 纸,2~3 页)。

(3) 成本分析方案文件

分别按照单台小批量和中批量(500 台/年)生产纲领对产品做成本分析。内容应包含材料成本、加工制造成本两方面(A4 纸,2~3 页)。

(4) 工程管理方案文件

按照中批量(500 台/年)对产品做生产工程管理方案设计(A4 纸,2~3 页)。要求目标明确,文件完整,计划合理,表达清楚。

四、设计要求

1. 自主利用 CAD 软件设计一个指尖陀螺,产品由指尖陀螺主壳体、端盖、主轴、柱塞四个主要零件和轴承、橡胶圈等标准件组成。

2. 图片仅供参考,具体形状、尺寸、材料选择自行确定。

3. 各零件和具体装配效果如图 11-60~图 11-65 所示。

图 11-60　主壳体

图 11-61　指尖陀螺端盖

图 11-62　指尖陀螺主轴

图 11-63　指尖陀螺柱塞

图 11-64　指尖陀螺装配图

图 11-65　指尖陀螺爆炸图

五、制作要求

1. 根据实习的模块,自行制定加工工艺流程,并选择相关设备进行加工、装配。

2. 至少应包含两个工种。

六、提交成果

1. 提交加工、装配完成的最终成品一份。

2. 提交四个方案文档。

七、项目评价

本项目评价指标和具体成绩所占比例如下:

1. 产品机械结构的创新性　　　　10%;

2. 零件工艺制定的合理性　　　　20%;

3. 四个报告文档是否符合要求　　20%;

4. 产品加工实际效果　　　　　　50%。

项目5　旋转笔筒综合实践项目

一、项目目标

本项目需要完成旋转笔筒的设计与制作。通过本项目充分锻炼学生的机械设计能力,CAD 技术应用能力,车削、铣削、3D 打印、钳工等技能综合应用能力,工艺分析与定制能力,创新能力等。

二、项目任务

1. 完成旋转笔筒的结构设计;

2. 绘制旋转笔筒的全部三维图和工程图;

3. 针对不同零件制定加工工艺卡片,利用相关设备完成零件的加工制作;

4. 独立完成旋转笔筒的装配与调试,使其符合设计要求;

5. 撰写旋转笔筒结构设计报告、工程管理报告、加工工艺卡片和成本分析报告。

三、项目实施

1. 该项目由每位学生独立完成产品结构设计、工艺设计与实物制作。

2. 学生要完成三维模型、爆炸图、工程图等文档。

3. 提供 6061 铝合金棒料、滚珠轴承、标准件若干。

4. 学生根据自行设计的产品,对每个零件进行工艺设计,工种包括但不限于:钳工、车工、铣工、3D 打印等。

5. 学生根据自己制定的生产工艺,选择合适的设备完成零件的加工,并自行装配调试。

6. 撰写结构设计方案、工艺设计方案、成本分析方案和工程管理方案。具体要求如下:

(1) 结构设计方案文件

完整性要求:旋转笔筒装配图 1 幅,要求标注所有零件(A4 纸 1 页);

装配爆炸图 1 幅(所用三维软件自行选择,A4 纸 1 页);

设计说明书 1~2 页(A4 纸)。

正确性要求:结构设计合理正确,选材和工艺合理。

创新性要求:有独立见解及创新点。

规范性要求:图纸表达完整,标注规范;文字描述准确、清晰。

(2) 工艺设计方案文件

按照中批量(500 台/年)的生产纲领,自选作品中一个较复杂的零件,完成并提交工艺设计方案报告(A4 纸,2~3 页)。

(3) 成本分析方案文件

分别按照单台小批量和中批量(500 台/年)生产纲领对产品做成本分析,内容应包含材料成本、加工制造成本两方面(A4 纸,2~3 页)。

(4) 工程管理方案文件

按照中批量(500 台/年)对产品做生产工程管理方案设计(A4 纸,2~3 页)。要求目标明确,文件完整,计划合理,表达清楚。

四、设计要求

1. 自主利用 CAD 软件设计一个旋转笔筒,旋转笔筒由笔筒主体、笔筒底座、笔筒旋转轴、笔筒轴承座四个主要零件和滚珠轴承、内六角螺钉等组成。

2. 图片仅供参考,具体形状、尺寸、材料选择自行确定。

3. 各零件和具体装配效果如图 11-66~图 11-71 所示。

图 11-66 笔筒主体

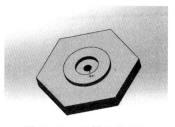

图 11-67 旋转笔筒底座

图 11-68 旋转笔筒旋转轴

图 11-69　旋转笔筒轴承座

图 11-70　旋转笔筒装配图

图 11-71　旋转笔筒爆炸图

五、制作要求

1. 根据实习的模块，自行制定加工工艺流程，并选择相关设备进行加工、装配。

2. 至少应包含两个工种。

六、提交成果

1. 提交加工、装配完成的最终成品一份。

2. 提交四个方案文档。

七、项目评价

本项目评价指标和具体成绩所占比例如下：

1. 产品机械结构的创新性　　　　　　10%；

2. 零件工艺制定的合理性　　　　　　20%；

3. 四个报告文档是否符合要求　　　　20%；

4. 产品加工实际效果　　　　　　　　50%。

项目 6　无碳小车综合实践项目

一、项目目标

本项目是一个综合性很强的案例，以团队（3 人）形式完成。通过本项目充分锻炼学生的机械设计能力，CAD/CAM、车削、铣削、线切割、钳工等技能综合应用能力，工艺分析与定制能力，创新能力，团队合作能力等。

二、项目任务

1. 完成无碳小车的结构设计；

2. 绘制小车的全部工程图；

3. 针对不同零件制定加工工艺卡片,利用相关设备完成零件的加工制作;

4. 独立完成小车的装配与调试,使其符合设计要求;

5. 撰写小车结构设计报告、工程管理报告、加工工艺卡片和成本分析报告。

三、项目要求

给定一定重力势能,根据能量转换原理,设计一种可将该重力势能转换为机械能并以此驱动小车行走的装置。要求小车行走过程中完成所有动作所需的能量均由此能量转换获得,不可使用任何其他的能量来源。给定重力势能为 4 J(取 $g=10$ m/s^2),考核时统一用质量为 1 kg 的重块($\phi50\times65$ mm,普通碳钢)铅垂下降来获得重力势能,落差 400 mm$\pm$2 mm,重块落下后,须被小车承载并同小车一起运动,不允许掉落。

小车要求具有转向控制机构,且此转向控制机构具有可调节功能,以适应放有不同间距障碍物的竞赛场地。要求小车为三轮结构,具体设计、材料选用以及加工制作均由学生自主完成。小车示意如图 11-72 所示。

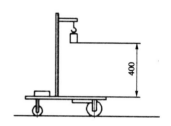

图 11-72　无碳小车示意图

小车在前行时能够自动避开 2 m 宽赛道上设置的等距障碍物。障碍物为直径 20 mm、高 200 mm 的多个圆棒,"S"形赛道障碍物间距值为 1 m。以小车前行的距离和成功避障的多少来综合评定运行成绩。

四个方案文档的要求如下:

(1) 结构设计方案文件

完整性要求:小车装配图 1 幅,要求标注所有小车零件(A3 纸 1 页);

　　　　　　装配爆炸图 1 幅(所用三维软件自行选择,A3 纸 1 页);

　　　　　　传动机构展开图 1 幅(A3 纸 1 页);

　　　　　　设计说明书 1~2 页(A4 纸)。

正确性要求:传动原理与机构设计计算正确,选材和工艺合理。

创新性要求:有独立见解及创新点。

规范性要求:图纸表达完整,标注规范;文字描述准确、清晰。

(2) 工艺设计方案文件

按照中批量(500 台/年)的生产纲领,自选作品中一个较复杂的零件,完成并提交工艺设计方案报告(A4 纸,2~3 页)。

(3) 成本分析方案文件

分别按照单台小批量和中批量(500 台/年)生产纲领对产品做成本分析。内容应包含材料成本、加工制造成本两方面(A4 纸,2~3 页)。

(4) 工程管理方案文件

按照中批量(500 台/年)对产品做生产工程管理方案设计(A4 纸,2~3 页)。要求目标明确,文件完整,计划合理,表达清楚。

四、项目实施

1. 功能分析

在机械产品的设计中,我们首先要做的是对功能需求进行仔细、认真、透彻的分析,并尽可能地将产品的功能模块化,然后用相应的机构来实现每个模块的功能,最后再通过一些零部件将这些独立的机构连接成一个整体,这样就完成了一个机械产品的设计。

通过分析小车的功能可以确定小车的功能主要分为三个模块,具体如图 11-73 所示。

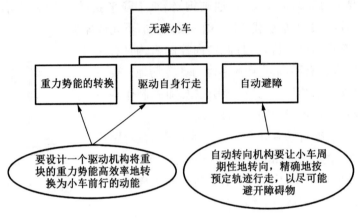

图 11-73 小车功能分析

2. 方案设计

通过对小车的功能分析确定小车需要具备重力势能转换、驱动自身行走、自动避开障碍物三个功能。为了方便设计可根据小车所要实现的功能将小车划分为六个部分进行模块化设计(车架、原动机构、传动机构、转向机构、行走机构、微调机构)。

为了得到令人满意的方案,采用扩展性思维设计每一个模块,寻求多种可行的方案和构思。图 11-74 为一种小车驱动及转向机构示意图,图 11-75 为设计图框。

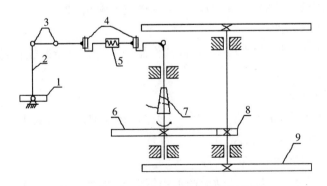

图 11-74 小车驱动及转向机构示意图

1—前轮;2—摇杆;3—水平铰;4—竖直铰;5—长度调节螺栓;
6—大齿轮;7—滚筒;8—小齿轮;9—后轮

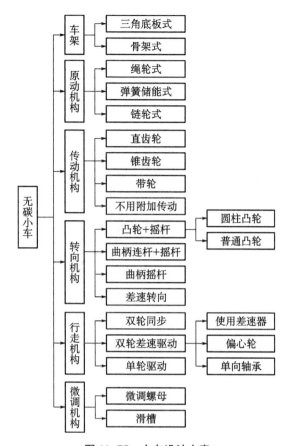

图 11-75　小车设计方案

通过对以上设计方案的比较、优化,最终确定小车的设计方案。

3. 设计参数确定与图纸绘制

结合以上确定的设计方案,查阅相关设计资料,确定各个零件的结构尺寸,并利用 CAD 软件完成小车驱动及转向机构三维建模(图 11-76)、整车三维模型的构建(如图 11-77)、二维工程图绘制(如图 11-78)和三维爆炸图绘制(如图 11-79)。

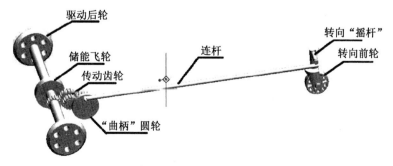

图 11-76　某款小车驱动及转向机构三维示意图

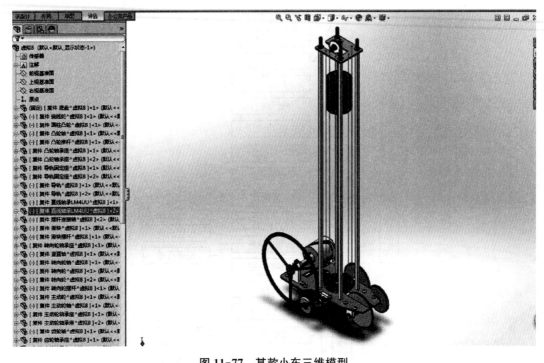

图 11-77 某款小车三维模型

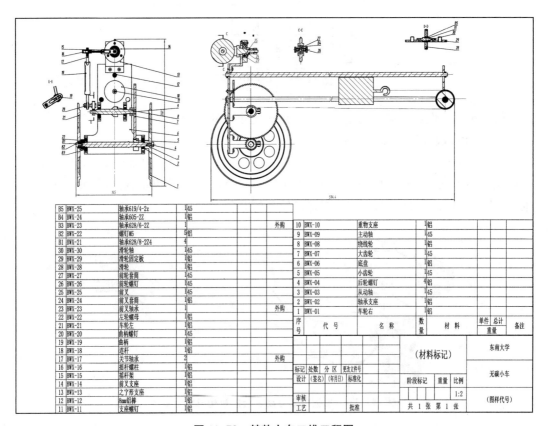

图 11-78 某款小车二维工程图

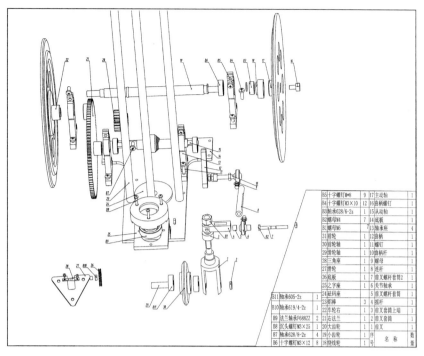

图 11-79　某款小车三维爆炸图

4. 方案撰写

按照方案撰写要求,结合自己小组的设计作品,完成四份方案的撰写。

5. 小车制作与装配

结合每个零件的工艺卡片,自主利用相关设备完成零件的加工制作,确保加工的零件符合精度要求,最后进行小车的装配与调试,使其能满足功能要求,如图 11-80 所示。

6. 运行成绩考核标准

小车有效的绕障方法:小车从赛道一侧越过一个障碍后,整体越过赛道中线,且障碍物不应被撞倒或被推出障碍物定位圆;连续运行,直至小车停止。

小车有效的运行距离:从出发线开始沿前进方向所走过的中心线长度,每米得 2 分,至停止线(停止线是过小车停止点且垂直于中心线的直线)为止,测量读数精确到 mm;每成功避过 1 个障碍得 8 分,以车体投影全部越过障碍为判据。多次避过同 1 个障碍只算 1 个;障碍被撞倒或推开均不得分。

图 11-80　某款小车组装实物图

五、制作要求

1. 根据实习的模块,自行制定加工工艺流程,并选择相关设备进行加工、装配。

2. 至少应包含两个工种。

六、提交成果

1. 提交加工、装配完成的最终成品一份。
2. 提交四个方案文档。

七、项目评价

本项目评价指标和具体成绩所占比例如下：
1. 小车机械结构的创新性　　　　　10%；
2. 小车运行成绩　　　　　　　　　50%；
3. 四个报告文档是否符合要求　　　20%；
4. 小车零件工艺制定的合理性　　　20%。

项目 7　Blink 实验及电机驱动实践项目

一、项目目标

本项目需要完成 Blink 实验及电机驱动实验。通过本项目充分锻炼学生的驱动系统搭建、编程及调试等技能综合应用能力，创新能力，团队合作能力等。

二、项目任务

1. 使用 Arduino 图形化界面编写程序，控制 LED 灯闪烁。
2. 掌握程序烧录的方法。
3. 搭建驱动系统控制电路，控制驱动电机。
4. 撰写 Blink 实验及电机驱动实验项目报告、程序及调试总结报告。

三、项目实施

1. 学生自主完成 Blink 实验及电机驱动实验。
2. 学生要完成控制电路搭建、程序设计、总结报告等。
3. 提供探索者模块化套件及相关软件。
4. 使用图形化界面编写程序，学习延时语句，理解程序的顺序执行。
5. 掌握程序烧录的方法，下载并进行程序调试。
6. 撰写 blink 实验及电机驱动实验项目报告、程序及调试总结报告。

四、设计要求

1. 完成 Blink 实验，要求尝试改变延时或增加程序语句，从而改变 LED 灯闪烁的频率。
2. 完成直流电机驱动实验，记录驱动轮的转动方向（顺时针、逆时针），利用延时和高低电平的配合,将执行效果改变为"转 1 s,停 1 s,反转 1 s,停 1 s"的循环。

3. 完成伺服电机驱动实验,记录驱动轮的摆动角度,利用调整延时参数,将执行效果改变为"初始位置在 90°,摆动到 30°,再摆动回到 90°,再摆动到 150°,再摆动回到 90°"的循环。

4. 图 11-81～图 11-84 仅供参考,具体程序设计、驱动电机选择自行确定。

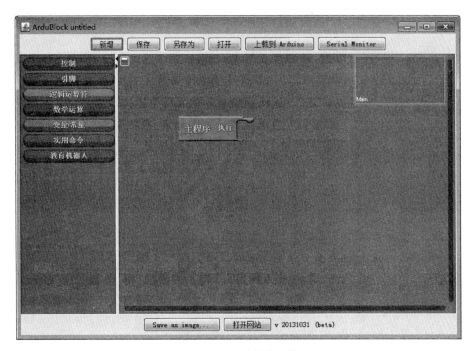

图 11-81　图形化编程界面

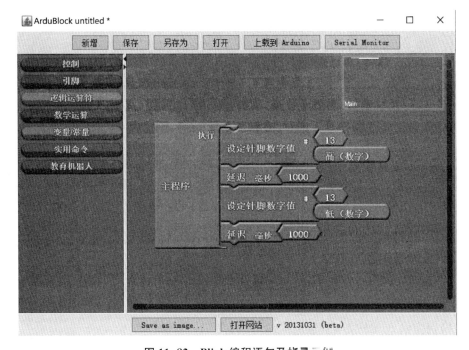

图 11-82　Blink 编程语句及烧录示例

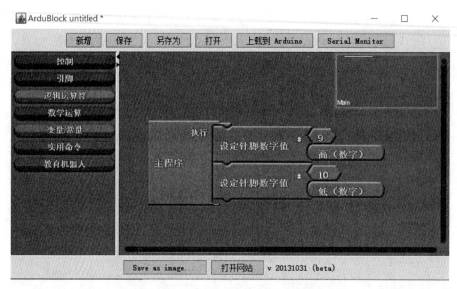

图 11-83　直流电机驱动参考程序

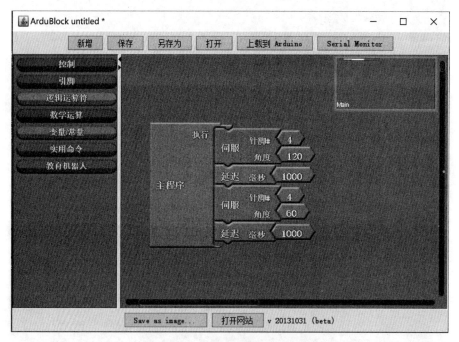

图 11-84　伺服电机驱动参考程序

五、制作要求

1. 根据项目要求,完成 Blink 实验及电机驱动实验,搭建驱动电机控制电路,编写相应的程序并完成调试。

2. 分别完成直流电机与伺服电机驱动实验。

六、提交成果

1. 提交 Blink 实验控制程序。
2. 提交直流电机与伺服电机驱动实验控制程序。
3. 提交设计报告、程序及调试总结报告。

七、项目评价

本项目评价指标和具体成绩所占比例如下：
1. Blink 实验控制程序及烧录　　　　　　　20%；
2. 直流电机控制电路搭建与程序设计及调试　30%；
3. 伺服电机控制电路搭建与程序设计及调试　30%；
4. 总结报告　　　　　　　　　　　　　　　20%。

项目 8　串联式机械臂设计实践项目

一、项目目标

机械臂按应用场景分有很多类型，比如用于流水线上的搬运机械臂，应用于制造车间的焊接机械臂、喷涂机械臂等。

机械臂一般分为串联式机械臂和并联式机械臂，串联式机械臂也叫关节机械臂，就是说这个机械臂有几个自由度就需要几个关节。在控制上体现为各个关节位置固定时端点的位置也会被固定，但是端点的位置固定时，各个关节却可以有多个不同位置。另外，多自由度的串联式机械臂体积一般都比较大。

本项目需要完成串联式机械臂设计及编程调试任务。通过本项目充分锻炼学生的机器人结构设计能力、编程及调试等技能综合应用能力、创新能力、团队合作能力等。

二、项目任务

1. 完成串联式机械臂的主要机械结构设计；
2. 建立虚拟串联式机械臂仿真模型；
3. 搭建串联式机械臂；
4. 完成串联式机械臂的程序编写、下载与调试，使其符合设计要求；
5. 撰写串联式机械臂结构设计报告、程序及调试总结报告。

三、项目实施

1. 该项目由团队（3～5 人）完成串联式机械臂结构设计、装配、编程与调试等工作。
2. 学生要完成串联式机械臂虚拟装配三维模型、程序设计、总结报告等。
3. 提供探索者模块化套件及相关软件。

4. 根据自行设计的串联式机械臂，进行虚拟装配，完成干涉检查。

5. 根据选用的电机类型及机械臂工作特性，编写相应的软件，下载并进行调试。

6. 撰写串联式机械臂结构设计报告、程序及调试总结报告。

四、设计要求

1. 完成一个 4 自由度串联式机械臂设计，要求机械臂运动流畅。

2. 图片仅供参考，具体结构形状、电机选择自行确定。

3. 4 自由度串联式机械臂各关节和具体装配效果如图 11-85、图 11-86 所示。

4. 使用 Arduino 软件（如图 11-87）编写程序，并将程序下载到控制板，完成串联式机械臂动作调试。

图 11-85 小关节模块与大关节模块

图 11-86 4 自由度串联式机械臂

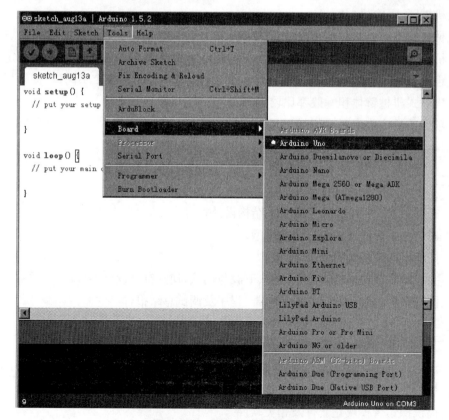

图 11-87 Arduino 编程软件

五、制作要求

1. 根据项目要求，自行设计 4 自由度机械臂结构，编写相应的运动程序并完成调试。
2. 串联式机械臂运动流畅。

六、提交成果

1. 提交虚拟串联式机械臂仿真模型；
2. 提交 4 自由度串联式机械臂实物模型；
3. 提交串联式机械臂的程序；
4. 提交串联式机械臂结构设计报告、程序及调试总结报告。

七、项目评价

本项目评价指标和具体成绩所占比例如下：

1. 串联式机械臂机械结构设计及虚拟装配　　　　20%；
2. 程序设计及调试　　　　20%；
3. 串联式机械臂实物调试及运行　　　　40%；
4. 总结报告　　　　20%。

参考文献

［1］张远明.金属工艺学实习教材［M］.3 版.北京：高等教育出版社,2013.

［2］王俊涛,肖慧.新产品设计开发［M］.北京：中国水利水电出版社,2011.

［3］张帆.产品开发与营销［M］.上海：上海人民美术出版社,2004.

［4］张永强.工程伦理学［M］.北京：北京理工大学出版社,2011.

［5］曾富洪.产品创新设计与开发［M］.成都：西南交通大学出版社,2009.

［6］吕广庶,张远明.工程材料及成形技术基础［M］.2 版.北京：高等教育出版社,2011.

［7］赵小东,潘一凡.机械制造基础(非机械类)［M］.南京：东南大学出版社,2010.

［8］周继烈,姚建华.工程训练实训教程［M］.北京：科学出版社,2012.

［9］张兆隆,李彩凤.金属工艺学［M］.北京：北京理工大学出版社,2013.

［10］李辉,张建国.工程材料与成型工艺基础［M］.上海：上海交通大学出版社,2012.

［11］胡忠举,宋昭祥.现代制造工程技术实践［M］.3 版.北京：机械工业出版社,2015.

［12］刘晋春,白基成,郭永丰.特种加工［M］.6 版.北京：机械工业出版社,2014.

［13］骆志斌.金属工艺学［M］.5 版.北京：高等教育出版社,2000.

［14］郗安民.金工实习［M］.北京：清华大学出版社,2009.

［15］张力.工程训练教程［M］.北京：机械工业出版社,2012.

［16］郑志军,胡青春.机械制造工程训练教程［M］.广州：华南理工大学出版社,2015.

［17］孙文志,郭庆梁.工程训练教程［M］.北京：化学工业出版社,2018.

［18］周桂莲,陈昌金,徐爱民.工程训练教程［M］.北京：机械工业出版社,2015.

［19］孟永刚.激光加工技术［M］.北京：国防工业出版社,2008.

［20］张立红,尹显明.工程训练教程(机械类及近机械类)［M］.北京：科学出版社,2017.

［21］韩建海.工业机器人［M］.3 版.武汉：华中科技大学出版社,2017.

［22］郭洪红.工业机器人技术［M］.3 版.西安：西安电子科技大学出版社,2016.

［23］熊有伦.机器人学［M］.北京：机械工业出版社,1993.

［24］蔡自兴,谢斌.机器人学［M］.3 版.北京：清华大学出版社,2015.

［25］卞洪元.金属工艺学［M］.3 版.北京：北京理工大学出版社,2013.

［26］戴枝荣,张远明.工程材料及机械制造基础［M］.3 版.北京：高等教育出版社,2014.

［27］何法江.机械 CAD/CAM 技术［M］.北京：清华大学出版社,2012.

［28］刘军.CAD/CAM 技术基础［M］.北京：北京大学出版社,2010.

［29］王隆太.机械 CAD/CAM 技术［M］.4 版.北京：机械工业出版社,2017.

［30］王匀,许桢英,袁铁军.模具 CAD/CAE/CAM［M］.北京：机械工业出版社,2011.

［31］龙丽嫦,高伟光.激光切割与 LaserMaker 建模［M］.北京：人民邮电出版社,2020.